教育部高等学校电子信息类专业教学指导委员会规划教材

高等学校电子信息类专业系列教材·新形态教材

数字信号处理

使用MATLAB分析与实现（新形态版）

陈天华　编著

清華大学出版社

北京

内 容 简 介

本书系统介绍了数字信号处理的基本概念、基本原理、分析方法、相关算法和滤波器设计原理与方法。全书共9章，第1~3章分别介绍了数字信号处理的基本概念，离散时间信号与系统的基本原理，时域、频域和z域分析方法和原理；第4、5章为数字频谱分析理论，主要内容包括离散傅里叶变换原理及实现和快速傅里叶变换的各种算法；第6~9章主要内容包括IIR及FIR数字滤波器的网络结构、滤波器设计方法及有限字长效应。本书深入浅出，既注重基本概念、基本原理的介绍，又重视算法实现和实践，并结合工程意义阐述相关理论，同时将MATLAB引入信号分析与处理，以工程应用为基础，深入分析各种实例，使读者既掌握理论又擅长应用，并提供了完整的MATLAB代码，扫描教材中相应位置的二维码可以下载代码。本书条理清楚，逻辑严密，例题丰富，便于教学和自学。

本书可作为高等学校通信工程、电子信息、电子科学与技术、测控技术、仪器仪表、生物医学工程、雷达、声呐、电气工程及其自动化、生物医学工程、自动化等专业的教材，也可供从事这些专业及相近专业的工程技术人员和科学研究工作者参考使用。

图书在版编目（CIP）数据

数字信号处理：使用MATLAB分析与实现：新形态版 / 陈天华编著. -- 北京：清华大学出版社，2024. 8.
（高等学校电子信息类专业系列教材）. -- ISBN 978-7 -302-67167-1

Ⅰ. TP317

中国国家版本馆CIP数据核字第2024HR1506号

责任编辑：刘　星
封面设计：刘　键
责任校对：郝美丽
责任印制：刘海龙

出版发行：清华大学出版社
　　　　网　　　址：https://www.tup.com.cn，https://www.wqxuetang.com
　　　　地　　　址：北京清华大学学研大厦A座　　　　邮　　编：100084
　　　　社 总 机：010-83470000　　　　邮　　购：010-62786544
　　　　投稿与读者服务：010-62776969，c-service@tup.tsinghua.edu.cn
　　　　质量反馈：010-62772015，zhiliang@tup.tsinghua.edu.cn
　　　　课件下载：https://www.tup.com.cn,010-83470236
印　装　者：三河市铭诚印务有限公司
经　　　销：全国新华书店
开　　　本：185mm×260mm　　　印　　张：22.5　　　字　　数：549千字
版　　　次：2024年9月第1版　　　印　　次：2024年9月第1次印刷
印　　　数：1~1500
定　　　价：69.00元

产品编号：102115-01

前 言
PREFACE

　　党的二十大报告指出，"教育、科技、人才是全面建设社会主义现代化国家的基础性、战略性支撑。必须坚持科技是第一生产力、人才是第一资源、创新是第一动力，深入实施科教兴国战略、人才强国战略、创新驱动发展战略"。在数字时代，数字化、网络化和智能化是信息技术发展的方向，其中数字化是网络化和智能化的基础。近年来，随着信息技术的快速发展，数字信号处理理论与技术得到了飞速发展，并在 5G 通信、工业装备、航天探测、仪器仪表、医疗器械、图像处理、人工智能等众多领域得到了广泛应用。数字信号处理已成为一门具有重要支撑作用的学科，国内外高等学校的电子信息、电气信息、航空航天、生物医学工程、自动化、电子科学与技术等专业都开设了本课程，而且课程内容还在不断充实和完善，教材内容也在持续改革、充实和更新。

　　本书共 9 章。

　　第 1～3 章介绍数字信号处理的基础理论。第 1 章概述了数字信号处理及其学科的基本概念、研究内容、应用领域和发展方向等。第 2 章介绍了离散时间信号与线性系统的时域分析方法、常系数线性差分方程求解和连续时间信号的采样等。第 3 章介绍了离散时间信号与系统的频域分析，包括 z 变换及逆变换、z 变换的性质与应用、z 变换和傅里叶变换的关系、离散时间傅里叶变换（DTFT）、系统函数与频率响应和零极点分布的关系等。

　　第 4、5 章介绍数字信号处理的频谱分析。第 4 章介绍了离散傅里叶变换（DFT）。DFT 是数字信号处理中的核心内容，不仅是信号处理的重要理论成果，而且已经成为信号滤波、谱分析和相关分析等方面的重要工具。本章详细讨论了 DFS 和 DFT 的定义、性质及物理意义，并在此基础上介绍了频域采样理论，同时介绍了 DFT 工程实际中的典型应用。第 5 章介绍了快速傅里叶变换（FFT）。FFT 对数字信号处理的发展起到了里程碑的作用，而 DFT 的重要性不仅表现在它能对离散时间信号和系统进行频域描述和分析，而且还由于它具有许多行之有效的快速计算方法。其快速算法的内容包括 FFT 的典型算法原理、按时间抽取和按频率抽取的基-2 FFT 及 IFFT 的高效算法，在此基础上还介绍了基-4 FFT 算法、分裂基 FFT 算法和线性调频 z 变换（CZT）算法。

　　第 6～9 章介绍数字滤波器的设计，包括滤波器的网络结构、无限冲激响应（IIR）数字滤波器设计、有限冲激响应（FIR）数字滤波器设计及有限字长效应等。第 6 章介绍了数字滤波器的网络结构及特点。第 7 章介绍了 IIR 数字滤波器设计的原理、思路和方法，包括冲激响应不变法和双线性变换法等。第 8 章介绍了线性相位 FIR 滤波器的条件、特点及设计方法，包括窗函数设计法、频率抽样设计法和最优化设计等。第 9 章讨论了数字滤波器的有限字长效应。

　　数字信号处理课程的核心内容包括"一个基础，两个支柱"，一个基础是离散时间信号与离散时间系统的时域与频域分析,对应本书的第 1~3 章,两个支柱是离散傅里叶变换及快速算法、数字滤波器设计的理论和方法,分别对应本书的第 4、5 章和第 6~9 章。

本书作者有 20 多年从事信号处理教学与科研的经验,本书正是在此基础上撰写而成的,全书体现了以下特点。

(1) 以数字信号处理基础知识、基本理论和应用为主线,对重要概念和知识点都进行了详细分析,以帮助读者较好地掌握信号分析与处理方法。

(2) 结合典型实例进行讨论和分析,实用性、实践性强,注重基本概念、基本原理的阐述,注重各概念之间的相互联系,通过对典型例题的分析和求解,引入 MATLAB 进行信号分析与处理,使基本概念和原理深入浅出、通俗易懂。

(3) 注意突出重点和分散难点,针对一些相对抽象和难度较大的知识点,采用阶梯法递进分解和化解难点,并结合 MATLAB 在实例中阐述其原理与方法,在应用中巩固数字信号处理的知识点,希望这样的方法能使读者加深对理论知识的理解,提升理论与实践相结合的能力。本书设置了丰富而典型的例题和习题,突出课内和课外相结合、理论和实践相结合的特点,为培养信号处理的创新思维和深入应用能力奠定坚实的基础。

配 套 资 源

- **程序代码等资源**:扫描目录上方的"配套资源"二维码下载。
- **实践案例、教学课件、教学大纲等资源**:扫描封底的"书圈"二维码在公众号下载,或者到清华大学出版社官方网站本书页面下载。
- **微课视频(270 分钟,33 集)**:扫描书中相应章节中的二维码在线学习。

注:请先扫描封底刮刮卡中的文泉云盘防盗码进行绑定后再获取配套资源。

限于作者水平,书中疏漏和不足之处在所难免,希望读者不吝赐教。

作 者

2024 年 7 月

目　录

CONTENTS

配套资源

微课视频清单

序号	视频名称	时长/min	书中位置
1	第 2 章-计算线性卷积的简单方法	6	2.1.3 节节首
2	第 2 章-序列的周期性及特点	9	2.1.4 节例 2-11 处
3	第 2 章-系统的稳定性及判别方法	7	2.2.4 节节首
4	第 3 章-右边序列收敛域分析	5	3.2.2 节 2.右边序列
5	第 3 章-左边序列收敛域分析	7	3.2.2 节 3.左边序列
6	第 3 章-留数定理的应用及注意事项	10	3.3.1 节节首
7	第 3 章-z 变换性质的物理意义	4	3.4 节 2.序列的移位
8	第 3 章-如何记忆数字信号处理的公式	8	3.6.1 节节首
9	第 4 章-DFT 隐含周期性	5	4.4.1 节节首
10	第 4 章-通过 DFT 的计算理解其物理意义	9	4.4.1 节例 4-6
11	第 4 章-DFT、DTFT 和 z 变换的关系	7	4.4.2 节节首
12	第 4 章-序列的循环移位	7	4.5.2 节节首
13	第 4 章-DFT 的对偶性	6	4.5.3 节节首
14	第 4 章-DFT 的共轭对称性及应用	16	4.5.4 节节首
15	第 4 章-循环卷积的矩阵计算法	13	4.5.5 节节首
16	第 5 章-FFT 是否新的算法	4	5.1 节节首
17	第 5 章-FFT 的基本思想	4	5.2.2 节节首
18	第 5 章-DIT 基-2 算法第 1 次分组解析	12	5.3.1 节 1.序列 $x(n)$ 第一次分解
19	第 5 章-DIT 基-2 算法第 2 次分组解析	6	5.3.1 节 2.序列 $x(n)$ 第二次分解
20	第 5 章-DIT 基-2 算法第 3 次分组分析	6	5.3.1 节 3.序列 $x(n)$ 第三次分解
21	第 5 章-FFT 算法的倒位序解析	12	5.3.3 节 1.倒位序规律
22	第 6 章-IIR 滤波器二阶基本节及其变化	11	6.2.3 节 187 页倒数第三段
23	第 6 章-FIR 直接型滤波器的两种结构	8	6.3.1 节节首
24	第 6 章-FIR 滤波器二阶基本节解析	7	6.3.2 节节首
25	第 6 章-线性相位结构和直接型结构的关系	8	6.3.3 节节首
26	第 6 章-频率抽样型结构解析	6	6.3.4 节节首
27	第 7 章-滤波器的常用参量分析	7	7.1.2 节节首
28	第 7 章-全通系统解析	8	7.2.1 节节首
29	第 7 章-冲激响应不变法的应用	10	7.4.2 节节首
30	第 8 章-窗函数设计法的原理和步骤分析	7	8.3.1 节节首
31	第 8 章-加窗对频域的影响分析	16	8.3.1 节 2.加窗对 $H(e^{j\omega})$ 的影响
32	第 8 章-频率抽样设计法的原理及相关问题	8	8.4.1 节节首
33	第 8 章-频率抽样设计法的工程问题及优化方法	11	8.4.4 节节首

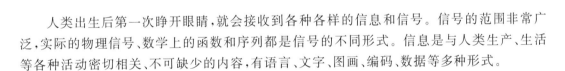

第1章 数字信号处理概述

由于信息技术和计算机科学的快速发展,20 世纪 60 年代中后期开始,数字信号处理 (Digital Signal Processing,DSP)在世界很多地区迅速发展并成为一门新兴学科。数字信号处理是指由数字或符号表示信号,通过计算机或其他专用信号处理设备,采用数字计算方法对信号进行处理,如滤波、变换、增强、估计、识别和压缩等,以达到提取有用信息或便于应用的目的。与其他学科相比,数字信号处理是一门相对年轻的学科,仅有几十年的历史。数字信号处理又是一门交叉学科,它涉及数学、信息科学、工程技术、微电子技术和计算机技术等学科。

党的二十大报告指出,"高质量发展是全面建设社会主义现代化国家的首要任务",近年来我国在航空、航天、深海探测、卫星导航、量子信息、大飞机等领域取得重大突破,这些成就的取得无不与信号处理技术密切相关。在数字时代,数字信号处理技术的应用领域将越来越广泛,数字信号处理技术的重要性将在各个领域的应用中不断表现出来。

1.1 数字信号处理的基本概念

人类出生后第一次睁开眼睛,就会接收到各种各样的信息和信号。信号的范围非常广泛,实际的物理信号、数学上的函数和序列都是信号的不同形式。信息是与人类生产、生活等各种活动密切相关、不可缺少的内容,有语言、文字、图画、编码、数据等多种形式。

1.1.1 信号及系统

信号是指带有信息的随时间和空间变化的物理量或物理现象。信号是信息的物理表现形式,或者说是传递信息的函数,而信息则是信号的具体内容。现实世界中的信号有两种:一种是自然的物理信号,另一种是人工产生的、经自然的作用和影响而形成的信号。

1. 信号的分类

根据不同应用目的,对信号有各种不同的分类方法,同一信号,从不同角度分类,可以归于不同的类别。常用的信号分类方法有以下几种。

1) 根据变量个数分类

根据信号变量的个数,可以分为一维信号、二维信号和多维信号。信号的变量可以是时间,也可以是频率、空间或其他物理量。

如果信号是单变量(例如时间)的函数,则称该信号为一维信号;若信号是两个变量(如空间坐标 x,y)的函数,则称该信号为二维信号;类似地,若信号是 $M(M \geqslant 2)$ 个变量的函数,则称该信号为多维信号(M 维信号)。

2) 根据信号周期性分类

根据信号的周期特性可以分为周期信号和非周期信号。

对于连续信号,若满足:

$$x(t) = x(t + kT), \quad k \text{ 为整数} \tag{1-1}$$

对于离散信号,若满足:

$$x(n) = x(n + N), \quad n, N \text{ 均为整数} \tag{1-2}$$

则 $x(t)$ 和 $x(n)$ 为周期信号,不满足周期信号特征的其他信号称为非周期信号。

3) 根据信号概率特征分类

根据信号的概率特征,信号可以分为确定信号和随机信号。若信号在任意时刻具有确定的取值,则称该信号为确定信号;若信号在任意时刻的取值不能确定,则称之为随机信号。

4) 根据能量特性分类

根据信号的能量特征,可以分为能量信号和功率信号两类。若信号的能量 E 为有限值,则称该信号为能量信号;若信号的功率 P 为有限值,则称该信号为功率信号。信号能量 E 和功率 P 可表示如下。

对于连续信号:

$$E = \int_{-\infty}^{\infty} |x(t)|^2 \, \mathrm{d}t \tag{1-3}$$

$$P = \lim_{T \to \infty} \frac{1}{T} \int_{0}^{T} |x(t)|^2 \, \mathrm{d}t \tag{1-4}$$

对于数字信号:

$$E = \sum_{n=-\infty}^{\infty} |x(n)|^2 \tag{1-5}$$

$$P = \lim_{T \to \infty} \frac{1}{2N+1} \sum_{n=-N}^{N} |x(n)|^2 \tag{1-6}$$

周期信号和随机信号属于功率信号,而非周期的绝对可积(和)信号属于能量信号。

5) 根据变量的连续性分类

根据变量的连续性可以分为模拟信号、连续时间信号、离散时间信号和数字信号。变量的取值方式有连续与离散两种,若变量是连续的,则称为连续时间信号;若变量是离散的,则称为离散时间信号。信号幅值的取值也可以包括连续和离散两种方式,幅值的离散又称为量化。因此,信号可以分为以下四种情况。

(1) 模拟信号:时间和幅值均是连续的信号。

(2) 连续时间信号:自变量时间是连续的信号。

(3) 离散时间信号(或称序列):自变量时间是离散的信号。

(4) 数字信号:时间是离散的,幅值是量化的信号。

2. 信号的描述

无论是自然的物理信号,还是人工产生的经自然作用和影响而形成的信号,都需要加以描述才可以进行研究和掌握其规律,进而为人类所认识和利用。信号的描述方法主要包括数学描述和图像(波形)描述两种。

数学描述：将信号表示为一个或若干个自变量的函数、数列或表格的形式。

图像描述：根据信号随自变量变化的函数关系，将信号的波形绘出。

3. 系统

信号处理中的系统一般指对各种信号进行处理或变换的设备，即对信号进行变换以满足应用需求的各种装置和设备都可以称为信号处理系统。系统既包括由物理设备组成的硬件系统，也包括由软件代码组成的可完成特定运算功能的软件系统。

系统是一个非常广泛的概念，也是一个相对的概念，既有大型系统，也有小型系统，一个大系统又可视为由若干中小系统组成。根据系统所处理的信号种类，原理上可以分为模拟系统、连续时间系统、离散时间系统和数字系统四类，但实际应用中，一般仅分为模拟系统和数字系统两大类。

（1）模拟系统：全过程所处理的信号均为模拟信号的系统称为模拟系统。

（2）数字系统：能处理数字信号的系统称为数字系统。

1.1.2 数字信号处理

数字信号处理是指根据需要以数字计算的方式对信号进行处理与变换，如信号的滤波、变换、检测、谱分析、估计、压缩、识别等一系列的运算和分析，以获取应用所需要的信号，从而达到提取信息或便于利用的目的。

日常生活中遇到的信号通常为模拟信号，相对于数字信号，模拟信号处理具有许多不便之处，如受环境影响较大、可靠性差、灵活性差、精度低。与此同时，20 世纪 90 年代开始，数字信号处理的理论和技术不断完善，为应用数字方法处理信号提供了坚实的基础。目前，数字信号处理已逐渐取代模拟信号处理。随着信息技术的不断发展，人类已迎来了数字时代，数字信号处理将成为一门越来越重要的学科。

■ 1.2 数字信号处理系统 ◆

1.2.1 数字信号处理系统的组成

能处理数字信号的系统统称为数字信号处理系统，图 1-1 所示是一个典型的数字信号处理系统或装置，系统首先对模拟输入信号进行前置预滤波，然后经 A/D 转换将模拟信号转换为数字信号，采用数字方法对信号进行加工处理，完成信号处理之后再将数字信号转换为模拟信号，并对模拟信号进行滤波处理。

图 1-1 数字信号处理系统原理框图

图 1-1 是一种典型的输入为模拟信号的数字处理系统，实际应用中因具体情况不同，并非所有系统都同时具有图 1-1 的全部环节。例如，若输入的是数字信号，则不需要前置预滤波器和 A/D 转换器；若输出需要的是数字信号，则无须 D/A 转换器和模拟滤波器。

为更好地理解数字信号处理系统，设模拟输入信号如图 1-2(a)所示，用 $x_a(t)$ 表示输入信号。前置预滤波器先对信号 $x_a(t)$ 进行滤波，以消除输入信号中高于某一频率的信号，然后经 A/D 转换对模拟信号进行等间隔采样,即在离散时间点 $0, T, 2T, \cdots, nT$ 对信号 $x_a(t)$ 进行抽样,经抽样所得的信号为离散时间信号,用 $x_a(nT)$ 表示,如图 1-2(b)所示。

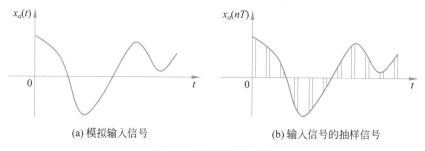

| (a) 模拟输入信号 | (b) 输入信号的抽样信号 |

图 1-2　输入信号及抽样

A/D 转换器对模拟信号抽样,既包括对信号的时间变量进行离散化处理,也包括对采样值进行量化编码,即信号在 A/D 转换器的保持电路中将抽样信号转换成数字信号。数字信号一般采用有限位二进制码表示,因此,应根据信号的幅度和量化精度选择合适字长的转换器,以 12 位 A/D 转换器为例,其能表示 4096 种不同的信号幅值,连续信号的幅度范围被分为 4096 个不重叠的量化区间,每一区间用一个确定数值表示,落入其中的输入信号将以该值输出,因此模拟信号经 A/D 转换后,不仅时间离散了,而且幅值也被量化了,这就是数字信号 $x(n)$。$x(n)$ 波形如图 1-3(a)所示,$x(n)$ 经数字信号处理器进行各种运算和处理之后,得到输出信号 $y(n)$,如图 1-3(b)所示。

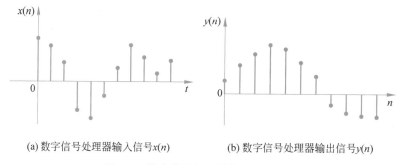

| (a) 数字信号处理器输入信号$x(n)$ | (b) 数字信号处理器输出信号$y(n)$ |

图 1-3　数字信号处理器的输入与输出

$y(n)$ 经 D/A 转换,将数字信号转换为模拟信号 $y(t)$。根据实际应用情况,可能还要对信号进行模拟滤波,以消除信号处理过程中可能产生的噪声,获得如图 1-4 所示的模拟信号 $y_a(t)$。

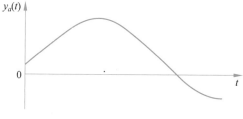

图 1-4　输出模拟信号 $y_a(t)$

1.2.2　数字信号处理的实现

数字信号处理既可以采用硬件芯片实现,也可以采用软件算法实现。

1. 软件实现

所谓软件实现指采用通用的计算机或微机等设备,通过软件编程的方法对输入信号进行各种运算和处理,实现预定的数字信号处理功能。软件实现具有方便和灵活等优点,通过适当修改程序代码,就可以适应不同的系统需求;软件实现的主要缺点是速度慢,一般对于不要求实时处理或者仅需验证算法是否正确等场合,可以采用软件实现。

2. 硬件实现

硬件实现方法包括采用数字硬件组成专用处理机或采用专用数字信号处理芯片作为数字信号处理器两种形式。其中采用数字信号处理芯片(DSP 芯片)是最为常用的方法。DSP芯片是专门用于信号处理的芯片,系统采用程序和数据分开的哈佛结构,具有用于信号处理算法的硬件,可以用来快速实现各种数字信号处理算法。DSP 芯片通常可以分为专用数字信号处理器和通用数字信号处理器两种类型。

(1)专用 DSP 芯片。专用 DSP 芯片是为特定的 DSP 运算而设计的,适合于特殊的运算,如数字滤波、卷积和 FFT 运算等。Motorola 公司的 DSP56200、Inmos 公司的 IMSA100等均属于专用型 DSP 芯片,PLESSYGEC 公司的 PDSP16510 和 Austek 公司的 A41102 芯片主要用于快速傅里叶变换的计算;INMOS 公司的 A100 芯片主要用于横向滤波器设计。

采用专用处理机或专用数字信号处理芯片作为数字信号处理器的优点是可以实现对信号的实时处理,其不足之处是专用芯片主要用于某一种具体的信号处理,而对于其他类型信号处理的适应性较差。

(2)通用 DSP 芯片。具有代表性的定点 DSP 芯片包括 TI 公司的 TMS320C1X/C2X/C28XX/C54XX/C62XX 系列芯片,以及 AD 公司的 ADSP21XX 定点 DSP 等芯片;具有代表性的浮点 DSP 芯片包括 TMS320C3X/C8X/C67X 系列芯片,以及 ADSP21XXX 等芯片。

采用通用 DSP 芯片作为数字信号处理器是目前常用的方法。通用芯片具有执行信号处理专用算法的硬件结构,如乘法累加器、流水线工作方式、并行处理,以及多总线、实现倒位序的位翻转硬件等,并具有信号处理方面的专用指令,因此采用通用 DSP 芯片作为数字信号处理器既有硬件的实时性优点,又具有软件实现的灵活性等优点,是一种应用广泛的数字信号处理实现方法。

1.3　数字信号处理学科

1965 年库利(Cooley)和图基(Tuky)发表了"用机器计算复序列傅里叶级数的一种算法",这就是后来所称的 FFT 算法,由此数字信号处理学科迅速发展,并逐渐应用到理论分析与各种工程技术之中,成为一门较为完整的学科。

1.3.1　数字信号处理的研究内容

由于数字信号处理在许多领域正得到日益广泛而深入的应用,且应用正不断普及,故数字信号处理技术逐渐与其他学科融合,甚至成为很多其他学科发展的基础和工具。目前,由于实际应用的广泛需求,数字信号处理的应用领域非常广泛,数字信号处理技术的研究领域主要包括以下几方面。

(1)时不变离散时间系统分析。

(2)信号采集理论,如 A/D 转换、D/A 转换、抽样、多分辨率抽样、量化及噪声等。

（3）离散时间信号的时域及频域分析、离散傅里叶变换(DFT)。

（4）快速傅里叶变换(FFT)，快速卷积与相关及其他信号处理方法的快速算法。

（5）信号处理的其他算法，如同态处理、抽取与插值、信号重建等。

（6）数字滤波技术和自适应信号处理。

（7）功率谱估计及相关函数估计等信号估计理论，现代谱分析理论。

（8）语音与图像信号分析、理解与识别，信号的压缩等理论。

（9）现代生物医学信号处理及信号重构。

（10）信号的建模，如 AR、MA、ARMA、CAPON、PRONY 等模型。

（11）包括并行信号处理、阵列信号处理等在内的高速数字信号处理技术及应用。

（12）数字信号处理与深度学习、人工智能的融合以及信号处理的实现与应用。

1.3.2　数字信号处理的特点

数字信号处理(DSP)是一门涉及许多学科而又广泛应用于众多领域的新兴学科。数字系统在工艺、结构、原理方面具有许多突出的优点，在实时信号处理中，它具有精度高、可程控、稳定性好、可靠性高、可重复性好、易于实现大规模集成等优点。普遍认为，相对于传统的模拟系统，数字信号处理系统具有以下一些明显的优点。

1）精度高

模拟系统的精度由元器件决定，模拟元器件的精度很难达到 0.001 以上的精度，而数字系统字长仅为 10bit 就可达到 0.001 的精度。因此，现代高精度的应用系统一般都采用数字信号处理系统。

2）可靠性高

数字信号处理系统只有"0"和"1"两个信号电平，环境温度及噪声对器件的影响较小，具有很高的可靠性；若采用大规模集成电路，则其可靠性更高。模拟信号处理系统的各元器件电平是连续变化的，易受温度、噪声、电磁感应等的影响，并具有一定的温度系数和时变特性，不仅系统体积大、造价高，而且存在器件老化和可靠性问题。

3）灵活性高

由于数字信号处理系统的主要运算是乘法和加法运算，因此数字系统的性能主要由乘法器的系数决定，因而通过改变存储器系数可得到不同的应用系统，若需要改变模拟系统以适应不同的需求，则非常麻烦和不方便。

4）集成度高

数字电路可实现标准化、大规模集成和大规模生产，同时对电路参数的波动具有一定的鲁棒性，产品质量好。例如，对图 1-5 所示的心电信号(ECG)进行分析，由于信号的主要频

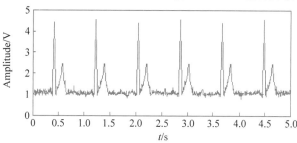

图 1-5　含有噪声的 ECG 信号

率成分在几赫兹至 100Hz 之间,所以如果采用模拟方法滤波,则需采用精密的电感、电容、电阻元件,即便如此,性能也难以达到理想的滤波效果。

图 1-5 所示包含噪声的 ECG 信号,通常含有 50Hz 工频噪声,若采用数字方法滤波,如采用梳状滤波器就能方便有效地滤除 ECG 信号中的工频噪声及谐波噪声,从而得到如图 1-6 所示的准确的 ECG 信号,为心血管疾病的临床诊断奠定基础。

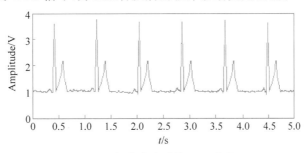

图 1-6　数字滤波后的 ECG 信号

5) 性能指标高

有限长冲激响应数字滤波器(FIR)可实现准确的线性相位特性,但在模拟系统中却难以实现,在信号的频谱分析中,模拟频谱仪在低频段仅能分析到 10Hz 的频率,且难以得到满意的分辨率,而在数字谱分析方面,目前可轻松进行 0.001Hz 的谱分析。

6) 应用方便

众所周知,数字信号可无损而方便地存储在磁盘或光盘上,因而可方便地进行远端传送和脱机处理,另外,数字系统可方便地实现时间倒置,还可以实现逆因果系统,也可以进行同态处理,而对于模拟系统这些是难以想象的。

7) 时分复用

所谓时分复用是指利用数字信号处理器同时处理多个通道的输入信号,如图 1-7 所示。如果处理单一通道信号的相邻两抽样值之间存在着一定的时间余量,则可在同步器的控制下,采用同一信号处理器进行信号处理,处理完一个通道的信号之后继续处理下一通道信号。

图 1-7　数字信号处理系统的时分复用原理

通常情况下,时分复用系统要求处理器具有较高的运算速度,以适应多通道处理要求,处理器的运算速度越高,能处理的通道数越多。

8) 多维信号处理

数字信号处理系统不仅可以方便地实现一维信号分析与处理,而且也可以方便地实现二维、三维甚至更高维信号分析与处理,包括二维或多维滤波、二维或多维谱分析等。

1.4　数字信号处理的应用与发展

20 世纪是人类有史以来科学技术发展最快速的时期,其中以计算机技术为代表的信息技术的发展与广泛应用是这一时期重要的标志事件之一,由于信息技术和计算数学的发展和成熟,数字信号处理技术得到快速发展和广泛应用。

1.4.1　数字信号处理的应用领域

虽然现代数字信号处理技术仅有 50 多年的历史,但随着微电子技术的迅速发展、芯片处理速度的快速提升、各种快速算法的不断出现,信号处理技术已经从最初的国防军工等少数尖端领域向现代社会经济生活的各个领域和方向渗透,主要表现在以下几方面。

1）通信技术

对于现代通信技术而言,从 3G、4G 到 5G,几乎所有通信技术均与数字信号处理密不可分。数字信号处理强大的计算能力使得移动通信崛起,并推动了如 GSM、CDMA 等全数字蜂窝电话网的应用。各种现代扩频技术、自适应均衡、纠错、高速调制解调、自适应差分脉码调制、信道复用、卫星通信、数字加密、通信制式转换、OFDM、软件无线电、视频会议系统、GSM/CDMA 基站、路由器和便携式多媒体播放机等各种通信技术都应用了数字信号处理技术。

2）语音处理

数字信号处理技术已应用于语音处理领域,包括语音信号的分析与处理、语音合成、语音增强、语音识别、语音压缩、文本语音变换、语音邮件、语音声码器、数字录音系统等。语音处理是数字信号处理技术早期的重要应用领域之一,此外,数字信号处理技术与 MPEG 等技术相结合,使得高品位的音频和视频形式的计算机数据可实现实时交换。

3）图形图像处理

图形图像处理技术的发展与数字信号处理技术密不可分,用于图像处理的数字信号处理技术包括静态图像数据处理和动态图像数据处理。数字图像处理无论在存储方面还是在信号处理方面,都属于大容量和大运算量,正是由于数字信号处理技术的快速发展,才有效推动了图像和视频技术的快速发展和广泛应用,这些技术主要包括计算机视觉、图像增强与复原、图像压缩、图像变换与重建、图像分割与识别、电子地图、多维动画技术等。

4）科研与国防军工

数字信号处理技术的应用领域不断扩展,并逐渐与人们的生活与工作密不可分,目前数字信号处理技术已广泛应用于科学研究之中,主要包括各种数字滤波与变换、卷积、相关、解卷积、FFT、Hilbert 变换、谱分析、自适应滤波、加窗处理法等,这些基础理论又与机器学习理论融合,正在基础层面推动人工智能技术应用到更广泛的领域。

5）医疗与消费电子

医疗器械是最早应用数字信号处理技术的重要应用领域之一。主要包括脑电和心电的自动分析系统、助听器、X 射线断层成像技术、彩色超声、CT 扫描、核磁共振、健康助理、远程医疗、在线诊断等。目前数字信号处理技术已开始广泛应用于国民经济和消费电子产品的各个领域,包括数字音频、数字电视、手机、游戏、汽车自动驾驶设备等消费电子产品。

6）仪器仪表与工业

在民用设施领域,仪器仪表是较早采用数字信号处理技术的领域之一,主要包括电力仪器仪表、频谱分析仪、地震信号处理器、瞬态分析仪、高精密仪器、导航仪、校准仪器、锁相环等。21 世纪开始,数字信号处理技术开始广泛应用到各种工业自动化生产领域,这些领域主要包括智能机器人、自动驾驶等、自动化与智能生产线、智慧能源、自动检测与智能制造。

1.4.2　数字信号处理的发展方向

物联网和设备个性化是当前信息化和数字化的特征,随着计算机处理速度的提升及各种快速算法的涌现,其已经从最初的医学与航天等少数尖端领域向各领域渗透。数字信号处理技术既包括数字信号处理的算法,也包括信号处理的硬件,即 DSP 芯片。目前,由于应用的需求,硬件在朝更小面积、更低功耗和更高性能的高集成度解决方案上发展,DSP 芯片产业开始从纯粹的 DSP 芯片供应商向广义的 DSP 解决方案供应商转变。数字信号处理的发展方向如下所述。

（1）智慧信息处理。即信号处理、通信和智能算法融合,其核心是数字信号处理技术,它将智能技术、通信技术、数字多媒体技术紧密结合在一起,并将用于各类消费电子产品和工业产品的设计与生产之中。

（2）网络融合。将卫星网、物联网、公用电信网及各种专用网络更好地结合在一起,并与家用信息设施相匹配。同时,在信息检索方面,图像、语音与文本结合的信息检索业务将得到进一步发展,并极大地推动多媒体通信技术的发展。

（3）个人信息终端。将个人通信系统与个人数字助理自然地结合在一起,以实现无时不有、无处不在的通信功能。

（4）DSP 内核结构提升。多通道结构和单指令多重数据（SIMD）、超长指令字结构（VLIM）、超标量结构、超流水结构、多处理、多线程及可并行扩展的超级哈佛结构（SHARC）在新的高性能处理器中将占据主导地位。

（5）超高速和超微尺寸。在硬件方面,由于电子设备的个人化趋势,DSP 追求更快的运算速度是硬件技术的方向与趋势。DSP 体系结构的优点是尺寸小、功耗低、性能高。随着新工艺对 DSP 芯片的改进,将多个 DSP 芯片核、MPU、专用处理单元、外围电路、存储单元集成在一个芯片上将成为发展趋势。

（6）DSP 和微处理器的融合。微处理器是低成本的,主要执行智能定向控制任务的通用处理器能很好地执行智能控制任务,而信号处理能力较弱,DSP 的功能与之相反。在许多应用中均需要同时具有智能控制和数字信号处理两种功能。因此,DSP 和微处理器结合,以单一芯片实现这两种功能,可以加速智能处理器的开发,同时简化设计,减小 PCB 体积,降低功耗和系统的成本。

（7）定点 DSP 技术。虽然浮点 DSP 的运算精度更高,动态范围更大,但定点 DSP 器件的成本较低,对存储器的要求也较低,而且耗电更省。据统计,目前 DSP 器件中的主流是 32 位的定点可编程 DSP 器件,预计今后其比重将逐渐增大。

（8）DSP 与可编程器件融合。FPGA 和 DSP 集成在一块芯片上,可实现宽带信号处理,大大提高信号处理速度。据报道,Xilinx 公司的 Virtex-Ⅱ FPGA 对 FFT 的处理可提高 30 倍以上,在无线通信、多媒体等领域将有广泛应用。与常规 DSP 相比,FPGA 器件配合传统的 DSP 器件可以处理多信道和实现更高速的实时处理功能,满足卫星通信、无线通信、多媒体等领域多功能和高性能的需要。

目前,国内 DSP 研发和应用已有了深厚的基础,有很多集成电路设计企业从事 DSP 及相关产品的研发与应用。DSP 不仅成为手机、消费电子产品中快速增长的关键器件,而且正在向视频和工业控制等领域发展。随着数字信号处理技术和 DSP 芯片不断向多功能化、高性能化、智能化、低功耗方向发展,其应用范围将更加广泛,发展也将更加快速。

习题

1. 试简述什么是信号。常用的信号分类方法有哪几种?
2. 信号的描述方式有几种? 各有什么特点?
3. 什么是系统? 根据系统所处理信号种类的不同,系统可以分为哪几种?
4. 数字信号处理系统主要由哪些部分组成? 各部分有何功能与作用?
5. 根据信号处理理论,简述信号采样和量化过程的基本原理。
6. 数字信号处理的实现有哪几种方式? 各有何特点?
7. 对于数字信号处理系统,若要达到 0.00001 的精度,需要多少位的字长方可实现?
8. 与传统的模拟系统相比,数字信号处理系统具有哪些优点?

第2章 离散时间信号与系统

信号是信息的载体,也是传递信息的函数。数学上,信号一般可以表示为一个或多个独立变量的函数,例如,某一天的温度信号可以表示为时间 t 的连续函数;人类的语音信号,可以表示为时间 t 的连续函数;一条河流的流量,是时间变量 t 的连续函数。自然界存在各种各样的信号,人类社会的管理也需要借助信号传递各种信息,例如,道路交通管理中,路口的红灯和绿灯就是交通信号,红灯表示不允许通行,绿灯表示允许通行,它们传递各种道路信息以控制交通路网状况。

党的二十大提出:"推进新型工业化,加快建设制造强国、质量强国、航天强国、交通强国、网络强国、数字中国。"实体经济强盛过程的重要环节无不与数字、数字信号的分析和处理相关。由于计算机技术的普及,通常人们称今天的社会为数字时代,经济领域、工业领域、交通领域、军事领域……日常生活和实体经济的每一个层面,都经常应用到数字信号及信号与系统的基本概念和原理。

2.1 离散时间信号(序列)

离散时间信号,顾名思义,仅在离散的时间点上具有函数值,是一种时间上不连续的序列。通常情况下,对于离散时间信号而言,其抽样间隔是均匀的或相等的,一般用 T 表示离散时间间隔,则 $x(nT)$ 表示此离散时间信号在 nT 时刻的函数值,n 为整数。离散时间信号又称为序列,为了计算机处理及信号表示的方便,一般用 $x(n)$ 表示该序列在第 n 个离散时间点上的序列值。序列可以简洁地表示为 $\{x(n)\}$,或者直接用 $x(n)$ 表示序列。

序列一般可以用公式、图形和表格三种方法表示。图 2-1 所示是离散序列的图形表示。序列 $x(n)$ 的横坐标表示序列的自变量,n 仅取整数值,纵轴坐标表示信号 $x(n)$ 的值。$x(n)$ 仅在 n 为整数时才有意义,n 不是整数时没有定义。

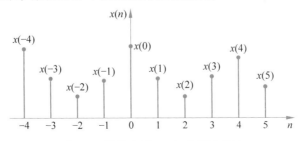

图 2-1　离散序列 $x(n)$ 的图形表示

2.1.1 几种典型序列

数字信号处理中常用的典型序列包括单位抽样序列、单位阶跃序列、矩形序列、实指数序列、正弦序列和复指数序列等。

1. 单位抽样序列 $\delta(n)$

1）序列的定义

单位抽样序列又称为单位冲激序列，一般用 $\delta(n)$ 表示，定义如下：

$$\delta(n) = \begin{cases} 1, & n = 0 \\ 0, & n \neq 0 \end{cases} \tag{2-1}$$

$\delta(n)$ 在 $n=0$ 时取值为 1，n 为其他值时都等于 0。$\delta(n)$ 与连续时间信号的单位冲激函数 $\delta(t)$ 是对应的，可以理解为 $\delta(n)$ 是在 $t=0$ 时脉冲宽度趋于零、幅值趋于无限大、面积为 1 的信号，是极限条件下的 $\delta(t)$ 信号。单位抽样序列 $\delta(n)$ 如图 2-2 所示。

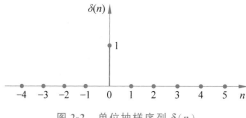

图 2-2　单位抽样序列 $\delta(n)$

2）MATLAB 实现

```
x = zeros(1,N); % N需预先给定或者赋值
x(1) = 1;
```

或

```
x = [1,zeros(1,N-1)];
```

2. 单位阶跃序列 $u(n)$

1）序列的定义

单位阶跃序列定义如下：

$$u(n) = \begin{cases} 1, & n \geqslant 0 \\ 0, & n < 0 \end{cases} \tag{2-2}$$

单位阶跃序列与连续时间信号中的单位阶跃函数 $u(t)$ 对应，但 $u(t)$ 一般不包含 $t=0$ 时刻，而 $u(n)$ 在 $n=0$ 时定义为 $u(0)=1$，如图 2-3 所示。

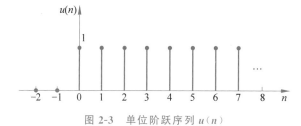

图 2-3　单位阶跃序列 $u(n)$

2）MATLAB 实现

```
x = ones(1,N);
```

实际上,在计算机运算中对阶跃序列的表示并不能达到无限长,一般表示为从序列开始到应用中所需要的最大序号(时间)。

根据单位阶跃序列的定义,$\delta(n)$ 和 $u(n)$ 具有如下关系:

$$\delta(n) = u(n) - u(n-1) \tag{2-3}$$

而

$$u(n) = \delta(n) + \delta(n-1) + \delta(n-2) + \cdots = \sum_{m=0}^{\infty} \delta(n-m)$$

即

$$u(n) = \sum_{m=0}^{\infty} \delta(n-m) \tag{2-4}$$

根据定义,还可以得出

$$u(-n-1) = \begin{cases} 1, & n \leqslant -1 \\ 0, & n \geqslant 0 \end{cases}$$

序列 $u(-n-1)$ 的波形如图 2-4 所示。

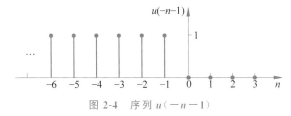

图 2-4 序列 $u(-n-1)$

3. 矩形序列

1）序列的定义

矩形序列定义如下:

$$R_N(n) = \begin{cases} 1, & 0 \leqslant n \leqslant N-1 \\ 0, & \text{其他} \end{cases} \tag{2-5}$$

矩形序列的表示符号为 $R_N(n)$,序列的波形如图 2-5 所示。

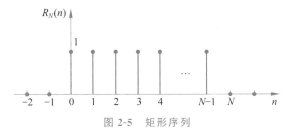

图 2-5 矩形序列

根据定义,可以得出矩形序列 $R_N(n)$ 与单位阶跃序列 $u(n)$ 及单位抽样序列 $\delta(n)$ 具有如下关系

$$R_N(n) = u(n) - u(n-N) \tag{2-6}$$

$$R_N(n) = \delta(n) + \delta(n-1) + \cdots + \delta[n-(N-1)] = \sum_{m=0}^{N-1} \delta(n-m) \tag{2-7}$$

2）MATLAB 实现

```
x = [ones(1,N) zeross(1,N₁ - N)];
```

N 表示矩形的宽度，N_1 表示序列的长度。

4. 实指数序列

1）序列的定义

实指数序列定义如下：

$$x(n) = a^n u(n) \tag{2-8}$$

式中，a 为实数。当 $|a| < 1$ 时，序列 $x(n)$ 是收敛的；当 $|a| > 1$ 时，序列 $x(n)$ 是发散的。

当 $0 < a < 1$ 时 $a^n u(n)$ 的波形如图 2-6 所示。

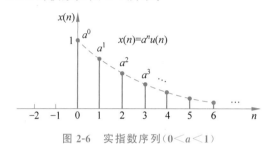

图 2-6　实指数序列($0 < a < 1$)

2）MATLAB 实现

```
n = 0: N - 1;
x = a.^n; % a需先给定或赋值
```

5. 正弦序列

1）序列的定义

正弦序列定义如下：

$$x(n) = A\sin(n\omega + \varphi) \tag{2-9}$$

式中，A 为幅度；ω 为数字域频率；φ 为初始相位。

2）MATLAB 实现

```
n = 0: N - 1;
x = sin(ω * n); % ω需先给定或赋值
```

6. 复指数序列

1）序列的定义

复指数序列定义如下：

$$x(n) = e^{(\sigma + j\omega_0)n} \tag{2-10}$$

或

$$x(n) = e^{j\omega_0 n} \tag{2-11}$$

式中，ω_0 是复正弦的数字域频率。

复指数序列可用欧拉公式展开为如下复数：

$$x(n) = e^{\sigma n}(\cos\omega_0 n + j\sin\omega_0 n) = e^{\sigma n}\cos\omega_0 n + je^{\sigma n}\sin\omega_0 n$$

上式也可表示为极坐标形式：

$$x(n) = |x(n)| e^{j\arg[x(n)]} = e^{\sigma n} \cdot e^{j\dot\omega_0 n}$$

可得：

$$|x(n)| = e^{\sigma n}$$

$$\arg[x(n)] = \omega_0 n$$

2）MATLAB 实现

```
n = 0: N - 1;
x = exp((σ + jω) * n)) ; % σ,ω需先给定或赋值
```

【例 2-1】 复指数序列的产生。

已知 $x(n) = e^{(-0.2 + j1.2\pi)n}$，试编写 MATLAB 程序产生 32 点复指数序列。

解：复指数序列程序代码如下：

```
clc;clear all;close all;
n = 32;a = - 0.2;w = 1.2 * pi;m = 0:n;
xn = exp((a + j * w) * m);
subplot(2,2,1);plot(m,real(xn));title('复指数序列的实部');
subplot(2,2,2);plot(m,imag(xn));title('复指数序列的虚部');
subplot(2,2,3);stem(m,real(xn),'.');title('复指数序列的实部');
subplot(2,2,4);stem(m,imag(xn),'.');title('复指数序列的虚部');
```

程序运行结果如图 2-7 所示。

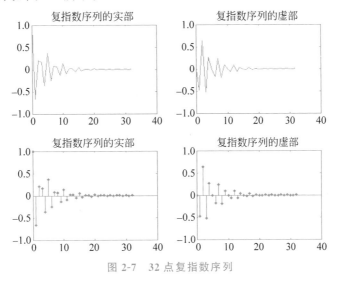

图 2-7　32 点复指数序列

2.1.2　序列的基本运算

在数字信号处理中，序列的基本运算包括相加、相乘、移位、翻转、累加、差分、尺度变换、序列的能量和功率等。

1. 和

序列之和是指具有相同序号(n)的序列值逐项对应相加。序列之和包括两序列或两个以上的序列之和，若两序列分别为 $x_1(n)$ 和 $x_2(n)$，则两序列之和可表示如下：

$$y(n) = x_1(n) + x_2(n)$$

MATLAB 实现：

```
x = x1 + x2;        % x1,x2需先给定或赋值
```

【例 2-2】 序列求和运算示例。

设 $x_1(n)$ 和 $x_2(n)$ 分别如图 2-8(a)和图 2-8(b)所示。

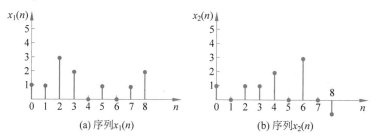

图 2-8 $x_1(n)$ 与 $x_2(n)$ 的波形

求两序列之和 $y(n)=x_1(n)+x_2(n)$。

解：根据波形，序列 $x_1(n)$ 和 $x_2(n)$ 的值如下：

$$x_1(n)=[1,1,3,2,0,1,0,1,2]$$
$$x_2(n)=[1,0,1,1,2,0,3,0,-1]$$

根据序列之和的定义，可得：

$$y(n)=x_1(n)+x_2(n)=[2,1,4,3,2,1,3,1,1]$$

两序列之和 $y(n)$ 的波形如图 2-9 所示。

2. 积

序列的乘积是指各序列具有相同序号(n)的序列值
逐项对应相乘所构成的一个新序列。序列之积包括两
序列或两个以上的序列之积，若两序列分别为 $x_1(n)$ 和
$x_2(n)$，则两序列之积可表示如下：

$$y(n)=x_1(n)x_2(n)$$

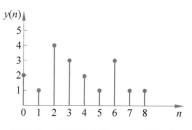

图 2-9 两序列之和 $y(n)$ 的波形

MATLAB 实现：

```
x = x1 * x2; % x1,x2 需先给定或赋值
```

【例 2-3】 序列的乘积运算示例。

设两序列 $x_1(n)$、$x_2(n)$ 分别如下：

$$x_1(n)=[1,1,3,2,0,1,0,1,2], \quad x_2(n)=[1,0,1,1,2,0,3,0,-1]$$

求两序列之积 $y(n)=x_1(n)x_2(n)$。

序列 $x_1(n)$ 和 $x_2(n)$ 的序号均为从 0 开始的序列。本书中，如无特别说明，列举法表示
的序列，其序号均从 0 开始。

解：

$$x_1(n)=[1,1,3,2,0,1,0,1,2], \quad x_2(n)=[1,0,1,1,2,0,3,0,-1]$$

按对应序号的序列值相乘，可得：

$$y(n)=x_1(n)x_2(n)=[1,0,3,2,0,0,0,0,-2]$$

3. 移位

序列移位表示序列沿着横轴(时间轴)移位，设序列为 $x(n)$，当 m 为正时，$x(n-m)$ 表
示序列 $x(n)$ 逐项依次右移 m 位，即延时 m 个时刻而得到的新序列。同理，$x(n+m)$ 则指
原序列 $x(n)$ 依次左移(超前)m 个时刻得到的新序列。若 m 为负数，则相反。

MATLAB 实现:

```
y = [zeros[1,m], x]; % 移位的位数 m 和序列 x 需先给定或赋值
```

【例 2-4】 序列的移位运算示例。

已知序列 $x(n)$ 如下:

$$x(n) = \begin{cases} a^n, & 0 < a < 1, n \geqslant 0 \\ 0, & n < 0 \end{cases}$$

求序列 $x(n)$ 的移位运算。

解:根据已知条件和移位运算的规律可得:

$$x(n+m) = \begin{cases} a^{n+m}, & 0 < a < 1, n+m \geqslant 0 \\ 0, & n+m < 0 \end{cases}$$

表示左移 m 位,以 $m=1$ 为例,表示左移 1 位,左移一位之后,序列的表达式如下:

$$x(n+1) = \begin{cases} a^{n+1}, & 0 < a < 1, n+1 \geqslant 0 \\ 0, & n+1 < 0 \end{cases}$$

序列 $x(n)$ 及其左移位 1 位的波形如图 2-10 所示,图形清晰地表示了移位的过程及序列 $x(n)$ 移位前后的对比。

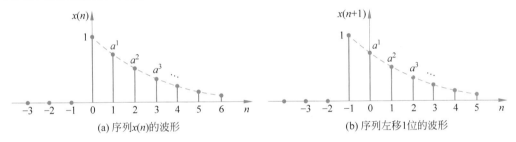

(a) 序列x(n)的波形　　　　　　(b) 序列左移1位的波形

图 2-10　序列 $x(n)$ 的移位运算(左移)

4. 翻转

若已知序列为 $x(n)$,则 $x(-n)$ 表示以 $n=0$ 的纵轴为对称轴将序列 $x(n)$ 翻转而得到的新序列。

MATLAB 实现:

```
y = fliplr(x); % x 需先给定或赋值
```

【例 2-5】 序列的翻转运算示例。

已知,$0 < a < 1$,序列 $x(n)$ 如下:

$$x(n) = \begin{cases} a^n, & n \geqslant 0 \\ 0, & n < 0 \end{cases}$$

求序列 $x(n)$ 的翻转序列 $x(-n)$。

解:根据序列翻转的运算规律,可得 $x(n)$ 翻转序列 $x(-n)$ 为

$$x(-n) = \begin{cases} a^{-n}, & n \leqslant 0 \\ 0, & n > 0 \end{cases}$$

序列 $x(n)$ 及其翻转序列 $x(-n)$ 的波形如图 2-11 所示。

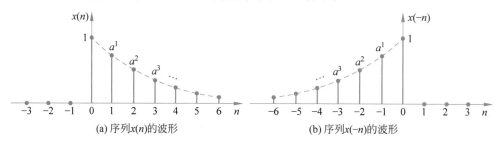

(a) 序列x(n)的波形   (b) 序列x(-n)的波形

图 2-11　序列 $x(n)$ 及其翻转序列 $x(-n)$

5. 累加

序列累加是指将序列 n 时刻及该时刻以前的所有序列值相加。设序列为 $x(n)$，则序列 $x(n)$ 的累加序列 $y(n)$ 定义如下：

$$y(n) = \sum_{k=-\infty}^{n} x(k)$$

上式表示累加序列 $y(n)$ 在时刻 n 的值等于序列 $x(n)$ 在 n 时刻及此前所有时刻序列值的和。

MATLAB 实现：

```
s = sun(x(n1:n2)); % 序列 x,求和区间 n1、n2 需先给定或赋值
```

6. 差分

差分运算包括前向差分和后向差分两种运算。

（1）前向差分：

$$\Delta x(n) = x(n+1) - x(n)$$

（2）后向差分：

$$\nabla x(n) = x(n) - x(n-1)$$

根据上述定义，可以得出：

$$\nabla x(n) = \Delta x(n-1)$$

【例 2-6】　序列的差分运算示例。

已知序列 $x(n)$ 如下：

$$x(n) = \begin{cases} a\left(\dfrac{2}{3}\right)^n, & n \geqslant 0 \\ 0, & n < 0 \end{cases}$$

求序列 $x(n)$ 的差分运算。

解：序列 $x(n)$ 的差分运算包括前向差分和后向差分，根据其定义分别可得如下结论。

（1）前向差分如下：

$$\Delta x(n) = x(n+1) - x(n) = \begin{cases} 0, & n < -1 \\ a, & n = -1 \\ -\dfrac{a}{3}\left(\dfrac{2}{3}\right)^n, & n > -1 \end{cases}$$

（2）后向差分如下：

$$\nabla x(n) = x(n) - x(n-1) = \begin{cases} 0, & n < 0 \\ a, & n = 0 \\ -\dfrac{a}{3}\left(\dfrac{2}{3}\right)^{n-1}, & n \geqslant 1 \end{cases}$$

7. 尺度变换

尺度变换是指序列的时间尺度变换，又称为序列自变量坐标的比例变换，序列 $x(n)$ 的时间尺度变换有两种形式，分别用 $x(mn)$ 和 $x\left(\dfrac{n}{m}\right)$ 表示，m 为正整数。

$x(mn)$ 表示下采样运算，也称为下采样变换，每 m 个抽样值中取一个抽样值；

$x\left(\dfrac{n}{m}\right)$ 表示上采样运算，也称为上采样变换，每相邻两点之间补 $(m-1)$ 个零值点。

以 $m=2$ 为例，即 $x(2n)$ 表示 2 倍尺度变换。$x(2n)$ 表示从序列 $x(n)$ 中每 2 点取 1 点。若 $x(n)$ 是连续时间信号 $x(t)$ 的抽样，则相当于将 $x(n)$ 的抽样间隔从 T 增加到 $2T$，即

$$x(n) = x(t) \big|_{t=nT}$$

则

$$x(2n) = x(t) \big|_{t=2T}$$

因此，若 m 为正整数，则 $x(mn)$ 在信号处理中表示对信号 $x(n)$ 进行抽取，$x(2n)$ 就是序列 $x(n)$ 的抽取序列。

MATLAB 实现：

```
y = decimate(x,m);      % 下采样运算，x,m 需先给定或赋值
y = interp(x,m);        % 上采样运算，x,m 需先给定或赋值
```

【例 2-7】　序列的尺度变换示例。

序列 $x(n)$ 及 $x(2n)$ 分别如图 2-12 所示。

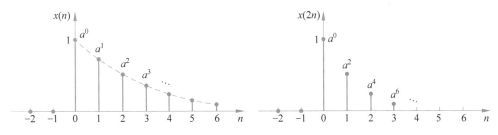

图 2-12　序列 $x(n)$ 及其抽取序列 $x(2n)$

$x\left(\dfrac{n}{2}\right) = x(t) \big|_{t=\frac{nT}{2}}$ 表示对连续时间序列的抽样间隔由 T 变成 $\dfrac{T}{2}$，将 $x\left(\dfrac{n}{2}\right)$ 称为 $x(n)$ 插值序列。插值运算的定义如下：

$$x\left(\frac{n}{m}\right) = \begin{cases} x\left(\dfrac{n}{m}\right), & n = km, m \text{ 为整数}, k = \pm 1, \pm 2, \cdots \\ 0, & \text{其他} \end{cases}$$

8. 序列的能量和功率

序列能量用 E 表示，序列 $x(n)$ 的能量定义为该序列所有抽样值的平方和，即

$$E = \sum_{m=-\infty}^{\infty} |x(n)|^2 \tag{2-12}$$

信号的功率定义如下:

$$P = \frac{1}{2N+1} \sum_{m=-N}^{N} |x(n)|^2 \tag{2-13}$$

MATLAB 实现:

```
E = sum(abs(x).^2);                  % 序列 x 需先给定或赋值
P = sum(abs(x).^2)/length(x(n));     % 序列 x 需先给定或赋值
```

视频讲解

2.1.3 线性卷积

线性卷积运算简称为卷积,也可以称为"卷积和"运算,根据信号与系统知识,卷积积分是求连续线性时不变系统在零状态下输出响应(零状态响应)的基本方法。相应地,对于离散时间系统,线性卷积是计算离散线性时不变系统在零状态下输出响应的基本方法。

1. 线性卷积的定义

设两序列分别为 $x(n)$ 和 $h(n)$,则序列 $x(n)$ 与 $h(n)$ 的线性卷积(卷积和)定义如下:

$$y(n) = x(n) * h(n) = \sum_{m=-\infty}^{\infty} x(m)h(n-m) = \sum_{m=-\infty}^{\infty} x(n-m)h(m) \tag{2-14}$$

式中,"$*$"表示卷积运算符。

2. 单位抽样序列与任意序列的卷积

在信号处理中,单位抽样序列是一种典型的输入序列,对于线性系统分析具有重要作用。任意序列均可表示为单位抽样序列及其移位的加权和,即

$$x(n) = \sum_{m=-\infty}^{\infty} x(m)\delta(n-m) = x(n) * \delta(n) \tag{2-15}$$

式中,当且仅当 $m=n$ 时,$\delta(n-m)=1$,由此可得

$$x(m)\delta(n-m) = \begin{cases} x(n), & m=n \\ 0, & \text{其他} \end{cases}$$

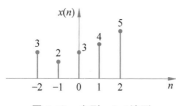

图 2-13 序列 $x(n)$ 波形

式(2-15)表明,序列 $x(n)$ 与 $\delta(n)$ 的卷积运算依然等于序列 $x(n)$。若序列 $x(n)$ 的波形如图 2-13 所示,则序列 $x(n)$ 可表示为单位抽样序列的移位加权和,即

$$x(n) = 3\delta(n+2) + 2\delta(n+1) + 3\delta(n) + 4\delta(n-1) + 5\delta(n-2)$$

3. 公式法计算卷积

卷积的公式计算法一般包括翻转、移位、相乘、相加四个步骤。

(1) 翻转。

首先分别绘出序列 $x(m)$ 和 $h(m)$ 的波形,然后将 $h(m)$ 以 $m=0$ 的纵轴为对称轴翻转成 $h(-m)$。

(2) 移位。

将 $h(-m)$ 移位 n 位得 $h(n-m)$。当 n 为正整数时,右移 n 位;当 n 为负整数时,左移 n 位。

（3）相乘。

再将 $h(n-m)$ 和 $x(m)$ 在相同 m 值处的对应序列值相乘。

（4）相加。

将以上全部对应点的乘积进行求和，就是卷积序列 $y(n)$ 的值。

根据上述步骤，分别取 $n=\cdots,-2,-1,0,1,2,\cdots$，即可根据式（2-14）计算出全部 $y(n)$ 值。在计算卷积 $y(n)$ 时，通常需要依据序列的已知条件分区间计算卷积 $y(n)$。

【例 2-8】 公式法计算卷积示例。

已知序列 $x(n)$ 和 $h(n)$ 如下：

$$x(n)=\begin{cases} n+1, & 1\leqslant n\leqslant 3 \\ 0, & \text{其他} \end{cases}$$

$$h(n)=R_N(4)$$

求两序列的卷积 $y(n)=x(n)*h(n)$。

解：根据已知条件可得：

$$y(n)=x(n)*h(n)=\sum_{m=1}^{3}x(m)h(n-m)$$

根据线性卷积的计算公式以及序列 $x(n)$ 和 $h(n)$ 的非零值区间，分区间计算如下。

（1）若 $n<1$。

$x(m)$ 和 $h(n-m)$ 相乘，无重叠区，因此，有

$$y(n)=0, \quad n<1$$

（2）若 $1\leqslant n\leqslant 3$。

卷积公式乘积项中，$x(m)$ 和 $h(n-m)$ 存在交叠相乘的非零项是从 $m=1$ 至 $m=n$，因此有

$$y(n)=\sum_{m=1}^{n}x(m)h(n-m)=\sum_{m=1}^{n}(m+1)\times 1=\frac{n(n+3)}{2}$$

由此可得

$$y(1)=2, \quad y(2)=5, \quad y(3)=9$$

（3）若 $4\leqslant n\leqslant 6$。

卷积公式乘积项 $x(m)$ 和 $h(n-m)$ 存在非零值的 m 范围的下限是变化的，$n=4,5,6$ 时根据 $x(m)$ 和 $h(n-m)$ 的定义区间可得，m 的下限分别为 $m=1,2,3$，m 取值的上限为 3。

$$y(4)=\sum_{m=1}^{3}x(m)h(4-m)=\sum_{m=1}^{n}(m+1)=9$$

$$y(5)=\sum_{m=2}^{3}x(m)h(5-m)=\sum_{m=2}^{3}(m+1)=3+4=7$$

$$y(6)=x(3)h(6-3)=4$$

（4）若 $n\geqslant 7$。

卷积公式乘积项中，$x(m)$ 和 $h(-m)$ 的乘积不存在非零值的重叠区域，因此，可得

$$y(n)=0$$

4. 表格法计算卷积

对于有限长序列的线性卷积计算，也可以采用表格法进行计算，将序列 $x(n)$ 和 $h(n)$

分别列为如图 2-14 所示的表格,按序号分别相乘,各对角线上方的数值就是 $x(m)h(n-m)$ 的值,将对角线上方各值求和就是 $y(n)=\sum\limits_{m}x(m)h(n-m)$。

因此,例 2-8 用上述图解的计算结果如下:

$y(0)=0, y(1)=0+2=2$

$y(2)=0+2+3=5, y(3)=0+2+3+4=9$

$y(4)=2+3+4=9, y(5)=3+4=7, y(6)=4$

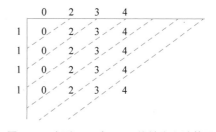

图 2-14　序列 $x(n)$ 与 $h(n)$ 线性卷积计算图

5. 列表法计算卷积

【例 2-9】　列表法计算卷积示例。

已知序列 $x(n)=[1,2,1,1,0,1]$,$h(n)=[3,1,5,1,1]$,试用列表法计算卷积 $y(n)=x(n)*h(n)$。

解:两序列值按如下方式排列,然后将序列值逐项相乘并列表如下,最后按列求和就是卷积运算的结果。

			1	2	1	1	0	1
			3	1	5	1	1	
			1	2	1	1	0	1
		1	2	1	1	0	1	
	5	10	5	5	0	5		
	1	2	1	1	0	1		
3	6	3	3	0	3			
2	7	10	15	9	11	3	6	1	1

根据列表法的计算规则,线性卷积的计算结果如下:

$$y(n)=x(n)*h(n)=[2,7,10,15,9,11,3,6,1,1]$$

线性卷积的计算非常灵活,公式法、图解法、表格法和列表法都可以用于线性卷积的计算,但这些方法都是基于卷积的定义(式(2-14)),本例用列表法计算卷积,也是卷积公式的一种灵活运用。

6. MATLAB 计算卷积

MATLAB 提供了计算线性卷积的 conv 函数,该函数调用格式如下:

```
x = conv(x1,x2);
```

$x1$ 和 $x2$ 表示卷积运算的两个序列,x 用于存储运算结果。

【例 2-10】　线性卷积的 MATLAB 实现示例。

已知序列 $x(n)=[1,2,1,0,2,1]$,$h(n)=[2,3,5,1,2]$,试编写 MATLAB 程序计算 $y(n)=x(n)*h(n)$。

解:线性卷积计算程序的 MATLAB 代码如下:

```
clc;clear all;close all;
xn = [1,2,1,0,2,1];hn = [2,3,5,1,2];
yn = conv(xn,hn)  % 计算线性卷积的 MATLAB 函数
N = length(yn) − 1;n = 0:1:N;
stem(n,yn);
title('线性卷积运算结果');
```

卷积运算结果：$y(n) = [2,7,13,14,13,13,15,7,5,2]$，其波形如图 2-15 所示。

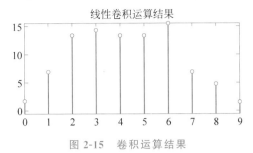

图 2-15 卷积运算结果

7. 线性卷积的性质

1）交换律

卷积运算的结果与序列的先后顺序无关，即

$$y(n) = x(n) * h(n) = h(n) * x(n) \tag{2-16}$$

式(2-16)表明，若将 $h(n)$ 视为输入，将输入 $x(n)$ 视为系统单位抽样响应，则输出 $y(n)$ 不变。

2）结合律

根据卷积的定义可知，卷积运算满足结合律的运算规律，即

$$\begin{aligned}
x(n) * h_1(n) * h_2(n) &= [x(n) * h_1(n)] * h_2(n) \\
&= x(n) * [h_1(n) * h_2(n)] \\
&= [x(n) * h_2(n)] h_1(n)
\end{aligned} \tag{2-17}$$

式(2-17)说明，两个离散线性时不变系统级联所组成的系统依然是线性时不变系统，其单位抽样响应为两级联系统单位抽样响应的卷积。根据卷积的性质，离散线性时不变级联系统的单位抽样响应与级联的顺序无关。

3）分配律

根据卷积的运算规律，卷积运算也满足分配律的运算规律：

$$x(n) * [h_1(n) + h_2(n)] = x(n) * h_1(n) + x(n) * h_2(n) \tag{2-18}$$

式(2-18)表明，两个离散线性时不变系统并联所组成的系统，其单位抽样响应等于两系统的单位抽样响应之和。

2.1.4 序列的周期性

视频讲解

1. 周期序列的定义

如果 $x(n)$ 对任意 n，都存在某一最小的正整数 N，使得

$$x(n) = x(n + N) \tag{2-19}$$

始终成立，则序列 $x(n)$ 为周期性序列，且周期为 N。

2. 正弦序列的周期性

为了更好地理解序列周期性的概念，现以正弦序列为例分析序列周期性的特点。

设正弦序列如下：

$$x(n) = \sin(n\omega + \varphi)$$

则有

$$x(n + N) = \sin[(n + N)\omega + \varphi] = \sin(n\omega + N\omega + \varphi)$$

上式中,若

$$N\omega = 2m\pi, \quad m \text{ 为整数} \tag{2-20}$$

则有

$$\sin(n\omega + \varphi) = \sin[(n+N)\omega + \varphi]$$

即

$$x(n) = x(n+N)$$

若 N 为整数,根据序列周期性的定义,则正弦序列 $x(n) = \sin(n\omega + \varphi)$ 为周期序列。根据式(2-20)可得,其周期如下:

$$N = \frac{2\pi}{\omega} m \tag{2-21}$$

显然,式(2-21)中 N 不一定为整数,N 是否为整数取决于 π 和 ω 的比值,现讨论如下。

(1) 若 $2\pi/\omega$ 为整数。

若 $2\pi/\omega$ 为整数,当 $m = 1$ 时,$N = 2\pi/\omega$ 即为满足条件的最小正整数,这时序列的周期为 $2\pi/\omega$。例如,若 $\omega = \pi/5$,则 $2\pi/\omega = 10$,序列的波形如图 2-16 所示。

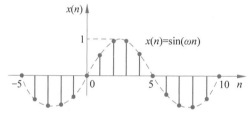

图 2-16　周期 $N = 10$ 的正弦序列

(2) 若 $2\pi/\omega$ 为既约分数。

若 $2\pi/\omega$ 不是整数,而是既约分数,则既约分数可表示为如下形式

$$\frac{2\pi}{\omega} = \frac{N}{m}$$

由于 $\dfrac{N}{m}$ 为既约分数,即 m、N 为互质整数,这时序列的周期等于 $2\pi/\omega$ 的最小整数倍,因此,序列的周期 N 为

$$N = \frac{2\pi}{\omega} m$$

(3) 若 $2\pi/\omega$ 为无理数。

若 $2\pi/\omega$ 为无理数,则 m 取任何整数均不能使 N 为正整数,因此,根据序列周期性定义,这时正弦序列不是周期序列。

序列周期性的讨论说明,正弦序列的周期性和连续正弦信号的周期性是有差异的,即正弦序列不一定恒为周期序列,它是否为周期序列需具备一定的条件,这个条件就是 $\dfrac{2\pi}{\omega}$ 必须是整数或者既约分数。

对于指数为纯虚数的复指数序列以及其他三角函数序列,也存在同样的情况,需要根据周期性定义进行具体分析。因此,若连续时间信号为正弦信号,经抽样以后得到的正弦序列并不一定是周期序列,当 $2\pi/\omega$ 为整数或者既约分数时,才是周期序列,在这一点上,应注意

与连续时间信号的周期性进行区分。

虽然正弦序列是否为周期序列是有条件的,但是不论正弦序列、复指数序列是不是周期序列,参数 ω 都统称为频率。

【例 2-11】　序列的周期性分析示例。

试分析以下序列是否为周期序列:

(1) $x(n) = \sin\left(\dfrac{\pi}{6}n + \dfrac{\pi}{3}\right)$;

(2) $x(n) = \cos\left(\dfrac{6\pi}{11}n + \dfrac{\pi}{6}\right)$。

如果是周期序列,求出其周期。

解:(1) 由于 $x(n) = \sin\left(\dfrac{\pi}{6}n + \dfrac{\pi}{3}\right)$,则有 $\omega = \dfrac{\pi}{6}$,由此可得

$$\frac{2\pi}{\omega} = 12$$

因此,序列的周期 $N = 12$。

(2) 由于 $x(n) = \cos\left(\dfrac{6\pi}{11}n + \dfrac{\pi}{6}\right)$,则有 $\omega = \dfrac{6\pi}{11}$,由此可得

$$\frac{2\pi}{\omega} = \frac{11}{3}$$

显然,$\dfrac{2\pi}{\omega}$ 为既约分数,因此,序列的周期 $N = \dfrac{11}{3}m$,若取 $m = 3$,可得序列的周期 $N = 11$。

3. 正弦信号抽样的周期性

对连续时间正弦信号 $x(t)$ 进行抽样得到正弦序列 $x(n)$,设正弦信号的形式如下:

$$x(t) = \sin(2\pi f t + \varphi)$$

式中,f 为连续正弦信号 $x(t)$ 的频率,φ 为初始相位。

如何选择采样频率 f_s 或采样间隔 T 才能使正弦抽样序列 $x(n)$ 为周期序列? 现分析如下。

根据连续正弦信号的表达式可知,信号 $x(t)$ 的相关参数可确定如下。

角频率:

$$\Omega = 2\pi f$$

连续信号的周期 T_0:

$$T_0 = \frac{1}{f} = \frac{2\pi}{\Omega}$$

设连续时间信号 $x(t)$ 的抽样频率为 f_s,则采样间隔 T 如下:

$$T = \frac{1}{f_s}$$

由于

$$x(n) = x(t)\,|_{t=nT} = \sin(2\pi f nT + \varphi) = \sin(\Omega nT + \varphi) \tag{2-22}$$

根据式(2-9)及式(2-22)可得

$$\omega = 2\pi f T = \Omega T = 2\pi \frac{f}{f_s} \tag{2-23}$$

(1) 数字频率 ω 实际上是取值标准化的相对频率,取值区间为 $[0,2\pi]$。ω 是连续正弦信号的频率 f 对抽样频率 f_s 的相对频率乘以 2π。

(2) 若 $\dfrac{2\pi}{\omega}$ 为有理数,则抽样序列 $x(n)$ 为周期序列,根据式(2-22)、式(2-23)可得

$$\frac{2\pi}{\omega} = \frac{2\pi}{2\pi f T} = \frac{f_s}{f} = \frac{T_0}{T} \tag{2-24}$$

式(2-24)说明,如果 $\dfrac{T_0}{T}\left(\text{或者}\ \dfrac{f_s}{f}\right)$ 是有理数,则抽样序列 $x(n)$ 为周期序列,而有理数即整数或既约分数,设既约分数为 $\dfrac{N}{m}$,则式(2-24)可表示为

$$\frac{2\pi}{\omega} = \frac{f_s}{f} = \frac{T_0}{T} = \frac{N}{m} \tag{2-25}$$

式中,m 和 N 为互质正整数,因此可得

$$NT = mT_0$$

即连续正弦信号的 m 个周期应等于其 N 个抽样间隔。

例如,若正弦信号 $x(t)$ 如下:

$$x(t) = \sin(2\pi f t) = \sin(2\pi \times 300t)$$

由于 $f = 300\mathrm{Hz}$,因此有

$$T_0 = \frac{1}{300}(\mathrm{s}), \quad \omega = 2\pi \times 300T$$

$$x(n) = x(t)\,|_{t=nT} = \sin(2\pi \times 300nT)$$

$$\frac{2\pi}{\omega} = \frac{f_s}{f} = \frac{T_0}{T} = \frac{1}{300T}$$

欲使上式为整数或既约分数,符合条件的 T 值很多,若取

$$T = \frac{1}{1400} = \frac{3}{14}T_0$$

则 $x(n)$ 为正弦周期序列,形式如下:

$$x(n) = \sin\left(2\pi \times \frac{3}{14}n\right)$$

序列周期为

$$N = 14$$

序列 $x(n)$ 如图 2-17 所示。

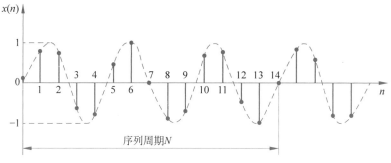

图 2-17　连续正弦信号的周期与采样间隔的关系

图 2-17 中,在正弦信号的 3 个周期进行 14 个点的等间隔抽样,则 $x(n)$ 为周期序列。

2.2 离散线性时不变系统

离散时间系统是指能按照某种算法,将输入序列变换为输出序列的系统或装置。若以 $T[\cdot]$ 来表示离散系统的运算,则离散时间系统可以表示如下:

$$y(n) = T[x(n)] \tag{2-26}$$

式中,$x(n)$ 为输入信号,$y(n)$ 为输出信号。

式(2-26)也可以用图 2-18 来表示。

离散时间系统可以分为线性系统和非线性系统。

图 2-18 离散时间系统

2.2.1 线性系统

线性离散时间系统简称为线性系统,是指同时满足叠加性和齐次性的系统。不能同时满足叠加性和齐次性的系统称为非线性离散系统。

叠加性是指当多个输入信号同时作用于离散时间系统时,系统总输出等于各个输入信号单独作用于系统时所产生的输出信号之和。叠加性又称为可加性。

齐次性是指若离散系统的输入信号乘以任意常数,其输出信号等于该信号单独作用于系统时所产生的输出乘以同一常数,齐次性又称为比例性。

如果离散系统中乘法器的系数不随时间变化,则该系统称为时不变离散系统或移不变离散系统,否则就称为时变离散系统。

1. 叠加性

若

$$y_1(n) = T[x_1(n)], \quad y_2(n) = T[x_2(n)]$$

则有

$$y_1(n) + y_2(n) = T[x_1(n)] + T[x_2(n)] = T[x_1(n) + x_2(n)]$$

2. 齐次性

$$a_1 y_1(n) = a_1 T[x_1(n)] = T[a_1 x_1(n)]$$
$$a_2 y_2(n) = a_2 T[x_2(n)] = T[a_2 x_2(n)]$$

3. 线性特性

同时满足叠加性和齐次性的系统称为线性系统,也就是说,一个系统是否为线性系统的判定条件为当且仅当以下公式成立:

$$a_1 y_1(n) + a_2 y_2(n) = a_1 T[x_1(n)] + a_2 T[x_2(n)]$$
$$= T[a_1 x_1(n) + a_2 x_2(n)] \tag{2-27}$$

线性特性可以推广到 N 个输入的线性组合,若线性系统为 N 个输入的线性组合,则线性特性可表示为

$$\sum_{i=1}^{N} a_i y_i(n) = \sum_{i=1}^{N} a_i T[x_i(n)] = T\left[\sum_{i=1}^{N} a_i x_i(n)\right] \tag{2-28}$$

判断一个离散系统是否为线性系统,必须证明此系统同时满足叠加性和齐次性,而且输入信号及比例常数都可以为复数。

【例 2-12】 线性系统判定示例。

已知离散系统的输入为 $x(n)$,输出为 $y(n)$,若输入/输出满足以下关系

$$y(n) = 5x^2(n)$$

试判断该系统是否为线性系统。

解:先分析叠加性,若输入为 $x_1(n)$,则系统的输出为

$$y_1(n) = 5x_1^2(n)$$

若输入为 $x_2(n)$,则系统的输出为

$$y_2(n) = 5x_2^2(n)$$

因此,若输入为 $x(n) = x_1(n) + x_2(n)$,则有

$$y(n) = T[x_1(n) + x_2(n)] = 5[x_1(n) + x_2(n)]^2$$
$$= 5x_1^2(n) + 10x_1(n)x_2(n) + 5x_2^2(n)$$

而

$$T[x_1(n)] + T[x_2(n)] = 5x_1^2(n) + 5x_2^2(n)$$

因此

$$T[x_1(n)] + T[x_2(n)] \neq T[x_1(n) + x_2(n)]$$

系统不满足叠加性,故该系统不是线性系统。

【例 2-13】 初始储能系统的线性特性判定示例。

已知离散系统的方程如下:

$$y(n) - 5x(n) + 8$$

试判断该系统是否为线性系统。

解:先验证叠加性,令 $x_1(n) = 3, x_2(n) = 6$,则有

$$y_1(n) = 5x_1(n) + 8 = 23$$
$$y_2(n) = 5x_2(n) + 8 = 38$$

所以,$y_1(n) + y_2(n) = 61$。

而该系统对 $x_3(n) = x_1(n) + x_2(n) = 9$ 的响应为

$$y_3(n) = 5x_3(n) + 8 = 53$$
$$y_3(n) \neq y_1(n) + y_2(n)$$

可见该系统不满足叠加性,因此不是线性系统。

实际上,由于此系统不满足零输入($x(n) = 0$)得到零输出($y(n) = 0$)的要求,也说明了此系统不是线性系统。

2.2.2 时不变系统

若一个系统的响应与激励施加的时刻无关,则称该系统为离散时不变系统(LTI),也称为移不变系统(LSI)。

如果一个系统是时不变系统,则说明该系统的参数是不随时间而变化的,也就是说,系统对于输入 $x(n)$ 产生输出 $y(n)$,若输入 $x(n-m)$,则产生的输出为 $y(n-m)$。对时不变系统,若

$$T[x(n)] = y(n)$$

则

$$T[x(n-m)] = y(n-m) \tag{2-29}$$

其中，m 为任意整数。

时不变系统的工程意义是指系统的输入移位，其输出也产生相同的移位，即输出信号的波形不变，波形仅在时间上产生了与输入同样的移位。

【例 2-14】 时不变(移不变)系统的判定示例。

已知离散系统如下：

(1) $y(n) = 5x(n) + 8$；

(2) $y(n) = \sum\limits_{m=-\infty}^{n} x(m)$。

试分析上述系统是否为时不变系统。

解：

(1) 根据已知条件有

$$T[x(n-m)] = 5x(n-m) + 8$$

而

$$y(n-m) = 5x(n-m) + 8$$

由于 $T[x(n-m)] = y(n-m)$，根据时不变系统的定义，该系统是时不变系统。

(2) 根据系统已知条件，可得

$$T[x(n-k)] = \sum\limits_{m=-\infty}^{n} x(m-k) = \sum\limits_{m=-\infty}^{n-k} x(m)$$

$$y(n-k) = \sum\limits_{m=-\infty}^{n-k} x(m)$$

由于 $T[x(n-m)] = y(n-m)$，因此，该系统是时不变系统。

该例表明，具有累加功能的系统是时不变系统。

【例 2-15】 含有时变因子系统的时不变特性分析。

试判定如下系统是否为时不变系统：

$$y(n) = x(n)\sin\left(\frac{\pi n}{5} + \frac{\pi}{3}\right)$$

解：根据已知条件有

$$T[x(n-m)] = x(n-m)\sin\left(\frac{\pi n}{5} + \frac{\pi}{3}\right)$$

$$y(n-m) = x(n-m)\sin\left(\frac{\pi(n-m)}{5} + \frac{\pi}{3}\right)$$

显然，$T[x(n-m)] \neq y(n-m)$，因此，该系统不是时不变系统。

该例的推导过程表明，若系统含有时变(n)增益，则这类系统为时变系统。

一个离散时间系统，如果既是线性系统，又是时不变系统，则该系统称为线性时不变(Linear Shift Invariant, LSI)离散时间系统，简称 LSI 系统。由于实际应用系统绝大多数是线性时不变系统，因此，如果没有特别说明，则一般均指 LSI 系统。

2.2.3 因果系统

1. 因果系统的定义

因果系统是指系统某时刻的输出仅与当前的输入以及过去的输入有关,而与将来的输入无关。也就是说,一个系统如果是因果系统,当且仅当输入信号作用于系统时,才会产生输出,而不会在输入激励于系统之前产生输出。若一个系统某时刻的输出与该时刻之后的输入有关,则不符合因果属性,是非因果系统。一般情况下,非因果系统在物理上是不可实现的系统。

在信号处理中,因果系统的概念非常重要,但并非所有实际应用的系统都是因果系统。例如,对于数字图像处理系统,由于变量不是时间,因而可以使用非因果系统。另外,对于非实时应用,若处理数据已提前录制在数据库中,如语音处理等,也可以采用非因果系统进行数据处理。另外,在噪声处理方面,为了降低噪声,经常采用如下数据平均模型:

$$y(n) = \frac{1}{2N+1} \sum_{k=-N}^{N} x(n-k) \tag{2-30}$$

该处理方法属于非因果系统。

根据因果系统的定义,离散系统 $y(n) = n^2 x(n)$ 是因果系统,$y(n) = x(n+1) + ax(n)$ 是非因果系统。

【例 2-16】 因果系统的判定。

已知离散系统如下:

$$y(n) = x(-n)$$

试分析该系统是否为因果系统。

解:

根据因果系统的定义,$n < 0$ 时的输出决定于 $n > 0$ 时的输入(对于 $n < 0$ 而言,$n > 0$ 是将来的输入)。因此,该系统是非因果系统。

本例说明,分析一个系统是否为因果系统,应观察系统的全局信息,不能只看局部条件。如果仅观察 $n > 0$,则该系统符合因果系统的条件。因为,$n > 0$ 时,该系统 $n > 0$ 的输出取决于 $n < 0$ 的输入,符合因果属性,但这仅是系统的一个局部属性;而当 $n < 0$ 时,该系统的输出决定于 $n > 0$ 时的输入(将来的输入),不符合因果属性。

分析一个系统是否为因果系统应对系统时间变量的全区间进行观察和分析。此外在分析系统的因果属性时,应注意输入信号与输入信号的系数的区别,不能混淆。例如:

$$y(n) = x(n)\sin(n+2)$$

该系统符合因果系统的定义,属于因果系统。在观察因果特性时,不要被 $\sin(n+2)$ 所影响,这只是输入信号 $x(n)$ 的系数。

2. 因果系统的判定定理

线性时不变系统是因果系统的充分必要条件是系统的单位抽样响应 $h(n)$ 是因果序列,即

$$h(n) = 0 \quad n < 0 \tag{2-31}$$

证:

(1) 证充分性。

当 $n<0$ 时,$h(n)=0$,则

$$y(n) = \sum_{m=-\infty}^{n} x(m)h(n-m)$$

可得

$$y(n_0) = \sum_{m=-\infty}^{n_0} x(m)h(n-m)$$

系统 n_0 时刻的输出 $y(n_0)$ 只和 $m \leqslant n_0$ 时刻的输入 $x(m)$ 有关,与将来的输入无关,因此,该系统是因果系统。

(2) 证必要性。

采用反证法证明必要性。

对于因果系统,假设 $n<0$ 时,$h(n) \neq 0$,则

$$y(n) = \sum_{m=-\infty}^{n} x(m)h(n-m) + \sum_{m=n+1}^{\infty} x(m)h(n-m)$$

由于 $n<0$ 时,$h(n) \neq 0$,上式第二项至少有一项不为零,即 $y(n)$ 将至少和 $m>n$ 时的某一个 $x(m)$ 有关,与因果系统的条件矛盾,假设不成立。因此 $n<0$ 时,$h(n)=0$。

从工程意义上讲,一个线性系统如果是因果系统,实际上等效于该系统具有初始松弛(initial rest)状态。

根据因果特性的含义,信号处理中,通常将 $n<0$ 时,$x(n)=0$ 的序列称为因果序列。

2.2.4 稳定系统

1. 稳定系统的定义

视频讲解

如果系统在有界输入激励下,产生的输出(BIBO)有界,则称该系统为稳定系统。公式表示如下。

若

$$|x(n)| \leqslant M < \infty$$

则

$$|y(n)| \leqslant P < \infty$$

稳定性是系统一个非常重要的特性,一般情况下,实际应用系统必须是一个稳定系统。

2. 稳定系统的判定

线性时不变系统是稳定系统的充分必要条件是系统的单位抽样响应具有绝对可加性,即

$$\sum_{n=-\infty}^{\infty} |h(n)| = P < \infty \tag{2-32}$$

证:(1) 证充分性,若

$$\sum_{n=-\infty}^{\infty} |h(n)| = P < \infty$$

若输入序列 $x(n)$ 有界,即

$$|x(n)| \leqslant M$$

则

$$| y(n) | = \left| \sum_{m=-\infty}^{\infty} x(m)h(n-m) \right| \leqslant \sum_{m=-\infty}^{\infty} | x(m) | | h(n-m) |$$

$$\leqslant M \sum_{m=-\infty}^{\infty} | h(n-m) | = M \sum_{k=-\infty}^{\infty} | h(k) | = MP < \infty$$

即输入 $x(n)$ 有界时,系统的输出 $y(n)$ 有界,因此,充分条件成立。

(2) 证必要性。

采用反证法证明必要性。

假设系统稳定,而单位抽样响应却不满足绝对可加性,即

$$\sum_{n=-\infty}^{\infty} | h(n) | \to \infty$$

这时,可以对该系统施加如下有界输入:

$$x(n) = \begin{cases} 1, & h(-n) \geqslant 0 \\ -1, & h(-n) < 0 \end{cases}$$

则该系统在 $n=0$ 时刻,系统的响应如下:

$$y(0) = \sum_{m=-\infty}^{n} x(m)h(0-m) = \sum_{m=-\infty}^{n} | h(-m) | = \sum_{m=-\infty}^{n} | h(m) | \to \infty$$

上式表明,系统在输入 $x(n)$ 有界的条件下,在 $n=0$ 处产生了无界输出,与系统稳定性的条件矛盾,假设不成立。

因此,$\sum_{n=-\infty}^{\infty} | h(n) | = P < \infty$ 是系统稳定性的必要条件。

本例表明,证明否定性结论时,若存在任一特例可以否定该结论,则说明结论不成立。例如,若证明一个系统不是稳定系统,若能找到任一符合条件的有界输入,使系统产生了无界输出,则证明该系统为非稳定系统。如果判断系统是稳定系统,则不能用特例来证明系统稳定,而必须依据稳定性定义或稳定性判定方法来进行判断。

【例 2-17】 系统的因果性与稳定性分析。

已知时不变系统的单位抽样响应如下:

$$h(n) = a^n u(n)$$

试分析该系统的因果性和稳定性。

解:(1) 分析因果性,根据已知条件有

$$h(n) = a^n u(n)$$

即 $n<0$ 时,$h(n)=0$,因此,该系统是因果系统。

(2) 分析稳定性。

由于

$$\sum_{n=-\infty}^{\infty} | h(n) | = \sum_{n=0}^{\infty} | a^n | = \begin{cases} \dfrac{1}{1-| a |}, & | a | < 1 \\ \infty, & | a | \geqslant 1 \end{cases}$$

因此可得:当 $|a|<1$ 时,$\sum_{n=-\infty}^{\infty} | h(n) | < \infty$,该系统是稳定系统;当 $|a| \geqslant 1$ 时,该系统为非稳定系统。

当 $0 < a < 1$ 时，$h(n)$ 如图 2-19(a) 所示；当 $a > 1$ 时，$h(n)$ 如图 2-19(b) 所示。

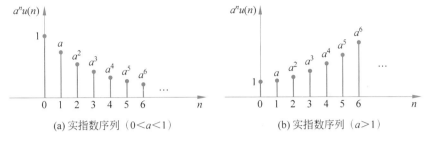

(a) 实指数序列（$0 < a < 1$）　　　　　(b) 实指数序列（$a > 1$）

图 2-19　实指数序列

2.3　线性系统输入/输出关系

2.3.1　应用卷积求系统输出

单位抽样响应是指输入为单位抽样序列(冲激序列)时系统的输出，一般用 $h(n)$ 表示单位抽样响应，根据定义可得

$$h(n) = T[\delta(n)] \tag{2-33}$$

线性时不变系统的特征可通过单位抽样响应来描述，任何线性时不变系统，若给定了系统的单位抽样响应 $h(n)$，则可以求出该系统在任意输入下产生的输出。

设系统的输入为 $x(n)$，输出序列为 $y(n)$，任一序列 $x(n)$ 可表示为 $\delta(n)$ 的移位加权和，即

$$x(n) = \sum_{m=-\infty}^{\infty} x(m)\delta(n-m)$$

则系统的输出为

$$\begin{aligned}
y(n) &= T\left[\sum_{m=-\infty}^{\infty} x(m)\delta(n-m)\right] \\
&= \sum_{m=-\infty}^{\infty} x(m)T[\delta(n-m)] \text{（叠加性和齐次性）} \\
&= \sum_{m=-\infty}^{\infty} x(m)h(n-m)
\end{aligned}$$

这就是线性时不变系统的卷积表达式，即

$$y(n) = x(n) * h(n) \tag{2-34}$$

式(2-34)可以表示为如图 2-20 所示的系统。

图 2-20　线性时不变系统

2.3.2　常系数线性差分方程

连续线性时不变系统的输入/输出关系一般用常系数线性微分方程来描述，而离散时间线性时不变系统的输入/输出关系则通常采用常系数线性差分方程来描述，形式如下：

$$\sum_{k=0}^{N} a_k y(n-k) = \sum_{m=0}^{M} b_k x(n-m) \tag{2-35}$$

常系数是指方程的系数 $a_1, a_2, \cdots, a_N, b_1, b_2, \cdots, b_M$ 是常数。若上述系数是自变量 n 的函数,则称为变系数线性差分方程。

差分方程的阶数是指待求序列 $y(n)$ 序号的最大值与最小值之差。以式(2-35)为例,这是 N 阶差分方程。线性差分方程的线性是指 $y(n-k)$ 以及 $x(n-m)$ 所有项均为一次幂,而且不存在 $y(n-k)$ 与 $x(n-m)$ 的交叉乘积项,否则为非线性差分方程。

常系数线性差分方程的求解主要包括离散时域(序列域)求解法和变换域求解法两类。时域求解主要包括经典法、迭代法、卷积求解法三种方法。迭代法的求解思路相对简单,但一般只能得到数值解,难以得到闭合形式的解;卷积求解法主要用于系统初始状态为零时,求解系统的零状态响应。

变换域求解法与连续系统采用拉普拉斯变换法求解微分方程类似。变换域求解差分方程通过 z 变换,将差分方程转换为代数方程,这是一种简单、快捷的求解方法。z 变换方法将在第 3 章进行系统的介绍。

若已知系统的差分方程,在给定输入和给定边界条件(初始条件)下,可用迭代法求解系统的响应,接下来介绍离散系统的迭代法。

【例 2-18】 迭代法求解示例。

已知常系数线性差分方程如下:

$$y(n) - ay(n-1) = bx(n)$$

初始状态条件:$y(-1) = 0$,求系统的单位抽样响应 $h(n)$。

解:由于需求单位抽样响应 $h(n)$,故令 $x(n) = \delta(n)$,则系统的输出 $y(n)$ 就是单位抽样响应 $h(n)$。

有根据已知条件有

$$y(-1) = 0$$

可得

$$h(-1) = 0$$
$$y(n) = h(n) = 0, \quad n < 0$$

根据 $n < 0$ 时,$h(n) = 0$,该系统为因果系统。

由差分方程,可得

$$h(n) = ah(n-1) + bx(n)$$

以 $n = 0, 1, 2, \cdots$ 代入,可得

$$h(0) = ah(-1) + b = 0 + b = b$$
$$h(1) = ah(0) + 0 = ab + 0 = ab$$
$$h(2) = ah(1) + 0 = a^2 b + 0 = a^2 b$$
$$\vdots$$
$$h(n) = ah(n-1) + 0 = a^n b + 0 = a^n b$$

因此,系统的单位抽样响应为

$$h(n) = \begin{cases} a^n b, & n \geqslant 0 \\ 0, & n < 0 \end{cases}$$

即

$$h(n) = a^n bu(n)$$

因此,当 $|a| < 1$ 时,该系统是因果稳定系统。

【例 2-19】 相同差分方程,不同初始条件示例。

已知常系数线性差分方程如下:

$$y(n) - ay(n-1) = bx(n)$$

系统的初始状态(边界条件)为 $y(0) = 0$。

(1) 求该系统的单位抽样响应;

(2) 分析系统的因果特性。

解:(1) 求单位抽样响应 $h(n)$。

令 $x(n) = \delta(n)$,则 $y(n) = h(n)$,根据边界条件 $y(0) = 0$,可得

$$y(n) = h(n) = 0, \quad n > 0$$

接下来分析 $n \leqslant 0$ 的情况,根据系统的差分方程可得

$$y(n-1) = \frac{1}{a} [y(n) - bx(n)]$$

即

$$y(n) = \frac{1}{a} [y(n+1) - bx(n+1)]$$

$n > 0$ 时,$y(n) = h(n) = 0$。

$n < 0$ 时,单位抽样响应 $h(n)$ 可用递推法求解如下:

$$h(0) = \frac{1}{a} [h(1) - bx(1)] = 0$$

$$h(-1) = \frac{1}{a} [h(0) - bx(0)] = -a^{-1} b$$

$$h(-2) = \frac{1}{a} [h(-1) - bx(-1)] = -a^{-2} b$$

$$\vdots$$

$$h(n) = \frac{1}{a} [h(n+1) - bx(n+1)] = -a^n b$$

因此,可得

$$h(n) = \begin{cases} 0, & n \geqslant 0 \\ -a^n b, & n < 0 \end{cases}$$

上式也可表示为

$$h(n) = -a^n bu(-n-1)$$

(2) 系统因果性分析。

根据系统的单位抽样响应可知

$$h(n) \neq 0, \quad n < 0$$

因此,该系统不是因果系统。若 $|a| > 1$ 则系统为稳定系统。

虽然例 2-19 与例 2-18 的差分方程相同,但由于边界条件不同,例 2-18 所表示的系统为因果系统,而例 2-19 的系统为非因果系统。同一差分方程,若给定的边界条件不同,所表示

的系统特性可能完全不同。实际上,对于常系数线性差分方程,边界条件适当时才相当于一个线性时不变系统。以例 2-19 为例,若边界条件为 $y(0)=1$,则该系统既不是时不变系统,也不是线性系统。在本书中,若无特别说明,一般认为常系数线性差分方程所给定的边界条件符合线性时不变系统特性。

采用差分方程表示离散系统的一个重要优点是可以根据差分方程直接得到系统的结构图,也就是说,可以根据差分方程,直接确定系统由输入到输出的运算结构。

【例 2-20】 差分方程与算法结构示例。

以例 2-18 的系统差分方程为例,即系统的差分方程如下:

$$y(n) + ay(n-1) = bx(n)$$

试确定该系统的算法结构。

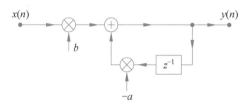

图 2-21 一阶差分方程的运算结构图

解:对差分方程进行移项,可得

$$y(n) = bx(n) - ay(n-1)$$

根据差分方程,表示该系统需要使用乘法器、加法器和延时单元,设"⊕"表示加法器;"⊗"表示乘法器;z^{-1} 表示基本延时单元。则依据差分方程,可得系统结构如图 2-21 所示。

2.4 连续时间信号的抽样

由于数字信号处理具有方便与快速的优点,其应用范围越来越广泛,很多工程应用都需要将模拟信号转换为数字信号。模拟信号转换为数字信号称为模数(A/D)转换,一般需要经过采样(抽样)、量化和编码三个步骤,抽样是模拟信号实现数字化的第一个步骤。

2.4.1 信号采样

信号采样(抽样)可以分为实际抽样和理想抽样,信号的实际抽样可以认为是由如图 2-22 所示的电子开关完成。

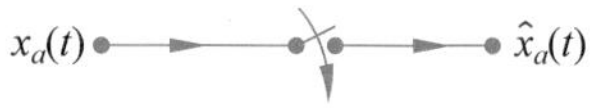

对模拟信号抽样,电子开关每隔一定的时间间隔 T 闭合一次,实现抽样。对理想抽样,电子开关闭合时间 τ 趋于 0;对于实际抽样,开关闭合无法趋于 0,但时间 τ 应尽量短,并满足 $\tau \ll T$。

图 2-22 信号抽样的物理模型

图 2-23 为信号实际抽样过程的原理图,实际抽样是通过周期性抽样脉冲序列 $p(t)$,每隔一定的时间间隔对模拟信号 $x_a(t)$ 进行等间隔采样,获取信号的离散数值,从而得到抽样信号,即离散时间信号,以 $\hat{x}_a(t)$ 表示。$\hat{x}_a(t)$ 经过采样和量化编码后将得到数字信号。对于实际抽样,开关闭合的时间虽然没有达到趋于零的理想程度,但这个时间也非常短,一般设为 τ 秒,且 $\tau \ll T$ 从而实现对输入信号的抽样。

若实际抽样的开关闭合时间趋于 0,实际抽样就近似于理想抽样,即实际抽样的脉冲时间 $\tau \to 0$,矩形脉冲信号就成为冲激脉冲信号,就实现了理想抽样,图 2-24 为信号的理想抽样过程示意图。

理想抽样过程可以看作一个脉冲调幅过程,模拟信号 $x_a(t)$ 为调制信号,被调制的脉冲载波是周期为 T、宽度为 τ 的周期脉冲串。当脉冲宽度 τ 持续时间很小时,就是实际抽样。

当脉冲宽度 $\tau \rightarrow 0$ 时,则得到理想抽样,此时抽样脉冲序列 $p(t)$ 为理想的冲激函数序列 $\delta_T(t)$,而各冲激函数准时出现在抽样点上,冲激函数积分面积为 1,信号经理想抽样后,输出值等于输入信号 $x_a(t)$ 在抽样时刻的幅值。

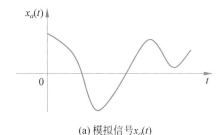

(a) 模拟信号$x_a(t)$

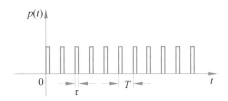

(b) 等间隔抽样脉冲信号

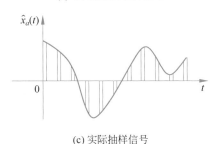

(c) 实际抽样信号

图 2-23　信号的实际抽样

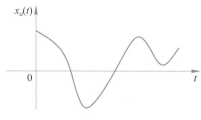

(a) 模拟信号$x_a(t)$

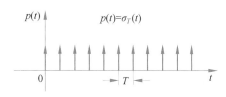

(b) 冲激函数序列

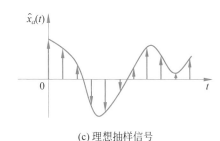

(c) 理想抽样信号

图 2-24　信号的理想抽样

设冲激函数序列为 $\delta_T(t)$,则有

$$\delta_T(t) = \sum_{m=-\infty}^{\infty} \delta(t-mT) \tag{2-36}$$

理想抽样信号 $\hat{x}_a(t)$ 为

$$\hat{x}_a(t) = x_a(t)\delta_T(t) \tag{2-37}$$

由此可得

$$\hat{x}_a(t) = \sum_{m=-\infty}^{\infty} x_a(t)\delta(t-mT) \tag{2-38}$$

根据冲激函数的性质,$\delta(t-mT)$ 仅在 $t=mT$ 时刻不为 0,因此有

$$\hat{x}_a(t) = \sum_{m=-\infty}^{\infty} x_a(mT)\delta(t-mT) \tag{2-39}$$

2.4.2　抽样定理

对于连续时间信号的抽样,需要研究两方面的内容,一是连续时间信号经抽样后信号的频谱会如何变化? 二是从抽样信号中,能否无失真地恢复原来的连续时间信号?

为分析信号经过理想抽样后频谱的变化,设以下信号的傅里叶变换表示如下:

$$X_a(j\Omega) = F[x_a(t)], \Delta_T(j\Omega) = F[\delta_T(t)], \hat{X}_a(j\Omega) = F[\hat{x}_a(t)]$$

根据频域卷积定理,对式(2-37)进行傅里叶变换,可得

$$\hat{x}_a(j\Omega) = \frac{1}{2\pi}\Delta_T(j\Omega) * X_a(j\Omega) \tag{2-40}$$

而

$$X_a(j\Omega) = F(x_a(t)) = \int_{-\infty}^{\infty} x_a(t)e^{-j\Omega}dt$$

因$\delta_T(t)$是周期函数,根据级数和傅里叶变换理论可知,$\delta_T(t)$可表示为傅里叶级数,即

$$\delta_T(t) = \sum_{k=-\infty}^{\infty} c_k e^{jk\Omega_s t} \tag{2-41}$$

式中

$$\Omega_s = \frac{2\pi}{T}$$

系数c_k可表示为

$$c_k = \frac{1}{T}\int_{-T/2}^{T/2}\delta_T(t)e^{-jk\Omega_s t}dt = \frac{1}{T}\int_{-T/2}^{T/2}\sum_{m=-\infty}^{\infty}\delta(t-mT)e^{-jk\Omega_s t}dt \tag{2-42}$$

式(2-42)在$\left[-\frac{\pi}{2},\frac{\pi}{2}\right]$积分区间内只有$m=0$时的一个$\delta(t)$起作用,根据$\delta(t)$的取样特性,可得

$$c_k = \frac{1}{T}\int_{-T/2}^{T/2}\delta(t)e^{-jk\Omega_s t}dt = \frac{1}{T}$$

将$c_k = \frac{1}{T}$代入式(2-41),可得

$$\delta_T(t) = \frac{1}{T}\sum_{k=-\infty}^{\infty} a_k e^{jk\Omega_s t} \tag{2-43}$$

因此

$$\Delta_T(j\Omega) = FT[\delta_T(t)] = F\left[\frac{1}{T}\sum_{k=-\infty}^{\infty}e^{jk\Omega_s t}\right] = \frac{1}{T}\sum_{k=-\infty}^{\infty}F[e^{jk\Omega_s t}]$$

由于

$$F[e^{jk\Omega_s t}] = 2\pi\delta(\Omega - k\Omega_s) \tag{2-44}$$

所以

$$\Delta_T(j\Omega) = F[\delta_T(t)] = \frac{2\pi}{T}\sum_{k=-\infty}^{\infty}\delta(\Omega - k\Omega_s) = \Omega_s\sum_{k=-\infty}^{\infty}\delta(\Omega - k\Omega_s) \tag{2-45}$$

将式(2-45)代入式(2-40)可得

$$\hat{X}_a(j\Omega) = \frac{1}{2\pi}\left[\frac{2\pi}{T}\sum_{k=-\infty}^{\infty}\delta(\Omega - k\Omega_s) * X_a(j\Omega)\right]$$

$$= \frac{1}{T}\int_{-\infty}^{\infty}X_a(j\theta)\sum_{k=-\infty}^{\infty}\delta(\Omega - k\Omega_s - \theta)d\theta$$

$$= \frac{1}{T} \sum_{k=-\infty}^{\infty} \int_{-\infty}^{\infty} X_a(j\theta)\delta(\Omega - k\Omega_s - \theta)d\theta$$

$$= \frac{1}{T} \sum_{k=-\infty}^{\infty} X_a(j\Omega - jk\Omega_s) \tag{2-46}$$

由式(2-46)可知,连续时间信号经理想抽样后,其频谱是原模拟信号频谱的周期延拓,延拓的周期为抽样频率 $\Omega_s = 2\pi/T$,幅值为原频谱幅值的 $1/T$,如图 2-25 所示,图中,频谱幅值以绝对值表示。

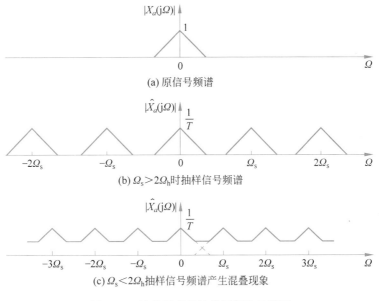

(a) 原信号频谱

(b) $\Omega_s > 2\Omega_h$ 时抽样信号频谱

(c) $\Omega_s < 2\Omega_h$ 抽样信号频谱产生混叠现象

图 2-25 信号经理想抽样后频谱示意图

(1) 抽样信号的频谱是原信号频谱的周期延拓,即原信号频谱为基础,以 Ω_s 为周期进行延拓;抽样信号频谱的幅值是原频谱幅值的 $1/T$。若无混叠现象,则每一个延拓的频谱乘以常数 T,就和原连续时间信号的频谱相同。

(2) 如果各延拓频谱不产生混叠,则可不失真地恢复出原模拟信号的频谱。设 $x_a(t)$ 是如图 2-25(a)所示的限带信号,且最高频谱分量 Ω_h 不超过 $\Omega_s/2$,即

$$X_a(j\Omega) = \begin{cases} X_a(j\Omega), & |\Omega| < \dfrac{\Omega_s}{2} \\ 0, & |\Omega| \geqslant \dfrac{\Omega_s}{2} \end{cases} \tag{2-47}$$

则原信号的频谱和各延拓频谱分量互不重叠,如图 2-25(b)所示。这时用一个截止频率为 $\Omega_s/2$ 的理想低通滤波器,就可不失真地恢复原信号频谱,即可以不失真地恢复原连续时间信号。

(3) 若原信号的最高频率 $\Omega_h > \dfrac{\Omega_s}{2}$,如图 2-25(c)所示,则各周期延拓分量将发生频谱重叠,即产生频谱混叠,称为频谱的混叠现象。

采样定理。对连续时间信号进行抽样,若抽样频率 f_s 大于或等于信号谱的最高频率

f_h 的 2 倍,即 $f_s \geqslant 2f_h(\Omega_s \geqslant 2\Omega_h)$,则可以无失真地恢复出原信号。采样定理又称为奈奎斯特采样定理。

习惯上,一般将抽样频率的一半,即 $\Omega_s/2$ 称为折叠频率,即

$$\Omega_s/2 = \pi/T \tag{2-48}$$

当信号频谱超过 $\Omega_s/2$ 时,就会发生频谱混叠。

为了避免在信号采样时发生混叠现象,一般应在抽样前加入一个截止频率为 $\Omega_s/2$ 的低通滤波器,称为防混叠滤波器,从而滤除信号中高于 $\Omega_s/2$ 的频率成分。

2.4.3 信号的重建

1. 信号的频域恢复

根据奈奎斯特抽样定理,若信号谱的最高频率小于折叠频率 $\Omega_s/2$,则连续时间信号经过抽样后不会产生频谱混叠,根据式(2-46)可得

$$\hat{X}_a(j\Omega) = \frac{1}{T} \sum_{k=-\infty}^{\infty} X_a(j\Omega - jk\Omega_s) \tag{2-49}$$

因此,采用理想低通滤波器对抽样信号频谱 $\hat{X}_a(j\Omega)$ 进行滤波即可滤除 $k=0$ 之外的其他各频谱分量,从而恢复原信号。低通滤波器的数学表达式如下:

$$H(j\Omega) = \begin{cases} T, & |\Omega| < \dfrac{\Omega_s}{2} \\ 0, & |\Omega| \geqslant \dfrac{\Omega_s}{2} \end{cases} \tag{2-50}$$

滤波器的输出为

$$\hat{X}_a(j\Omega)H(j\Omega) = X_a(j\Omega)$$

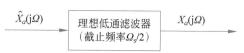

由上式可知,输出端为原模拟信号 $x_a(t)$,如图 2-26 所示。

图 2-26 理想低通滤波器

2. 信号的时域重建

先讨论理想低通滤波器 $H(j\Omega)$ 的单位抽样响应,对理想低通滤波器进行傅里叶逆变换,可得

$$h(t) = \frac{1}{2\pi} \int_{-\infty}^{\infty} H(j\Omega) e^{j\Omega t} d\Omega = \frac{T}{2\pi} \int_{-\Omega_s/2}^{\Omega_s/2} e^{j\Omega t} d\Omega$$

令

$$\mathrm{Sa}(x) = \frac{\sin(x)}{x} \tag{2-51}$$

则有

$$h(t) = \mathrm{Sa}\left(\frac{\Omega_s}{2}t\right) = \mathrm{Sa}\left(\frac{\pi}{T}t\right)$$

根据图 2-26,抽样信号经过理想低通滤波器之后,其输出就是原信号,即原信号可通过 $\hat{x}_a(t)$ 与 $h(t)$ 的卷积积分获得。理想低通滤波器的输出如下:

$$y_a(t) = \int_{-\infty}^{\infty} \hat{x}_a(\tau)h(t-\tau)d\tau = \int_{-\infty}^{\infty} \left[\sum_{n=-\infty}^{\infty} x_a(\tau)\delta(\tau - nT) \right] h(t-\tau)d\tau$$

$$= \sum_{n=-\infty}^{\infty} \int_{-\infty}^{\infty} x_a(\tau) h(t-\tau) \delta(\tau-nT) \mathrm{d}\tau = \sum_{m=-\infty}^{\infty} x_a(nT) h(t-nT)$$

$$= \sum_{n=-\infty}^{\infty} x_a(mT) \mathrm{Sa}\left(\frac{\pi}{T}(t-nT)\right) \tag{2-52}$$

式(2-52)是信号重建的抽样插值公式。

(1) 由 $x_a(t)$ 的抽样值 $x_a(nT)$ 与插值函数 $\mathrm{Sa}(t)$ 的乘积重建连续信号 $x_a(t)$。

(2) 插值函数的波形如图 2-27 所示,插值函数在抽样点 nT 上的值为1,在其他抽样点上的值为0,即 $x_a(t)$ 等于各 $x_a(nT)$ 乘以对应 n 值的插值函数之和。在各抽样点上,仅有该点对应的插值函数值不等于零。

(3) 在各抽样点上,信号 $x_a(t)$ 的重建值不变,在任意两个抽样点之间,信号值是各抽样函数波形的加权叠加,如图 2-28 所示。

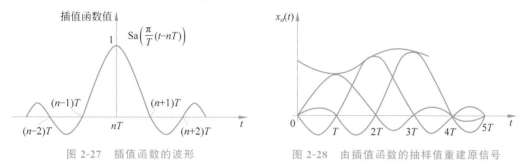

图 2-27　插值函数的波形　　　　　图 2-28　由插值函数的抽样值重建原信号

信号重建公式表明,如果抽样频率不小于信号谱最高频率成分的两倍,则连续时间信号可由抽样值完全表示,不会损失任何信息。

2.4.4　实际抽样频谱

1. 实际抽样的频谱

工程上,抽样脉冲序列往往达不到理想冲激函数序列的条件,脉冲宽度 τ 具有一定的宽度,因此实际的抽样脉冲序列是矩形周期脉冲 $p(t)$,这时抽样信号的频谱会受到一定的影响。

脉冲 $p(t)$ 是周期函数,周期函数可展开为如下傅里叶级数:

$$p(t) = \sum_{n=-\infty}^{\infty} e_k \mathrm{e}^{\mathrm{j}k\Omega_s t} \tag{2-53}$$

$p(t)$ 幅度为1,其傅里叶系数可计算如下:

$$e_k = \frac{1}{T} \int_{-T/2}^{T/2} p(t) \mathrm{e}^{-\mathrm{j}k\Omega_s t} \mathrm{d}t = \frac{1}{T} \int_0^{\tau} \mathrm{e}^{-\mathrm{j}k\Omega_s t} \mathrm{d}t = \frac{\tau}{T} \mathrm{Sa}\left(\frac{k\Omega_s \tau}{2}\right) \mathrm{e}^{-\mathrm{j}\frac{k\Omega_s \tau}{2}} \tag{2-54}$$

实际采样中,一般 τ 和 T 的值是确定的,其比值也是确定的,k 变化时,$|e_k|$ 将依据插值函数的变化而变化。其中

$$\mathrm{Sa}\left(\frac{k\Omega_s \tau}{2}\right) = \left| \frac{\sin\left(\frac{k\Omega_s \tau}{2}\right)}{\frac{k\Omega_s \tau}{2}} \right|$$

类似理想抽样的推导过程,并以系数 e_k 代替 c_k,可得实际抽样时抽样信号的频谱为

$$\hat{X}_a(\mathrm{j}\Omega) = \sum_{k=-\infty}^{\infty} e_k X_a(\mathrm{j}-\mathrm{j}k\Omega_s) \tag{2-55}$$

由式(2-55)可知:

(1) 信号经实际抽样之后,抽样信号的频谱依然是连续时间信号频谱的周期延拓。因此,如果抽样频率大于信号谱最高频率分量的 2 倍,则不会产生频谱的混叠失真。

(2) 实际抽样信号频谱幅值的加权系数与理想抽样的加权系数 $\frac{1}{T}$ 不同,实际抽样频谱各延拓分量的幅度是随 e_k 变化的,即随 k 的增加而减小,频谱包络线如图 2-29 所示。

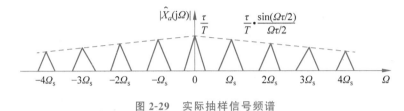

图 2-29 实际抽样信号频谱

根据式(2-54)和式(2-55)可知,实际抽样 $\hat{X}_a(\mathrm{j}\Omega)$ 幅值包络线的第一个零点出现在插值函数分子 $\sin(x)=0$ 的第一个零点处,即

$$\left| \mathrm{Sa}(x) \right|\Big|_{x=\frac{k\Omega_s\tau}{2}} = 0 \tag{2-56}$$

即

$$\sin(x)\Big|_{x=\frac{k\Omega_s\tau}{2}} = 0$$

于是有

$$\frac{k\Omega_s\tau}{2} = \frac{k}{2} \times \frac{2\pi}{T}\tau = \pi$$

因此

$$k = \frac{T}{\tau} \tag{2-57}$$

由于 $T \gg \tau$,因此,频谱 $\hat{X}_a(\mathrm{j}\Omega)$ 包络线出现第一个零点时,k 的取值一般很大。

2. 实际抽样信号重建

根据式(2-55),实际抽样信号的频谱经理想低通滤波以后,各延拓的频谱分量被滤除,只有折叠频率以内的频谱被保留。因此,实际抽样信号的重建与理想抽样没有实质差异,因为进行低通滤波时,原信号频谱在折叠频率之内,重建原信号仅需 $e_0 = \frac{\tau}{T}$ 一个系数。

实际抽样并不影响信号的恢复,如果抽样中没有产生频谱混叠现象,通过抽样插值公式可不失真地恢复原信号。因此,对于信号的实际抽样,不影响奈奎斯特抽样定理的适应性。

2.4.5 正弦信号抽样

正弦信号是信号分析中很重要的一类信号,无论是理论研究还是工程实际,正弦信号的应用都非常广泛。在研究线性系统的特性时,通常采用加有白噪声的正弦信号作为输入,因此,正弦信号的抽样具有实际意义。设连续正弦信号如下:

$$x(t) = A\sin(\Omega_0 t + \varphi) = A\sin(2\pi f_0 t + \varphi) \tag{2-58}$$

对它进行抽样除受奈奎斯特抽样定理约束之外，还会面临正弦信号特有的问题。根据抽样定理，对任何限带信号抽样，其抽样频率必须满足 $f_s \geqslant f_h$。对于该正弦信号，虽然抽样频率 $f_s \geqslant 2f_0$，但若以等于信号最高频率的 2 倍进行采样，则会遇到如下问题。

根据式(2-58)，设 $\varphi = 0$，如果以 $f_s = 2f_0$ 在 $t = 0$ 处开始采样，则一个周期内的抽样是 $x(0) = x(1) = 0$，显然，全 0 采样值不包含原信号的任何信息。因此，对于正弦信号而言，抽样频率必须大于而不是等于信号最高频率的 2 倍。当 $\varphi = \dfrac{\pi}{2}$ 时，$x(0) = A$，$x(1) = -A$，这时，从 $x(n)$ 可以重建 $x(t)$，但如果 φ 未知也无法重建 $x(t)$。因此，抽样定理用于正弦信号时，要求抽样频率必须大于信号谱最高频率的 2 倍，这与一般信号的要求略有不同。

对于不同频率的两个正弦信号，若以相同的采样频率进行采样，由于正弦信号的周期性，所得到的采样序列可能是相同的，这时也无法判断采样值究竟属于哪一个信号。

例如，设有不同频率的两个正弦信号如下：

$$x_1(t) = \cos(2\pi \times 600t), \quad f_1 = 2000\text{Hz}$$

$$x_2(t) = \cos(2\pi \times 2600t), \quad f_2 = 2000\text{Hz}$$

如果用 $f_s = 2000\text{Hz}$ 对这两个信号进行采样，对 $x_1(t)$ 的抽样满足抽样定理，对 $x_2(t)$ 的抽样不满足抽样定理。经抽样，两抽样序列分别为

$$x_1(n) = \cos\left(2\pi \frac{600n}{f_s}\right) = \cos\left(\frac{3}{5}n\pi\right)$$

$$x_2(n) = \cos\left(2\pi \times \frac{2600n}{f_s}\right) = \cos\left(\frac{26}{10}n\pi\right) = \cos\left(\frac{3}{5}n\pi\right)$$

它们都是 5 点的周期序列，分别取 $n = 0, 1, 2, 3, 4$ 得到一个周期的序列值，但无法判断序列值属于 $x_1(t)$ 还是 $x_2(t)$。

关于正弦信号采样，理论上要求 $f_s > 2f_0$，现总结如下。

（1）对于正弦信号，当抽样频率 $f_s = 2f_0$ 时，初始相位为零时无法恢复原信号 $x(t)$；当初始相位为 $\pi/2$，可以重建原正弦信号，如果初始相位未知，则无法重建原信号。

（2）一般形式的正弦信号有三个参数，如果一个周期内可均匀获得不少于三个样值，则可由抽样值 $x(n)$ 准确地重建 $x(t)$。

（3）对周期正弦序列进行截断，截断长度必须为序列周期的整数倍，否则会产生频谱泄漏，正弦信号的 FFT 运算，应尽量保证抽样长度 N 既是序列周期的整数倍也满足 2 的整数幂（如一个周期采样 4 点），不宜补零，否则容易受到频谱泄漏的影响。

▦ 习题 ◆

1. 若序列 $x(n)$ 如下：

$$x(n) = \begin{cases} a\left(\dfrac{1}{2}\right)^n, & n \geqslant 0 \\ 0, & n < 0 \end{cases}$$

求序列 $x(n)$ 的累加序列 $y(n) = \displaystyle\sum_{k=0}^{n} x(k)$。

2. 已知序列 $x(n)$ 如下：

$$x(n)=\begin{cases} 2n+3 & -3\leqslant n\leqslant -1 \\ 6, & 0\leqslant n\leqslant 3 \\ 0, & \text{其他} \end{cases}$$

若 $y(n)=x(n-2)$，计算并绘出序列 $y(n)$ 的波形。

3. 已知线性时不变系统的输入为 $x(n)$，系统的单位抽样响应为 $h(n)$，求系统的输出 $y(n)$ 并绘出波形图。

(1) $x(n)=\delta(n)$，$h(n)=R_5(n)$

(2) $x(n)=R_3(n)$，$h(n)=R_5(n)$

(3) $x(n)=2^n u(-n-1)$，$h(n)=0.5^n u(n)$

4. 计算如下两序列的卷积 $y(n)=x(n)*h(n)$。

$$h(n)=\begin{cases} a^n, & 0\leqslant n\leqslant N-1 \\ 0, & \text{其他} \end{cases}$$

$$x(n)=\begin{cases} b^{n-k}, & k\leqslant n \\ 0, & n<k \end{cases}$$

5. 若某线性时不变系统的输入信号为 $x(n)$，单位抽样响应为 $h(n)$，现已知输入信号 $x(n)$ 仅在区间 $N_1\leqslant n\leqslant N_2$ 有定义，在区间之外信号值均为零，$h(n)$ 仅在区间 $M_1\leqslant n\leqslant M_2$ 有确定的值，在区间外恒为零。试求该系统输出信号 $y(n)$ 的非零值区间。

6. 判断下列各序列是否为周期序列，若为周期序列，试确定其周期。

(1) $x(n)=\cos\left(\dfrac{2\pi}{7}n-\dfrac{\pi}{8}\right)$　(2) $x(n)=\sin\left(\dfrac{11}{3}\pi n\right)$　(3) $x(n)=e^{j\left(\frac{n}{3}-\pi\right)}$

7. 已知线性时不变系统的单位抽样响应 $h(n)=a^{-n}u(-n-1)$，$0<a<1$，试求该系统的单位阶跃响应。

8. 若系统的差分方程为

$$y(n)=ay(n-1)+x(n)$$

其中，$x(n)$ 为输入，$y(n)$ 为输出。当边界条件为 $y(-1)=0$ 时，该系统在此边界条件下：(1)求单位抽样 $h(n)$；(2)是否为时不变系统；(3)是否为线性系统。

9. 根据条件判断如下系统是否具有线性和时不变特性。

(1) $T[x(n)]=c(n)x(n)$　　　　　　　(2) $T[x(n)]=x(n-k)$

(3) $T[x(n)]=\displaystyle\sum_{i=n_0}^{n}x(i)$　　　　　　(4) $T[x(n)]=e^{x(n)}$

10. 试判断如下系统是否为线性系统。

(1) $y(n)=x(n)\sin\left(\dfrac{5\pi}{11}+\dfrac{\pi}{5}\right)$　　　(2) $y(n)=\displaystyle\sum_{m=-\infty}^{n}x(m)$

(3) $y(n)=x(2n)$　　　　　　　　　(4) $y(n)=nx(n)$

11. 试分析如下系统的因果性和稳定性。

(1) $h(n)=\dfrac{1}{n!}u(n)$　　　　　　　(2) $h(n)=\dfrac{1}{n^2}u(n)$

(3) $h(n)=3^n u(n)$　　　　　　　　(4) $h(n)=a^n u(-n-1)$

12. 已知系统方程如下。

(1) $y(n)=a^{x(n)}$，a 为正整数

(2) $y(n)=nx(n)$

试分析上述系统是否为稳定系统。

13. 已知一离散线性时不变系统由两个子系统级联组成，两个级联子系统的单位抽样响应 $h_1(n)$ 和 $h_2(n)$ 分别如图 2-30(a)和图 2-30(b)所示。

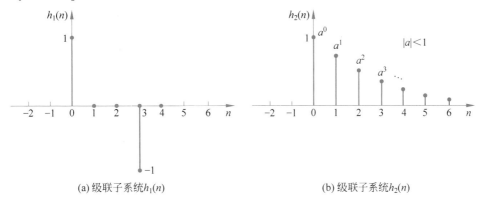

(a) 级联子系统$h_1(n)$　　　　　　　　(b) 级联子系统$h_2(n)$

图 2-30　离散线性时不变系统级联

若系统的输入 $x(n)=u(n)$，求系统在单位阶跃响应作用下所产生的输出 $y(n)$。

14. 已知系统差分方程如下：

$$y(n)-0.1y(n-1)+0.6y(n-2)=2x(n)+3x(n-2)$$

试求当 $0\leqslant n\leqslant 10$ 时，该系统的单位抽样响应 $y(n)$。

15. 若某因果系统的输入/输出关系如下：

$$y(n)-\frac{2}{3}y(n-1)=x(n)+\frac{2}{3}x(n-1)$$

(1) 求该系统的单位抽样响应 $h(n)$；

(2) 若输入 $x(n)=e^{j\omega n}$，求系统产生的输出。

16. 已知某调幅信号为

$$x_a(t)=[1+\cos(2\pi\times500t)]\cos(2\pi\times3000t)$$

若采用 DFT 对该信号进行频谱分析，为确保能分辨出该信号的全部频率成分，试求该信号的奈奎斯特采样频率。

17. 试写出如图 2-31 所示系统的差分方程。

18. 对某连续信号进行抽样，抽样频率为 $\Omega_s=20\pi$，再对抽样后信号采用如下低通滤波器 $H_a(j\Omega)$ 进行还原，其中

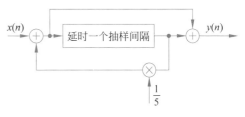

图 2-31　系统结构图

$$H_a(j\Omega)=\begin{cases}\dfrac{1}{5}, & |\Omega|<10\pi \\ 0, & |\Omega|\geqslant10\pi\end{cases}$$

若有两个输入 $x_1(t)=\cos(6\pi t)$，$x_2(t)=\cos(12\pi t)$，试分析滤波后的输出信号有无失真。

第3章 z变换及离散时间傅里叶变换

3.1 引言

对信号与系统的分析不仅可以采用时域分析法,还可以采用变换域分析法。对于连续时间系统,变换域分析法是指采用拉普拉斯变换或连续傅里叶变换的求解法;对于离散系统,变换域分析法是指采用 z 变换和离散傅里叶变换的求解法。对于连续系统,拉普拉斯变换可以将微分方程转换为代数方程,而对于离散系统,z 变换则可以将差分方程转换为代数方程,从而使得求解变得更方便和快捷。对于离散时间信号与系统的分析,z 变换是一个非常重要的基础性数学工具。z 变换的概念既可以从理想抽样信号的拉普拉斯变换引出,也可以独立对离散时间信号(序列)给出 z 变换定义。

本章内容包括序列 z 变换的定义、性质与应用,z 逆变换及其求解,z 变换、拉普拉斯变换和傅里叶变换之间的关系,离散时间傅里叶变换及其性质,频率响应及其几何确定方法等。

3.2 z 变换及典型序列 z 变换的定义与收敛域

霍尔维兹(Hurewicz)于 1947 年即开始研究并将 z 变换用于离散序列处理。1949—1952 年,拉格兹尼(Ragazzini)、扎德荷(Zadeh)在霍尔维兹的基础上完善了 z 变换,使序列和离散系统的分析变得更方便,并简化了运算步骤。

从最初的简单应用到今天用于分析数字信号和数字系统的多方面,z 变换的产生过程表明,科学技术的发展是一个从简单到复杂,不断完善、逐步发展的过程,充分体现了人类不断超越、追求卓越、精益求精的科学精神。

3.2.1 z 变换的定义与收敛域

1. z 变换的定义

若序列为 $x(n)$,则幂级数

$$X(z) = \sum_{n=-\infty}^{\infty} x(n)z^{-n} \tag{3-1}$$

称为序列 $x(n)$ 的 z 变换,其中 z 为变量,也可将 z 变换简单表示为

$$Z[x(n)] = X(z) \tag{3-2}$$

2. z 变换的收敛域

z 变换的定义式(3-1)右边为幂级数,只有当该幂级数收敛时,z 变换才有意义。对任意序列 $x(n)$,使 z 变换收敛的所有 z 取值的集合称为 $X(z)$ 的**收敛域**(Region of Convergence, ROC)。

按照级数理论,式(3-1)收敛的充分必要条件是幂级数满足绝对可加性,即

$$\sum_{n=-\infty}^{\infty} |x(n)z^{-n}| = M < \infty \tag{3-3}$$

根据级数知识,使式(3-3)具有绝对可加性,则 $|z|$ 的取值必须在一定范围内,该取值区间就是 z 变换的收敛域。序列 $x(n)$ 的形式不同,其 z 变换的收敛域也不相同。

3.2.2 典型序列 z 变换的收敛域

1. 有限长序列

有限长序列是指序列的长度(点数)是有限长,即序列在 $n_1 \leqslant n \leqslant n_2$ 的有限区间内具有定义,在此区间之外,序列取值均为零。因此,这类序列的 z 变换为

$$X(z) = \sum_{n=n_1}^{n_2} x(n)z^{-n} \tag{3-4}$$

$X(z)$ 是有限项级数之和,若幂级数的每一项有界,其 z 变换就收敛,即

$$|x(n)z^{-n}| < \infty, \quad n_1 \leqslant n \leqslant n_2$$

由于 $x(n)$ 有界,故 $|z^{-n}|$ 也必须有界,即

$$|z^{-n}| < \infty, \quad n_1 \leqslant n \leqslant n_2$$

显然,$0 < |z| < \infty$ 的有限 z 平面都满足该条件,因此,$X(z)$ 的收敛域至少包含除 $z = 0$ 之外的"有限 z 平面",其区域如图 3-1(b)所示。

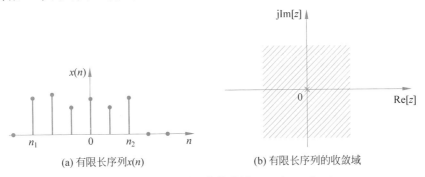

(a) 有限长序列$x(n)$　　　　　　　(b) 有限长序列的收敛域

图 3-1　有限长序列及其收敛域($n_1 < 0, n_2 > 0$)

有限长序列的收敛域是否包含 0 和 ∞,与 n_1, n_2 的取值有关,当 $n_1 < 0, n_2 \leqslant 0$ 时,收敛域为 z 全平面;当 $n_1 \geqslant 0, n_2 > 0$ 时,收敛域为不包含坐标原点的 z 全平面;当 $n_1 < 0, n_2 > 0$ 时,收敛域既不包含原点 0,也不包含 ∞。收敛域的具体情况如下所示。

$$\begin{cases} n_1 < 0, n_2 \leqslant 0 \text{ 时}, & 0 \leqslant |z| < \infty \\ n_1 \geqslant 0, n_2 > 0 \text{ 时}, & 0 < |z| \leqslant \infty \\ n_1 < 0, n_2 > 0 \text{ 时}, & 0 < |z| < \infty \end{cases} \tag{3-5}$$

求序列 z 变换通常要用到级数求和方法,下面举例来说明序列 z 变换及收敛域的求法。

【例 3-1】 求有限长序列收敛域示例。

已知序列 $x(n)=R_6(n)$，求序列 $x(n)$ 的 z 变换及收敛域。

解：这是序列长度为 1 的有限长度列，根据 z 变换的定义可得

$$Z[R_6(n)]=\sum_{n=0}^{5}z^{-n}=1+z^{-1}+z^{-2}+z^{-3}+z^{-4}+z^{-5}=\frac{1-z^{-6}}{1-z^{-1}}, \quad |z|>0$$

根据收敛域的定义，z 取任何大于 0 的有限值均满足收敛条件，因此，矩形序列 $R_6(n)$ 的收敛域为有限 z 平面，如图 3-2 所示。

视频讲解

2. 右边序列

右边序列是指序列的起点序号为某一有限值，终点序号为无穷大的序列，即当 $n \geqslant n_1$ 时，$x(n)$ 有值，$n < n_1$ 时，$x(n)=0$，其 z 变换为

$$X(z)=\sum_{n=n_1}^{\infty}x(n)z^{-n}=\sum_{n=n_1}^{-1}x(n)z^{-n}+\sum_{n=0}^{\infty}x(n)z^{-n}$$

$$(3-6)$$

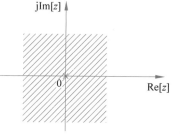

图 3-2 矩形序列 $R_6(n)$ 的收敛域

式(3-6)右端第一项为有限长序列的 z 变换，因此，其收敛域为有限 z 平面；第二项为 z 的负幂级数，根据复变函数幂级数收敛知识可知，存在一个收敛半径为 R_{x-} 的圆，该级数在以坐标原点为圆心，以 R_{x-} 为半径的圆之外的所有区域均绝对收敛，由此可知，对于式(3-6)，若第二项 $\sum_{n=0}^{\infty}x(n)z^{-n}$ 收敛，则 $X(z)$ 收敛。$X(z)$ 的收敛域为两项的交集(公共部分)，因此，R_{x-} 是右边序列收敛域的最小半径，其收敛域为

$$R_{x-}<|z|<\infty$$

由此可得，右边序列及其收敛域如图 3-3 所示。

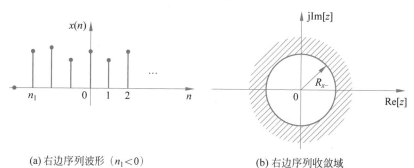

(a) 右边序列波形（$n_1<0$）　　　　　(b) 右边序列收敛域

图 3-3 右边序列及其收敛域

有一类很重要的右边序列，这就是因果序列。因果序列是指 $n_1=0$ 时的右边序列，也就是说，在 $n \geqslant 0$ 时序列 $x(n)$ 有定义，$n < 0$ 时，$x(n)=0$。因果序列的 z 变换中没有 z 的正幂次项，只有 z 的零幂项和负幂项，因此，收敛域包括 $|z| \to \infty$，即

$$X(z)=\sum_{n=0}^{\infty}x(n)z^{-n}, \quad |z|>R_{x-}$$

$$(3-7)$$

因果序列及其收敛域如图 3-4 所示，z 变换在 $|z| \to \infty$ 处收敛是因果序列的特征之一。

【例 3-2】 右边序列收敛域示例。

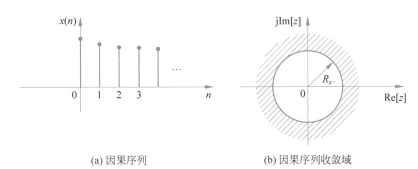

(a) 因果序列　　　　　　　(b) 因果序列收敛域

图 3-4　因果序列及其收敛域

已知 $x(n)=a^{n}u(n)$，求序列 $x(n)$ 的 z 变换和收敛域。

解：由于 $x(n)$ 是右边序列，而且是因果序列，根据 z 变换的定义可得

$$X(z)=\sum_{n=-\infty}^{\infty}a^{n}u(n)z^{-n}=\sum_{n=0}^{\infty}a^{n}z^{-n}=\sum_{n=0}^{\infty}(az^{-1})^{n}=\frac{1}{1-az^{-1}},\quad |z|>|a|$$

上式为无穷项等比级数求和，根据级数求和公式可以很方便求出 z 变换及收敛域。根据级数求和过程可知，当 $|az^{-1}|<1$，即 $|z|>|a|$ 时收敛，如图 3-5 所示。

由于 $X(z)=\dfrac{1}{1-az^{-1}}=\dfrac{z}{z-a}$，$z=a$ 为 $X(z)$ 的极点，因此收敛域为极点所在圆 $|z|=|a|$ 的外部，在收敛域之内 $X(z)$ 为解析函数。

一般来说，右边序列 z 变换的收敛域在以最大模值极点长度为半径的圆的外部。

3. 左边序列

左边序列是指序列的起点序号为负无穷大，终点序号为某一有限值的序列，即序列在 $n\leqslant n_{2}$ 时，$x(n)$ 有定义值，当 $n>n_{2}$ 时，$x(n)=0$，其 z 变换为

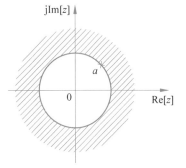

图 3-5　序列 $a^{n}u(n)$ 的 z 变换的收敛域

$$X(z)=\sum_{n=-\infty}^{n_{2}}x(n)z^{-n}=\sum_{n=-\infty}^{0}x(n)z^{-n}+\sum_{n=1}^{n_{2}}x(n)z^{-n} \qquad (3\text{-}8)$$

式(3-8)第一项是正幂级数，根据级数收敛定理，存在某一收敛半径为 R_{x+} 的圆，级数在以坐标原点为圆心，以 R_{x+} 为半径的圆内所有区域均绝对收敛；第二项是有限长序列的 z 变换，收敛域为有限 z 平面（若 $n_{2}>0$，则不包含原点）。根据式(3-8)，收敛域应为两项收敛域的交集，由此可得，左边序列 z 变换的收敛域为

$$0<|z|<R_{x+}$$

左边序列及其收敛域范围如图 3-6 所示，若 $n_{2}\leqslant0$，则式(3-8)右端没有第二项，这时收敛域包括 $z=0$，即 $|z|<R_{x+}$。

【例 3-3】 左边序列收敛域示例。

已知序列 $x(n)=-a^{n}u(-n-1)$，求 $x(n)$ 的 z 变换及收敛域。

解：序列 $x(n)$ 为左边序列，根据 z 变换定义可得

$$X(z)=\sum_{n=-\infty}^{\infty}-a^{n}u(-n-1)z^{-n}=\sum_{n=-\infty}^{-1}-a^{n}z^{-n}=\sum_{n=1}^{\infty}-a^{-n}z^{n}=\frac{-a^{-1}z}{1-a^{-1}z}$$

$$= -\frac{z}{a-z} = \frac{z}{z-a} = \frac{1}{1-az^{-1}}, \quad |z| < |a|$$

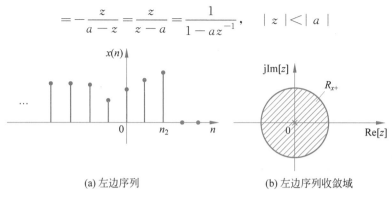

(a) 左边序列　　　　　　　(b) 左边序列收敛域

图 3-6　左边序列及其收敛域

在求 z 变换时必须进行无穷项等比级数求和,根据级数收敛性质可知,序列 $x(n)$ 的 z 变换 $X(z)$ 的收敛域为

$$|a^{-1}z| < 1$$

即

$$|z| < |a|$$

该左边序列的收敛域如图 3-7 所示,同样,在收敛域范围内 $X(z)$ 是解析函数,因此,一般来说,左边序列 z 变换的收敛域在以其全部有限极点中模值最小的极点为半径的圆的内部。

观察本例 z 变换 $X(z)$ 可发现,解析式与例 3-2 完全相同,即一个左边序列和一个右边序列的 z 变换的解析表达式 $X(z)$ 完全相同。这说明,对于 z 变换仅仅给定解析式 $X(z)$,其信息并不充分,仅依据 $X(z)$ 的解析表达式并不能确定该 z 变换对应于哪一个序列。通常情况下,在给定序列 z 变换解析表达式的同时,应给出其收敛域才能唯一确定所对应的序列。

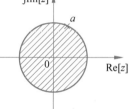

图 3-7　序列 $-a^n u(-n-1)$ 的 z 变换的收敛域

4. 双边序列

双边序列是指序列的起点序号为负无穷大,终点序号为正无穷大的序列,即 n 为任意整数值,$x(n)$ 皆有数值的序列。双边序列可以视为一个右边序列和一个左边序列之和,即

$$X(z) = \sum_{n=-\infty}^{\infty} x(n)z^{-n} = \sum_{n=0}^{\infty} x(n)z^{-n} + \sum_{n=-\infty}^{-1} x(n)z^{-n} \tag{3-9}$$

显然,式(3-9)的收敛域是右边序列与左边序列收敛域的交集。等式右边第一项为右边序列,收敛域为 $|z| > R_{x-}$,第二项为左边序列,收敛域为 $|z| < R_{x+}$,因此双边序列收敛域为

$$R_{x-} < |z| < R_{x+}$$

该不等式确定了 z 平面的一个环状区域,并具有如下特点:

(1) 当 $R_{x-} > R_{x+}$ 时,式(3-9)两项收敛域无交集,则不存在公共收敛域;

(2) 当 $R_{x-} < R_{x+}$ 时,式(3-9)两项收敛域有交集,为环状收敛域。

双边序列及其收敛域如图 3-8 所示,双边序列的收敛域为一个环状区域。

【例 3-4】　双边序列收敛域示例。

已知序列如下:

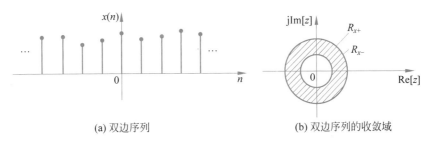

(a) 双边序列　　　　　　　　　(b) 双边序列的收敛域

图 3-8　双边序列及其收敛域

(1) $x(n) = a^{|n|}$

(2) $x(n) = \begin{cases} a^n, & n \geqslant 0 \\ -b^n, & n < 0 \end{cases}$

求上述序列的 z 变换与收敛域。

解：(1) 序列 $x(n)$ 是一个双边序列，根据 z 变换定义，可得

$$X(z) = \sum_{n=-\infty}^{\infty} x(n) z^{-n} = \sum_{n=-\infty}^{\infty} a^{|n|} z^{-n} = \sum_{n=-\infty}^{-1} a^{-n} z^{-n} + \sum_{n=0}^{\infty} a^n z^{-n}$$

$$= \frac{az}{1-az} + \frac{1}{1-az^{-1}} = \frac{z(1-a^2)}{(z-a)(1-az)}, \quad |a| < |z| < \left| \frac{1}{a} \right|$$

如果 $|a| > 1$，则 $X(z)$ 无公共收敛区域；如果 $|a| < 1$，则 z 变换的解析表达式有收敛域为 $|a| < |z| < \left| \dfrac{1}{a} \right|$ 的公共环状区域，该序列 z 变换的收敛区域如图 3-9 所示。

(2) 序列 $x(n)$ 是一个双边序列，根据 z 变换定义，可得

$$X(z) = \sum_{n=-\infty}^{\infty} x(n) z^{-n} = \sum_{n=0}^{\infty} a^n z^{-n} = \sum_{n=-\infty}^{-1} b^n z^{-n}$$

$$= \frac{1}{1-az^{-1}} + \frac{1}{1-bz^{-1}} = \frac{z}{z-a} = \frac{z}{z-b}$$

$$= \frac{2z^2 - z(a+b)}{(z-a)(z-b)}, \quad |a| < |z| < |b|$$

如果 $|a| > |b|$，则 $X(z)$ 无公共收敛区域；如果 $|a| < |b|$，则上式为 z 变换的解析表达式，其收敛域为 $|a| < |z| < |b|$ 的环状区域，该双边序列的收敛域如图 3-10 所示。

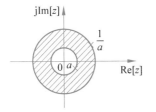
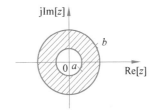

图 3-9　序列 $a^{|n|}$ 的收敛域　　　　　　图 3-10　双边序列 $x(n)$ 的收敛域

对于右边序列，其 z 变换的收敛域在以其模值最大的极点为半径的圆之外，而左边序列 z 变换的收敛域在以模值最小的极点为半径的圆之内，双边序列 z 变换收敛域为环状区域。

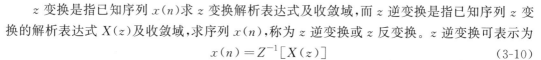

3.3 z 逆变换

z 变换是指已知序列 $x(n)$ 求 z 变换解析表达式及收敛域,而 z 逆变换是指已知序列 z 变换的解析表达式 $X(z)$ 及收敛域,求序列 $x(n)$,称为 z 逆变换或 z 反变换。z 逆变换可表示为

$$x(n) = Z^{-1}[X(z)] \tag{3-10}$$

根据 z 变换及其逆变换的概念可知,式(3-10)实质上是求 $X(z)$ 的幂级数展开式。z 逆变换的求解方法主要包括围线积分法(留数法)、部分分式展开法和长除法三种。

3.3.1 围线积分法(留数法)

视频讲解

在复变函数中,留数定理是计算解析函数沿封闭曲线路径积分的一个有力工具,在 z 逆变换的计算中,围线积分法是求 z 逆变换的基本方法。根据复变函数理论,若函数 $X(z)$ 在环状区域 $0 \leqslant R_{x-} < |z| < R_{x+} \leqslant \infty$ 是解析的,则在该区域内 $X(z)$ 可以展开为罗伦级数,即

$$X(z) = \sum_{n=-\infty}^{\infty} C_n z^{-n} \mid, \quad R_{x-} < |z| < R_{x+} \tag{3-11}$$

式中

$$C_n = \frac{1}{2\pi j} \oint_c X(z) z^{n-1} dz, \quad n = 0, \pm 1, \pm 2, \cdots \tag{3-12}$$

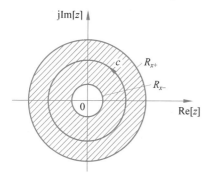

图 3-11 围线积分封闭曲线选取

其中,积分曲线 c 是 $X(z)$ 收敛域(又称为解析域)内包含坐标原点的一条逆时针方向的简单封闭曲线,封闭曲线 c 简称为围线 c,如图 3-11 所示。

而序列 $x(n)$ 的 z 变换为

$$X(z) = \sum_{n=-\infty}^{\infty} x(n) z^{-n} \tag{3-13}$$

比较式(3-11)与式(3-13)可知,$x(n)$ 实际上是罗伦级数的系数 C_n,即

$$x(n) = C_n$$

因此

$$x(n) = \frac{1}{2\pi j} \oint_c X(z) z^{n-1} dz, \quad c \in (R_{x-}, R_{x+}) \tag{3-14}$$

这就是基于围线积分求解 z 逆变换的基本公式。

【例 3-5】 证明 z 逆变换的围线积分公式(3-14)。

证:(1) 先对式(3-12)右端进行推导。

$$C_n = \frac{1}{2\pi j} \oint_c X(z) z^{n-1} dz = \frac{1}{2\pi j} \oint_c \left[\sum_{m=-\infty}^{\infty} x(m) z^{-m} \right] z^{n-1} dz$$

$$= \sum_{m=-\infty}^{\infty} x(m) \oint_c z^{(n-m)-1} dz \tag{3-15}$$

该式计算的关键在于积分项 $\oint_c z^{(n-m)-1} dz$ 的计算。

（2）应用柯西-古萨定理（柯西积分定理）计算围线积分。

对于式（3-15）中的围线积分项，取围线 c 为圆环内半径为 a 的圆，令

$$z = a \mathrm{e}^{\mathrm{j}\varphi}, R_{x-} < a < R_{X+}$$

根据柯西积分定理可得

$$\frac{1}{2\pi\mathrm{j}} \oint_c z^{k-1} \mathrm{d}z = \oint_c (a\mathrm{e}^{\mathrm{j}\varphi})^{k-1} \mathrm{d}[a\mathrm{e}^{\mathrm{j}\varphi}] \frac{1}{2\pi\mathrm{j}} \oint_c a^{k-1} \mathrm{e}^{\mathrm{j}(k-1)\varphi} \mathrm{d}[a\mathrm{e}^{\mathrm{j}\varphi}]$$

$$= \frac{a^k}{2\pi} \int_{-\pi}^{\pi} \mathrm{e}^{\mathrm{j}k\varphi} \mathrm{d}\varphi = \begin{cases} 1, & k = 0 \\ 0, & k \neq 0, k \text{ 为整数} \end{cases}$$

即

$$\frac{1}{2\pi\mathrm{j}} \oint_c z^{k-1} \mathrm{d}z = \delta(k) \tag{3-16}$$

将式（3-16）的结论应用到式（3-15）的积分计算，则可以得出，当 $n=m$ 时，其积分值等于 $2\pi\mathrm{j}$，对于其他情况，积分值均为 0。因此，根据柯西积分公式，式（3-15）可化简为

$$\frac{1}{2\pi\mathrm{j}} \oint_c X(z) z^{n-1} \mathrm{d}z = \sum_{m=-\infty}^{\infty} x(m) \oint_c z^{(n-m)-1} \mathrm{d}z = \sum_{m=-\infty}^{\infty} x(m) \delta(n-m) = x(n)$$

即

$$x(n) = \frac{1}{2\pi\mathrm{j}} \oint_c X(z) z^{n-1} \mathrm{d}z, \quad c \in (R_{x-}, R_{x+}) \tag{3-17}$$

采用围线积分法计算 z 逆变换时，如果直接计算围线积分，不仅计算量大，而且运算较复杂，一般采用留数定理进行计算可以大幅降低运算复杂度。

若被积函数 $X(z)z^{n-1}$ 沿封闭围线 c 连续，并且在围线 c 内有 N 个极点（用 z_k 表示），在围线 c 之外有 M 个极点（用 z_m 表示），根据留数定理，则有

$$\frac{1}{2\pi\mathrm{j}} \oint_c X(z) z^{n-1} \mathrm{d}z = \sum_k \mathrm{Res}[X(z) z^{n-1}]_{z=z_k} \tag{3-18}$$

或

$$\frac{1}{2\pi\mathrm{j}} \oint_c X(z) z^{n-1} \mathrm{d}z = -\sum_m \mathrm{Res}[X(z) z^{n-1}]_{z=z_m} \tag{3-19}$$

式（3-18）中，$\oint_c \sum_k \mathrm{Res}[X(z) z^{n-1}]_{z=z_k}$ 表示函数 $X(z) z^{n-1}$ 在围线 c 之内的极点 $z = z_k$ 的留数。式（3-18）表明，函数 $X(z) z^{n-1}$ 沿围线 c 逆时针方向的积分等于 $X(z) z^{n-1}$ 在围线 c 内各极点的留数之和。

式（3-19）应用的条件是被积函数 $X(z) z^{n-1}$ 分母 z 的阶次高于分子 z 的阶次二阶及以上。式（3-19）表明，函数 $X(z) z^{n-1}$ 沿围线 c 顺时针方向的积分等于 $X(z) z^{n-1}$ 在围线 c 外各极点的留数之和。

根据积分理论有

$$\oint_c X(z) \mathrm{d}z = -\oint_c X(z) \mathrm{d}z \tag{3-20}$$

（封闭曲线积分方向：等式左边逆时针方向，右边顺时针方向）

由式（3-18）和式（3-19）可得

$$\sum_k \mathrm{Res}[X(z) z^{n-1}]_{z=z_k} = -\sum_m \mathrm{Res}[X(z) z^{n-1}]_{z=z_m} \tag{3-21}$$

将式(3-18)、式(3-21)分别代入式(3-14),可得

$$x(n) = \frac{1}{2\pi j} \oint_c X(z) z^{n-1} dz = \sum_k \text{Res}[X(z)z^{n-1}]_{z=z_k} \tag{3-22}$$

$$x(n) = \frac{1}{2\pi j} \oint_c X(z) z^{n-1} dz = -\sum_m \text{Res}[X(z)z^{n-1}]_{z=z_m} \tag{3-23}$$

应用式(3-23)进行计算,要求被积函数 $X(z)z^{n-1}$ 分母 z 的阶次比分子高二阶及以上。

式(3-22)和式(3-23)均可用于留数计算,但在计算的复杂度上有差别,应根据被积函数 $X(z)z^{n-1}$ 的具体情况进行合理选择。

若 n 大于某一数值时,被积函数 $X(z)z^{n-1}$ 在围线 c 的外部有多重极点,这时选围线 c 之内的极点求留数相对简单。若 n 小于某一数值时,被积函数 $X(z)z^{n-1}$ 在围线 c 之内(如 $z=0$ 处)有多重极点,则选围线 c 之外的极点计算留数较简单。

对于被积函数 $X(z)z^{n-1}$ 在任意极点处的留数,应先判断是单极点还是重极点,然后采用下述方法求解。

(1) 若 z_i 是 $X(z)z^{n-1}$ 的单极点,则有

$$\text{Res}[X(z)z^{n-1}]_{z=z_i} = [(z-z_i)x(z)z^{n-1}]_{z=z_i} \tag{3-24}$$

(2) 若 z_i 是 $X(z)z^{n-1}$ 的 m 重极点,则有

$$\text{Res}[X(z)z^{n-1}]_{z=z_i} = \frac{1}{(m-1)!} \frac{d^{m-1}}{dz^{m-1}}[(z-z_i)^m x(z)z^{n-1}]_{z=z_i} \tag{3-25}$$

【例 3-6】 z 逆变换示例。

已知 $X(z) = \dfrac{1}{1-az^{-1}}$,按下列要求计算 $X(z)$ 的 z 逆变换。

(1) 收敛域 $|z|>a, a>0$;

(2) 收敛域 $|z|<|a|$。

解:(1) 根据 z 逆变换定义有

$$x(n) = \frac{1}{2\pi j} \oint_c X(z) z^{n-1} dz = \frac{1}{2\pi j} \oint_c \frac{1}{1-az^{-1}} z^{n-1} dz = \frac{1}{2\pi j} \oint_c \frac{z^n}{z-a} dz$$

由于收敛域 $|z|>a, a>0$,说明 $X(z)$ 对应的序列 $x(n)$ 为因果序列,如图 3-12(a)所示,选收敛域 $|z|>a$ 的任一封闭曲线作围线,根据留数定理,可得

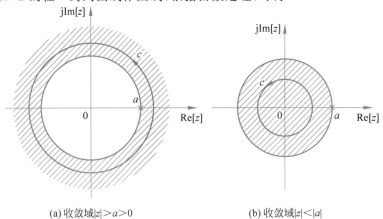

(a) 收敛域$|z|>a>0$ (b) 收敛域$|z|<|a|$

图 3-12 $X(z)$ 的收敛域

① $n \geqslant 0$ 时,围线 c 内只有一个极点 $z = a$。

$$x(n) = \mathrm{Res}\left[\frac{z^n}{z-a}\right]_{z=a} = \left[(z-a)\frac{z^n}{z-a}\right]_{z=a} = a^n$$

② $n < 0$ 时,由于 $x(n)$ 为因果序列,故 $x(n) = 0$。

因此,可得

$$x(n) = a^n u(n)$$

(2) 根据 z 逆变换定义有

$$x(n) = \frac{1}{2\pi \mathrm{j}}\oint_c X(z) z^{n-1} \mathrm{d}z = \frac{1}{2\pi \mathrm{j}}\oint_c \frac{1}{1-az^{-1}} z^{n-1}\mathrm{d}z = \frac{1}{2\pi \mathrm{j}}\oint_c \frac{z^n}{z-a}\mathrm{d}z$$

① 当 $n \geqslant 0$ 时,唯一的极点 $z = a$ 为单极点,如图 3-12(b)所示,该极点不在以 a 为半径的圆的内部,即围线内无极点,因此有

$$x(n) = 0$$

② 当 $n \leqslant 0$ 时,极点 $z = 0$ 为 n 阶极点,在围线 c 之内,n 阶极点计算留数较复杂,选围线 c 外部极点求留数,因此可得

$$x(n) = -\mathrm{Res}\left[\frac{z^n}{z-a}\right]_{z=a} = -a^n, \quad n < 0$$

综上可得,$X(z)$ 的逆变换如下:

$$x(n) = -a^n u(-n-1)$$

【例 3-7】　求 z 逆变换示例。

已知 $X(z)$ 如下:

$$X(z) = -\frac{1}{\left(1 - 3z^{-1}\right)\left(1 - \frac{1}{3}z^{-1}\right)}, \quad \frac{1}{3} < |z| < 3$$

求 $X(z)$ 的逆变换。

解:根据已知条件对 $X(z)$ 进行如下形式的化简:

$$X(z) = \frac{z^2}{(z-3)\left(z-\frac{1}{3}\right)}$$

采用围线积分计算 z 逆变换:

$$x(n) = \frac{1}{2\pi \mathrm{j}}\oint_c \frac{z^2}{(3-z)\left(z-\frac{1}{3}\right)} z^{n-1}\mathrm{d}z$$

曲线 c 为如图 3-13 所示 $X(z)$ 的收敛域内的封闭曲线。

(1) 当 $n \geqslant -1$ 时,被积函数如下:

$$X(z) z^{n-1} = \frac{z^2}{(3-z)\left(z-\frac{1}{3}\right)} z^{n-1} = \frac{z^{n+1}}{(3-z)\left(z-\frac{1}{3}\right)}$$

在围线 c 内,上式仅有 $z = 1/3$ 一个一阶极点,故采用围线 c 之内的极点计算留数较方便,根据式(3-22)及式(3-24)可得

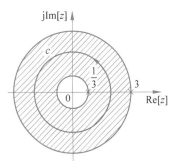

图 3-13　$X(z)$ 收敛域及围线

$$x(n) = \mathrm{Res}\left[\frac{z^{n+1}}{(3-z)\left(z-\frac{1}{3}\right)}\right]_{z=\frac{1}{3}} = \left[\left(z-\frac{1}{3}\right)\frac{z^{n+1}}{(3-z)\left(z-\frac{1}{3}\right)}\right]_{z=\frac{1}{3}}$$

$$= \frac{1}{8}\left(\frac{1}{3}\right)^n, \quad n \geqslant -1$$

即

$$x(n) = \frac{1}{8}\left(\frac{1}{3}\right)^n u(n+1)$$

(2) 当 $n \leqslant -2$ 时,被积函数如下:

$$X(z)z^{n-1} = \frac{z^{n+1}}{(3-z)\left(z-\frac{1}{3}\right)}$$

在围线 c 之外,上式仅有 $z=3$ 一个一阶极点,在围线 c 之内有 $z=1/3$ 的一阶极点以及 $z=0$ 的 $(n+1)$ 阶极点,故采用围线 c 外部的极点求留数,根据式(3-23)及式(3-24)可得

$$x(n) = -\mathrm{Res}\left[\frac{z^{n+1}}{(3-z)\left(z-\frac{1}{3}\right)}\right]_{z=3} = -\left[(z-3)\frac{z^{n+1}}{(3-z)\left(z-\frac{1}{3}\right)}\right]_{z=3}$$

$$= \frac{1}{8} \times 3^{n+2}, \quad n \leqslant -2$$

结合 $n \geqslant -1$ 以及 $n \leqslant -2$ 的情况,可得

$$x(n) = \begin{cases} 3^{-n}/8, & n \geqslant -1 \\ 3^{n+2}/8, & n \leqslant -2 \end{cases}$$

即

$$x(n) = \frac{3^{-n}}{8}u(n+1) + \frac{3^{n+2}}{8}u(-n-2)$$

需要指出的是,同一解析函数 $X(z)$,由于收敛域不同,其逆变换的结果不同。如本章习题第 3 题第(3)小题,虽然其解析函数与本例题相同,但由于收敛域不同,故逆变换的结果 $x(n)$ 也不同。

3.3.2 部分分式展开法

1. 部分分式展开法的原理

在求 $X(z)$ 的逆变换时,一般 $X(z)$ 的分子与分母均为含有 z 的有理多项式,可表示为

$$X(z) = \frac{B(z)}{A(z)} \tag{3-26}$$

$X(z)$ 为既约分式,$A(z)$、$B(z)$ 均为实系数多项式,因此,可将其展开为如下形式部分分式:

$$X(z) = \frac{B(z)}{A(z)} = X_1(z) + X_2(z) + \cdots + X_k(z) \tag{3-27}$$

一般情况下,各部分分式 $X_i(z)$ 均为一阶或二级分式,可根据表 3-1 常用序列的 z 变换表求每一个部分分式 $X_i(z)$ 的 z 逆变换,然后将各逆变换合并相加,就得到了序列 $x(n)$,即

$$x(n) = Z^{-1}[X(z)] = Z^{-1}[X_1(z)] + Z^{-1}[X_2(z)] + \cdots + Z^{-1}[X_k(z)] \quad (3\text{-}28)$$

采用部分分式法求 z 逆变换,应注意以下两点:

(1) 部分分式的每一项都为一阶或二阶分式,通过表 3-1 可直接得到 $X_i(z)$ 的逆变换;

(2) 对部分分式的每一项,应注意其收敛域。

若 $X(z)$ 可表示为如下形式:

$$X(z) = \frac{B(z)}{A(z)} = \frac{\displaystyle\sum_{i=0}^{M} b_i z^{-i}}{1 + \displaystyle\sum_{i=1}^{N} a_i z^{-i}} = \frac{\displaystyle\sum_{i=0}^{M} b_i z^{-i}}{\displaystyle\prod_{k=1}^{N}(1 - d_k z^{-i})} \quad (3\text{-}29)$$

式中,d_k 为 $X(z)$ 的极点。

(1) 如果 $M < N$,且无重极点时,则 $X(z)$ 可展开为如下部分分式之和:

$$X(z) = \sum_{k=1}^{N} \frac{A_k}{1 - d_k z^{-1}} \quad (3\text{-}30)$$

系数 A_k 可通过留数定理求解。

$$A_k = (1 - d_k z^{-1}) X(z)\big|_{z=z_k} = (z - d_k)\frac{X(z)}{z}\bigg|_{z=z_k} = \operatorname{Res}\left[\frac{X(z)}{z}\right]\bigg|_{z=d_k} \quad (3\text{-}31)$$

$$k = 1, 2, \cdots, N$$

(2) 若 $M \geqslant N$,且有一个 m 阶重极点,则 $X(z)$ 可展为如下部分分式之和:

$$X(z) = \sum_{k=1}^{M-m} \frac{A_k}{1 - d_k z^{-1}} + \sum_{k=1}^{m} \frac{B_k}{(1 - d_i z^{-1})^k} + \sum_{n=0}^{M-N} C_n z^{-n} \quad (3\text{-}32)$$

式中,系数 A_k 为单极点项系数;B_k 为重极点项系数;C_n 为整式项系数,当 $M \geqslant N$ 时才有整式项,$M = N$ 时只有 C_0 项;d_k 是 $X(z)$ 的单极点($k = 1, 2, \cdots, N-m$);d_i 为 $X(z)$ 的一个 m 阶极点。各系数的求解方法如下。

(1) 求系数 $A_k (k=1,2,\cdots,N-m)$ 可通过留数定理,即式(3-31)求解。

(2) 求系数 B_k 的公式如下:

$$B_k = \frac{1}{(-d_i)^{m-k}} \frac{1}{(m-k)!} \left\{ \frac{\mathrm{d}^{m-k}}{\mathrm{d}(z^{-1})^{m-k}} \left[(1 - d_i z^{-1})^m X(z) \right] \right\}_{z=d_i} \quad (3\text{-}33)$$

$$k = 1, 2, \cdots, m$$

或

$$B_k = \frac{1}{(m-k)!} \left\{ \frac{\mathrm{d}^{m-k}}{\mathrm{d}z^{m-k}} \left[(z - d_i)^m \frac{X(z)}{z^k} \right] \right\}_{z=d_i}, \quad k = 1, 2, \cdots, m \quad (3\text{-}34)$$

$X(z)$ 展为部分分式之后,结合收敛域求各部分分式的逆变换,再求和即可得到 $X(z)$ 的逆变换。

根据代数式运算习惯,一般将 $X(z)$ 转换为 z 的正幂次方再求部分分式比较方便,然后根据系数 A_k 或 B_k 的求解方法,将 $X(z)$ 表示为 $\frac{X(z)}{z}$(m 重极点时表示为 $\frac{X(z)}{z^k}$,$k=1,2,\cdots,m$)的形式,再展开为部分分式,并求各部分分式的系数。

2. 部分分式展开举例

【例 3-8】 采用部分分式展开法求 z 逆变换示例。

已知 $X(z)$ 的解析式如下:

$$X(z) = \frac{1}{(1-2z^{-1})(1-0.5z^{-1})}, \quad |z| > 2$$

试采用部分分式展开法求 $X(z)$ 的逆变换。

解：先将 $X(z)$ 化简为如下正幂次方的形式：

$$X(z) = \frac{1}{(1-2z^{-1})(1-0.5z^{-1})} = \frac{z^2}{(z-2)(z-0.5)}$$

将上式表示为如下 $\dfrac{X(z)}{z}$ 的形式：

$$\frac{X(z)}{z} = \frac{z}{(z-2)(z-0.5)}$$

将上式展开为如下部分分式形式：

$$\frac{X(z)}{z} = \frac{z}{(z-2)(z-0.5)} = \frac{A_1}{z-2} + \frac{A_2}{z-0.5}$$

根据式(3-31)求系数，得

$$A_1 = \left[(z-2)\frac{X(z)}{z}\right]_{z=2} = \frac{4}{3}$$

$$A_2 = \left[(z-0.5)\frac{X(z)}{z}\right]_{z=0.5} = -\frac{1}{3}$$

因此，可得

$$\frac{X(z)}{z} = \frac{4}{3} \times \frac{1}{z-2} - \frac{1}{3} \times \frac{1}{z-0.5}$$

即

$$X(z) = \frac{4}{3} \times \frac{z}{z-2} - \frac{1}{3} \times \frac{z}{z-0.5}$$

根据收敛域可知，序列为因果序列，查表 3-1 可得

$$x(n) = \begin{cases} \dfrac{4}{3} \times 2^n - \dfrac{1}{3} \times (0.5)^n, & n \geqslant 0 \\ 0, & n < 0 \end{cases}$$

也可以表示为

$$x(n) = \left[\frac{4}{3} \times 2^n - \frac{1}{3} \times (0.5)^n\right] u(n)$$

本例 $x(n)$ 为右边序列，部分分式展开法同样可以用于左边序列和双边序列，但计算中应注意解析函数的 $X(z)$ 的极点与右边序列以及左边序列的对应关系。

3. MATLAB 实现部分分式展开

MATLAB 提供了可用于部分分式展开的函数 residuez，该函数的调用格式如下：

```
[r,p,k] = residuez(b,a)
```

b、a 分别是 $X(z)$ 的分子与分母的系数向量；r、p、k 用于存储输出数据，其中，r 表示 $X(z)$ 各部分分式项的留数，p 表示 $X(z)$ 的部分分式各对应项的极点，k 表示常数项和整式。

【例 3-9】 用 MATLAB 实现部分分式展开，求 z 逆变换示例。

已知 $X(z)$ 的解析式如下：

$$X(z) = \frac{10.8 - 1.16z^{-1} - 4^{-2} - 0.6z^{-2}}{1 - 0.8z^{-1} + 0.12z^{-2}}, \quad |z| > 0.6$$

试采用 MATLAB 实现部分分式展开,求 $X(z)$ 的逆变换。

解:用 MATLAB 进行部分分式展开的代码如下:

```
clc;clear all;close all;
b = [10.8,1.16, - 4,0.6];
a = [1, - 0.8,0.12];
[r,p,k] = residuez(b,a)
```

程序计算结果如下:

```
r =
      6.6000
      4.2000
p =
      0.6000
      0.2000
k = 0.0000   5.0000
```

根据程序输出结果,可得 $X(z)$ 的部分分式如下:

$$X(z) = \frac{6.6}{1 - 0.6z^{-1}} + \frac{4.2}{1 - 0.2z^{-1}} + 5z^{-1}$$

查表 3-1 可得 $X(z)$ 的逆变换,即序列 $x(n)$ 如下:

$$x(n) = 6.6 \times 0.6^n u(n) + 4.2 \times 0.2^n u(n) + 5\delta(n-1)$$

为了应用和查阅方便,现将常用序列的 z 变换进行总结,如表 3-1 所示。

表 3-1　常用序列的 z 变换表

序号	序　　列	z　变　换	收　敛　域
1	$\delta(n)$	1	z 全平面
2	$u(n)$	$\dfrac{1}{1-z^{-1}}$	$|z|>1$
3	$u(-n-1)$	$\dfrac{z}{1-z}$	$|z|<1$
4	$a^n u(n)$	$\dfrac{1}{1-az^{-1}}$	$|z|>|a|$
5	$a^n u(-n-1)$	$\dfrac{-1}{1-az^{-1}}$	$|z|<|a|$
6	$R_N(n)$	$\dfrac{1-z^{-N}}{1-z^{-1}}$	$|z|>0$
7	$nu(n)$	$\dfrac{z^{-1}}{(1-az^{-1})^2}$	$|z|>1$
8	$na^n u(n)$	$\dfrac{az^{-1}}{(1-az^{-1})^2}$	$|z|>|a|$
9	$na^n u(-n-1)$	$\dfrac{-az^{-1}}{(1-az^{-1})^2}$	$|z|<|a|$
10	$\mathrm{e}^{jn\omega_0} u(n)$	$\dfrac{1}{1-\mathrm{e}^{-j\omega_0}z^{-1}}$	$|z|>1$
11	$(n+1)a^n u(n)$	$\dfrac{1}{(1-az^{-1})^2}$	$|z|>|a|$

续表

序号	序　列	z 变　换	收　敛　域
12	$\sin(n\omega_0)u(n)$	$\dfrac{z^{-1}\sin\omega_0}{1-2z^{-1}\cos\omega_0+z^{-2}}$	$|z|>1$
13	$\cos(n\omega_0)u(n)$	$\dfrac{1-z^{-1}\cos\omega_0}{1-2z^{-1}\cos\omega_0+z^{-2}}$	$|z|>1$
14	$\sin(n\omega_0+\theta)u(n)$	$\dfrac{\sin\theta+z^{-1}\sin(\omega_0-\theta)}{1-2z^{-1}\cos\omega_0+z^{-2}}$	$|z|>1$
15	$e^{-an}\sin(n\omega_0)u(n)$	$\dfrac{z^{-1}e^{-a}\sin\omega_0}{1-2z^{-1}e^{-a}\cos\omega_0+z^{-2}e^{-2a}}$	$|z|>e^{-a}$
16	$e^{-an}\cos(n\omega_0)u(n)$	$\dfrac{1-z^{-1}e^{-a}\cos\omega_0}{1-2z^{-1}e^{-a}\cos\omega_0+z^{-2}e^{-2a}}$	$|z|>e^{-a}$

3.3.3　长除法

1. 长除法原理

长除法又称为幂级数展开法,根据 z 变换的定义, $x(n)$ 的 z 变换是 z^{-1} 的幂级数,即

$$X(z)=\sum_{n=-\infty}^{\infty}x(n)z^{-n}=\cdots+x(-1)z+x(0)z^0+x(1)z^{-1}+x(2)z^{-2}+\cdots \quad (3-35)$$

因此,如果能在给定的收敛域内,将 $X(z)$ 展开为幂级数形式,则该幂级数的系数就是序列 $x(n)$。由于 $X(z)$ 的分子与分母均为有理式,且分子和分母都是关于 z (或 z^{-1})的有理多项式,因此,可直接采用分子多项式除以分母多项式得到幂级数的展开式,从而求出序列 $x(n)$。

由于需要依据 $X(z)$ 的解析表达式及收敛域才能唯一地确定序列 $x(n)$,因此,采用长除法求 z 逆变换时,必须结合收敛域先判断序列类型,然后用长除法将 $X(z)$ 展为 z^{-1} 的幂级数。

(1) 若 $X(z)$ 的收敛域为 $|z|>R_{x-}$,则 $x(n)$ 为右边序列或因果序列,因此,应将 $X(z)$ 展开为 z 的负幂级数,即 $X(z)$ 的分子、分母均按 z 的降幂(z^{-1} 升幂)排列。

(2) 若 $X(z)$ 的收敛域是 $|z|<R_{x+}$,则 $x(n)$ 为左边序列,因此,应将 $X(z)$ 展开为 z 的正幂级数,即 $X(z)$ 的分子与分母均按 z 的升幂排列。

(3) 若 $X(z)$ 的收敛域是 $R_{x-}<|z|<R_{x+}$,则 $x(n)$ 为双边序列,则应将 $X(z)$ 分解为对应左边序列和右边序列的部分分式,然后分别按左边序列和右边序列进行长除法运算。

2. 长除法举例

【例 3-10】　用长除法求 z 逆变换(右边序列)示例。

已知 $X(z)$ 的解析表达式及收敛域如下:

$$X(z)=\frac{2z^{-1}}{(1-2z^{-1})^2},\quad |z|>2$$

求 $X(z)$ 的逆变换。

解:根据收敛域 $|z|>2$ 可知, $x(n)$ 是因果序列。

$X(z)$ 的分子和分母按 z 的降幂(即 z^{-1} 的升幂)排列,将原式化简为如下正幂次方形式:

$$X(z)=\frac{2z}{(z-2)^2}=\frac{2z}{z^2-4z+4},\quad |z|>2$$

按如下形式进行长除法运算：

$$z^2-4z+4\overline{)\,2z}\quad \dfrac{2z^{-1}+8z^{-2}+24z^{-3}+64z^{-4}+\cdots}{}$$

$$\dfrac{2z-8+8z^{-1}}{8-8z^{-1}}$$

$$\dfrac{8-32z^{-1}+32z^{-1}}{24z^{-1}-32z^{-2}}$$

$$\dfrac{24z^{-1}-96z^{-2}+96z^{-3}}{44z^{-2}-96z^{-3}}$$

$$\dfrac{64z^{-2}-256z^{-3}+256z^{-4}}{160z^{-3}-256z^{-4}}$$

$$\vdots$$

根据长除法的运算结果，可得

$$X(z)=2z^{-1}+2\times2^2z^{-2}+3\times2^3z^{-3}+4\times2^4z^{-4}+\cdots$$

即

$$X(z)=\sum_{n=1}^{\infty}n\times2^nz^{-n}$$

因此可得

$$x(n)=n\times2^nu(n-1)$$

3. MATLAB 实现长除法

MATLAB 提供了实现多项式除法的函数 deconv，该函数的调用格式如下：

xn = deconv(b,a)

b、a 分别是 $X(z)$ 的分子与分母的系数向量；xn 表示 $X(z)$ 分子除以分母的系数向量，向量从常数项开始，按 z^{-1} 的幂级数依次排列。例 3-10 所列问题也可以用多项式长除法 deconv 函数来求解该题。

【例 3-11】 用 MATLAB 实现长除法求 z 逆变换示例。

解：为便于对照，采用与例 3-10 相同的函数 $X(z)$ 求 z 逆变换。

MATLAB 实现长除法求解例 3-10 的代码如下：

```
clc;clear all;close all;
b = [0,2];
a = [1, - 4,4];
k = 6;                          % 输出 z⁻¹ 的系数的长度,本例输出 6 项系数
m = length(a);
n = length(b);
b = [b,zeros(1,m - n - 1 + k)]  % 根据输出系数的长度对 b 末端补零
xn = deconv(b,a)
```

程序运行结果如下：

xn =   0   2   8   24   64   160

根据运算结果可得

$$x(n)=n\times2^nu(n-1)$$

MATLAB 的运算结果与例 3-10 直接用长除法的结果相同。

3.4 z 变换的性质和定理

对于离散信号与系统分析,z 变换具有重要的意义。z 变换具有一系列重要性质,这些性质在求 z 变换和逆变换,进行离散系统分析,求解线性卷积及差分方程时能起到降低运算复杂度和简化运算的作用。

1. 线性特性

线性特性是指序列 z 变换满足叠加性和齐次性。

若

$$Z[x(n)] = X(z), \quad R_{x-} < |z| < R_{x+}$$
$$Z[y(n)] = Y(z), \quad R_{y-} < |z| < R_{y+}$$

则有

$$Z[ax(n) + by(n)] = aX(z) + bY(z), \quad R_- < |z| < R_+ \tag{3-36}$$

式中,a,b 为任意常数。

序列经线性组合(加权求和)后,其 z 变换的收敛域一般为各序列收敛域的交集,即

$$R_- = \max(R_{x-}, R_{y-}), \quad R_+ = \min(R_{x+}, R_{y+})$$

序列经线性组合后的收敛域为

$$\max(R_{x-}, R_{y-}) = R_- < |z| < R_+ = \min(R_{x+}, R_{y+})$$

线性特性是应用非常广泛的 z 变换特性之一,线性特性的加权求和可以推广到两个以上序列的线性组合。若线性组合表达式中存在零极点对消,则收敛域有可能扩大。

【例 3-12】 线性特性的应用示例。

已知 $x(n) = \sin(\omega n)u(n)$,求序列 $x(n)$ 的 z 变换。

解:根据 z 变换表可得

$$Z[a^n u(n)] = \frac{1}{1 - az^{-1}}, \quad |z| > |a|$$

因此有

$$Z[e^{j\omega n}u(n)] = \frac{1}{1 - e^{j\omega}z^{-1}}, \quad |z| > 1$$

$$Z[e^{-j\omega n}u(n)] = \frac{1}{1 - e^{-j\omega}z^{-1}}, \quad |z| > 1$$

由欧拉公式有

$$\sin(\omega n) = \frac{e^{j\omega n} - e^{-j\omega n}}{2j}$$

根据线性特性可得

$$Z[\sin(\omega n)u(n)] = \frac{1}{2j}\{Z[e^{j\omega n}u(n)] - Z[e^{-j\omega n}u(n)]\} = \frac{1}{2j}\left(\frac{1}{1 - e^{j\omega}z^{-1}} - \frac{1}{1 - e^{-j\omega}z^{-1}}\right)$$

$$= \frac{z^{-1}\sin\omega}{1 - 2z^{-1}\cos\omega + z^{-2}}, \quad |z| > 1$$

2. 序列的移位

序列移位特性揭示了序列 $x(n)$ 移位以后,其 z 变换和原序列 $x(n)$ 的 z 变换之间的关系。若序列的 z 变换为

$$Z[x(n)] = X(z), \quad R_{x-} < |z| < R_{x+}$$

则

$$Z[x(n-m)] = z^{-m}X(z), \quad R_{x-} < |z| < R_{x+} \tag{3-37}$$

式中,m 为任意整数,m 为正则表示右移,即延迟,m 为负则表示左移,即超前。

【例 3-13】 移位特性的证明。

证:根据 z 变换的定义,有

$$Z[x(n-m)] = \sum_{n=-\infty}^{\infty} x(n-m)z^{-n} = z^{-m} \sum_{k=-\infty}^{\infty} x(n-m)z^{-(n-m)} = z^{-m}X(z)$$

序列移位对收敛域的影响:移位特性表明,一般情况下,序列移位之后其收敛域并不会发生变化,但下列情况下可能发生例外:

(1) 对于单边序列在 $z=0$ 或 ∞ 处可能发生例外,以 $\delta(n)$ 为例,$Z[\delta(n)]=1$ 在 z 全平面收敛,而 $Z[\delta(n-1)] = z^{-1}$,它在 $z=0$ 处不收敛,$Z[\delta(n+1)] = z$,在 z 趋于 ∞ 时不收敛。

(2) 对于双边序列,其收敛域为环状区域,并不包括 $z=0$ 和 $z=\infty$,因此,序列移位之后,其 z 变换的收敛域不变。

3. 共轭序列

序列 $x(n)$ 为复数序列,则其共轭序列为 $x^*(n)$。

若

$$Z[x(n)] = X(z), \quad R_{x-} < |z| < R_{x+}$$

则

$$Z[x^*(n)] = X^*(z^*), \quad R_{x-} < |z| < R_{x+} \tag{3-38}$$

【例 3-14】 共轭序列特性的证明。

证:根据 z 变换定义可得共轭序列的 z 变换如下:

$$Z[x^*(n)] = \sum_{n=-\infty}^{\infty} x^*(n)z^{-n} = \sum_{n=-\infty}^{\infty} [x(n)(z^*)^{-n}]^*$$

$$= \left[\sum_{n=-\infty}^{\infty} x(n)(z^*)^{-n} \right]^*$$

$$= X^*(z^*), \quad R_{x-} < |z| < R_{x+}$$

4. 翻转序列

若

$$Z[x(n)] = X(z), \quad R_{x-} < |z| < R_{x+}$$

则

$$Z[x(-n)] = X\left(\frac{1}{z}\right), \quad \frac{1}{R_{x+}} < |z| < \frac{1}{R_{x-}} \tag{3-39}$$

【例 3-15】 翻转序列特性的证明。

证:根据 z 变换定义,有

$$Z[x(-n)] = \sum_{n=-\infty}^{\infty} x(-n)z^{-n} = \sum_{n=-\infty}^{\infty} x(n)z^n = \sum_{n=-\infty}^{\infty} x(n)(z^{-1})^{-n} = X\left(\frac{1}{z}\right),$$
$$R_{x-} < |z^{-1}| < R_{x+}$$

序列翻转后,在分析序列 z 变换收敛域时应注意自变量的对应关系,翻转序列的 z 变换与原序列的 z 变换的自变量存在倒数关系,因此,极点也为倒数关系,根据此关系即可确定翻转序列 z 变换的收敛域。

5. z 域尺度变换

z 域尺度变换又称为乘以实指数序列。若序列 $x(n)$ 乘以指数序列 a^n(a 是复常数),则进行 z 变换时,z 变量将发生尺度变换。

若

$$X(z) = Z[x(n)], \quad R_{x-} < |z| < R_{x+}$$

则

$$Z[a^n x(n)] = X\left(\frac{z}{a}\right), \quad |a|R_{x-} < |z| < |a|R_{x+} \tag{3-40}$$

【例 3-16】 z 域尺度变换特性的证明。

证:根据 z 变换定义,有

$$Z[a^n x(n)] = \sum_{n=-\infty}^{\infty} a^n x(n)z^{-n} = \sum_{n=-\infty}^{\infty} x(n)\left(\frac{z}{a}\right)^{-n} = X\left(\frac{z}{a}\right), \quad R_{x-} < |z| < R_{x+}$$

如果 $z = z_k$ 是 $X(z)$ 的极点,则 $X\left(\frac{z}{a}\right)$ 的极点为 $z = az_k$。该尺度变换的几何意义如下。

(1) 若 a 为实数,则表示零极点在 z 平面沿径向放大或缩小。

(2) 若 a 为复数且 $|a|=1$,表示零极点位置以坐标原点为中心,旋转了 $\arg(a)$ 角度。

(3) 若 a 为任意复数,则表示零极点既有幅值上的缩放,又有 $\arg(a)$ 角度的旋转。

6. 序列的线性加权(z 域导数)

若已知

$$X(z) = Z[x(n)], \quad R_{x-} < |z| < R_{x+}$$

则

$$Z[nx(n)] = -z\frac{\mathrm{d}}{\mathrm{d}z}X(z), \quad R_{x-} < |z| < R_{x+} \tag{3-41}$$

【例 3-17】 序列线性加权特性的证明。

证:根据 z 变换定义,有

$$X(z) = \sum_{n=-\infty}^{\infty} x(n)z^{-n}$$

上式两边关于 z 求导数,可得

$$\frac{\mathrm{d}X(z)}{\mathrm{d}z} = \frac{\mathrm{d}}{\mathrm{d}z}\sum_{n=-\infty}^{\infty} x(n)z^{-n}$$

序列 $x(n)$ 的值为常数,因此有

$$\frac{\mathrm{d}X(z)}{\mathrm{d}z} = \sum_{n=-\infty}^{\infty} x(n)\frac{\mathrm{d}}{\mathrm{d}z}(z^{-n}) = -z^{-1}\sum_{n=-\infty}^{\infty} nx(n)z^{-n} = -z^{-1}Z[nx(n)]$$

于是,可得

$$Z[nx(n)] = -z\frac{dX(z)}{dz}, \quad R_{x-} < |z| < R_{x+}$$

该特性表明,序列的线性加权(乘 n)的 z 变换等于原序列的 z 变换求导再乘以 $(-z)$。

若对序列的线性加权性质继续进行推导,可得到如下更一般的结论:

$$Z[n^2x(n)] = Z[n \times nx(n)] = -z\frac{d}{dz}Z[nx(n)]$$

$$\frac{d}{dz}\left[\quad \frac{d}{dz} \quad \right]^2\frac{d^2}{dz^2}X(z) + z\frac{d}{dz}X(z)$$

以此类推,

$$\quad^m X(z)$$

式中, $\left(-z\dfrac{d}{dz}\right)^n$

$$\left(\qquad \left(-z\frac{d}{dz}X(z)\right)\right]\cdots\right\} \qquad (3\text{-}42)$$

7. 初值定理

对于因果序

有

$$\qquad (3\text{-}43)$$

【例 3-18】

证:由于 $x(n$

$$X(z) = \sum_{n=-\infty}^{\infty} \qquad) + x(1)z^{-1} + x(2)z^{-2} + \cdots$$

对上式取极限

8. 终值定理

若 $x(n)$ 为因果 　　　点位于单位圆之内,单位圆 $|z| = 1$ 上最多可以有 $z = 1$

$$z)] \qquad (3\text{-}44)$$

9. 时域卷积定

若 $y(n)$ 为 $x($ 　　　　$n(n-m)$

且

$$X(z) = Z[x(n)], \quad R_{x-} < |z| < R_{x+}$$
$$H(z) = Z[h(n)], \quad R_{h-} < |z| < R_{h+}$$

则有

$$Y(z) = Z[y(n)] = H(z)X(z),$$

$$\max[R_{x-}, R_{h-}] < |z| < \min[R_{x+}, R_{h+}] \tag{3-45}$$

时域卷积定理将时域的卷积运算转换为 z 域的普通乘积运算,该性质具有广泛的应用。应用中应注意收敛域是 $X(z)$ 和 $H(z)$ 收敛域的交集,若存在零极点对消,则收敛域可能扩大。

【例 3-19】 时域卷积定理的证明。

证:

$$Z[x(n) * h(n)] = \sum_{n=-\infty}^{\infty} [x(n) * h(n)]z^{-n} = \sum_{n=-\infty}^{\infty} \sum_{m=-\infty}^{\infty} x(m)h(n-m)z^{-n}$$

$$= \sum_{m=-\infty}^{\infty} x(m) \left[\sum_{n=-\infty}^{\infty} h(n-m)z^{-n} \right]$$

$$= \sum_{m=-\infty}^{\infty} x(m) \left[\sum_{n=-\infty}^{\infty} h(n-m)z^{-(n-m)}z^{-m} \right]$$

$$= \sum_{m=-\infty}^{\infty} [x(m)z^{-m}]H(z)$$

$$= H(z)X(z), \quad \max[R_{x-}, R_{h-}] < |z| < \min[R_{x+}, R_{h+}]$$

对于离散线性时不变(移不变)系统,时域卷积定理为卷积计算提供了一种新思路,若计算 $y(n) = x(n) * h(n)$ 较复杂,则可以通过计算 $X(z)H(z)$ 的逆变换来求 $y(n)$。

【例 3-20】 时域卷积定理的应用。

已知序列 $x(n)$ 和 $h(n)$ 如下:

$$x(n) = a^{n-1}[au(n) - bu(n-1)], \quad h(n) = b^n u(n)$$

求 $y(n) = x(n) * h(n)$。

解:根据常用序列的 z 变换可得

$$X(z) = Z[X(n)] = \frac{z}{z-a} - \frac{b}{z-a} = \frac{z-b}{z-a}, \quad |z| > |a|$$

$$H(z) = Z[h(n)] = \frac{z}{z-b}, \quad |z| > |b|$$

因此有

$$Y(z) = Z[y(n)] = X(z)H(z) = \frac{z-b}{z-a} \frac{z}{z-b} = \frac{z}{z-a}, \quad |z| > a$$

对 $Y(z)$ 求逆变换得

$$y(n) = x(n) * h(n) = Z^{-1}[Y(z)] = a^n u(n)$$

$X(z)H(z)$ 的乘法运算产生了约分,即 $X(z)$ 的分子项 $(z-b)$ 与 $H(z)$ 的分母 $(z-b)$ 约分,如图 3-14 所示的 $H(z)$ 的极点 $(z=b)$ 与 $X(z)$ 的零点 $(z=b)$ 发生零极点对消,这时可能使收敛域扩大。若 $|b| > |a|$,则 $Y(z)$ 的收敛域比 $X(z)$ 与 $H(z)$ 收敛域的交集范围要大。

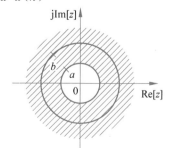

图 3-14　例 3-20 序列 z 变换的收敛域

10. 时域乘积定理(z 域复卷积定理)

若

$$y(n) = x(n)h(n)$$

$$X(z) = Z[x(n)], \quad R_{x-} < |z| < R_{x+}$$

$$H(z) = Z[h(n)], \quad R_{h-} < |z| < R_{h+}$$

则有

$$Y(z) = Z[y(n)] = Z[x(n)h(n)] = \frac{1}{2\pi j} \oint_c X\left(\frac{z}{v}\right) H(v) v^{-1} dv$$

$$= \frac{1}{2\pi j} \oint_c X(v) H\left(\frac{z}{v}\right) v^{-1} dv, \quad R_{x-} R_{h-} < |z| < R_{x+} R_{h+} \quad (3\text{-}46)$$

式中，c 是 v 平面(复平面)内积分乘积项 $X\left(\dfrac{z}{v}\right)$ 与 $H(v)$ 收敛域交集之内包含原点的逆时针简单闭曲线。v 平面收敛域为

$$\max\left[R_{h-}, \frac{|z|}{R_{x+}}\right] < |v| < \min\left[R_{h+}, \frac{|z|}{R_{x-}}\right] \quad (3\text{-}47)$$

【例 3-21】 时域相乘性质的应用示例。

已知序列 $x(n)$ 及 $h(n)$ 如下：

$$x(n) = a^n u(n), \quad h(n) = b^{n-1} u(n-1)$$

$$y(n) = x(n)h(n)$$

求 $Y(z) = Z[x(n)h(n)]$。

解：

$$X(z) = Z[x(n)] = Z[a^n u(n)] = \frac{z}{z-a}, \quad |z| > |a|$$

$$H(z) = Z[h(n)] = z[b^{n-1} u(n-1)] = \frac{1}{z-b}, \quad |z| > |b|$$

利用复卷积公式(3-46)，有

$$Y(z) = Z[x(n)h(n)] = \frac{1}{2\pi j} \oint_c \frac{v}{v-a} \frac{1}{\dfrac{z}{v}-b} \frac{dv}{v}$$

$$= \frac{1}{2\pi j} \oint_c \frac{v}{(v-a)(z-bv)} dv, \quad |z| > |ab|$$

收敛域为 $|v| > |a|$ 与 $\left|\dfrac{z}{v}\right| > |b|$ 的交集，即 $|a| < |v| < \left|\dfrac{z}{b}\right|$，因此，围线仅包含极点 $v = 0$，如图 3-15 所示。

根据留数定理可得

$$Y(z) = \frac{1}{2\pi j} \oint_c \frac{v}{(v-a)(z-bv)} dv$$

$$= \text{Res}\left[\frac{v}{(v-a)(z-bv)}\right]_{v=a}$$

$$= \frac{z}{z-ab}, \quad |z| > |ab|$$

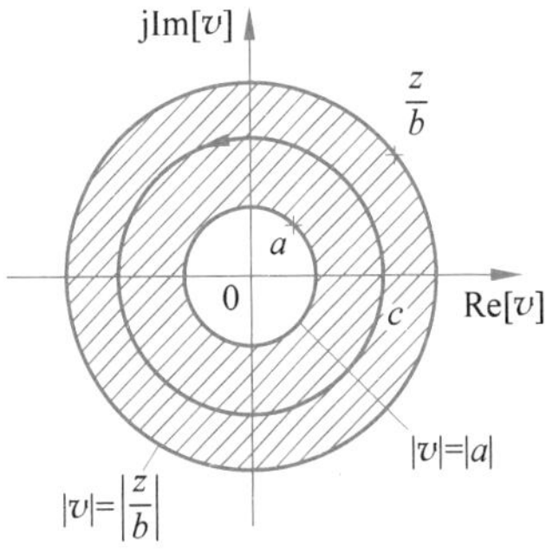

图 3-15 v 平面收敛域

11. 帕塞瓦尔定理

若

$$X(z) = Z[x(n)], \quad R_{x-} < |z| < R_{x+}$$

$$H(z) = Z[h(n)], \quad R_{h-} < |z| < R_{h+}$$

且

$$R_{x-} R_{h-} < 1 < R_{x+} R_{h+}$$

则

$$\sum_{n=-\infty}^{\infty} x(n)h^*(n) = \frac{1}{2\pi j} \oint_c X(v) H^*\left(\frac{1}{v^*}\right) v^{-1} dv \tag{3-48}$$

式中,围线 c 应在 $X(v)$ 和 $H^*\left(\dfrac{1}{v^*}\right)$ 收敛域的交集范围之内:

$$\max\left[R_{h-}, \frac{1}{R_{x+}}\right] < |v| < \min\left[R_{h+}, \frac{1}{R_{x-}}\right]$$

若 $h(n)$ 为实序列,则有

$$h(n) = h^*(n)$$

若 $X(z)$、$H(z)$ 均在单位圆上收敛,则围线 c 可选为单位圆,即

$$v = e^{j\omega}$$

于是,式(3-48)可简化为

$$\sum_{n=-\infty}^{\infty} x(n)h^*(n) = \frac{1}{2\pi} \int_{-\pi}^{\pi} X(e^{j\omega}) H^*(e^{j\omega}) d\omega \tag{3-49}$$

若 $h(n) = x(n)$,则可得到

$$\sum_{n=-\infty}^{\infty} |x(n)|^2 = \frac{1}{2\pi} \int_{-\pi}^{\pi} |X(e^{j\omega})|^2 d\omega \tag{3-50}$$

帕塞瓦尔定理是能量守恒定理在数字信号处理领域的表现形式,该定理可以由复卷积定理导出。式(3-50)表明时域序列的能量与频域中的能量是守恒的。

12. 累加序列特性

对于因果序列 $x(n)$,即

$$x(n) = 0, \quad n < 0, \quad X(z) = Z[x(n)], \quad |z| > R_{x-}$$

令

$$y(n) = \sum_{m=0}^{n} x(m)$$

则

$$Y(z) = Z\left[\sum_{m=0}^{n} x(m)\right] = \frac{z}{z-1} X(z), \quad |z| > \max[R_{x-}, 1] \tag{3-51}$$

为方便使用和查阅,现将 z 变换的主要性质进行归纳总结,如表 3-2 所示。

表 3-2 z 变换的主要性质

序号	序　列	z 变　换	收　敛　域
1	$x(n)$	$X(z)$	$R_{x-} < |z| < R_{x+}$
2	$h(n)$	$H(z)$	$R_{h-} < |z| < R_{h+}$
3	$ax(n) + bh(n)$	$aX(z) + bH(z)$	$\max[R_{x-}, R_{h-}] < |z| < \min[R_{x+}, R_{h+}]$
4	$x(n-m)$	$z^{-m}X(z)$	$R_{x-} < |z| < R_{x+}$
5	$x^*(n)$	$X^*(z^*)$	$R_{x-} < |z| < R_{x+}$
6	$x(-n)$	$X(z^{-1})$	$R_{x-} < |z^{-1}| < R_{x+}$

续表

序号	序　　列	z　变　换	收　敛　域
7	$x^*(-n)$	$X^*(1/z^*)$	$R_{x-}<\|z^{-1}\|<R_{x+}$
8	$a^n x(n)$	$X\left(\dfrac{z}{a}\right)$	$R_{x-}<\left\|\dfrac{z}{a}\right\|<R_{x+}$
9	初值定理	$x(0)=\lim\limits_{z\to\infty}X(z)$	$\|z\|>R_{x-}$
10	终值定理	$\lim\limits_{n\to\infty}x(n)=\lim\limits_{z\to1}[(z-1)X(z)]$	$\|z\|>\max[R_{x-},1]$
11	$n^m x(n)$	$\left(-z\dfrac{\mathrm{d}}{\mathrm{d}z}\right)^m X(z)$	$R_{x-}<\|z\|<R_{x+}$
12	$x(n)*h(n)$	$X(z)H(z)$	$\max[R_{x-},R_{h-}]\leqslant\|z\|\leqslant\min[R_{x+},R_{h+}]$
13	$\mathrm{Re}[x(n)]$	$\dfrac{1}{2}[X(z)+X^*(z^*)]$	$R_{x-}<\|z\|<R_{x+}$
14	$\mathrm{jIm}[x(n)]$	$\dfrac{1}{2}[X(z)-X^*(z^*)]$	$R_{x-}<\|z\|<R_{x+}$
15	$x(n)h(n)$	$\dfrac{1}{2\pi\mathrm{j}}\oint_c X\left(\dfrac{z}{v}\right)H(v)v^{-1}\mathrm{d}v$	$R_{x-}R_{h-}<\|z\|<[R_{x+}R_{h+}$
16	$\sum\limits_{n=-\infty}^{\infty}x(n)h^*(n)$	$\dfrac{1}{2\pi\mathrm{j}}\oint_c X(v)H^*\left(\dfrac{1}{v^*}\right)v^{-1}\mathrm{d}v$	$R_{x-}R_{h-}<\|z\|<R_{x+}R_{h+}$
17	$\sum\limits_{k=0}^{n}x(k)$	$\dfrac{z}{z-1}X(z)$	$\|z\|>\max[R_{x-},1]$

3.5　z 变换与拉普拉斯变换、傅里叶变换之间的关系

拉普拉斯(Laplace)变换、z 变换和傅里叶变换是信号分析与处理的重要基础理论,本节将讨论离散信号的 z 变换与连续时间信号的拉普拉斯变换以及傅里叶变换之间的关系。

3.5.1　z 变换与拉普拉斯变换的关系

设连续时间信号 $x_a(t)$ 经理想抽样后的信号为 $\hat{x}_a(t)$,$x_a(t)$ 和 $\hat{x}_a(t)$ 的拉普拉斯变换分别表示如下:

$$x_a(s)=L[x_a(t)]$$

$$\hat{X}_a(s)=L[\hat{x}_a(t)]$$

因此

$$\hat{X}_a(s)=\int_{-\infty}^{\infty}\hat{x}_a(t)\mathrm{e}^{-st}\,\mathrm{d}t$$

根据连续时间信号抽样数学模型,可得

$$\hat{X}_a(s)=\int_{-\infty}^{\infty}\sum_{n=-\infty}^{\infty}x_a(nT)\delta(t-nT)\mathrm{e}^{-st}\,\mathrm{d}t=\sum_{n=-\infty}^{\infty}\int_{-\infty}^{\infty}x_a(nT)\delta(t-nT)\mathrm{e}^{-st}\,\mathrm{d}t$$

$$=\sum_{n=-\infty}^{\infty}x_a(nT)\mathrm{e}^{-nsT}=\sum_{n=-\infty}^{\infty}x(n)\mathrm{e}^{-nsT}$$

而抽样序列 $x(n)$ 的 z 变换为

$$X(z) = \sum_{n=-\infty}^{\infty} x(n) z^{-n}$$

由此可得,当 $z = \mathrm{e}^{sT}$ 时,抽样序列的 z 变换等于其理想抽样信号的拉普拉斯变换。

$$X(z)_{|z=\mathrm{e}^{sT}} = X(\mathrm{e}^{sT}) = \hat{X}_a(s) \tag{3-52}$$

这说明 z 变换与拉普拉斯变换的关系就是 s 平面到 z 平面的映射关系,即

$$z = \mathrm{e}^{sT} \tag{3-53}$$

$$s = \frac{1}{T} \ln z$$

将 s 平面用直角坐标表示,z 平面用极坐标表示,有

$$\begin{cases} s = \sigma + \mathrm{j}\Omega \\ z = r\mathrm{e}^{\mathrm{j}\omega} \end{cases}$$

代入 $z = \mathrm{e}^{sT}$ 可得

$$z = r\mathrm{e}^{\mathrm{j}\omega} = \mathrm{e}^{(\sigma+\mathrm{j}\Omega)T} = \mathrm{e}^{\sigma T} \mathrm{e}^{\mathrm{j}\Omega T}$$

因此有

$$\begin{cases} r = \mathrm{e}^{\sigma T} \\ \omega = \Omega T \end{cases} \tag{3-54}$$

上式说明 z 的模(r)只与 s 的实部 σ 相对应,z 的相角 ω 只与 s 的虚部 Ω 相对应。根据式(3-53)、式(3-54)可进一步分析 s 平面到 z 平面之间的映射关系,r 与 σ 的关系如表 3-3 所示。

表 3-3　r 与 σ 的区域映射关系表

s 复平面	z 复平面
$\sigma = 0$(s 平面虚轴)	$r = 1$(z 平面单位圆上)
$\sigma < 0$(s 左半平面)	$r < 1$(z 平面单位圆内部)
$\sigma > 0$(s 右半平面)	$r > 1$(z 平面单位圆外部)

由表 3-3 以及 $z = \mathrm{e}^{sT}$ 可得 s 平面与 z 平面的几何映射关系如图 3-16 所示。

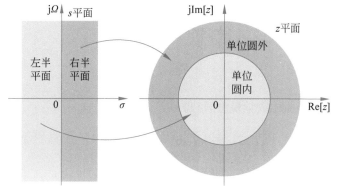

图 3-16　s 平面与 z 平面的几何映射关系

ω 与 Ω 的映射关系如表 3-4 所示。

表 3-4　ω 与 Ω 的映射关系表

s 复 平 面	z 复 平 面
$\Omega=0$(s 平面实轴)	$\omega=0$(正实轴)
$\Omega=\Omega_0$(平行于实轴的直线)	$\omega=\Omega_0 T$(辐角为 $\omega=\Omega_0 T$ 射线)
Ω 由 $-\pi/T\sim\pi/T$	ω 由 $-\pi\sim\pi$

根据 $\omega=\Omega T$ 及表 3-4 可得出,当 Ω 由 $-\pi/T$ 变化到 π/T,ω 由 $-\pi$ 变化到 π,如图 3-17 所示,s 平面高度为 $2\pi/T$ 的水平带状区域映射为 z 平面的一周,覆盖整个 z 复平面,进一步分析可以得出,s 平面高度为 $2\pi/T$ 的条状区中左半部分(阴影线部分)映射到 z 平面单位圆内部,条状区中的右半部分映射到单位圆的外部。根据映射关系,在 s 平面 Ω 每增加 $2\pi/T$,则又是一个新的高度为 $2\pi/T$ 的条状区,又重新映射一次整个 z 平面(ω 又一次从 0 到 2π)。因此,从 s 复平面到 z 复平面的映射关系是多值映射关系。

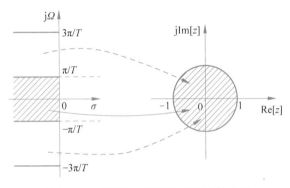

图 3-17　s 平面与 z 平面的多值映射关系

根据 s 平面与 z 平面之间的映射关系已得出抽样序列 $x(n)$ 的 z 变换 $X(z)$ 和连续时间信号 $x_a(t)$ 的拉普拉斯变换 $X_a(s)$ 之间的关系。对于时域抽样,抽样信号频谱与原信号频谱的关系为

$$\hat{X}_a(s)=\frac{1}{T}\sum_{k=-\infty}^{\infty}X_a(s-\mathrm{j}k\Omega_s)$$

将上式代入式(3-52),可得 $X(z)$ 与 $X_a(s)$ 的关系为

$$X(z)\big|_{z=\mathrm{e}^{sT}}=\frac{1}{T}\sum_{k=-\infty}^{\infty}X_a(s-\mathrm{j}k\Omega_s)=\frac{1}{T}\sum_{k=-\infty}^{\infty}X_a\left(s-\mathrm{j}\frac{2\pi}{T}k\right) \tag{3-55}$$

因此可得,当 $z=\mathrm{e}^{sT}$ 时,抽样序列的 z 变换等于其理想抽样信号的拉普拉斯变换,同时,连续时间信号经抽样以后,频谱将以 $\dfrac{2\pi}{T}$ 为周期产生周期延拓。

3.5.2　z 变换与傅里叶变换的关系

由于傅里叶变换是虚轴上的拉普拉斯变换,因此,对于连续时间信号的傅里叶变换,根据式(3-56),以 $s=\mathrm{j}\Omega$ 代入可得

$$X(z)\big|_{z=\mathrm{e}^{\mathrm{j}\Omega T}}=X(\mathrm{e}^{\mathrm{j}\Omega T})=\hat{X}_a(\mathrm{j}\Omega)$$

由于

$$z = e^{j\Omega T}$$

因此有

$$|z| = |e^{j\Omega T}| = 1$$

将 $s = j\Omega$ 及 $z = e^{j\Omega T}$ 代入式(3-52),可得

$$X(z)\Big|_{z=e^{j\Omega T}} = X(e^{j\Omega T}) = \frac{1}{T} \sum_{k=-\infty}^{\infty} X_a\left(j\Omega - j\frac{2\pi}{T}k\right) \tag{3-56}$$

连续时间信号采样之后的频谱 $\hat{X}_a(j\Omega)$ 是原信号的频谱 $X_a(j\Omega)$ 的周期延拓,体现在 z 平面上就是在单位圆上循环出现,即 $X_a(j\Omega)$ 是 Ω 的周期函数。

由于

$$\omega = \Omega T$$

用数字频率 ω 表示 z 平面单位圆,即

$$z = e^{j\omega}$$

根据上述关系,可得

$$X(z)\Big|_{z=e^{j\omega}} = X(e^{j\omega}) \tag{3-57}$$

这说明,序列在单位圆上的 z 变换就是离散时间傅里叶变换。

3.6 离散时间傅里叶变换及性质

傅里叶分析法是信号分析的基本方法,傅里叶变换是傅里叶分析的核心,通过它可以将信号从时间域变换到频率域。离散时间傅里叶变换,即序列的傅里叶变换(DTFT)对于研究离散时间系统,进行系统的频域分析,分析信号的频谱结构及变化规律是非常重要的基础和工具。

视频讲解

3.6.1 离散时间傅里叶变换

离散时间非周期信号及其频谱之间的关系,可用离散时间傅里叶变换来表示,其正逆变换的表达式如下。

正变换:

$$\text{DTFT}[x(n)] = X(e^{j\omega}) = \sum_{n=-\infty}^{\infty} x(n)e^{-j\omega n} \tag{3-58}$$

逆变换:

$$x(n) = \text{IDTFT}[X(e^{j\omega n})] = \frac{1}{2\pi} \int_{-\pi}^{\pi} X(e^{j\omega})e^{j\omega n}\, d\omega \tag{3-59}$$

式(3-59)的积分区间也可以是 $(0, 2\pi)$ 或其他任何一个周期。

式(3-58)级数的收敛条件为

$$\sum_{n=-\infty}^{\infty} |x(n)e^{-j\omega n}| = \sum_{n=-\infty}^{\infty} |x(n)| < \infty$$

也就是说,若序列 $x(n)$ 绝对可和,则它的傅里叶变换一定存在且连续。由于 $x(n)$ 是离散序列,故频域 $X(e^{j\omega})$ 是 ω 的周期函数,式(3-58)就是周期函数 $X(e^{j\omega})$ 的傅里叶级数展开式,而 $x(n)$ 则是傅里叶级数的系数,由式(3-59)确定。

根据序列 z 变换和傅里叶变换之间的关系可知,如果序列的 z 变换在单位圆上收敛,

那么离散时间傅里叶变换就是序列 z 变换在单位圆上的值,因而可表示为

$$X(\mathrm{e}^{\mathrm{j}\omega}) = X(z) \mid_{z=\mathrm{e}^{\mathrm{j}\omega}} = \sum_{n=-\infty}^{\infty} x(n)\mathrm{e}^{-\mathrm{j}\omega n} \tag{3-60}$$

$$x(n) = \frac{1}{2\pi\mathrm{j}} \oint_{|z|=1} X(z)z^{n-1}\mathrm{d}z = \frac{1}{2\pi} \int_{-\pi}^{\pi} X(\mathrm{e}^{\mathrm{j}\omega})\mathrm{e}^{\mathrm{j}\omega n}\mathrm{d}\omega \tag{3-61}$$

3.6.2 DTFT 的对称性

1. 序列对称性的概念

序列的共轭对称性和共轭反对称性是信号处理中两个重要的基本概念。如果序列 $x(n)$ 经过共轭和翻转运算之后,其值与序列 $x(n)$ 的值相等,则称 $x(n)$ 为共轭对称序列。

共轭对称序列一般用 $x_\mathrm{e}(n)$ 表示,根据共轭对称序列的概念,其数学定义如下:

$$x_\mathrm{e}(n) = x_\mathrm{e}^*(-n) \tag{3-62}$$

对于实序列而言,则为 $x_\mathrm{e}(n) = x_\mathrm{e}(-n)$,即 $x_\mathrm{e}(n)$ 为偶对称序列。

如果序列 $x(n)$ 经过共轭和翻转运算之后,其值与序列 $x(n)$ 的值符号相反,则称 $x(n)$ 为共轭反对称序列。

共轭反对称序列一般用 $x_\mathrm{o}(n)$ 表示,共轭反对称序列满足如下关系:

$$x_\mathrm{o}(n) = -x_\mathrm{o}^*(-n) \tag{3-63}$$

对于实序列而言,则为 $x_\mathrm{o}(n) = -x_\mathrm{o}(-n)$,即 $x_\mathrm{o}(n)$ 为奇对称序列。

共轭对称性概念也可进一步用于对序列的实部和虚部进行分析,可得如下结论。

1) 共轭对称序列的实部偶对称、虚部奇对称

【例 3-22】 已知序列 $x_\mathrm{e}(n)$ 为共轭对称序列,即

$$x_\mathrm{e}(n) = x_\mathrm{e}^*(-n)$$

试证明序列 $x_\mathrm{e}(n)$ 的实部偶对称,虚部奇对称。

证:由于序列可在复数范围取值,因此 $x_\mathrm{e}(n)$ 可表示为

$$x_\mathrm{e}(n) = \mathrm{Re}[x_\mathrm{e}(n)] + \mathrm{j}\mathrm{Im}[x_\mathrm{e}(n)]$$

$x_\mathrm{e}(n)$ 取翻转和共轭运算,可得

$$x_\mathrm{e}^*(-n) = \mathrm{Re}[x_\mathrm{e}^*(-n)] - \mathrm{j}\mathrm{Im}[x_\mathrm{e}^*(-n)]$$

由于 $x_\mathrm{e}(n)$ 为共轭对称序列,根据共轭对称性序列的定义可得

$$\mathrm{Re}[x_\mathrm{e}(n)] = \mathrm{Re}[x_\mathrm{e}^*(-n)]$$

$$\mathrm{Im}[x_\mathrm{e}(n)] = -\mathrm{Im}[x_\mathrm{e}^*(-n)]$$

上面两式表明,共轭对称序列的实部偶对称、虚部奇对称。

2) 共轭反对称序列的实部奇对称,虚部偶对称

由于 $x_\mathrm{o}(n)$ 为共轭反对称序列,因此可以表示为

$$x_\mathrm{o}(n) = \mathrm{Re}[x_\mathrm{o}(n)] + \mathrm{j}\mathrm{Im}[x_\mathrm{o}(n)]$$

对 $x_\mathrm{o}(n)$ 进行翻转和共轭运算之后为

$$x_\mathrm{o}^*(-n) = \mathrm{Re}[x_\mathrm{o}^*(-n)] - \mathrm{j}\mathrm{Im}[x_\mathrm{o}^*(-n)]$$

根据共轭反对称序列的定义可得

$$\mathrm{Re}[x_\mathrm{o}(n)] = -\mathrm{Re}[x_\mathrm{o}^*(-n)]$$

$$\mathrm{Im}[x_{\mathrm{o}}(n)] = \mathrm{Im}[x_{\mathrm{o}}^*(-n)]$$

这表明,共轭反对称序列的实部奇对称,虚部偶对称。

3) 任一序列均可分解为共轭对称分量和反对称成分量之和

【例3-23】 共轭对称性相关结论证明示例。

证明如下结论成立:

任一序列 $x(n)$ 都能表示为一个共轭对称序列与一个共轭反对称序列之和。

证:本题待证明的结论可表示为如下形式:

$$x(n) = x_{\mathrm{e}}(n) + x_{\mathrm{o}}(n)$$

其中,$x_{\mathrm{e}}(n)$ 为共轭对称序列,$x_{\mathrm{o}}(n)$ 为共轭反对称序列。

因此,依据原序列 $x(n)$,可按如下方式构建共轭对称序列 $x_{\mathrm{e}}(n)$ 和共轭反对称序列 $x_{\mathrm{o}}(n)$

$$\begin{cases} x_{\mathrm{e}}(n) = \dfrac{1}{2}[x(n) + x^*(-n)] \\ x_{\mathrm{o}}(n) = \dfrac{1}{2}[x(n) - x^*(-n)] \end{cases}$$

以上两式相加即

$$x(n) = x_{\mathrm{e}}(n) + x_{\mathrm{o}}(n)$$

因此,任一序列 $x(n)$ 都能表示为一个共轭对称序列与一个共轭反对称序列之和。若为实数序列,则 $x(n)$ 可表示为偶对称序列与奇对称序列之和。

2. DTFT 对称性的应用

序列对称性的概念也可以应用到离散时间傅里叶变换 $X(\mathrm{e}^{\mathrm{j}\omega})$,类似地,序列 $x(n)$ 的傅里叶变换 $X(\mathrm{e}^{\mathrm{j}\omega})$ 也可分解为共轭对称分量与共轭反对称分量之和,即

$$X(\mathrm{e}^{\mathrm{j}\omega}) = X_{\mathrm{e}}(\mathrm{e}^{\mathrm{j}\omega}) + X_{\mathrm{o}}(\mathrm{e}^{\mathrm{j}\omega}) \tag{3-64}$$

式中

$$\begin{cases} X_{\mathrm{e}}(\mathrm{e}^{\mathrm{j}\omega}) = \dfrac{1}{2}[X(\mathrm{e}^{\mathrm{j}\omega}) + X^*(\mathrm{e}^{\mathrm{j}\omega})] \\ X_{\mathrm{o}}(\mathrm{e}^{\mathrm{j}\omega}) = \dfrac{1}{2}[X(\mathrm{e}^{\mathrm{j}\omega}) - X^*(\mathrm{e}^{\mathrm{j}\omega})] \end{cases} \tag{3-65}$$

$X_{\mathrm{e}}(\mathrm{e}^{\mathrm{j}\omega})$ 是共轭对称的,即 $X_{\mathrm{e}}(\mathrm{e}^{\mathrm{j}\omega}) = X_{\mathrm{e}}^*(\mathrm{e}^{-\mathrm{j}\omega})$;

$X_{\mathrm{o}}(\mathrm{e}^{\mathrm{j}\omega})$ 是共轭反对称的,即 $X_{\mathrm{o}}(\mathrm{e}^{\mathrm{j}\omega}) = -X_{\mathrm{o}}^*(\mathrm{e}^{-\mathrm{j}\omega})$。

同样,如果 $x(n)$ 的傅里叶变换函数 $X(\mathrm{e}^{\mathrm{j}\omega})$ 是实函数,并满足共轭对称性,则称为频率的偶函数,即 $X(\mathrm{e}^{\mathrm{j}\omega}) = X(\mathrm{e}^{-\mathrm{j}\omega})$,如果 $X(\mathrm{e}^{\mathrm{j}\omega}) = -X(\mathrm{e}^{-\mathrm{j}\omega})$,则称为频率的奇函数。

上述关于共轭对称性的结论对于加深理解傅里叶变换具有积极意义,这些性质通常可由 z 变换的相关性质将 $z = \mathrm{e}^{\mathrm{j}\omega}$ 直接代入即可得出结论,也可根据傅里叶变换及序列的共轭对称性的定义推出结论。

应用共轭对称性原理还可以得出下列结论。

(1) 序列实部的傅里叶变换等于离散时间傅里叶变换的共轭对称分量,即

$$\mathrm{DTFT}\{\mathrm{Re}[x(n)]\} = X_{\mathrm{e}}(\mathrm{e}^{\mathrm{j}\omega})$$

(2) 序列虚部乘以复数j的傅里叶变换等于离散时间傅里叶变换的共轭反对称分量,即

$$\mathrm{DTFT}\{\mathrm{jIm}[x(n)]\} = X_{\mathrm{o}}(\mathrm{e}^{\mathrm{j}\omega})$$

（3）序列的共轭对称分量和共轭反对称分量的傅里叶变换分别等于离散时间傅里叶变换的实部和虚部乘以 j，即

$$\begin{cases} \text{DTFT}[x_e(n)] = \text{Re}[X(e^{j\omega})] \\ \text{DTFT}[x_o(n)] = j\text{Im}[X(e^{j\omega})] \end{cases}$$

（4）若 $x(n)$ 是实数序列，则其傅里叶变换 $X(e^{j\omega})$ 满足共轭对称性，即

$$X(e^{j\omega}) = X^*(e^{-j\omega}) \tag{3-66}$$

【例 3-24】 实数离散时间傅里叶变换共轭对称性证明。

已知序列 $x(n)$ 是实数序列，试证明：

$$X(e^{j\omega}) = X^*(e^{-j\omega})$$

证：因为 $x(n)$ 是实数序列，则有

$$x(n) = x^*(n)$$

对上式进行 DTFT，可得

$$\text{DTFT}[x(n)] = \text{DTFT}[x^*(n)]$$

而

$$\text{DTFT}[x(n)] = X(e^{j\omega})$$
$$\text{DTFT}[x^*(n)] = X^*(e^{-j\omega})$$

因此

$$X(e^{j\omega}) = X^*(e^{-j\omega})$$

由此还可以进一步得出以下结论：

$$\begin{cases} \text{Re}[X(e^{j\omega})] = \text{Re}[X(e^{-j\omega})] \\ \text{Im}[X(e^{j\omega})] = -\text{Im}[X(e^{-j\omega})] \end{cases}$$

因此，实数离散时间傅里叶变换的实部是 ω 的偶函数，而虚部是 ω 的奇函数。

由于

$$X(e^{j\omega}) = |X(e^{j\omega})| \exp\{j\arg[X(e^{j\omega})]\} \tag{3-67}$$

$$\arg[X(e^{j\omega})] = \frac{\text{Re}[X(e^{j\omega})]}{\text{Im}[X(e^{j\omega})]}$$

因此，对实序列

$$\begin{cases} |X(e^{j\omega})| = |X(e^{-j\omega})| & \omega \text{ 的偶函数} \\ \arg[X(e^{j\omega})] = -\arg[X(e^{-j\omega})] & \omega \text{ 的奇函数} \end{cases} \tag{3-68}$$

离散时间傅里叶变换的所有性质，均可通过 z 变换的性质推导得出。

3.6.3 离散时间傅里叶变换的性质

离散时间傅里叶变换即序列在单位圆上的 z 变换，因此离散时间傅里叶变换的特性一般都与 z 变换的性质具有对应关系，或者可由 z 变换推导得出。现将离散时间傅里叶变换的常用性质进行总结，如表 3-5 所示，其中性质 1～11 与 z 变换具有对应关系，性质 12～16 是离散时间傅里叶变换的对称特性，合理使用这些性质对于简化傅里叶变换的运算和推导某些结论具有积极作用。

表 3-5 离散时间傅里叶变换的主要性质

序号	序　列	傅里叶变换性质
1	$x(n), h(n)$	$X(e^{j\omega}), H(e^{j\omega})$
2	$ax(n)+bh(n)$	$aX(e^{j\omega})+bH(e^{j\omega})$
3	$x(n-m)$	$e^{-j\omega m}X(e^{j\omega})$
4	$x^*(n)$	$X^*(e^{-j\omega})$
5	$x(-n)$	$X(e^{-j\omega})$
6	$x^*(-n)$	$X^*(e^{j\omega})$
7	$a^n x(n)$	$X\left(\dfrac{e^{j\omega}}{a}\right)$
8	$nx(n)$	$j\dfrac{d[X(e^{j\omega})]}{d\omega}$
9	$e^{jn\omega_0}x(n)$	$X(e^{j(\omega-\omega_0)})$
10	$x(n)*h(n)$	$X(e^{j\omega})H(e^{j\omega})$
11	$x(n)h(n)$	$\dfrac{1}{2\pi}\displaystyle\int_{-\pi}^{\pi}X(e^{j\theta})H(e^{j(\omega-\theta)})d\theta$
12	$\text{Re}[x(n)]$	$X_e(e^{j\omega})=\dfrac{1}{2}[X(e^{j\omega})+X^*(e^{-j\omega})]$
13	$j\text{Im}[x(n)]$	$X_o(e^{j\omega})=\dfrac{1}{2}[X(e^{j\omega})-X^*(e^{-j\omega})]$
14	$x_e(n)$	$\text{Re}[X(e^{j\omega})]$
15	$x_o(n)$	$j\text{Im}[X(e^{j\omega})]$
16	$x(n)\in \mathbf{R}$	$X(e^{j\omega})=X^*(e^{-j\omega})$
17	帕塞瓦尔定理	$\displaystyle\sum_{n=-\infty}^{\infty}x(n)h^*(n)=\dfrac{1}{2\pi}\int_{-\pi}^{\pi}X(e^{j\omega})H^*(e^{j\omega})d\omega$
18	帕塞瓦尔公式	$\displaystyle\sum_{n=-\infty}^{\infty}|x(n)|^2=\dfrac{1}{2\pi}\int_{-\pi}^{\pi}|X(e^{j\omega})|^2 d\omega$

■ 3.7　离散系统的频域分析 ◆

3.7.1　系统函数

线性时不变系统的特性可以用它的单位抽样响应 $h(n)$ 来完全描述,系统的输入/输出具有如下关系:

$$y(n)=x(n)*h(n)$$

对上式两端取 z 变换,得

$$Y(z)=X(z)H(z)$$

即

$$H(z)=\frac{Y(z)}{X(z)}$$

$H(z)$ 称为离散线性时不变系统的系统函数,$H(z)$ 也是单位抽样响应 $h(n)$ 的 z 变换,即

$$H(z)=Z[h(n)]=\sum_{n=-\infty}^{\infty}h(n)z^{-n} \tag{3-69}$$

若取 $z=e^{j\omega}$,则可得出 z 平面单位圆上的系统函数就是系统的频率响应 $H(e^{j\omega})$,即

$$H(z) \big|_{z=e^{j\omega}} = H(e^{j\omega}) = \sum_{n=-\infty}^{\infty} h(n)e^{-j\omega n} \tag{3-70}$$

式(3-70)表明,系统的频率响应 $H(e^{j\omega})$ 等于系统函数在单位圆上的值,即等于单位抽样响应的 z 变换在单位圆上的值。

3.7.2 因果稳定系统

由于离散线性时不变系统稳定的充分必要条件是 $h(n)$ 满足绝对可加性,即

$$\sum_{n=-\infty}^{\infty} |h(n)| < \infty$$

根据收敛域的定义可知,满足 $\sum\limits_{n=-\infty}^{\infty} |h(n)z^{-n}| < \infty$ 的所有 z 值的集合称为 $H(z)$ 的收敛域。因此,若系统函数 $H(z)$ 的收敛域包括单位圆,则系统 $H(z)$ 一定是稳定的,反之亦然。

对于因果系统,其单位抽样响应为因果序列,而因果系统的收敛域是半径为 R_{x-} 的圆的外部,即收敛域为 $|z| > R_{x-}$,收敛域包括 z 平面的 ∞ 处。

根据上述分析可知,对于因果稳定系统,其收敛域必然包括从单位圆到无穷远的整个 z 平面,即,因果稳定系统的系统函数 $H(z)$ 的全部极点均在单位圆内。

3.7.3 系统函数和差分方程

1. 系统函数和差分方程的关系

离散线性时不变系统可以用系统函数进行描述,也可以用常系数线性差分方程进行描述。系统函数和差分方程用于描述同一个系统时,参数之间存在着内在联系。设线性常系数差分方程的一般形式如下:

$$\sum_{k=0}^{N} a_k y(n-k) = \sum_{k=0}^{M} b_k x(n-m)$$

设系统初始状态为零,对上式进行 z 变换,可得

$$\sum_{k=0}^{N} a_k z^{-k} Y(z) = \sum_{k=0}^{M} b_k z^{-m} X(z)$$

根据系统函数的定义,有

$$H(z) = \frac{Y(z)}{X(z)} = \frac{\sum\limits_{k=0}^{M} b_k z^{-k}}{\sum\limits_{k=0}^{N} a_k z^{-k}} \tag{3-71}$$

系统函数分子与分母多项式的系数与差分方程具有对应关系,即系统函数分子多项式的各系数就是差分方程输入项的各系数,系统函数分母多项式的各系数就是差分方程输出项的各系数。

$H(z)$ 分子与分母均为 z^{-1} 的多项式,因而可以对式(3-71)的分子、分母进行因式分解,即

$$H(z) = K \frac{\prod_{m=1}^{M}(1 - c_m z^{-1})}{\prod_{k=1}^{N}(1 - d_k z^{-1})} \tag{3-72}$$

式中，c_m 和 d_k 分别表示系统函数 $H(z)$ 的零点和极点，式(3-72)表明，除了增益常数 K，$H(z)$ 完全由系统函数的零极点确定。

2. 系统函数的分类

1）IIR 系统

若离散系统的单位抽样响应 $h(n)$ 为无限长序列，则该系统称为无限长单位冲激响应系统，简称为 IIR 系统。若离散系统的单位抽样响应 $h(n)$ 为有限长序列，则该系统称为有限长单位冲激响应系统，简称为 FIR 系统。

IIR 系统和 FIR 系统可以根据系统函数进行分类，设系统函数的一般表达式如下：

$$H(z) = \frac{\sum_{m=0}^{M} b_m z^{-m}}{\sum_{k=0}^{N} a_k z^{-k}}$$

一般可归一化为 $a_0 = 1$，即分子与分母均除以 a_0 即可，因而 $H(z)$ 也可以表示为如下形式：

$$H(z) = \frac{\sum_{m=0}^{M} b_m z^{-m}}{1 - \sum_{k=1}^{N} a_k z^{-k}} \tag{3-73}$$

若系统函数 $H(z)$ 的分母多项式中至少有一个系数 $a_k \neq 0$，则系统在有限 z 平面存在极点，该系统称为 IIR 系统。IIR 系统又可分为以下两种情况。

（1）系统函数 $H(z)$ 的分子为常数，此时系统仅有极点而无零点，该系统称为全极点系统，或称为自回归系统（AR 系统）。

（2）系统函数 $H(z)$ 既存在极点，也存在零点，则称为零极点系统，又称为自回归滑动平均系统（ARMA 系统）。

2）FIR 系统

若系统函数 $H(z)$ 的分母多项式中所有 $a_k = 0 (k = 1, 2, \cdots, N)$，则系统函数 $H(z)$ 不存在极点，仅存在零点，该系统称为 FIR 系统，或称为全零点系统，又称为滑动平均系统（MA 系统）。

3）递归型与非递归型结构

IIR 系统与 FIR 系统反应在数字滤波器的结构上，分别对应于递归型结构与非递归型结构两种形式。由于 IIR 系统至少有一个 $a_k \neq 0$，故其差分方程表达式为

$$y(n) = \sum_{m=0}^{M} b_m x(n - m) + \sum_{k=1}^{N} a_k y(n - k)$$

因此，IIR 系统的输出不仅与输入 $x(n)$ 及其延时有关，还与输出的延时 $y(n-k)$ 有关。由于存在 $a_k \neq 0$，系统结构上需将 $y(n-k)$ 与对应系数 a_k 相乘，逆向反馈至输入端求和。这种结构上具有反馈回路的系统称为递归型结构。

对于全零点系统，由于所有系数 $a_k = 0$，系统在结构上无反馈回路，故这种结构称为非

递归型结构。因此,FIR系统的输出仅与各输入及其延时有关,而与输出无关。

若无特殊情况,FIR系统一般采用非递归型结构。若基于特殊考虑,FIR系统也可以采用递归型结构,即通过零点与极点对消的办法,采用含有递归结构的硬件电路。

3.7.4 频率响应的特点

对于离散线性时不变系统,频率响应具有重要的意义。频率特性包括幅频特性和相频特性,系统的频率特性指系统的输入为简谐信号时,其稳态输出的幅值特性和相位特性。

虽然频率响应是针对简谐信号定义的,但由于任何信号都可分解为简谐信号的线性组合,因此线性时不变系统的频率特性对系统的分析和设计具有重要意义。为了研究离散线性系统对输入信号的处理作用,应先研究线性系统对复指数或复正弦的稳态响应。

设LSI系统的单位抽样响应用$h(n)$表示,输入序列$x(n)$为频率ω的复指数序列,即

$$x(n) = e^{j\omega n}, \quad -\infty < n < \infty$$

则系统的输出为

$$y(n) = x(n) * h(n) = \sum_{m=-\infty}^{\infty} h(m) e^{j\omega(n-m)} = e^{j\omega n} \sum_{m=-\infty}^{\infty} h(m) e^{-j\omega m}$$

即

$$y(n) = e^{j\omega n} H(e^{j\omega}) \tag{3-74}$$

这说明,与线性连续系统一样,对于离散线性时不变系统,若输入为复指数序列或正弦序列,则输出$y(n)$也是同频率的复指数序列,并受到一个复值函数$H(e^{j\omega})$的调制。因此,输入信号$e^{j\omega n}$也被称为系统的特征函数。

根据离散时间傅里叶变换的定义可知,系统的频率响应$H(e^{j\omega})$等于单位抽样序列$h(n)$的傅里叶变换,它描述了复指数序列通过离散线性时不变系统后,复振幅和相位的变化关系。

设系统的输入信号为

$$x(n) = \cos(\omega_0 n + \phi) = \frac{e^{j(\omega_0 n + \phi)} + e^{-j(\omega_0 n + \phi)}}{2} = \frac{e^{j\phi} e^{j\omega_0 n} + e^{-j\phi} e^{-j\omega_0 n}}{2}$$

根据式(3-74)及线性特性,可得系统的输出为

$$y(n) = \frac{1}{2} \left[H(e^{j\omega_0 n}) e^{j\phi} e^{j\omega_0 n} + H(e^{-j\omega_0 n}) e^{-j\phi} e^{-j\omega_0 n} \right] \tag{3-75}$$

由于$h(n)$是实序列,因而$H(e^{j\omega})$具有共轭对称性,且$H(e^{j\omega})$的幅值为偶对称,相位为奇对称。

$$H(e^{j\omega}) = H^*(e^{-j\omega})$$

即

$$\begin{cases} |H(e^{j\omega})| = |H(e^{-j\omega})| \\ \arg|H(e^{j\omega})| = -\arg|H(e^{-j\omega})| \end{cases}$$

因此,式(3-75)可化简为

$$y(n) = |H(e^{j\omega_0})| \cos\{\omega_0 n + \phi + \arg[H(e^{j\omega_0})]\}$$

由于

$$H(e^{j\omega_0}) = |H(e^{j\omega_0})| e^{j\arg|H(e^{j\omega_0})|}$$

因此可得,$H(\mathrm{e}^{\mathrm{j}\omega})$是周期为 2π 的周期函数,根据线性时不变系统输入/输出的关系可知

$$y(n) = x(n) * h(n)$$

对上式进行离散时间傅里叶变换,可得

$$Y(\mathrm{e}^{\mathrm{j}\omega}) = X(\mathrm{e}^{\mathrm{j}\omega})H(\mathrm{e}^{\mathrm{j}\omega}) \tag{3-76}$$

因此,对于线性时不变(LTI)系统,其输出序列的傅里叶变换等于输入序列的傅里叶变换与系统频率响应的乘积。

对式(3-76)求逆变换,可得输出序列为

$$y(n) = \frac{1}{2\pi}\int_{-\pi}^{\pi} H(\mathrm{e}^{\mathrm{j}\omega})X(\mathrm{e}^{\mathrm{j}\omega})\mathrm{e}^{\mathrm{j}\omega n}\,\mathrm{d}\omega \tag{3-77}$$

【例 3-25】 系统频域分析示例。

设系统差分方程如下:

$$y(n) + \frac{1}{2}y(n-1) = x(n) + \frac{1}{2}x(n-1)$$

若该系统为因果系统,试完成下列计算与分析:

(1) 判定系统是否为稳定系统;

(2) 求系统的单位抽样响应;

(3) 当输入 $x(n) = \mathrm{e}^{\mathrm{j}\pi n}$ 时,求系统的输出 $y(n)$。

解:(1) 对差分方程进行 z 变换,可得

$$Y(z) + \frac{1}{2}z^{-1}Y(z) = X(z) + \frac{1}{2}z^{-1}X(z)$$

系统函数如下:

$$H(z) = \frac{1 + 0.5z^{-1}}{1 - 0.5z^{-1}} = -1 + \frac{2}{1 - 0.5z^{-1}}$$

系统仅有一个极点 $z = 0.5$,在单位圆内,因此,本系统是稳定系统。由于系统是因果系统,所以收敛域为

$$|z| > 0.5$$

(2) 求单位抽样响应 $h(n)$。

对系统函数进行 z 逆变换,可得

$$h(n) = Z^{-1}[H(z)] = Z^{-1}\left(-1 + \frac{2}{1 - 0.5z^{-1}}\right) = 2\times\left(\frac{1}{2}\right)^{n}u(n) - \delta(n)$$

(3) 求响应 $y(n)$。

先求频率响应,即

$$H(\mathrm{e}^{\mathrm{j}\omega}) = H(z)\,|_{z=\mathrm{e}^{\mathrm{j}\omega}} = \frac{1 + 0.5\mathrm{e}^{-\mathrm{j}\pi}}{1 - 0.5\mathrm{e}^{-\mathrm{j}\pi}}$$

根据式(3-74)可知,当输入 $x(n) = \mathrm{e}^{\mathrm{j}\pi n}$ 时,系统的响应为

$$y(n) = x(n)H(\mathrm{e}^{\mathrm{j}\omega}) = \mathrm{e}^{\mathrm{j}\pi n}H(\mathrm{e}^{\mathrm{j}\omega}) = \mathrm{e}^{\mathrm{j}\pi n}\frac{1 + 0.5\mathrm{e}^{-\mathrm{j}\pi}}{1 - 0.5\mathrm{e}^{-\mathrm{j}\pi}} = \frac{1}{3}\mathrm{e}^{\mathrm{j}\pi n}$$

3.7.5 频率响应的几何确定法

频率响应的几何确定法是指根据系统函数在 z 平面的零极点位置分布信息,用代数和

几何方法,以直观的方式定性或定量地分析系统的频率响应。线性时不变离散系统的系统函数 $H(z)$ 完全可以由其 z 平面上的零极点确定,而 $H(z)$ 在单位圆上的 z 变换就是系统的频率响应,因此,系统函数 $H(z)$ 的频率响应在理论上完全可以根据系统函数的零极点确定。

根据式(3-72)可得

$$H(z) = k \frac{\prod\limits_{m=1}^{M}(1-c_m z^{-1})}{\prod\limits_{k=1}^{N}(1-d_k z^{-1})} = k z^{N-M} \frac{\prod\limits_{m=1}^{M}(z-c_m)}{\prod\limits_{k=1}^{N}(z-d_k)}$$

k 为实数,用 $z = \mathrm{e}^{\mathrm{j}\omega}$ 代入,得系统的频率响应为

$$H(\mathrm{e}^{\mathrm{j}\omega}) = k \frac{\prod\limits_{m=1}^{M}(1-c_m \mathrm{e}^{-\mathrm{j}\omega})}{\prod\limits_{k=1}^{N}(1-d_k \mathrm{e}^{-\mathrm{j}\omega})} = k\,\mathrm{e}^{\mathrm{j}(N-M)\omega} \frac{\prod\limits_{m=1}^{M}(\mathrm{e}^{\mathrm{j}\omega}-c_m)}{\prod\limits_{k=1}^{N}(\mathrm{e}^{\mathrm{j}\omega}-d_k)}$$

$$= |H(\mathrm{e}^{\mathrm{j}\omega})|\,\mathrm{e}^{\mathrm{j}\arg[H(\mathrm{e}^{\mathrm{j}\omega})]} \tag{3-78}$$

其幅值为

$$|H(\mathrm{e}^{\mathrm{j}\omega})| = |k|\,\frac{\prod\limits_{m=1}^{M}|\mathrm{e}^{\mathrm{j}\omega}-c_m|}{\prod\limits_{k=1}^{N}|\mathrm{e}^{\mathrm{j}\omega}-d_k|} \tag{3-79}$$

其相角为

$$\arg[H(\mathrm{e}^{\mathrm{j}\omega})] = \arg[K] + \sum_{m=1}^{M}\arg[\mathrm{e}^{\mathrm{j}\omega}-c_m] - \sum_{k=1}^{N}\arg[\mathrm{e}^{\mathrm{j}\omega}-d_k] + (N-M)\omega \tag{3-80}$$

根据式(3-79),在 z 平面上绘出系统函数 $H(z)$ 的零极点图,如图 3-18(a)所示,用 $z = c_m (m=1,2,\cdots,M)$ 表示 $H(z)$ 的零点,用 $z = d_k (k=1,2,\cdots,N)$ 表示 $H(z)$ 的极点,为具有代表性,图中已绘出 c_1 和 c_2 两个零点及 d_1 和 d_2 两个极点。

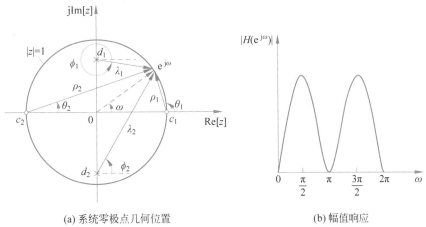

(a) 系统零极点几何位置 　　　　(b) 幅值响应

图 3-18　频率响应的几何分析法

图 3-18(a)中,由原点指向 c_m 或 d_k 的向量分别用 $\boldsymbol{c_m}$ 和 $\boldsymbol{d_k}$ 表示;$e^{j\omega} - c_m$ 则是由零点 c_m 指向单位圆上 $e^{j\omega}$ 点的向量,用 $\boldsymbol{C_m}$ 表示,称为零点向量,即

$$e^{j\omega} - c_m = \boldsymbol{C_m}$$

$e^{j\omega} - d_k$ 则是由极点 d_k 指向 $e^{j\omega}$ 点的向量,用 $\boldsymbol{D_k}$ 表示,称为极点向量,即

$$e^{j\omega} - d_k = \boldsymbol{D_k}$$

设向量 $\boldsymbol{C_m} = \rho_m e^{j\alpha_m}$,其模为 ρ_m,相角为 α_m;向量 $\boldsymbol{D_k} = \lambda_k e^{j\beta_k}$,其模为 λ_k,相角为 β_k,则式(3-79)所表示的幅值响应可简化为

$$|H(e^{j\omega})| = |k| \frac{\prod\limits_{m=1}^{M} |\rho_m|}{\prod\limits_{k=1}^{N} |\lambda_k|} \tag{3-81}$$

即幅值响应等于各零点向量的长度之积除以各极点向量的长度之积,再乘以常数 $|k|$。

式(3-80)所表示的相位响应为

$$\arg[H(e^{j\omega})] = \arg[k] + \sum_{m=1}^{M} \alpha_m - \sum_{k=1}^{N} \beta_k + (N-M)\omega \tag{3-82}$$

式(3-82)表明,相位响应等于常数 k 的相角 $\arg[k]$,加上各零点向量相角之和,减去各极点向量相角之和,再加上线性相移 $(N-M)\omega$。

$e^{j(N-M)\omega}$ 仅产生 $(N-M)$ 位的相移,对幅值响应无任何影响,这是因为在原点处的极点和零点至单位圆的距离恒为 1,故对幅值响应没有影响,仅对输出的相位产生影响。

因此,根据式(3-81)可求系统的幅值响应,根据式(3-82)可求系统的相位响应。

通过上面分析可进一步得出,ω 在 $0\sim 2\pi$ 范围变化过程中,若 $e^{j\omega}$ 移动到零点或极点附近,当 $e^{j\omega}$ 的位置与原点和零极点在同一直线上时,零向量或极向量长度最短,这些位置的零极点将对 $|H(e^{j\omega})|$ 的值产生最大的影响,具体结论如下:

(1) 单位圆附近的零点位置对幅值响应 $|H(e^{j\omega})|$ 的谷点(极小值)的深度和位置具有显著影响,若零点在单位圆上,则 $|H(e^{j\omega})|$ 的最小值为零,即为传输零点。

(2) 在单位圆内且靠近单位圆的极点对幅值响应峰值的大小和位置具有显著影响。

(3) 若极点在单位圆外,则系统不稳定;零点可在单位圆外,对系统稳定无影响。

(4) 根据零极点位置对频率响应产生的影响进行分析,适当地控制系统零极点分布,能较好地改善数字滤波器的频率响应,以达到设计目标。

【例 3-26】 频率响应几何确定法的实验验证。

已知离散系统函数如下:

$$H(z) = 1 - z^{-N}$$

若 $N=8$,根据系统零极点位置,分析系统频率响应的峰值和谷点。

解:系统函数 $H(z)$ 形式如下:

$$H(z) = 1 - z^{-N} = \frac{z^N - 1}{z^N}$$

由于 $N=8$,系统函数 $H(z)$ 有 8 个零点和 8 个极点,分别由如下零点方程和极点方程确定。

（1）零点方程。

$$z^N - 1 = 0$$

系统的零点为

$$z_k = \mathrm{e}^{\mathrm{j}\frac{2\pi}{N}k}, \quad k = 0,1,2,\cdots,N-1$$

系统函数的 8 个零点等间隔分布在 z 平面单位圆上。

（2）极点方程如下：

$$z^N = 0$$

极点为

$$z_k = 0, \quad k = 0,1,2,\cdots,N-1$$

系统全部极点均在坐标原点，坐标原点的零极点对幅值响应不产生影响。

用 MATLAB 分析系统频率响应，程序代码如下：

```
clc;clear all;close all;
b = [1,0,0,0,0,0,0,0, - 1];
a = 1;subplot(1,3,1);
zplane(b,a);title('零极点分布');
[H,w] = freqz(b,a);subplot(1,3,2);
plot(w/pi,abs(H));title('幅值响应');
axis([0,1,0,2]);
xlabel('ω/pi');ylabel('|H(ejω)|');
subplot(1,3,3);
plot(w/pi,angle(H));title('相位响应');
axis([0,1, - 2,2]);xlabel('ω/pi');
ylabel('arg(H(ejω))');
```

程序运行结果如图 3-19 所示。

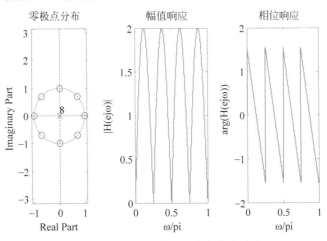

图 3-19　系统函数的零极点与频率响应

图 3-19 绘出了系统函数 $H(z)$ 的零极点位置分布图以及在 $[0,\pi]$ 区间上的频率响应和相位响应，$[0,\pi]$ 区间对应于零极点图中上半平面的零极点。系统函数全部 8 个零点等间隔分布在 z 平面单位圆上，其中第一个零点在正实轴上，每隔 $\frac{\pi}{4}$ 出现一个零点。理论上，在单位圆上零点位置对应的频率处，频率响应的幅值响应为零，根据幅值响应曲线，其幅值响应的谷点位置准确地出现在 $\omega = 0, \frac{\pi}{4}, \frac{\pi}{2}, \frac{3\pi}{4}$ 频率点，与零极点图中系统函数的零点位置完全

一致,频率响应的峰值等间隔出现相邻两零点的中间位置。系统有一个 8 重极点,极点位置在 z 平面的坐标原点。

【例 3-27】 根据差分方程分析离散系统示例。

已知离散系统的差分方程如下:

$$y(n) = x(n) + ay(n-1) \quad |a| < 1, a \text{ 为实数}$$

求该系统的频率响应。

解:对差分方程进行 z 变换,可得

$$H(z) = \frac{Y(z)}{X(z)} = \frac{1}{1 - az^{-1}}, \quad |z| > |a|$$

根据 $H(z)$ 可得系统的零极点分布如图 3-20(a)所示,由 $|a| < 1$ 可知极点在单位圆内,系统稳定。根据系统函数及其收敛域可知,该系统为因果稳定系统,其单位抽样响应为

$$h(n) = a^n u(n)$$

以 $a = 0.8$ 为例,该系统的单位抽样响应如图 3-20(b)所示。

根据系统函数 $H(z)$,可得系统的频率响应为

$$H(e^{j\omega}) = H(z)|_{z=e^{j\omega}} = \frac{1}{1 - ae^{-j\omega}} = \frac{1}{(1 - a\cos\omega) + ja\sin\omega}$$

幅值响应为

$$|H(e^{j\omega})| = \frac{1}{\sqrt{1 + a^2 - 2a\cos\omega}}$$

相位响应为

$$\arg[H(e^{j\omega})] = -\arctan\left(\frac{a\sin\omega}{1 - a\cos\omega}\right)$$

当 $0 < a < 1$ 时,系统具有低通特性;当 $-1 < a < 0$,系统具有高通特性。根据幅值响应和相位响应的解析式,可以绘出系统的频率特性,本题以 $a = 0.8$ 为例,用 MATLAB 绘出的幅值响应和相位响应如图 3-20(c)和图 3-20(d)所示。

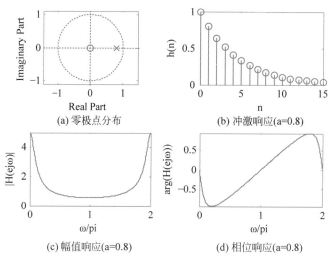

(a) 零极点分布   (b) 冲激响应(a=0.8)

(c) 幅值响应(a=0.8)   (d) 相位响应(a=0.8)

图 3-20 一阶系统的特性

习题

1. 求下列序列的 z 变换、收敛域及零极点分布图。

(1) $x(n) = \delta(n+1)$ (2) $x(n) = \left(\dfrac{1}{3}\right)^n u(n)$

(3) $x(n) = -\left(\dfrac{1}{3}\right)^n u(-n-1)$ (4) $x(n) = \dfrac{1}{n}$, $n \geqslant 1$

2. 如图 3-21 所示，三个子图分别给出了 $X(z)$ 的极点位置与收敛域，其中阴影部分表示 $X(z)$ 的收敛域，试根据极点分布位置分别指出图 3-21(a)～图 3-21(c) 所示 $X(z)$ 对应的序列是什么序列。

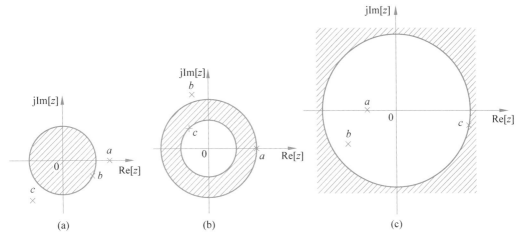

图 3-21　$X(z)$ 的极点与收敛域

3. 求下列解析函数 $X(z)$ 的 z 逆变换。

(1) $X(z) = \dfrac{1}{1+\dfrac{1}{2}z^{-1}}$, $|z| > \dfrac{1}{2}$ (2) $X(z) = \dfrac{1-\dfrac{1}{3}z^{-1}}{1-\dfrac{1}{9}z^{-2}}$, $|z| > \dfrac{1}{3}$

(3) $X(z) = \dfrac{-1}{(1-3z^{-1})\left(1-\dfrac{1}{3}z^{-1}\right)}$, $|z| > 3$

4. 已知序列 $x(n)$ 的 z 变换如下：

$$X(z) = \dfrac{1-\dfrac{1}{9}z^{-2}}{\left(1+\dfrac{1}{9}z^{-2}\right)\left(1+\dfrac{1}{6}z^{-1}-\dfrac{1}{6}z^{-2}\right)}$$

(1) $X(z)$ 可能有多少个不同的收敛域？

(2) 判断每一个收敛域所对应的序列 $x(n)$ 的类型。

5. 已知 $X(z) = \dfrac{-3z^{-1}}{2-5z^{-1}+2z^{-2}}$，绘出系统的零极点图；若 $X(z)$ 具有如下三种收敛

域,指出哪一个是左边序列,哪一个是右边序列,哪一个是双边序列,并求相应的序列 $x(n)$。

(1) $|z|>2$ (2) $|z|<\dfrac{1}{2}$ (3) $\dfrac{1}{2}<|z|<2$

6. 已知 $X(z)$ 的解析表达式及收敛域如下:

$$X(z)=\frac{z^2}{(3-z)\left(z-\dfrac{1}{3}\right)},\quad \frac{1}{3}<|z|<3$$

试采用长除法求 $X(z)$ 的逆变换。

7. 已知 $X(z)=\dfrac{1+2z^{-1}}{1+z^{-1}-6z^{-2}}$,试用 MATLAB 展开为部分分式,并求序列 $x(n)$。

8. 已知序列 $x(n)=nb^nu(n)$,根据 z 变换的性质求 $X(z)$。

9. 若 $x(n)$ 为因果序列,根据初值定理则有 $x(0)=\lim\limits_{z\to\infty}X(z)$;如果序列 $x(n)$ 为逆因果序列,即 $n>0$ 时 $x(n)=0$,应如何求序列的初值 $x(0)$?

10. 证明终值定理(z 变换性质8)。

11. 已知因果序列的 z 变换为 $X(z)=\dfrac{1}{1-0.25z^{-2}}$,求该序列的初值 $x(0)$ 和终值 $x(\infty)$。

12. 已知 $x(n)$ 的 z 变换的收敛域包括单位圆,其 z 变换如下:

$$X(z)=\frac{\dfrac{5}{6}-\dfrac{7}{6}z^{-1}}{1-\dfrac{5}{2}z^{-1}+z^{-2}}$$

求该序列的 $x(0)$。

13. 试证明时域相乘性质(z 域复卷积定理)。

14. 试证明帕塞瓦尔定理(z 变换性质11)。

15. 序列 $x(n)$ 的频谱用 $X(e^{j\omega})$ 表示,求以下序列的频谱。

(1) $x(n)=\delta(n-n_0)$ (2) $x(n)=e^{-an}u(n)$

(3) $x(n)=0.5^nR_8(n)$ (4) $x(n)=\cos(\omega_0 n)u(n)$

16. 设 $X(e^{j\omega})$ 是如图 3-22 所示序列 $x(n)$ 的傅里叶变换,试根据 DTFT 性质完成下列计算:

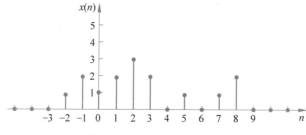

图 3-22 序列 $x(n)$ 的波形

(1) $X(e^{j0})$ (2) $\displaystyle\int_{-\pi}^{\pi}X(e^{j\omega})d\omega$

(3) $\displaystyle\int_{-\pi}^{\pi}|X(e^{j\omega})|^2d\omega$ (4) $\displaystyle\int_{-\pi}^{\pi}\left|\frac{dX(e^{j\omega})}{d\omega}\right|^2d\omega$

17. 求 $x(n)=R_N(n)$ 的傅里叶变换,并以 $N=4$ 为例,给出其幅值谱和相位谱。

18. 已知 $X(e^{j\omega})=\text{DTFT}[x(n)]$,试用 $X(e^{j\omega})$ 表示 $y(n)=\dfrac{x(n)+x^*(-n)}{2}$ 的傅里叶变换。

19. 某因果稳定系统的结构如图 3-23 所示。

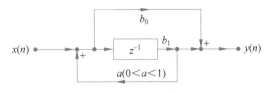

图 3-23 系统结构图

(1) 根据系统的结构图判断系统阶数;

(2) 求系统的差分方程和系统函数;

(3) 分析系统是否稳定系统。

20. 已知离散线性时不变系统的差分方程如下,该系统为因果系统。

$$y(n)=y(n-1)+y(n-2)+x(n-1)$$

(1) 求该系统的系统函数 $H(z)$ 及收敛域,并给出其零极点图;

(2) 绘出系统的结构图;

(3) 求系统的单位抽样响应 $h(n)$;

(4) 若该系统为因果系统,其是否为稳定系统?

21. 已知系统函数如下:

$$H(z)=\frac{1+0.5z^{-1}+1.5z^{-2}+0.5z^{-3}+z^{-4}}{1-1.1z^{-1}+1.5z^{-2}-0.7z^{-3}+0.3z^{-4}}$$

试判断该系统的稳定性。

22. 已知系统的差分方程如下:

$$y(n)=x(n)+ax(n-1)+a^2x(n-2)+\cdots+a^{N-1}x(n-N+1)=\sum_{k=0}^{N-1}a^kx(n-k)$$

a 为常数,且 $0<a<1$,试求解下列问题:

(1) 给出系统的结构图;

(2) 求解系统的零极点,以 $N=6$ 为例绘出系统的零极点分布图;

(3) 求系统的单位抽样 $h(n)$,以 $N=6$ 为例绘出 $h(n)$ 的波形;

(4) 以 $N=6$,$a=0.8$ 为例,求系统的频率响应曲线,并分析峰值和谷点位置。

23. 现有一个输入为 $x(n)$ 和输出为 $y(n)$ 的离散线性时不变系统,已知该系统是稳定系统,系统差分方程如下:

$$H(z)=\frac{1.5+0.98z^{-1}-2.608z^{-2}+1.2z^{-3}-0.144z^{-4}}{1+1.4z^{-1}-0.6z^{-2}-0.072z^{-3}}, \quad |z|>0.6$$

试用 MATLAB 完成如下任务:

(1) 绘出系统的零极点图;

(2) 分析系统的稳定性。

第4章 离散傅里叶变换

4.1 引言

离散傅里叶变换(Discrete Fourier Transform,DFT)是傅里叶变换在时域和频域均为离散形式的变换,变换两端,即时域和频域序列都是有限长序列。有限长序列可以认为是离散周期信号的主值序列,对有限长序列进行DFT,也可以认为是信号经过周期延拓成为周期信号再进行变换。在应用中,DFT的计算通常采用快速傅里叶变换完成。

在信号分析领域,有限长序列是一种很重要的序列,虽然可以用z变换和离散时间傅里叶变换来研究有限长序列,但能更好地反映"有限长"特征的工具是离散傅里叶变换(DFT)。DFT作为有限长序列的一种傅里叶变换,不仅在理论上非常重要,而且当序列长度是2的整数次方时,还具有高效的快速算法——快速傅里叶变换,因此,离散傅里叶变换在各种信号处理的算法中起着核心作用。

党的二十大报告强调,科技兴则民族兴,科技强则国家强。离散傅里叶变换及其理论在许多重要科技领域、重点科技成果、重大技术装备,以及5G通信、航母、月球探测、载人航天等国之重器中都有着广泛的应用。

4.2 傅里叶变换的四种形式

傅里叶变换是一种信号分析方法,它将以时间为自变量的时域信号和以频率为自变量的频域信号建立了一种变换关系。根据变换两端的自变量"时间"和"频率"取值的连续或离散情况,有四种不同形式的傅里叶变换。

4.2.1 连续傅里叶变换简介

连续傅里叶变换指时间和频率均连续的傅里叶变换,即"信号与系统"课程中的连续时间非周期信号$x(t)$的傅里叶变换,变换结果是连续非周期的频谱密度函数$X(j\Omega)$,简称为连续傅里叶变换,形式如下。

正变换:

$$X(\mathrm{j}\Omega) = \int_{-\infty}^{\infty} x(t)\,\mathrm{e}^{-\mathrm{j}\Omega t}\,\mathrm{d}t \tag{4-1}$$

逆变换:

$$x(t) = \frac{1}{2\pi}\int_{-\infty}^{\infty} X(\mathrm{j}\Omega)\,\mathrm{e}^{\mathrm{j}\Omega t}\,\mathrm{d}\Omega \tag{4-2}$$

这一变换对的原理示意图如图 4-1 所示,根据信号与系统的知识可得出如下结论:

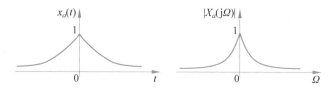

图 4-1　连续非周期信号频谱

(1) 时域连续造成频谱是非周期的;

(2) 时域的非周期则造成频域是连续的谱。

4.2.2　傅里叶级数简介

时间连续、频率离散的傅里叶变换即傅里叶级数,若 $x(t)$ 是周期为 T_0 的连续时间周期函数,则 $x(t)$ 可展开为傅里叶级数。设傅里叶级数的系数用 $X(\mathrm{j}k\Omega_0)$ 表示,$x(t)$ 和 $X(\mathrm{j}k\Omega_0)$ 为傅里叶变换对,变换形式如下。

正变换:

$$X(\mathrm{j}k\Omega_0) = \frac{1}{T_0}\int_{-T_0/2}^{T_0/2} x(t)\,\mathrm{e}^{-\mathrm{j}k\Omega_0 t}\,\mathrm{d}t \tag{4-3}$$

逆变换:

$$x(t) = \sum_{k=-\infty}^{\infty} X(\mathrm{j}k\Omega_0)\,\mathrm{e}^{\mathrm{j}k\Omega_0 t} \tag{4-4}$$

式中,k 为谐波序号;$X(\mathrm{j}k\Omega_0)$ 为非周期离散频率函数;$\Omega_0 = \dfrac{2\pi}{T_0}$ 表示离散频谱相邻两谱线之间的角频率间隔。

傅里叶级数变换对的原理示意图如图 4-2 所示,可以得出如下结论:

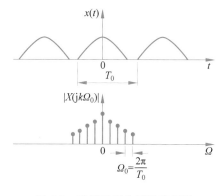

图 4-2　连续周期信号及其频谱

（1）时域连续函数造成频域是非周期的频谱函数；

（2）频域的离散频谱则对应时域为周期函数，即频域采样，时域周期延拓。

4.2.3 离散时间傅里叶变换简介

离散时间、连续频率的傅里叶变换即序列的傅里叶变换，这是第 3 章介绍过的离散时间傅里叶变换（DTFT），形式如下。

正变换：

$$X(e^{j\omega}) = \sum_{n=-\infty}^{\infty} x(n)e^{-j\omega n} \tag{4-5}$$

逆变换：

$$x(n) = \frac{1}{2\pi}\int_{-\pi}^{\pi} X(e^{j\omega})e^{j\omega n}\,d\omega \tag{4-6}$$

式中，ω 为数字频率，它与模拟角频率 Ω 的关系为

$$\omega = \Omega T$$

由于序列是由模拟信号经抽样而获得，即 $x(n)=x(nT)$，设抽样的时间间隔为 T，则抽样频率为 $f_s=\dfrac{1}{T}$，$\Omega_s=2\pi f_s=\dfrac{2\pi}{T}$，故 DTFT 又可以表示为如下形式。

正变换：

$$X(e^{j\Omega T}) = \sum_{n=-\infty}^{\infty} x(nT)e^{-jn\Omega T} \tag{4-7}$$

逆变换：

$$x(n) = \frac{1}{\Omega_s}\int_{-\frac{\Omega_s}{2}}^{\frac{\Omega_s}{2}} X(e^{j\Omega T})e^{jn\Omega T}\,d\Omega \tag{4-8}$$

离散时间信号的傅里叶变换示意图如图 4-3 所示，可以得出如下结论：

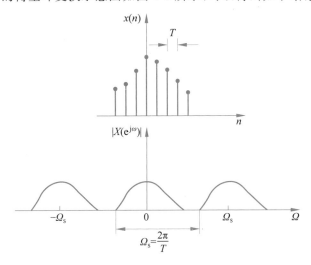

图 4-3 离散非周期信号及其频谱

（1）时域离散造成频域的周期延拓；

（2）时域非周期对应于频域的连续。

4.2.4　离散傅里叶变换简介

离散时间、离散频率的傅里叶变换简称为离散傅里叶变换。上述三种形式的傅里叶变换，在时频两域至少有一个域是连续的，因而不能直接在计算机上计算，而离散傅里叶变换在计算机上进行运算却非常方便，这就是有限长序列傅里叶变换，又称为离散傅里叶变换（DFT）。

DFT 是针对有限长序列或周期序列的一种变换，该变换可由 DTFT 推导而得出，实际上，如果对 DTFT 的频域进行离散化处理，即可得出离散傅里叶变换。

对式（4-7）和式（4-8）的频域进行离散化处理，频域离散化造成时域的周期性，由于周期序列的各周期特征相同，因此，在一个周期之内离散化即可，现对频域进行离散抽样。

令

$$\Omega = k\Omega_0 = 2k\pi f_0$$

则有

$$\mathrm{d}\Omega = \Omega_0$$

由此可得

$$X(\mathrm{e}^{\mathrm{j}\omega}) = X(\mathrm{e}^{\mathrm{j}k\Omega_0 T}) = \sum_{n=0}^{N-1} x(n)\mathrm{e}^{-\mathrm{j}nk\Omega_0 T} \tag{4-9}$$

$$x(n) = \frac{\Omega_0}{\Omega_s}\sum_{k=0}^{N-1} X(\mathrm{e}^{\mathrm{j}k\Omega_0 T})\mathrm{e}^{\mathrm{j}k\Omega_0 T} = \frac{1}{N}\sum_{k=0}^{N-1} X(\mathrm{e}^{\mathrm{j}k\Omega_0 T})\mathrm{e}^{\mathrm{j}k\Omega_0 T} \tag{4-10}$$

其中

$$\frac{f_s}{f_0} = \frac{\Omega_s}{\Omega_0} = N$$

N 表示有限长序列的点数，或周期序列在一个周期的抽样点数；f_0 为频域抽样间隔。由于时域信号是离散的，其抽样间隔为 T，则频域函数的周期为

$$f_s = \frac{1}{T} = \frac{\Omega_s}{2\pi}$$

由于时域和频率均离散，因此可得时域信号采样区间的时长（或周期序列的周期）为

$$T_0 = \frac{1}{f_0} = \frac{2\pi}{\Omega_0}$$

因此

$$\Omega_0 T = \frac{\Omega_0}{f_s} = \frac{\Omega_0}{\dfrac{\Omega_s}{2\pi}} = 2\pi\frac{\Omega_0}{\Omega_s} = \frac{2\pi}{N}$$

将上式代入式（4-9）及式（4-10），则可导出时域和频域均离散的 DFT，其形式如下。

正变换：

$$X(k) = \sum_{n=0}^{N-1} x(n)\mathrm{e}^{-\mathrm{j}\frac{2\pi}{N}nk} \tag{4-11}$$

逆变换:

$$x(n) = \frac{1}{N} \sum_{n=0}^{N-1} X(e^{j\frac{2\pi}{N}k}) e^{j\frac{2\pi}{N}nk} \tag{4-12}$$

由于 2π 和 N 均为常数,式(4-11)和式(4-12)中的 $X(e^{j\frac{2\pi}{N}k})$ 仅与 k 有关,故 $X(e^{j\frac{2\pi}{N}k})$ 可简记为 $X(k)$,由此可得 DFT 对如下:

$$\begin{cases} X(k) = \displaystyle\sum_{n=0}^{N-1} x(n) e^{-j\frac{2\pi}{N}nk} \\ x(n) = \dfrac{1}{N} \displaystyle\sum_{n=0}^{N-1} X(k) e^{j\frac{2\pi}{N}nk} \end{cases} \tag{4-13}$$

式(4-13)是对 DTFT 的频域进行离散化处理而得出的 DFT 形式,其时域和频域都是离散的和周期的,如图 4-4 所示。

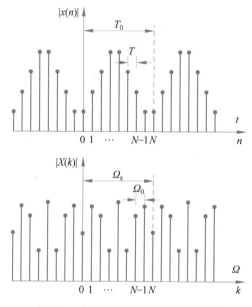

图 4-4　离散周期时域信号及其频谱

图 4-4 中,$\dfrac{f_s}{f_0} = \dfrac{\Omega_s}{\Omega_0} = \dfrac{T_0}{T} = N$。

一个域的离散必然对应另一个域的周期延拓,现将上述四种形式的傅里叶变换的时域和频域的连续性和周期特性关系进行总结,如表 4-1 所示。

表 4-1　四种形式的傅里叶变换的时域和频域的连续性和周期特性关系

时 间 函 数	频 率 函 数
连续、非周期	非周期、连续
连续、周期	非周期、离散
离散、非周期	周期、连续
离散、周期	周期、离散

离散时间、离散频率的傅里叶变换本质上是周期的,接下来介绍周期序列的离散傅里叶级数。

4.3 周期序列的离散傅里叶级数

4.3.1 离散傅里叶级数的定义

若序列 $x(n)$ 是一个周期为 N 的周期序列,则满足

$$x(n) = x(n + kN)$$

其中,N 是序列的周期,为整数;k 为任意整数。由于 $x(n)$ 是周期序列,一般用 $\tilde{x}(n)$ 表示。

对于周期序列 $\tilde{x}(n)$,其 z 变换除 $z = 0$ 处,其余均不收敛,但周期序列的傅里叶变换存在,它与连续周期信号一样,周期序列可用离散傅里叶级数(DFS)表示,即可以用周期为 N 的复指数序列来表示

$$\phi_k(n) = \mathrm{e}^{\mathrm{j}\frac{2\pi}{N}kn}, \quad k = 0, \pm 1, \pm 2, \cdots$$

式中,k 表示谐波序号。

显然,由 $\phi_k(n)$ 所表示的各次谐波信号集合中,只有 N 个谐波信号是独立的,这是因为

$$\phi_k(n) = \phi_{k+mN}(n), \quad m \text{ 为任意整数}$$

即

$$\mathrm{e}^{\mathrm{j}\frac{2\pi}{N}(k+mN)n} = \mathrm{e}^{\mathrm{j}\frac{2\pi}{N}kn}, \quad m \text{ 为任意整数}$$

$\phi_k(n)$ 的各次谐波中,仅当 $k = 0 \sim N-1$ 时具有 N 个独立谐波分量。因此,$\tilde{x}(n)$ 可展为如下离散傅里叶级数:

$$\tilde{x}(n) = \frac{1}{N} \sum_{k=0}^{N-1} \widetilde{X}(k) \mathrm{e}^{\mathrm{j}\frac{2\pi}{N}kn} \tag{4-14}$$

式中,$\widetilde{X}(k)$ 是系数,接下来求解该系数。

由于

$$\frac{1}{N} \sum_{n=0}^{N-1} \mathrm{e}^{\mathrm{j}\frac{2\pi}{N}mn} = \frac{1}{N} \frac{1 - \mathrm{e}^{\mathrm{j}\frac{2\pi}{N}mN}}{1 - \mathrm{e}^{\mathrm{j}\frac{2\pi}{N}m}} = \begin{cases} 1, & m = iN, \quad i \text{ 为任意整数} \\ 0, & \text{其他} \end{cases}$$

根据上式,式(4-14)两边同乘以 $\mathrm{e}^{-\mathrm{j}\frac{2\pi}{N}mN}$,并在 $n = 0 \sim N-1$ 一个周期内求和,可得

$$\sum_{n=0}^{N-1} \tilde{x}(n) \mathrm{e}^{-\mathrm{j}\frac{2\pi}{N}mn} = \frac{1}{N} \sum_{n=0}^{N-1} \sum_{k=0}^{N-1} \widetilde{X}(k) \mathrm{e}^{\mathrm{j}\frac{2\pi}{N}(k-m)n} = \sum_{k=0}^{N-1} \widetilde{X}(k) \left[\frac{1}{N} \sum_{n=0}^{N-1} \mathrm{e}^{\mathrm{j}\frac{2\pi}{N}(k-m)n} \right] = \widetilde{X}(m)$$

将 m 置换为 k 可得

$$\widetilde{X}(k) = \sum_{n=0}^{N-1} \tilde{x}(n) \mathrm{e}^{-\mathrm{j}\frac{2\pi}{N}kn}$$

上式表明,当 $k = 0, 1, 2, \cdots, N-1$ 时,得到 N 个谐波系数 $\widetilde{X}(k)$,即 $\widetilde{X}(k)$ 也是周期序列,且周期为 N。进一步还可得到

$$\widetilde{X}(k + mN) = \sum_{n=0}^{N=1} \tilde{x}(n) \mathrm{e}^{-\mathrm{j}\frac{2\pi}{N}(k+mN)n} = \sum_{n=0}^{N-1} \tilde{x}(n) \mathrm{e}^{-\mathrm{j}\frac{2\pi}{N}kn} = \widetilde{X}(k)$$

这充分说明,周期为 N 的序列 $\tilde{x}(n)$ 的离散傅里叶级数 $\widetilde{X}(k)$ 也是周期为 N 的离散序列。由此可得,离散周期序列的离散傅里叶级数(DFS)公式如下。

正变换(DFS):

$$\widetilde{X}(k) = \mathrm{DFS}[\tilde{x}(n)] = \sum_{n=0}^{N=1} \tilde{x}(n) \mathrm{e}^{-\mathrm{j}\frac{2\pi}{N}nk} = \sum_{n=0}^{N-1} \tilde{x}(n) W_N^{nk} \tag{4-15}$$

逆变换(IDFS):

$$\tilde{x}(n) = \mathrm{IDFS}[\widetilde{X}(k)] = \frac{1}{N}\sum_{k=0}^{N=1} \tilde{x}(k) \mathrm{e}^{\mathrm{j}\frac{2\pi}{N}nk} = \frac{1}{N}\sum_{k=0}^{N-1} \widetilde{X}(k) W_N^{-nk} \tag{4-16}$$

式中

$$W_N = \mathrm{e}^{-\mathrm{j}\frac{2\pi}{N}}$$

DFS 表示离散傅里叶级数正变换,IDFS 表示离散傅里叶级数逆变换。对于 DFS,将 $k=0,1,\cdots,N-1$ 分别代入式(4-15),并注意到 $W_N^0=1$,则可以得到 DFS 正变换的 N 个等式,这个 N 等式可以表示为如下矩阵形式:

$$\begin{bmatrix} \widetilde{X}(0) \\ \widetilde{X}(1) \\ \widetilde{X}(2) \\ \vdots \\ \widetilde{X}(N-1) \end{bmatrix} = \begin{bmatrix} 1 & 1 & 1 & \cdots & 1 \\ 1 & W_N^1 & W_N^2 & \cdots & W_N^{N-1} \\ 1 & W_N^2 & W_N^4 & \cdots & W_N^{2(N-1)} \\ \vdots & \vdots & \vdots & \ddots & \vdots \\ 1 & W_N^{N-1} & W_N^{2(N-1)} & \cdots & W_N^{(N-1)^2} \end{bmatrix} \begin{bmatrix} \tilde{x}(0) \\ \tilde{x}(1) \\ \tilde{x}(2) \\ \vdots \\ \tilde{x}(N-1) \end{bmatrix}$$

将 $n=0,1,\cdots,N-1$ 分别代入式(4-16),则可以得到如下 DFS 逆变换的矩阵表达式:

$$\begin{bmatrix} \tilde{x}(0) \\ \tilde{x}(1) \\ \tilde{x}(2) \\ \vdots \\ \tilde{x}(N-1) \end{bmatrix} = \frac{1}{N} \begin{bmatrix} 1 & 1 & 1 & \cdots & 1 \\ 1 & W_N^{-1} & W_N^{-2} & \cdots & W_N^{-(N-1)} \\ 1 & W_N^{-2} & W_N^{-4} & \cdots & W_N^{-2(N-1)} \\ \vdots & \vdots & \vdots & \ddots & \vdots \\ 1 & W_N^{-(N-1)} & W_N^{-2(N-1)} & \cdots & W_N^{-(N-1)^2} \end{bmatrix} \begin{bmatrix} \widetilde{X}(0) \\ \widetilde{X}(1) \\ \widetilde{X}(2) \\ \vdots \\ \widetilde{X}(N-1) \end{bmatrix}$$

对于任意周期序列,周期 N 是常数,因此 $W_N = \mathrm{e}^{-\mathrm{j}\frac{2\pi}{N}}$ 也是常数。在 DFS 计算中,W_N 具有如下性质。

(1) 特殊值:$W_N^0 = W_N^N = 1$,$W_N^{N/2} = -1$。

(2) 周期性:$W_N^n = W_N^{n+kN}$。

(3) 共轭性:$(W_N^n)^* = W_N^{-n}$。

(4) 可约性:$W_N^n = W_{KN}^{kn}$,$W_N^n = W_{N/k}^{n/k}$。

(5) 正交性:$\dfrac{1}{N}\sum\limits_{k=0}^{N-1} W_N^{kn}(W_N^{km})^* = \dfrac{1}{N}\sum\limits_{k=0}^{N-1} W_N^{k(n-m)} = \begin{cases} 1, & n=m=rN \\ 0, & n=m \neq rN \end{cases}$,$r$ 为整数。

对于周期序列,若已知一个周期的序列值,则可以了解周期序列的全部特征,其他周期可以认为是冗余信息,因此,周期序列和有限长序列在本质上是一样的。

根据傅里叶变换和 z 变换的关系,$\widetilde{X}(k)$ 可以视为 $\tilde{x}(n)$ 一个周期的 z 变换在单位圆上的等间隔抽样值。

设 $\tilde{x}(n)$ 主周期的值为 $x(n)$,则有

$$x(n) = \begin{cases} \tilde{x}(n), & 0 \leqslant n \leqslant N-1 \\ 0, & \text{其他} \end{cases}$$

则 $x(n)$ 的 z 变换为

$$X(z) = \sum_{n=-\infty}^{\infty} x(n)z^{-n} = \sum_{N=0}^{N-1} x(n)z^{-n} \tag{4-17}$$

比较式(4-17)、式(4-15)可得

$$\tilde{X}(k) = X(z) \Big|_{z=W_N^{-k}=e^{j\frac{2\pi}{N}k}} \tag{4-18}$$

由式(4-18)可知，$\tilde{X}(k)$ 是单位圆上对 $X(z)$ 的 N 个等间隔抽样值，抽样间隔为 $\dfrac{2\pi}{N}$，且第一个抽样点的位置在单位圆与正实轴的交点 $z=1$ 处，以 $N=8$ 为例，N 个抽样点的分布如图 4-5 所示。

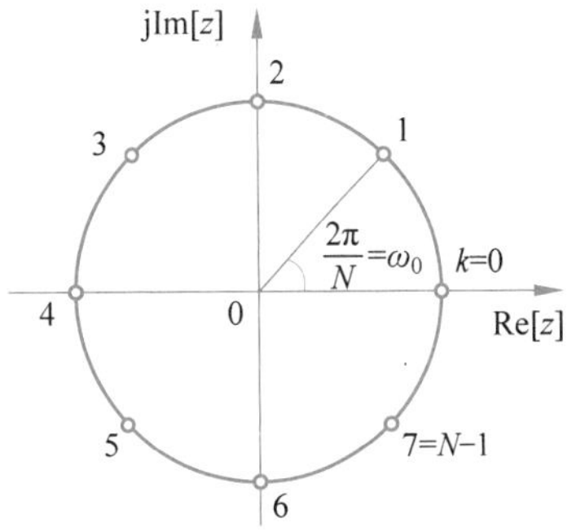

【例 4-1】 周期序列 DFS 计算示例。

已知周期序列 $\tilde{x}(n)$ 的一个周期的值为 $\tilde{x}(n) = [1,0,2,1]$，求周期序列的 DFS。

解：根据已知条件可知，序列 $\tilde{x}(n)$ 的周期 $N=4$，由此可得

$$W_4 = e^{-j\frac{2\pi}{4}} = -j$$

将 $N=4$ 代入式(4-15)可得

$$\tilde{X}(k) = \sum_{n=0}^{N-1} \tilde{x}(n)W_N^{nk} = \sum_{n=0}^{3} \tilde{x}(n)W_4^{nk}, \quad k=0,1,2,3$$

由此可得

图 4-5　单位圆上的等间隔
抽样点（$N=8$）

$$\tilde{X}(0) = \sum_{n=0}^{N-1} \tilde{x}(n)W_4^{n\times 0} = \sum_{n=0}^{3} \tilde{x}(n) = 4$$

$$\tilde{X}(1) = \sum_{n=0}^{N-1} \tilde{x}(n)W_4^{n\times 1} = \sum_{n=0}^{3} \tilde{x}(n)(-j)^n = -1+j$$

$$\tilde{X}(2) = \sum_{n=0}^{N-1} \tilde{x}(n)W_4^{n\times 2} = \sum_{n=0}^{3} \tilde{x}(n)(-j)^{2n} = 2$$

$$\tilde{X}(3) = \sum_{n=0}^{N-1} \tilde{x}(n)W_4^{n\times 3} = \sum_{n=0}^{3} \tilde{x}(n)(-j)^{3n} = -1-j$$

【例 4-2】 用 MATLAB 计算并观察周期序列频谱。

已知 $\tilde{x}(n)$ 为周期序列，序列的表达式如下：

$$\tilde{x}(n) = \begin{cases} 1, & 10m \leqslant n \leqslant 10m+4 \\ 0, & 10m+5 \leqslant n \leqslant 10(m+1) \end{cases}, \quad m=-\infty, \cdots -1, 0, 1, \cdots, \infty$$

$\tilde{x}(n)$ 的周期 $N=10$，试计算序列 DFS 的系数 $\tilde{X}(k)$，并绘出幅值特性。

解：

$$\tilde{X}(k) = \sum_{n=0}^{N-1} \tilde{x}(n)W_N^{nk} = \sum_{n=0}^{4} \tilde{x}(n)W_{10}^{nk}, \quad k=0,1,2,\cdots,9$$

而

$$W_{10} = \mathrm{e}^{-\mathrm{j}\frac{2\pi}{N}} = \mathrm{e}^{-\mathrm{j}\frac{\pi}{5}}$$

根据等比级数求和公式可得

$$\widetilde{X}(0) = 5$$

$k =$ 其他值时

$$\widetilde{X}(k) = \frac{1 - W_{10}^{5k}}{1 - W_{10}^{k}} = \frac{1 - \mathrm{e}^{-\mathrm{j}\pi k}}{1 - \mathrm{e}^{-\mathrm{j}\frac{\pi k}{5}}} = \frac{\mathrm{e}^{\frac{\mathrm{j}\pi k}{2}}(\mathrm{e}^{\frac{\mathrm{j}\pi k}{2}} - \mathrm{e}^{-\frac{\mathrm{j}\pi k}{2}})}{\mathrm{e}^{-\frac{\mathrm{j}\pi k}{10}}(\mathrm{e}^{\frac{\mathrm{j}\pi k}{10}} - \mathrm{e}^{-\frac{\mathrm{j}\pi k}{10}})} = \mathrm{e}^{-\mathrm{j}\frac{2\pi k}{5}}\frac{\sin\left(\frac{\pi k}{2}\right)}{\sin\left(\frac{\pi k}{10}\right)}, \quad k = 1, 2, \cdots, 9$$

MATLAB 程序代码如下:

```
clc;clear all;close all;
N = 10;xn = [ones(1,5),zeros(1,N - 5)];
Xk = DFS(xn,N)  % DFS 正变换,计算 X(k)
MagXk = abs([Xk(N/2 + 1:N) Xk(1:N/2 + 1)]);
k = [ - N/2:N/2];stem(k,MagXk);
axis([ - N/2,N/2, - 0.5,5.5]);
xlabel('k');ylabel('|X(k)|');
title('周期方波序列的 DFS');
```

程序运行结果如图 4-6 所示。

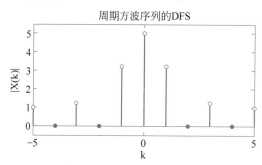

图 4-6   周期序列的 DFS 系数

程序代码中调用了 DFS 函数,代码如下:

```
function [Xk] = DFS(xn,N)
n = [0:1:N - 1];
k = [0:1:N - 1];
WN = exp( - j * 2 * pi/N);
kn = n' * k;
WNkn = WN.^kn;
Xk = xn * WNkn;
```

类似地,大家也可以编写 IDFS 函数,丰富自己的 MATLAB 函数库。

4.3.2　离散傅里叶级数的性质

由于 DFS 可以通过对 z 变换进行抽样来理解和解释,因此 DFS 的许多性质与 z 变换性质具有紧密的联系。

1. 线性特性

设 $\tilde{x}_1(n)$ 和 $\tilde{x}_2(n)$ 均为周期为 N 的周期序列,且有

$$\widetilde{X}_1(k)=\text{DFS}[\tilde{x}_1(n)], \quad \widetilde{X}_2(k)=\text{DFS}[\tilde{x}_2(n)]$$

则有

$$\text{DFS}[a\tilde{x}_1(n)+b\tilde{x}_2(n)]=a\widetilde{X}_1(k)+b\widetilde{X}_2(k) \tag{4-19}$$

式中,a、b 为任意常数。该性质说明:

(1) 等周期的周期序列线性组合的 DFS,其频域序列也是周期序列,且周期不变;

(2) 序列线性组合的 DFS 变换,依然是序列 DFS 相同类型的线性组合。

该性质的证明直接根据 DFS 的定义即可导出,证明如下:

$$\begin{aligned}\text{DFS}[a\tilde{x}_1(n)+b\tilde{x}_2(n)]&=\sum_{n=0}^{N-1}[a\tilde{x}_1(n)+b\tilde{x}_2(n)]W_N^{nk}\\&=\sum_{n=0}^{N-1}a\tilde{x}_1(n)W_N^{nk}+\sum_{n=0}^{N-1}bx_2(n)W_N^{nk}\\&=a\widetilde{X}_1(k)+b\widetilde{X}_2(k)\end{aligned}$$

2. 序列移位特性

设 $\tilde{x}(n)$ 为周期为 N 的周期序列,且有

$$\widetilde{X}(k)=\text{DFS}[\tilde{x}(n)]$$

则有

$$\text{DFS}[\tilde{x}(n+m)]=W_N^{-mk}\widetilde{X}(k)=\mathrm{e}^{\mathrm{j}\frac{2\pi}{N}mk}\widetilde{X}(k) \tag{4-20}$$

【例 4-3】 移位特性的证明。

证:

$$\text{DFS}[\tilde{x}(n+m)]=\sum_{n=0}^{N-1}\tilde{x}(n+m)W_N^{nk}=\sum_{n_1=m}^{N-1+m}\tilde{x}(n_1)W_N^{kn_1}W_N^{-km}, \quad (令\ n_1=n+m)$$

上式求和在一个周期之内进行,而 $\tilde{x}(n_1)$ 及 $W_N^{kn_1}$ 是周期为 N 的周期序列,因此上式可以写成如下形式:

$$\text{DFS}[\tilde{x}(n+m)]=W_N^{-mk}\sum_{n_1=0}^{N-1}\tilde{x}(n_1)W_N^{kn_1}=W_N^{-mk}\widetilde{X}(k)$$

3. 调制特性

设 $\tilde{x}(n)$ 为周期为 N 的周期序列,且有

$$\widetilde{X}(k)=\text{DFS}[\tilde{x}(n)]$$

则有

$$\text{DFS}[W_N^{\ln}\tilde{x}(n)]=\widetilde{X}(k+1) \tag{4-21}$$

【例 4-4】 调制特性的证明。

证:根据 DFS 的定义,有

$$\text{DFS}[W_N^{\ln}\tilde{x}(n)]=\sum_{n=0}^{N-1}W_N^{\ln}\tilde{x}(n)W_N^{kn}=\sum_{n=0}^{N-1}\tilde{x}(n)W_N^{(1+k)n}=\widetilde{X}(k+1)$$

4. 共轭对称性

对于复序列的 DFS,具有如下共轭对称特性:

$$\text{DFS}[\tilde{x}^*(n)]=\widetilde{X}^*(-k) \tag{4-22}$$

$$DFS[\tilde{x}^*(-n)] = \tilde{X}^*(k) \tag{4-23}$$

$$DFS\{Re[\tilde{x}(n)]\} = \frac{1}{2}[\tilde{X}(k) + \tilde{X}^*(N-k)]$$

$$DFS\{jIm[\tilde{x}(n)]\} = \frac{1}{2}[\tilde{X}(k) - \tilde{X}^*(N-k)]$$

5. 周期卷积

若

$$\tilde{Y}(k) = \tilde{X}_1(k)\tilde{X}_2(k)$$

则有

$$\tilde{y}(n) = IDFS[\tilde{Y}(k)] = \sum_{m=0}^{N-1}\tilde{x}_1(m)\tilde{x}_2(n-m) = \sum_{m=0}^{N-1}\tilde{x}_2(m)\tilde{x}_1(n-m) \tag{4-24}$$

该式为周期卷积的计算公式,它与非周期序列的线性卷积的不同之处如下:

(1) $\tilde{x}_1(m)$ 和 $\tilde{x}_2(n)$ 都是周期序列,周期为 N,故周期卷积的结果 $\tilde{y}(n)$ 也是周期为 N 点的离散周期序列。

(2) 周期卷积的求和只在一个周期上进行,线性卷积求和在整个序列的长度区间进行。

【**例 4-5**】 周期卷积的计算。

已知序列 $\tilde{x}_1(n)$、$\tilde{x}_2(n)$ 的主周期值分别如下:
$$\tilde{x}_1(n) = \{1,1,1,0,0,1\}, \quad \tilde{x}_2(n) = \{0,1,2,1,0,0\}$$

试计算两序列的周期卷积 $\tilde{y}(n)$。

解:

根据已知条件可知,序列的周期 $N=6$。

周期卷积的计算可以用式(4-24)直接进行计算,也可用图解法计算。为了更好地理解周期卷积的计算过程,本例在公式的基础上,绘出序列波形,用图解法进行计算,过程如下:

(1) 先绘出周期序列 $\tilde{x}_1(n)$、$\tilde{x}_2(n)$ 的波形,如图 4-7 所示($\tilde{x}_1(m)$ 和 $\tilde{x}_2(m)$)。

(2) 根据周期卷积计算公式 $\tilde{y}(n) = \sum_{m=0}^{N-1}\tilde{x}_2(m)\tilde{x}_1(n-m)$,在 $\tilde{x}_2(m)$ 的基础上,依次绘出 $\tilde{x}_2(-m)$、$\tilde{x}_2(1-m)$、$\tilde{x}_2(2-m)$、$\cdots$、$\tilde{x}_2(5-m)$ 的波形。根据波形可以看出,$\tilde{x}_2(-m)$ 与 $\tilde{x}_2(n-m)$ 具有移位关系,当某一序列值从右边移出虚线所示的计算区间时,相邻周期同一位置的序列值就会从左边移入计算区间。

(3) 计算序列 $\tilde{y}(n)$。计算在 $m=0 \sim N-1$ 的区间内进行,分别计算当 $n=0,1,\cdots,N-1$ 时 $\tilde{x}_1(m)$ 和 $\tilde{x}_2(n-m)$ 对应项的乘积并求和,就得到对应序号 $\tilde{y}(n)$ 的值,然后将 $\tilde{y}(n)$ 主值区间的值进行周期延拓,从而得到周期序列 $\tilde{y}(n)$。

根据 DFS 及 IDFS 的时域与频域的对应关系,时域周期序列的乘积对应着频域周期序列的周期卷积,即若时域序列 $\tilde{x}_1(n)$ 和 $\tilde{x}_2(n)$ 是周期为 N 的周期序列,且有

$$\tilde{y}(n) = \tilde{x}_1(n)\tilde{x}_2(n)$$

则有

$$\tilde{Y}(k) = DFS[\tilde{y}(n)] = \sum_{n=0}^{N-1}\tilde{y}(n)W_N^{nk} = \frac{1}{N}\sum_{m=0}^{N-1}\tilde{X}_1(m)\tilde{X}_2(k-m) = \frac{1}{N}\sum_{m=0}^{N-1}\tilde{X}_2(m)\tilde{X}_1(k-m)$$

$$\tag{4-25}$$

这就是周期序列的时域乘积特性。

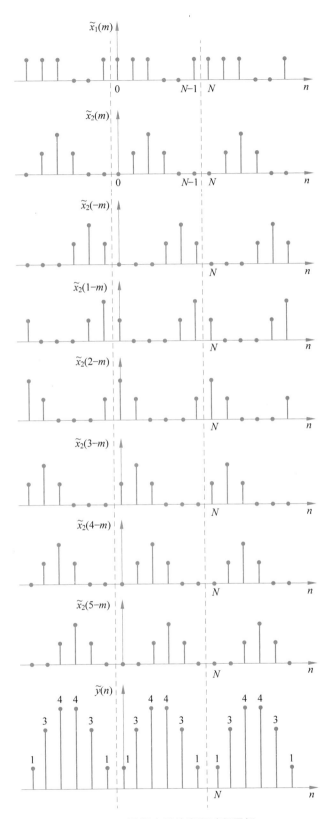

图 4-7　周期序列的卷积过程图解

6. 对偶性

对偶性是指能推导出相同的逻辑结果,但表面上却不同的各理论之间的对应关系。为了便于理解和掌握离散周期序列 DFS 的对偶关系,先回顾一下信号与系统课程学习过的对偶关系。例如,连续时间信号傅里叶变换在时域和频域之间存在对偶性,主要体现在函数 $x(t)$ 的傅里叶变换 $X(j\Omega)$ 和函数 $X(t)$ 的傅里叶逆变换 $x(j\Omega)$ 的关系中。

若

$$F[x(t)] = \widetilde{X}(j\Omega)$$

则有

$$F[x(t)] = 2\pi x(-j\Omega)$$

对于离散周期序列的傅里叶级数,其时域和频域也存在类似的对偶性。

如果

$$DFS[\tilde{x}(n)] = \widetilde{X}(k)$$

则有

$$DFS[\widetilde{X}(n)] = Nx(-k) \tag{4-26}$$

对偶性在自然科学和自然现象中普遍存在,对偶性的本质是"二元性",它表示二元知识结构之间的一种内在逻辑。恰当地运用对偶性,能更好地掌握具有对偶性的知识点之间的联系,可以帮助理解和加深记忆。

▦ **4.4 离散傅里叶变换的概述** ◆

长度为 N 点的有限长序列 $x(n)$ 可视为周期为 N 的周期序列的一个周期;反之,长度为 N 的有限长序列,进行周期延拓就成为周期序列。因此,采用离散傅里叶级数计算周期序列的一个周期,就相当于计算了有限长序列的傅里叶变换,也就是说,周期序列的离散傅里叶级数表达式也可用于有限长序列。

4.4.1 DFT 的定义

1. 基本概念

周期序列和有限长序列具有如下关系:

$$x(n) = \begin{cases} \tilde{x}(n), & 0 \leqslant n \leqslant N-1 \\ 0, & \text{其他} \end{cases} \tag{4-27}$$

$$\tilde{x}(n) = \sum_{k=-\infty}^{\infty} x(n+kN) \tag{4-28}$$

习惯上,一般将 $\tilde{x}(n)$ 的第一个周期,即 $n=0 \sim N-1$ 的区间定义为周期序列的"主值区间",而将有限长序列 $x(n)$ 称为周期序列 $\tilde{x}(n)$ 的"主值序列"。

为了更简练地表示周期序列和有限长序列的关系,可以引入代数中求余数的概念。

若

$$n = kN + m, \quad 0 \leqslant m \leqslant N-1, \quad k \text{ 为整数}$$

则 n 对 N 的余数为 m,可以简记为

视频讲解

$$x((n))_N = m$$

$x((n))_N$ 表示 n 对 N 求余数或求模值,根据余数的计算方法可知,$x((n))_N$ 的数值是以 N 为周期重复出现的。

通过引入求余数的符号,式(4-28)可以表示为

$$\bar{x}(n) = x((n))_N \tag{4-29}$$

而式(4-29)也可简洁地表示为

$$x(n) = \bar{x}(n)R_N(n)$$

同样地,频域周期序列 $\widetilde{X}(k)$ 也可视为有限长序列 $X(k)$ 的周期延拓,而有限长序列 $X(k)$ 可以认为是周期序列 $\widetilde{X}(k)$ 的主值序列,即

$$\widetilde{X}(k) = X((k))_N$$

$$X(k) = \hat{X}(k)R_N(k)$$

2. DFT 的定义

分析式(4-15)和式(4-16)可以发现,正变换和逆变换的求和范围分别为 $n=0 \sim N-1$ 及 $k=0 \sim N-1$,均在周期序列的主值区间,进一步对比 DFS 正逆变换形式和离散傅里叶变换式(4-13),表明 DFS 与 DFT 实质是相同的,周期序列取主值序列就成为有限长序列,因此,有限长序列的离散傅里叶变换可以表示为如下形式。

正变换:

$$X(k) = \text{DFT}[x(n)] = \sum_{n=0}^{N-1} x(n)W_N^{nk}, \quad 0 \leqslant k \leqslant N-1 \tag{4-30}$$

逆变换:

$$x(n) = \text{IDFT}[X(k)] = \frac{1}{N}\sum_{k=0}^{N-1} X(k)W_N^{-nk}, \quad 0 \leqslant n \leqslant N-1 \tag{4-31}$$

或表示为

$$\begin{cases} X(k) = \sum_{n=0}^{N-1} x(n)W_N^{nk}R_N(k) = \widetilde{X}(k)R_N(k) \\ x(n) = \frac{1}{N}\sum_{k=0}^{N-1} X(k)W_N^{-nk}R_N(n) = \bar{x}(n)R_N(k) \end{cases} \tag{4-32}$$

式(4-32)称为 N 点有限长序列的傅里叶变换对,即 DFT。式中,$X(k)$ 是 $x(n)$ 的离散傅里叶变换的频域序列,而 $x(n)$ 是 $X(k)$ 的离散傅里叶逆变换的时域序列。给定一个序列的值,就可以通过 DFT 公式计算另一个序列的值。

3. DFT 的矩阵表示

与 DFS 一样,有限长序列的 DFT 也可以表示为矩阵形式,将 $k=0,1,\cdots,N-1$ 分别代入式(4-30),则可以得到如下矩阵形式:

$$\begin{bmatrix} X(0) \\ X(1) \\ X(2) \\ \vdots \\ X(N-1) \end{bmatrix} = \begin{bmatrix} 1 & 1 & 1 & \cdots & 1 \\ 1 & W_N^1 & W_N^2 & \cdots & W_N^{N-1} \\ 1 & W_N^2 & W_N^4 & \cdots & W_N^{2(N-1)} \\ \vdots & \vdots & \vdots & \ddots & \vdots \\ 1 & W_N^{N-1} & W_N^{2(N-1)} & \cdots & W_N^{(N-1)^2} \end{bmatrix} \begin{bmatrix} x(0) \\ x(1) \\ x(2) \\ \vdots \\ x(N-1) \end{bmatrix} \tag{4-33}$$

同理,将 $n=0,1,\cdots,N-1$ 分别代入式(4-31),则可以得到离散傅里叶逆变换(IDFT)的矩阵形式如下:

$$
\begin{bmatrix} x(0) \\ x(1) \\ x(2) \\ \vdots \\ x(N-1) \end{bmatrix} = \frac{1}{N} \begin{bmatrix} 1 & 1 & 1 & \cdots & 1 \\ 1 & W_N^{-1} & W_N^{-2} & \cdots & W_N^{-(N-1)} \\ 1 & W_N^{-2} & W_N^{-4} & \cdots & W_N^{-2(N-1)} \\ \vdots & \vdots & \vdots & \ddots & \vdots \\ 1 & W_N^{-(N-1)} & W_N^{-2(N-1)} & \cdots & W_N^{-(N-1)^2} \end{bmatrix} \begin{bmatrix} X(0) \\ X(1) \\ X(2) \\ \vdots \\ X(N-1) \end{bmatrix} \tag{4-34}
$$

视频讲解

【例 4-6】 DFT 计算示例。

已知 $N=4$ 的有限长序列 $x(n)$ 的值如下:

$$x(n)=R_4(n)=[1,1,1,1]$$

求序列 $x(n)$ 的 DFT。

解: 由已知条件可知,序列长度 $N=4$,由此可得

$$W_4=\mathrm{e}^{-\mathrm{j}\frac{2\pi}{4}}=-\mathrm{j}$$

将 $N=4$ 代入 DFT 正变换式(4-30),可得

$$X(k)=\sum_{n=0}^{N-1}x(n)W_N^{nk}=\sum_{n=0}^{3}x(n)W_4^{nk},\quad k=0,1,2,3$$

将 $k=0,1,2,3$ 代入 DFT 公式,可得

$$X(0)=\sum_{n=0}^{N-1}x(n)W_4^{n\times0}=\sum_{n=0}^{3}x(n)=4$$

$$X(1)=\sum_{n=0}^{N-1}x(n)W_4^{n\times1}=\sum_{n=0}^{3}x(n)(\mathrm{j})^{n}=0$$

$$X(2)=\sum_{n=0}^{N-1}x(n)W_4^{n\times2}=\sum_{n=0}^{3}x(n)(\mathrm{j})^{2n}=0$$

$$X(3)=\sum_{n=0}^{N-1}x(n)W_4^{n\times3}=\sum_{n=0}^{3}x(n)(\mathrm{j})^{3n}=0$$

4.4.2 DFT 与 z 变换及 DTFT 的关系

视频讲解

由于周期序列 $\tilde{x}(n)$ 不满足绝对可加条件,因此周期序列不存在 z 变换及其 DTFT,但周期序列的主值序列 $x(n)$ 为有限长序列,可以进行 z 变换和 DTFT。有限长序列 $x(n)$ 的 z 变换及 DTFT 形式如下:

$$X(z)=Z[x(n)]=\sum_{n=0}^{N-1}x(n)z^{-n},\quad |z|>0$$

$$X(\mathrm{e}^{\mathrm{j}\omega})=\mathrm{DTFT}[x(n)]=\sum_{n=0}^{N-1}x(n)\mathrm{e}^{\mathrm{j}\omega n}$$

而有限长序列 $x(n)$ 的 DFT 形式如下:

$$X(k)=\mathrm{DFT}[x(n)]=\sum_{n=0}^{N-1}x(n)W_N^{nk},\quad 0\leqslant k\leqslant N-1$$

比较上述三个表达式可得

$$X(k) = X(e^{j\omega})\big|_{\omega=\frac{2\pi}{N}k} = X(z)\big|_{z=W_N^{-k}} = e^{j\frac{2\pi}{N}k} \tag{4-35}$$

式(4-35)表明,有限长序列傅里叶变换的物理意义如下:

(1) 有限长序列 $x(n)$ 的 N 点 DFT,即 $X(k)$ 是其 $X(e^{j\omega})$ 的等间隔抽样值。

(2) 序列 $x(n)$ 的 DTFT 就是序列在单位圆上的 z 变换,而 $X(k)$ 是 $X(z)$ 在单位圆上的 N 个等间隔抽样值,抽样间隔为 $\dfrac{2\pi}{N}$,且第一个抽样点为单位圆与正实轴的交点 $z=1$ 处。

4.5　离散傅里叶变换的性质

与 DFS 一样,DFT 也具有一系列重要的性质,由于有限长序列及 DFT 表达式所隐含的周期性,因此,DFT 的性质不仅与 z 变换的性质密切相关,有些性质与周期序列 DFS 的概念及性质也具有密切的联系。

4.5.1　线性特性

设 $x_1(n)$ 和 $x_2(n)$ 均为 N 点有限长序列,其 DFT 分别如下:

$$X_1(k) = \mathrm{DFT}[x_1(n)]$$
$$X_2(k) = \mathrm{DFT}[x_2(n)]$$

则有

$$\mathrm{DFT}[ax_1(n)+bx_2(n)] = aX_1(k)+bX_2(k),\ 0 \leqslant k \leqslant N-1 \tag{4-36}$$

其中 a、b 为任意常数。

线性特性是最简单、最常用的性质。线性特性的证明与 DFS 线性特性类似,可由 DFT 的定义直接得出。关于线性特性,需要注意:

(1) 若 $x_1(n)$ 和 $x_2(n)$ 均为 N 点序列($0 \leqslant n \leqslant N-1$),则 $aX_1(k)+bX_2(k)$ 也是 N 点序列;

(2) 若两序列 $x_1(n)$ 与 $x_2(n)$ 的长度不等,如 $x_1(n)$ 为 N_1 点,$x_2(n)$ 为 N_2 点,则线性组合序列 DFT 按 $N \geqslant \max[N_1, N_2]$ 点计算。例如,若 $N_1 < N_2$,则取 $N = N_2$,那么短序列 $x_1(n)$ 末端应补 $N_1 - N_2$ 个零值点,使之成为 N_2 点的序列,然后按 N_2 点序列进行 DFT 运算。

4.5.2　序列圆周移位特性

序列圆周移位特性是指有限长序列 $x(n)$ 经过周期延拓、移位并取主值序列之后,其 DFT 的运算特性,圆周移位又称为循环移位。

视频讲解

1. 圆周移位的概念

有限长序列的圆周移位运算是一个复合运算,该运算可以分层解析,即圆周移位包含如下三层含义。

(1) 周期延拓。

设序列 $x(n)$ 的点数为 N,将其延拓为周期序列 $\tilde{x}(n)$,即

$$\tilde{x}(n) = x((n))_N$$

(2) 移位。

对延拓以后的周期序列 $\tilde{x}(n)$ 进行移位,如左移 m 位,即 $x((n+m))_N$

$$\tilde{x}(n+m) = x((n+m))_N \tag{4-37}$$

(3) 取主值序列。

对移位以后的周期序列 $\tilde{x}(n+m)$ 取其主值序列,即

$$x((n+m))_N R_N(n)$$

上式中乘以 $R_N(n)$ 的作用是对经过周期延拓和移位后的周期序列取其主值序列。

显然,圆周移位序列 $x((n+m))_N R_N(n)$ 依然是 N 点的有限长序列,圆周移位的三层运算过程可图解为如图 4-8 所示。

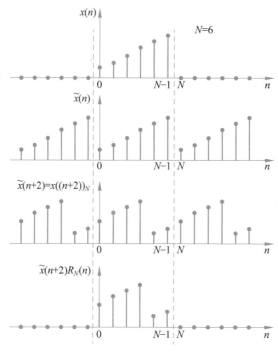

图 4-8　序列圆周移位过程的几何图解

通过图 4-8 从上至下四个图形可以看出,对周期序列 $\tilde{x}(n)$ 进行移位运算时,观察周期序列在 $n=0 \sim N-1$ 主值区间内(虚线范围内)的值,当序列某一值从区间的这一端移出时,完全相等的另一值将从区间的另一端移进主值区间。

如图 4-9 所示,圆周移位过程也可以视为序列 $x(n)$ 的序列值排列在一个 N 等分的圆周上,并选定从 $n=0$ 处的初始位置观察序列,这时序列 $x(n)$ 的圆周移位,就相当于 $x(n)$ 在该圆周上旋转,因而称为圆周移位。圆周不断旋转,从 $n=0$ 处观察到的就是周期序列 $\tilde{x}(n)$。

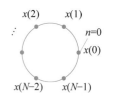

图 4-9　序列随圆周旋转

2. DFT 圆周移位特性

设 $x(n)$ 为 N 点有限长序列,则有

$$\mathrm{DFT}[x((n+m))_N R_N(n)] = W_N^{-mk} X(k) \tag{4-38}$$

【例 4-7】 圆周移位特性的证明。

证：根据周期移位的概念，对 $x((n+m))_N R_N(n)$ 进行 DFT 运算，即

$$DFT[x((n+m))_N R_N(n)] = DFT[\tilde{x}((n+m))_N R_N(n)]$$
$$= W_N^{-km} \tilde{X}(k) R_N(k)$$
$$= W_N^{-mk} X(k)$$

由于 $W_N^{-km} = e^{j\frac{2\pi}{N_2}km}$ 是单位圆上的复数向量，因此，圆周移位特性表明，有限长序列 $x(n)$ 圆周移位之后进行 DFT 运算，其变换结果相当于对原信号的频谱 $X(k)$ 进行旋转，旋转角的大小与 $W_N^{-km} = e^{j\frac{2\pi}{N_2}km}$ 的指数相等，又因为 $|W_N^{-km}| = 1$，所以圆周移位对频谱的幅值没有影响。

实际上，对于频域有限长序列 $X(k)$，也可以进行圆周移位，根据频域与时域的对偶关系，可以得出频域圆周移位特性如下。

若

$$X(k) = DFT[x(n)]$$

则有

$$IDFT[X((k+1))_N R_N(k)] = W_N^{ln} x(n) \tag{4-39}$$

实际上，式(4-39)就是时域调制特性，即时域序列的调制等效于频域的圆周移位。

4.5.3 DFT 对偶特性

对于有限长序列 $x(n)$，若

$$X(k) = DFT[x(n)]$$

则有

$$DFT[x(n)] = Nx((-k))_N R_N(k) = Nx((N-k))_N R_N(k) \tag{4-40}$$

4.5.4 共轭对称性

1. 圆周共轭对称性概念

第 3 章介绍了共轭对称序列与共轭反对称序列的概念和相关性质，并得出任一序列都可表示为共轭对称分量与共轭反对称分量之和。DFT 也需要应用有限长序列的共轭对称性，根据第 3 章序列共轭对称的定义，共轭对称分量 $x_e(n)$ 和共轭反对称分量 $x_o(n)$ 均涉及序列的 $(2N-1)$ 个点，而有限长序列只有 N 个点，因此，有限长序列的共轭对称性不能直接采用第 3 章序列的共轭对称性定义。

由于共轭对称性的本质内涵是相同的，因此，对于有限长序列的共轭对称性，可以先借助周期延拓的概念将序列延拓为周期序列，再根据周期序列的共轭对称分量 $\tilde{x}_e(n)$ 与共轭反对称分量 $\tilde{x}_o(n)$ 来定义有限长序列的共轭对称性。

对于周期序列而言，$\tilde{x}_e(n)$ 和 $\tilde{x}_o(n)$ 也是周期序列，因此，分别取两个分量的主值序列就得出了有限长序列的共轭对称分量和共轭反对称分量。

有限长序列的共轭对称分量又称为圆周共轭对称分量，一般用 $x_{ep}(n)$ 表示，其共轭反对称分量又称为圆周共轭反对称分量，一般用 $x_{op}(n)$ 表示。

设 $x(n)$ 为 N 点有限长序列，周期延拓序列用 $\tilde{x}(n)$ 表示，即

$$\tilde{x}(n) = x((n))_N \tag{4-41}$$

根据定义可知,周期序列 $\tilde{x}(n)$ 的共轭对称分量 $\tilde{x}_e(n)$ 和共轭反对称分量 $\tilde{x}_o(n)$ 分别如下:

$$\tilde{x}_e(n) = \frac{1}{2}\big[\tilde{x}(n) + \tilde{x}^*(-n)\big] = \frac{1}{2}\big[x((n))_N + x^*((N-n))_N\big]$$

$$\tilde{x}_o(n) = \frac{1}{2}\big[\tilde{x}(n) - \tilde{x}^*(-n)\big] = \frac{1}{2}\big[x((n))_N - x^*((N-n))_N\big].$$

显然,$\tilde{x}_e(n)$ 和 $\tilde{x}_o(n)$ 满足共轭对称性的定义,即

$$\tilde{x}_e(n) = \tilde{x}_e^*(-n)$$

$$\tilde{x}_o(n) = -\tilde{x}_o^*(-n)$$

因此,有限长序列 $x(n)$ 的圆周共轭对称分量和共轭反对称分量可表示为如下形式:

$$x_{ep}(n) = \tilde{x}_e(n)R_N(n) = \frac{1}{2}\big[x((n))_N + x^*((N-n))_N\big]R_N(n) \tag{4-42}$$

$$x_{op}(n) = \tilde{x}_o(n)R_N(n) = \frac{1}{2}\big[x((n))_N - x^*((N-n))_N\big]R_N(n) \tag{4-43}$$

由于

$$\tilde{x}(n) = \tilde{x}_e(n) + \tilde{x}_o(n)$$

因此

$$x(n) = \tilde{x}(n)R_N(n) = \big[\tilde{x}_e(n) + \tilde{x}_o(n)\big]R_N(n) = x_{ep}(n) + x_{op}(n) \tag{4-44}$$

式(4-44)表明,任意 N 点有限长序列 $x(n)$ 可以分解为圆周共轭对称分量 $x_{ep}(n)$ 和圆周共轭反对称分量 $x_{op}(n)$ 之和。

实际上,将 $x_e(n)$ 和 $x_o(n)$ 的表达式引入圆周移位概念,可以得出如下关系:

$$x_e((n))_N = \frac{1}{2}\big[x((n))_N + x^*((-n))_N\big]$$

$$x_o((n))_N = \frac{1}{2}\big[x((n))_N - x^*((-n))_N\big]$$

上式表明,$x_e((n))_N$ 和 $x_o((n))_N$ 分别是 $x((n))_N$ 的周期共轭对称分量和周期共轭反对称分量,分别对它们取主值序列,可得

$$\begin{cases} x_{ep}(n) = x_e((n))_N R_N(n) \\ x_{op}(n) = x_o((n))_N R_N(n) \end{cases} \tag{4-45}$$

对于实数序列,则有

$$x_{ep}(n) = \frac{1}{2}\big[x((n))_N + x((N-n))_N\big]R_N(n)$$

$$x_{op}(n) = \frac{1}{2}\big[x((n))_N - x((N-n))_N\big]R_N(n)$$

这时,$x_{ep}(n)$ 和 $x_{op}(n)$ 分别称为圆周偶对称分量和圆周奇对称分量。

根据上述关于 $x_{ep}(n)$ 分量和 $x_{op}(n)$ 分量的定义和关系,可以得出 DFT 下列对称性质。

2. 圆周共轭对称性质

1) 有限长序列共轭对称特性

设 $x(n)$ 为 N 点有限长序列,且有

$$X(k) = \text{DFT}[x(n)] = \text{DFT}\{\text{Re}[x(n)] + j\text{Im}[x(n)]\}$$

则有

$$\text{DFT}[x^*(n)] = X^*((-k))_N R_N(k) = X^*((N-k))_N R_N(k) \tag{4-46}$$

【例 4-8】 有限长序列共轭对称特性的证明。

证：根据 DFT 的定义，有

$$\text{DFT}[x^*(n)] = \sum_{n=0}^{N-1} x^*(n) W_N^{nk} = \left[\sum_{n=0}^{N-1} x(n) W_N^{-nk}\right]^*$$

$$= X^*((-k))_N R_N(k) = \left[\sum_{n=0}^{N-1} x(n) W_N^{(N-k)n}\right]^* \quad (W_N^{nN} = 1)$$

$$= X^*((N-k))_N R_N(k)$$

2）翻转与共轭特性

$$\text{DFT}[x^*((-n))_N R_N(n)] = X^*(k) \tag{4-47}$$

【例 4-9】 翻转与共轭特性证明。

证：根据 DFT 的定义，有

$$\text{DFT}[x^*((-n))_N R_N(n)] = \sum_{n=0}^{N-1} x^*((-n))_N R_N(n) W_N^{nk}$$

$$= \left[\sum_{n=0}^{N-1} x((-n))_N W_N^{-nk}\right]^* R_N(n)$$

$$= \left[\sum_{n=0}^{N-1} x((n))_N R_N(n) W_N^{nk}\right]^*$$

$$= \left[\sum_{n=0}^{N-1} x(n) W_N^{nk}\right]^* = X^*(k)$$

3）实部特性

$$\text{DFT}\{\text{Re}[x(n)]\} = \frac{1}{2}[X((n))_N + X^*((N-k))_N] R_N(k) = X_{\text{ep}}(k) \tag{4-48}$$

【例 4-10】 实部特性的证明。

证：因为

$$\text{Re}[x(n)] = \frac{1}{2}[x(n) + x^*(n)]$$

因此

$$\text{DFT}\{\text{Re}[x(n)]\} = \frac{1}{2}\{\text{DFT}[x(n)] + \text{DFT}[x^*(n)]\}$$

$$= \frac{1}{2}[X(k) + X^*((N-k))_N R_N(k)]$$

$$= \frac{1}{2}[X((k))_N + X^*((N-k))_N] R_N(k)$$

$$= X_{\text{ep}}(k)$$

该性质表明，复数序列实部的 DFT 等于原序列 DFT 的圆周共轭对称分量。根据有限长序列的圆周共轭对称性的实部特性可以得出圆周共轭对称序列满足

$$X_{ep}(k) = X_{ep}^*(N-k)_N R_N(k) \tag{4-49}$$

式(4-49)的几何意义是 $X_{ep}(k)$ 的实部偶对称、虚部奇对称，即模偶对称、辐角奇对称。其数学表达式如下：

$$\begin{cases} |X_{ep}(k)| = |X_{ep}(N-k)_N R_N(k)| \\ \arg[X_{ep}(k)] = -\arg[X_{ep}(N-k)_N R_N(k)] \end{cases} \tag{4-50}$$

式(4-49)所描述的 $X_{ep}(k)$ 的圆周共轭对称性可用图 4-10 进行几何解释，将 $X_{ep}(k)$，$k=0,1,2,\cdots,N-1$ 的幅值和相角分量视为等间隔分布在圆周上的 N 个点，则各幅值分量 $|X_{ep}(k)|$ 具有偶对称性，即 $|X_{ep}(k)|$ 在以 $k=0$ 为中心(观测点)的左半圆与右半圆呈现出偶对称性，而 $X_{ep}(k)$ 的相位 $\arg[X_{ep}(k)]$ 在圆周上以 $k=0$ 为中心具有奇对称性，即 $X_{ep}(k)$ 的实部偶对称、虚部奇对称。

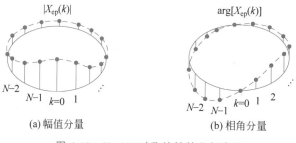

图 4-10 $X_{ep}(k)$ 对称特性的几何意义

有限长序列的圆周共轭对称性在直角坐标系中如何进行判断呢？以图 4-10 为例，将图 4-10(a)中 $k=0,1,2,\cdots,N-1$ 的幅值$|X_{ep}(k)|$依次表示在图 4-11(a)中，将图 4-10(b)中的相位值 $\arg[X_{ep}(k)]$依次表示在图 4-11(b)中，观察两幅图像可以发现，这时无论是幅值图像还是相位图像，都不具有完全对称性，但在两幅图像的 $k=N$ 处补充一个适当的值后，它们就都具有对称性了。也就是说，如果在图 4-11(a)的 $k=N$ 处，补充 $k=0$ 时的 $|X_{ep}(k)|$ 值，则幅值具有偶对称性；同理，如果在图 4-11(b)的 $k=N$ 处，补充 $k=0$ 时的 $\arg[X_{ep}(k)]$ 值，则相位具有奇对称性。

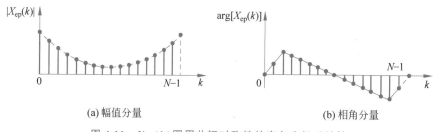

图 4-11 $X_{ep}(k)$圆周共轭对称性的直角坐标系特性

4) 虚部特性

$$\text{DFT}\{\text{jIm}[x(n)]\} = \frac{1}{2}[X((k))_N - X^*((N-k))_N]R_N(k) = X_{op}(k) \tag{4-51}$$

虚部特性的证明与实部特性类似。该性质表明，复数序列虚部乘以 j 的 DFT 等于原序列 DFT 的圆周共轭反对称分量。

对于有限长序列的虚部特性也可以得出，圆周共轭反对称序列具有如下特性：

$$X_{op}(k) = -X_{op}^*((N-k))_N R_N(k) \tag{4-52}$$

式(4-52)的几何意义是 $X_{op}(k)$ 的实部奇对称,虚部偶对称,也就是说,模值奇对称、辐角偶对称,即

$$\begin{cases} \mathrm{Re}[X_{op}(k)] = -\mathrm{Re}[X_{op}((N-k))_N R_N(k)] \\ \mathrm{Im}[X_{op}(k)] = \mathrm{Im}[X_{op}((N-k))_N R_N(k)] \end{cases}$$

与共轭对称性的实部特性类似,若将 $X_{op}(k)$ 分量视为等间隔分布在圆周上的 N 个点,则以 $k=0$ 为中心的左半圆与右半圆上的点共轭反对称,即 $X_{op}(k)$ 的实部奇对称,虚部偶对称,这种关系称为圆周共轭反对称。

【例 4-11】 DFT 对称性示例。

已知序列如下:

$$x(n) = 8 \times 0.5^n, \quad 0 \leqslant n \leqslant 15$$

试根据 DFT 的对称性,编写 MATLAB 程序完成以下计算:

(1) 计算序列的共轭对称分量和共轭反对称分量;

(2) 计算序列的 DFT,并分析 DFT 的共轭对称性和共轭反对称性。

解:(1) 序列 $x(n)$ 的共轭对称分量和共轭反对称分量如图 4-12(a)所示。

(2) 序列 DFT 的圆周共轭对称如图 4-12(b)所示,图中分别绘出了频域序列 $X(k)$ 的实部、虚部以及 $X_{ep}(k)$ 和 $X_{op}(k)$。该例的运算结果也证明了有限长序列的圆周共轭对称特性。

MATLAB 程序代码如下:

```
% DFT 对称性分析 MATLAB 代码
clc;clear all;close all
N = 15;n = 0:14;xn = 8 * 0.5.^n;
x_N_n = xn(mod( - n, N) + 1);
xep = (xn + x_N_n)/2;xop = (xn - x_N_n)/2;
figure(1);subplot(2,2,1)
stem(n,xn);title('序列 x(n)');
xlabel('n');ylabel('x(n)');
subplot(2,2,2) stem(n,xep);title('共轭对称分量 xep');
xlabel('n');ylabel('xep(n)');
subplot(2,2,3) stem(n,x_N_n);title('序列 x * ((N-n))N');
xlabel('n');ylabel('序列 x * ((N-n))N');
subplot(2,2,4); stem(n,xop);title('共轭反对称分量 xop');
xlabel('n');ylabel('xop(n)');
Xk = fft(xn,N);Xep = fft(xep,N);Xop = fft(xop,N);
figure(2) ;subplot(2,2,1)
stem(n,real(Xk));title('X(k)实部');
xlabel('n');ylabel('X(k)实部');
subplot(2,2,2) stem(n,imag(Xk));title('X(k)虚部');
xlabel('n');ylabel('X(k)虚部');
subplot(2,2,3);stem(n,real(Xep));title('频域 Xep(k)');
xlabel('n');ylabel('Xep(k)');
subplot(2,2,4);stem(n,imag(Xop));title('频域 Xop(k)');
xlabel('n');ylabel('Xop(k)');
```

程序运行结果如图 4-12 所示。

5) 实序列 DFT 共轭特性

若 $x(n)$ 为实数序列,则 $X(k)$ 仅有圆周共轭对称分量,没有圆周共轭反对称分量,即

$$X(k) = X^*((N-k))_N R_N(k) \tag{4-53}$$

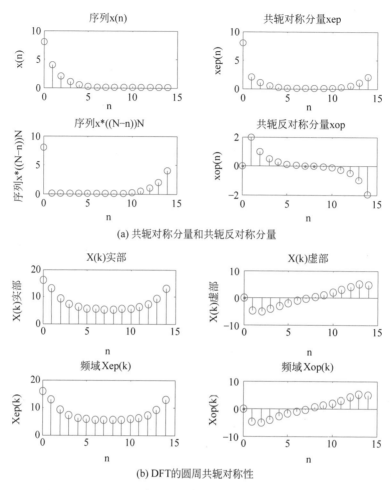

(a) 共轭对称分量和共轭反对称分量

(b) DFT的圆周共轭对称性

图 4-12　有限长序列的圆周共轭对称性

根据有限长序列 $x(n)$ 与频域 $X(k)$ 的对称特性,可知 $X(k)$ 的实部、虚部与 $x(n)$ 的圆周共轭对称分量、圆周共轭反对称分量之间存在如下关系:

$$\begin{cases} \mathrm{DFT}[x_{\mathrm{ep}}(n)] = \mathrm{Re}[X(k)] \\ \mathrm{DFT}[x_{\mathrm{op}}(n)] = \mathrm{jIm}[X(k)] \end{cases} \tag{4-54}$$

6) 纯虚序列 DFT 共轭特性

若 $x(n)$ 为纯虚数序列,则 $X(k)$ 仅有圆周共轭反对称分量,没有圆周共轭对称分量,即

$$X(k) = -X^*((N-k))_N R_N(k) \tag{4-55}$$

5)、6)两个特性的作用是,对于实数序列或纯虚数序列 $x(n)$,若获得了频域序列 $X(k)$ 一半点数的值,则另一半点数的频域序列值就可利用对称性求得,而无须采用 DFT 进行计算,在计算 DFT 时应用该这些性质可以减少运算量。

有限长时域序列 $x(n)$ 及对应的频域序列 $X(k)$ 之间具有一系列的对称性质,为便于查阅,现将这些性质总结在表 4-2 中。这些对称性质均可以用共轭对称性的定义进行证明,恰当地应用这些对称关系,可以一定程度上减少 DFT 的计算量。

表 4-2 序列及其 DFT 的奇、偶、虚、实关系表

$x(n)$[或 $X(k)$]	$X(k)$[或 $x(n)$]
偶对称	偶对称
奇对称	奇对称
实数	实部为偶对称、虚部为奇对称
虚数	实部为奇对称、虚部为偶对称
实数偶对称	实数偶对称
实数奇对称	虚数奇对称
虚数偶对称	虚数偶对称
虚数奇对称	实数奇对称

有限长序列的共轭对称特性对于信号处理的理论分析和工程应用均具有重要意义和实用价值,例如,应用有限长序列的共轭对称特性,可以通过一次 DFT 运算,计算出两个实数序列的 DFT 结果,从而起到减少运算量的作用。

【例 4-12】 有限长序列对称性的应用示例。

已知 $x_1(n)$ 和 $x_2(n)$ 都是 N 点实数序列,且有
$$X_1(k) = \mathrm{DFT}[x_1(n)], \quad X_2(k) = \mathrm{DFT}[x_2(n)]$$
试设计一种计算方法,通过一次 DFT 计算 $x_1(n)$ 和 $x_2(n)$ 两个序列的 DFT。

解:由于 $x_1(n)$ 和 $x_2(n)$ 为实数序列,因此,可以构成如下复数序列
$$x(n) = x_1(n) + \mathrm{j}x_2(n)$$
则
$$X(k) = \mathrm{DFT}[x(n)] = \mathrm{DFT}[x_1(n) + \mathrm{j}x_2(n)]$$
$$= \mathrm{DFT}[x_1(n)] + \mathrm{jDFT}[x_2(n)] = X_1(k) + \mathrm{j}X_2(k)$$
而
$$x_1(n) = \mathrm{Re}[x(n)]$$
根据有限长序列实部和虚部特性可得
$$X_1(k) = \mathrm{DFT}\{\mathrm{Re}[x(n)]\} = X_{\mathrm{ep}}(k) = \frac{1}{2}[X(k) + X^*((N-k))_N]R_N(k)$$
同理,由于
$$x_2(n) = \mathrm{Im}[x(n)]$$
由式(4-51)可得
$$X_2(k) = \mathrm{DFT}\{\mathrm{Im}[x(n)]\} = \frac{1}{\mathrm{j}}X_{\mathrm{op}}(k) = \frac{1}{2\mathrm{j}}[X(k) - X^*((N-k))_N]R_N(k)$$
因此,经过对一个复数序列 $x(n)$ 进行 DFT 运算得到 $X(k)$,可以一次性计算出两个实数序列 $x_1(n)$ 和 $x_2(n)$ 对应的 DFT。

4.5.5 圆周卷积

1. 圆周卷积的定义

设 $x(n)$ 和 $h(n)$ 均为 N 点有限长序列,则
$$y(n) = \left[\sum_{m=0}^{N-1} h(m)x((n-m))_N\right]R_N(n) = \left[\sum_{m=0}^{N-1} x(m)h((n-m))_N\right]R_N(n) \quad (4\text{-}56)$$

视频讲解

称为序列 $x(n)$ 和 $h(n)$ 的圆周卷积(又称为循环卷积,circular convolution)。

圆周卷积的运算符号一般用"$\otimes$"表示。

$$
\begin{aligned}
x(n) \otimes h(n) &= \left[\sum_{m=0}^{N-1} x(m)h((n-m))_N\right]R_N(n) \\
&= \left[\sum_{m=0}^{N-1} h(m)x((n-m))_N\right]R_N(n) \\
&= h(n) \otimes x(n)
\end{aligned}
$$

2. 时域圆周卷积定理

对于如下 N 点有限长序列 $x(n)$ 和 $h(n)$:

$$
X(k) = \text{DFT}[x(n)], \quad H(k) = \text{DFT}[h(n)]
$$

若

$$
Y(k) = X(k)H(k)
$$

则有

$$
\begin{aligned}
y(n) = \text{IDFT}[Y(k)] &= \left[\sum_{m=0}^{N-1} x(m)h((n-m))_N\right]R_N(n) \\
&= \left[\sum_{m=0}^{N-1} h(m)x((n-m))_N\right]R_N(n)
\end{aligned} \tag{4-57}
$$

3. 频域圆周卷积定理

根据时域与频域的对称性,对于有限长序列,还可以得出如下结论。

若 $x(n)$ 和 $h(n)$ 均为 N 点有限长序列,且有

$$
y(n) = x(n)h(n)
$$

则有

$$
\begin{aligned}
Y(k) = \text{DFT}[y(n)] &= \frac{1}{N}\left[\sum_{l=0}^{N-1} X(l)H((k-l))_N\right]R_N(k) \\
&= \frac{1}{N}\left[\sum_{l=0}^{N-1} H(l)X((k-l))_N\right]R_N(k) = \frac{1}{N}X(k) \otimes H(k)
\end{aligned} \tag{4-58}
$$

频域圆周卷积定理表明,两个时域序列乘积的DFT等于各序列DFT圆周卷积的 $1/N$。

4. 圆周卷积的计算

1) 公式法计算

N 点有限长序列 $x(n)$ 和 $h(n)$ 的圆周卷积,可以直接根据圆周卷积的定义进行计算。

$$
x(n) \otimes x(n) = \left[\sum_{m=0}^{N-1} x(m)h((n-m))_N\right]R_N(n)
$$

2) 矩阵法计算

【例 4-13】 圆周卷积的矩阵法计算示例。

已知有限长序列 $x(n)$ 和 $h(n)$ 如下:

$$
x(n) = R_4(n), \quad h(n) = [1,2,3,4]
$$

试完成下列计算:

（1）求序列 $x(n)$ 与 $h(n)$ 的 4 点圆周卷积；

（2）求序列 $x(n)$ 与 $h(n)$ 的 8 点圆周卷积。

解：（1）圆周卷积的计算，既可以采用式（4-56）进行计算，也可以采用矩阵形式进行计算，本题采用矩阵法进行计算。

采用矩阵法计算 4 点圆周卷积的表达式如下：

$$\boldsymbol{Y}_c(n) = \boldsymbol{H}\boldsymbol{X}$$

式中，$\boldsymbol{Y}_c(n)$ 和 $\boldsymbol{X}$ 均为 4×1 列向量：

$$\boldsymbol{Y}_c(n) = \begin{bmatrix} y_c(0) \\ y_c(1) \\ y_c(2) \\ y_c(3) \end{bmatrix}, \quad \boldsymbol{X} = \begin{bmatrix} x(0) \\ x(1) \\ x(2) \\ x(3) \end{bmatrix}$$

$\boldsymbol{H}$ 矩阵是由序列 $h(n)$ 组成的 4×4 方阵，矩阵的第一列由 $h(n)$ 转置即可，方阵的第二列由 $\boldsymbol{H}$ 矩阵的第一列循环下移一位组成新的列向量，以此类推，第 n 列的列向量由第 $n-1$ 列循环移位形成，直到 $\boldsymbol{H}$ 矩阵为方阵。因此，根据已知序列 $h(n)$，可得出 $\boldsymbol{H}$ 矩阵如下：

$$\boldsymbol{H} = \begin{bmatrix} 1 & 4 & 3 & 2 \\ 2 & 1 & 4 & 3 \\ 3 & 2 & 1 & 4 \\ 4 & 3 & 2 & 1 \end{bmatrix}$$

于是，可得 $x(n)$ 与 $h(n)$ 的 4 点圆周卷积如下：

$$\begin{bmatrix} y_c(0) \\ y_c(1) \\ y_c(2) \\ y_c(3) \end{bmatrix} = \begin{bmatrix} 1 & 4 & 3 & 2 \\ 2 & 1 & 4 & 3 \\ 3 & 2 & 1 & 4 \\ 4 & 3 & 2 & 1 \end{bmatrix} \begin{bmatrix} 1 \\ 1 \\ 1 \\ 1 \end{bmatrix} = \begin{bmatrix} 10 \\ 10 \\ 10 \\ 10 \end{bmatrix}$$

（2）本小题圆周卷积的点数为 8，序列点数为 4，圆周卷积点数大于序列的长度，仍然可采用矩阵法计算。与（1）的计算方法类似，但应注意圆周卷积长度大于序列长度时，列向量和方阵的构成方法如下：

$$\begin{bmatrix} y_c(0) \\ y_c(1) \\ y_c(2) \\ y_c(3) \\ y_c(4) \\ y_c(5) \\ y_c(6) \\ y_c(7) \end{bmatrix} = \begin{bmatrix} 1 & 0 & 0 & 0 & 0 & 4 & 3 & 2 \\ 2 & 1 & 0 & 0 & 0 & 0 & 4 & 3 \\ 3 & 2 & 1 & 0 & 0 & 0 & 0 & 4 \\ 4 & 3 & 2 & 1 & 0 & 0 & 0 & 0 \\ 0 & 4 & 3 & 2 & 1 & 0 & 0 & 0 \\ 0 & 0 & 4 & 3 & 2 & 1 & 0 & 0 \\ 0 & 0 & 0 & 4 & 3 & 2 & 1 & 0 \\ 0 & 0 & 0 & 0 & 4 & 3 & 2 & 1 \end{bmatrix} \begin{bmatrix} 1 \\ 1 \\ 1 \\ 1 \\ 0 \\ 0 \\ 0 \\ 0 \end{bmatrix} = \begin{bmatrix} 1 \\ 3 \\ 6 \\ 10 \\ 9 \\ 7 \\ 4 \\ 0 \end{bmatrix}$$

序列 $x(n)$ 与 $h(n)$ 的长度都是 4 点，本例分别计算了 4 点和 8 点的圆周卷积。若计算一下 $x(n)$ 与 $h(n)$ 的线性卷积，则可以发现一个有用的结论：

当圆周卷积的点数不小于线性卷积的点数时，圆周卷积可以代替线性卷积的结果，这一结论为线性卷积的快速计算奠定了基础,在随后圆周卷积与线性卷积的关系中,将从理论上推导该结论。

3) MATLAB 实现圆周卷积计算

MATLAB 提供了计算圆周卷积的函数 circonvt(x1,x2,L),函数的调用格式如下:

```
y = circonvt(x1,x2,L)
```

x1,x2 表示圆周卷积的两个序列,L 表示圆周卷积的点数。

【例 4-14】 MATLAB 计算圆周卷积示例。

解: 例 4-13 也可以采用 MATLAB 计算,代码如下:

```
clc;clear all;close all;
L1 = 4;L2 = 8;xn = [1,1,1,1];hn = [1,2,3,4]
y1 = circonvt(xn,hn,L1)
y2 = circonvt(xn,hn,L2)
```

程序中用到了 circonvt 函数,该函数代码如下:

```
function y = circonvt(x1,x2,N)
% 圆周卷积计算
if length(x1)> N
    error('N 必须大于或等于 x1 的长度')
end
if length(x2)> N
    error('N 必须大于或等于 x2 的长度')
end
x1 = [x1 zeros(1,N - length(x1))];
x2 = [x2 zeros(1,N - length(x2))];
m = [0:1:N - 1];x2 = x2(mod( - m,N) + 1);
H = zeros(N,N);
for n = 1:1:N
    H(n, :) = cirshftt(x2,n - 1,N);
end
y = x1 * H';
```

程序运算结果如下:

```
y1 =    10    10    10    10
y2 =     1     3     6    10    9    7    4    0
```

5. 圆周卷积与周期卷积的关系

从圆周卷积表达式的含义可以得出,圆周卷积和周期卷积的计算过程本质上相同,但圆周卷积计算中 $x((n-m))_N$ 或 $h((n-m))_N$,仅在 $m = 0 \sim N-1$ 范围内取值,这就是圆周移位的概念,运用了主值序列的概念,因此,圆周卷积可以理解为周期卷积的主值序列。

6. 圆周卷积与线性卷积的关系

设有两个有限长序列 $x(n)$ 和 $h(n)$,$x(n)$ 是 N_1 点有限长序列,即 $0 \leqslant n \leqslant N_1 - 1$; $h(n)$ 是 N_2 点有限长序列,即 $0 \leqslant n \leqslant N_2 - 1$,现分析线性卷积和圆周卷积之间的关系。

(1) 线性卷积。

$$y(n) = \sum_{m = -\infty}^{\infty} x(m)h(n-m) = \sum_{m=0}^{N_1-1} x(m)h(n-m)$$

对于线性卷积,序列长度等于两序列点数之和减 1,即 $y(n)$ 长度为 $(N_1 + N_2 - 1)$。

（2）圆周卷积。

设 $y(n) = x(n) \otimes h(n)$ 为两序列的 L 点圆周卷积，先对 $x(n)$ 和 $h(n)$ 末端补零值点，使两序列的长度为 L 点。由此可得

$$y_c(n) = \left[\sum_{m=0}^{L-1} x(m) h((n-m))_L \right] R_L(n)$$

若圆周卷积点数 $L \geqslant N_1 + N_2 - 1$，则 L 点圆周卷积可以代替线性卷积。

4.5.6　选频特性

有限长序列的傅里叶变换可以视为序列 z 变换在单位圆上的 N 点等间隔抽样，这表明 DFT 算法对频率具有选择性。若对复指数信号 $x(t) = e^{jm\Omega_0 t}$（m 为整数）进行抽样，则得到复指数序列 $x(n) = e^{jm\Omega_0 nT}$。

若 $\omega_0 = \Omega_0 T = 2\pi/N$，则复指数序列为

$$x(n) = e^{j\frac{2\pi}{N}mn}$$

DFT 的选频特性是指，若输入频率为 $\omega = k\omega_0 = k\Omega_0 T = \dfrac{2\pi}{N}k$，则 DFT 变换之后仅 $X(k) = N$，其余频域值为零。DFT 选频特性与有限长序列的点数 N 具有密切关系，N 越大越大，选频特性越好，频率分辨率越高。

4.5.7　DFT 的帕塞瓦尔定理

帕塞瓦尔定理是指一个信号所含有的能量（功率）恒等于此信号在完备正交函数集中各分量的能量之和。该定理由 Marc-Antoine Parseval 于 1799 年推导得出，随后被应用于傅里叶级数。对于 N 点有限长序列 $x(n)$，帕塞瓦尔定理形式如下：

$$\sum_{n=0}^{N-1} x(n) y^*(n) = \frac{1}{N} \sum_{k=0}^{N-1} X(k) Y^*(k) \tag{4-59}$$

若 $y(n) = x(n)$，则式（4-59）可简化为

$$\sum_{n=0}^{N-1} x(n) x^*(n) = \frac{1}{N} \sum_{k=0}^{N-1} X(k) X^*(k)$$

即

$$\sum_{n=0}^{N-1} |x(n)|^2 = \frac{1}{N} \sum_{k=0}^{N-1} |X(k)|^2 \tag{4-60}$$

帕塞瓦尔定理表明，对于任何信号或序列，无论在时域还是频域，其能量都是守恒的。

4.5.8　圆周相关

在通信与信号处理领域，相关是一个非常重要的概念。所谓相关是指两个确定信号或两个随机信号之间的相关程度。相关函数可用于分析随机信号的功率谱密度，也可用于对确定信号进行分析。对于随机信号，信号是不确定的，但通过对其规律进行统计，信号的相关函数通常是可以确定的，因此，在随机信号的分析中，相关函数可用于描述平稳随机信号的某些统计特性。类似于线性卷积与圆周卷积，信号的相关也有线性相关和圆周相关。

1. 线性相关

1）线性相关的定义

$$r_{xy}(m) = \sum_{n=-\infty}^{\infty} x(n)y^*(n-m) \tag{4-61}$$

根据该定义,相关的计算与卷积的计算既类似又略有不同,不同之处是相关的计算不需要"翻转",仅包括平移、相乘与相加三个步骤。根据定义可得

$$r_{xy}(m) = \sum_{n=-\infty}^{\infty} x^*(n-m)y(n) = \sum_{n=-\infty}^{\infty} x^*(n)y(n+m)$$

$$= \sum_{n=-\infty}^{\infty} x^*(n)y[n-(-m)] = r_{xy}^*(-m) \tag{4-62}$$

显然,一般情况下,$r_{xy}(-m) \neq r_{xy}^*(-m)$,因此可得

$$r_{xy}(-m) \neq r_{xy}(m)$$

这一结论表明,相关函数不满足交换律,这是相关与卷积的重要不同点。这一点可以从线性相关的物理含义得到解释,显然,信号 $x(n)$ 与 $y(n+m)$ 的相关度和信号 $x(n)$ 与 $y(n-m)$ 的相关度是不同的。

相关函数 $r_{xy}(m)$ 的定义中,$y^*(n-m)$ 的延时 m 是由信号 $x(n)$ 的时间与信号 $y^*(n-m)$ 的时间差得到的。因此,线性相关的定义也可以采用如下形式:

$$r_{xy}(m) = \sum_{n=-\infty}^{\infty} x(n)y^*(n-m) = \sum_{n=-\infty}^{\infty} x(n+m)y^*(n) \tag{4-63}$$

当信号 $x(n)$ 与自己相关时,$r_{xx}(m)$ 称为 $x(n)$ 的自相关函数。

$$r_{xx}(m) = \sum_{n=-\infty}^{\infty} x(n)x^*(n-m) = \sum_{n=-\infty}^{\infty} x^*(n)x(n+m) = r_{xx}^*(-m)$$

2）线性相关函数的频谱

根据 z 变换的定义可知,线性相关函数的 z 变换如下:

$$R_{xy}(z) = \sum_{m=-\infty}^{\infty} r_{xy}(m)z^{-m} = \sum_{m=-\infty}^{\infty} \sum_{n=-\infty}^{\infty} x(n)y^*(n-m)z^{-m}$$

$$= \sum_{m=-\infty}^{\infty} x(n) \sum_{m=-\infty}^{\infty} y^*(n-m)z^{-m}$$

$$= X(z)Y^*\left(\frac{1}{z^*}\right) \tag{4-64}$$

将 $z = \mathrm{e}^{\mathrm{j}\omega}$ 代入 $R_{xy}(z)$,则可求出相关函数的频谱,即

$$R_{xy}(\mathrm{e}^{\mathrm{j}\omega}) = X(\mathrm{e}^{\mathrm{j}\omega})Y^*(\mathrm{e}^{\mathrm{j}\omega}) \tag{4-65}$$

若 $X(\mathrm{e}^{\mathrm{j}\omega})$ 和 $Y(\mathrm{e}^{\mathrm{j}\omega})$ 有一个为零,则 $R_{xy}(\mathrm{e}^{\mathrm{j}\omega}) = 0$,因此,相关函数仅包含信号 $x(n)$ 和 $y(n)$ 的公共频率成分。如果 $x(n)$ 和 $y(n)$ 为同一信号,即 $y(n) = x(n)$,则有

$$R_{xx}(\mathrm{e}^{\mathrm{j}\omega}) = |X(\mathrm{e}^{\mathrm{j}\omega})|^2$$

自相关函数的频谱就是信号的功率谱。

2. 圆周相关

圆周相关定理如下。

若

$$R_{xy}(k) = X(k)Y^*(k)$$

则有

$$r_{xy}(m) = \mathrm{IDFT}[R_{xy}(k)] = \sum_{n=0}^{N-1} x((n+m))_N y^*(n) R_N(m)$$

$$= \sum_{n=0}^{N-1} x(n) y^*((n-m))_N R_N(m) \tag{4-66}$$

根据相关函数的定义,若 $x(n)$ 和 $y(n)$ 为实数序列,则有

$$r_{xy}(m) = \sum_{n=0}^{N-1} y(n) x((n+m))_N R_N(m) = \sum_{n=0}^{N-1} x(n) y((n-m))_N R_N(m) \tag{4-67}$$

这就是有限长实序列 $x(n)$ 与 $y(n)$ 的 N 点圆周相关序列,式(4-67)中的 $x((n+m))_N$ 和 $y((n-m))_N$ 均在主值区间取值,因此,圆周相关的计算没有线性卷积中的翻转步骤。

根据圆周相关的定义,圆周相关运算也包含了圆周移位,设两个序列 $x(n)$ 和 $y(n)$ 点数分别为 N_1 和 N_2,若圆周相关的点数 $L \geqslant N_1 + N_2 - 1$,则序列的圆周相关可代替线性相关。

有限长序列 DFT 的性质应用广泛,现将有限长序列的常用性质进行总结,如表 4-3 所示。

表 4-3 N 点有限长序列 DFT 的性质

序号	序　列	离散傅里叶变换(DFT)
1	$ax_1(n) + bx_2(n)$	$aX_1(k) + bX_2(k)$
2	$x((n+m))_N R_N(n)$	$W_N^{-mk} X(k)$
3	$W_N^{-nl} x(n)$	$X((k+l))_N R_N(k)$
4	$x_1(n) \otimes x(n) = \displaystyle\sum_{m=0}^{N-1} x_1(m) x_2((n-m))_N R_N(n)$	$X_1(k) X_2(k)$
5	$x^*(n)$	$X^*((N-k))_N R_N(k)$
6	$x((-n))_N R_N(n)$	$X((N-k))_N R_N(k)$
7	$x^*((-n))_N R_N(n)$	$X^*(k)$
8	$\mathrm{Re}[x^*(n)]$	$X_{ep}(k) = \dfrac{1}{2}[X(k) + X_2((N-k))_N R_N(k)]$
9	$j\mathrm{Im}[x(n)]$	$X_{op}(k) = \dfrac{1}{2}[X(k) - X^*((N-k))_N R_N(k)]$
10	$x_{ep}(n) = \dfrac{1}{2}[x(n) + x^*((N-n))_N R_N(n)]$	$\mathrm{Re}[X(k)]$
11	$x_{op}(n) = \dfrac{1}{2}[x(n) - x^*((N-n))_N R_N(n)]$	$j\mathrm{Im}[X(k)]$
13	$x(n)$ 为实序列	$X(k) = X^*((N-k))_N R_N(k)$ $\mathrm{Re}[X(k)] = \mathrm{Re}[X((N-k))_N] R_N(k)$ $\mathrm{Im}[X(k)] = -\mathrm{Im}[X((N-k))_N] R_N(k)$ $\arg[X(k)] = -\arg[X((N-k))_N] R_N(k)$
13	$x_1(n) x_2(n)$	$\dfrac{1}{N} \displaystyle\sum_{l=0}^{N-1} X_1(l) x_2(k-1))_N R_N(k)$
14	$r_{x_1 x_2}(m) = \displaystyle\sum_{m=0}^{N-1} x_2^*(n) x_1((n+m))_N R_N(n)$	$X_1(k) X_2^*(k)$

续表

序号	序　　　列	离散傅里叶变换(DFT)
15	$\sum_{n=0}^{N-1} x(n)y^*(n) = \dfrac{1}{N}\sum_{k=0}^{N-1} X(k)Y^*(k)$	
16	$\sum_{n=0}^{N-1} |x(n)|^2 = \dfrac{1}{N}\sum_{k=0}^{N-1} |X(k)|^2$	

【例 4-15】　在时域序列末端补零点,分析对其频谱的影响。

已知有限长序列 $x(n)$ 如下:

$$x(n) = R_N(4) = [1,1,1,1]$$

(1) 求序列 $x(n)$ 的 DTFT,即 $X(e^{j\omega})$;

(2) 在序列末端补不同长度的零值点,计算补零点之后 $x(n)$ 的 DFT,并分析补零值点对频谱的影响。

解: MATLAB 程序代码如下:

```
clc;clear all;close all
x = [ones(1,4)];
X4 = fft(x,4);        % 计算 x(n) 的 4 点 DFT
X8 = fft(x,8);        % 补 1 倍的 0 值点,计算 x(n) 的 8 点 DFT
X16 = fft(x,16);      % 补 3 倍的 0 值点,计算 x(n) 的 16 点 DFT
X32 = fft(x,32);      % 补 7 倍的 0 值点,计算 x(n) 的 32 点 DFT
Xk = fft(x,512); W = [0:1:511] * 2 * pi/512;
subplot(2,2,1);plot(W/pi,abs(Xk));Title('(a) |X(ejω)| of x(n)');
xlabel('ω/pi');ylabel('|X(ejω)|');
subplot(2,2,2);mstem(X4); title('(b) 4 点 DFT of x(n)');
xlabel('ω/pi');ylabel('|X(k)|');
subplot(2,2,3);mstem(X8); title('(c) 8 点 DFT of x(n)');
xlabel('ω/pi');ylabel('|X(k)|');
subplot(2,2,4);mstem(X32); title('(d)32 点 DFT of x(n)');
xlabel('ω/pi');ylabel('|X(k)|');
```

程序中用到了 mstem 函数,该函数改进了 stem 函数,用于绘制频域 $X(k)$ 的幅频特性,其代码如下。

```
function mstem(Xk)
N = length(Xk);
k = 0:N-1;wk = 2 * k/N;          % 产生 N 点频率值
stem(wk,abs(Xk),'.');box on      % 绘制 N 点 DFT 的幅频特性图
xlabel('ω/pi');ylabel(''|X(k)|');axis([0,2,0,1.2 * max(abs(Xk))])
```

程序运行结果如图 4-13 所示,图 4-13(a)是序列 $x(n)$ 的 DTFT,频谱 $X(e^{j\omega})$ 是连续的;图 4-13(b)是 $x(n)$ 的 4 点 DFT,其 4 个离散值就是图 4-13(a) $X(e^{j\omega})$ 在 0、0.5π、π、1.5π 处的抽样值;图 4-13(c)是对 $x(n)$ 末端补 1 倍零值点,然后对新的序列 $x(n)$ 进行 DFT。从实验结果可以看出,时域末端补 1 倍零点,反映在频域是在 z 平面单位圆上的抽样点数增加 1 倍,即在 $X(e^{j\omega})$ 每两点之间增加一个频域抽样点;图 4-13(d)是对序列 $x(n)$ 末端补 7 倍零值点,对 $x(n)$ 进行 DFT 计算,反映在频域是 $X(e^{j\omega})$ 每两点之间增加 7 个频域抽样点,抽样总点数是原来的 8 倍。

【例 4-16】　在时域序列每两点中间补零点,分析其对频谱的影响。

已知有限长序列 $x(n)$ 如下:

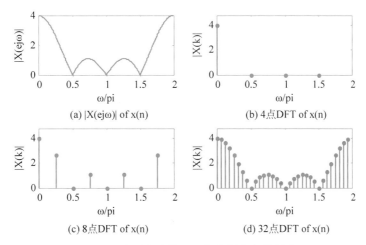

图 4-13　序列末端补不同倍数零值点的频谱

$$x(n)=[1,2,3,4]$$

试根据要求完成下列计算与分析：

（1）计算 4 点有限长序列 $x(n)$ 的 DFT；

（2）在 $x(n)$ 每两点之间补 1 个零点，并在末端补 1 个零点，计算 $x(n)$ 的 8 点 DFT；

（3）在 $x(n)$ 每两点之间补 2 个零点，并在末端补 2 个零点，计算 $x(n)$ 的 12 点 DFT。

解：MATLAB 程序如下：

```
clc;clear all;close all
x = [1,2,3,4]; x1 = [1,0,2,0,3,0,4,0];
x2 = [1,0,0,2,0,0,3,0,0,4,0,0,];
X4 = fft(x); X8 = fft(x1,8); X12 = fft(x2,12);
subplot(1,3,1);mstem(X4); title('(a)序列 x(n)频谱');
xlabel('ω/pi');ylabel('|X(k)|');
subplot(1,3,2);mstem(X8); title('(b)补 1 倍零点 DFT');
xlabel('ω/pi');ylabel('|X(k)|');
subplot(1,3,3);mstem(X12); title('(c)补 2 倍零点 DFT');
xlabel('ω/pi');ylabel('|X(k)|');
```

程序运行结果如图 4-14 所示，图 4-14(a)是 $x(n)$ 的 4 点 DFT 频谱，即 $X(k)=\mathrm{DFT}[x(n)]$；图 4-14(b)是在 $x(n)$ 每点之后补 1 个零点，即 $x(n)$ 的 8 点 DFT，可以看到，时域插值 1 倍

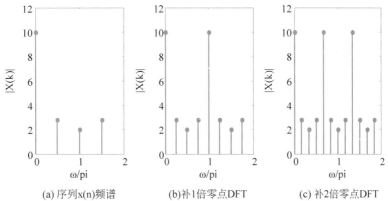

图 4-14　序列每两点中间补不同倍数零值点的频谱

的零值点,其 DFT 是原来频谱延拓 1 次;图 4-14(c)是在 $x(n)$ 每点之后补 2 个零点,即 $x(n)$ 的 12 点 DFT,可以看到,时域序列 2 倍插值,其频域 X(k)则在原频谱基础上延拓 2 次。

▮▮ 4.6　频域抽样　◆

无论在时域还是在频域进行抽样,其本质都是用离散的序列值代替原来的连续信号。傅里叶分析的优点在于建立了时域和频域的一种重要的对应关系:一个域离散抽样,另外一个域周期延拓。讨论时域抽样时,可以将问题对应到频域去分析;同样,讨论频域抽样时,可以将问题对应到时域去分析,这样就可以在时频两域研究信号处理的规律。

4.6.1　频域抽样定理

大家已经知道,周期序列 $\tilde{x}(n)$ 的离散傅里叶级数的系数 $\tilde{X}(k)$ 的值,与序列 $\tilde{x}(n)$ 主值序列的 z 变换在单位圆上的 N 点等间隔抽样值相等,这就是频域抽样。若满足一定条件,任一序列都可以用频域抽样的方法来恢复。

设 $x(n)$ 为绝对可加的非周期序列,其 z 变换为

$$X(z) = \sum_{n=-\infty}^{\infty} x(n) z^{-n}$$

由于 $x(n)$ 满足绝对可加条件,因此 z 变换收敛域包括单位圆。如果对 $X(z)$ 在单位圆上进行 N 点等间隔抽样,则得到频域周期序列如下:

$$\tilde{X}(k) = X(z)\mid_{z=W_N^{-k}} = \sum_{n=-\infty}^{\infty} x(n) W_N^{nk} \tag{4-68}$$

接下来分析对 $X(z)$ 在单位圆上进行 N 点等间隔抽样,能否恢复出时域序列 $x(n)$。

对周期序列 $\tilde{X}(k)$ 进行 IDFS 逆变换,并设逆变换用 $\tilde{x}_N(n)$ 表示,则有

$$\tilde{x}_N(n) = \mathrm{IDFS}[\tilde{X}(k)] = \frac{1}{N} \sum_{k=0}^{\infty} \tilde{X}(k) W_N^{-nk}$$

代入式(4-68)可得

$$\tilde{x}_N(n) = \frac{1}{N} \sum_{k=0}^{N-1} \Big[\sum_{m=-\infty}^{\infty} x(m) W_N^{mk} \Big] W_N^{-nk} = \sum_{m=-\infty}^{\infty} x(m) \Big[\frac{1}{N} \sum_{k=0}^{N-1} W_N^{(m-n)k} \Big]$$

而

$$\frac{1}{N} \sum_{k=0}^{N-1} W_N^{(m-n)k} = \begin{cases} 1, & m = n + iN, i \text{ 为任意整数} \\ 0, & \text{其他} \end{cases}$$

因此,可得

$$\tilde{x}_N(n) = \sum_{i=-\infty}^{\infty} x(n + iN)$$

上式表明,由 $\tilde{X}(k)$ 逆变换得到的周期序列 $\tilde{x}_N(n)$ 是非周期序列 $x(n)$ 的周期延拓序列,$\tilde{x}_N(n)$ 的周期与频域抽样点数 N 相等。由此可以得出,频域抽样使时域产生周期延拓,这与第 2 章的时域抽样对应频域周期延拓是对称性结论。

(1) 对于 L 点有限长序列 $x(n)$,频域抽样不失真的条件是频域抽样点数 $N \geqslant L$。

$$x_N(n) = \tilde{x}_N(n)R_N(n) = \sum_{i=-\infty}^{\infty} x(n+iN)R_N(n) = x(n), \quad N \geqslant L \qquad (4\text{-}69)$$

即可以利用其 z 变换在单位圆上的 N 个等间隔点的抽样值精确地表示原信号 $x(n)$。

(2) 若 $x(n)$ 是 L 点有限长序列,当频域抽样点数 $N < L$ 时,$x(n)$ 以 N 为周期进行周期延拓,产生混叠现象,即 $\tilde{x}_N(n)$ 与 $x(n)$ 产生误差,因而不能从 $\tilde{x}(n)$ 不失真地恢复出原信号 $x(n)$。

(3) 若 $x(n)$ 不是有限长序列,则时域产生周期延拓时将产生混叠相加现象,即 $\tilde{x}_N(n)$ 与 $x(n)$ 产生误差,且频域抽样越密,即频域抽样点数 N 越大,误差越小。

4.6.2 频域抽样插值公式

频域抽样定理表明:N 个频域抽样值 $X(k)$ 能不失真地表达 N 点有限长序列 $x(n)$,因此,这 N 个抽样值 $X(k)$ 也能完全地描述其 $X(z)$ 以及频率响应 $X(e^{j\omega})$。

设 $x(n)$ 为 N 点有限长序列 $(0 \leqslant n \leqslant N-1)$,其 z 变换为

$$X(z) = \sum_{n=0}^{N-1} x(n)z^{-n}$$

而

$$x(n) = \frac{1}{N}\sum_{k=0}^{N-1} X(k)W_N^{-nk}$$

因此,可得

$$X(z) = \sum_{n=0}^{N-1}\left[\frac{1}{N}\sum_{k=0}^{N-1}X(k)W_N^{-nk}\right]z^{-n} = \frac{1}{N}\sum_{k=0}^{N-1}X(k)\left[\sum_{n=0}^{N-1}W_N^{-nk}z^{-n}\right]$$

$$= \frac{1}{N}\sum_{k=0}^{N-1}X(k)\frac{1-W_N^{-Nk}z^{-N}}{1-W_N^{-k}z^{-1}} = \frac{1-z^{-N}}{N}\sum_{k=0}^{N-1}\frac{X(k)}{1-W_N^{-k}z^{-1}} \qquad (4\text{-}70)$$

这就是由 N 个频域抽样值恢复 $X(z)$ 的插值公式。

式(4-70)中 $(1-z^{-N})$ 又称为梳妆滤波器(参见例 3-26),该式在频域抽样分析中具有重要意义,在 FIR 型数字滤波器网络结构中,有一种基于该插值公式的 FIR 频率抽样型结构的数字滤波器。

该插值公式也可表示为如下形式:

$$X(z) = \sum_{k=0}^{N-1}X(k)\Phi_k(z) \qquad (4\text{-}71)$$

式中

$$\Phi_k(z) = \frac{1}{N}\frac{1-z^{-N}}{1-W_N^{-k}z^{-1}}$$

$\Phi_k(z)$ 称为频域抽样恢复 $X(z)$ 的插值函数。

插值函数 $\Phi_k(z)$ 共有 N 个零点,可由如下代数方程确定:

$$1-z^{-N} = 0$$

可得

$$z_i = e^{j\frac{2\pi i}{N}}, \quad i = 0,1,\cdots,N-1$$

若令插值函数 $\Phi_k(z)$ 的分母为零,则可求得其第 k 个极点如下:

$$z_k = W_N^{-k} = \mathrm{e}^{\mathrm{j}\frac{2\pi k}{N}}$$

每一个 $\Phi_k(z)$ 仅有一个极点,该极点与 $\Phi_k(z)$ 第 k 个零点发生对消,因此,插值函数 $\Phi_k(z)$ 仅在一个抽样点 $i=k$ 处不为零,而在其他 $(N-1)$ 个抽样点上均为零。$\Phi_k(z)$ 在坐标原点 $z=0$ 处有 $(N-1)$ 阶重极点,如图 4-15 所示。

而对于频率响应,根据插值公式(4-71)可得

$$X(\mathrm{e}^{\mathrm{j}\omega}) = X(z)\mid_{z=\mathrm{e}^{\mathrm{j}\omega}} = \sum_{k=0}^{N-1} X(k)\Phi_k(\mathrm{e}^{\mathrm{j}\omega})$$

而

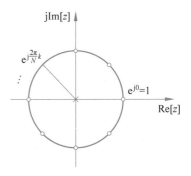

图 4-15 插值函数 $\Phi_k(z)$ 的零点和极点分布

$$\Phi_k(\mathrm{e}^{\mathrm{j}\omega}) = \frac{1}{N}\frac{1-\mathrm{e}^{\mathrm{j}\omega N}}{1-\mathrm{e}^{-\mathrm{j}\left(\omega-k\frac{2\pi}{N}\right)}} = \frac{1}{N}\frac{\sin\left[N\left(\frac{\omega}{2}-\frac{\pi}{N}k\right)\right]}{\sin\left(\frac{\omega}{2}-\frac{\pi}{N}k\right)}\mathrm{e}^{\mathrm{j}\frac{N-1}{N}k\pi}\mathrm{e}^{-\mathrm{j}\frac{N-1}{2}\omega} \tag{4-72}$$

为了便于分析插值函数特点,可将 $\Phi_k(\mathrm{e}^{\mathrm{j}\omega})$ 表示为如下简洁形式:

$$\Phi_k(\mathrm{e}^{\mathrm{j}\omega}) = \Phi\left(\omega - k\frac{2\pi}{N}\right) \tag{4-73}$$

式中

$$\Phi(\omega) = \frac{1}{N}\frac{\sin\left(\frac{\omega N}{2}\right)}{\sin\left(\frac{\omega}{2}\right)}\mathrm{e}^{-\mathrm{j}\left(\frac{N-1}{2}\right)\omega} \tag{4-74}$$

$\Phi(\omega)$ 称为频域插值函数。

因此,频率响应插值公式可表示为如下形式:

$$X(\mathrm{e}^{\mathrm{j}\omega}) = \sum_{k=0}^{N-1} X(k)\Phi\left(\omega - \frac{2\pi}{N}k\right) \tag{4-75}$$

频域插值函数 $\Phi(\omega)$ 的幅值特性及相位特性如图 4-16 所示。

根据式(4-74)可知,$\Phi(\omega)$ 的相位特性为线性特性,每隔 $2\pi/N$ 叠加相移 π,之所以产生 π 相移,是因为 $\Phi(\omega)$ 每隔 $2\pi/N$ 的整数倍,$\Phi(\omega)$ 中的 $\sin\left(\frac{\omega N}{2}\right)\Big/\sin\left(\frac{\omega}{2}\right)$ 项发生由正变负或由负变正的符号变化,因此,根据三角函数理论可知,每隔 $2\pi/N$,相位应加上 π。

$\Phi\left(\omega - k\frac{2\pi}{N}\right)$ 函数在下列频率处的取值如下:

$$\Phi\left(\omega - k\frac{2\pi}{N}\right) = \begin{cases} 1, & \omega = k\frac{2\pi}{N} = \omega_k \\ 0, & \omega = i\frac{2\omega}{N} = \omega_i, i \neq k \end{cases}$$

即函数 $\Phi\left(\omega - k\frac{2\pi}{N}\right)$ 在抽样点 $\omega_k = \frac{2\pi}{N}k$ 处,$\Phi\left(\omega_k - k\frac{2\pi}{N}\right) = 1$;而在其他抽样点

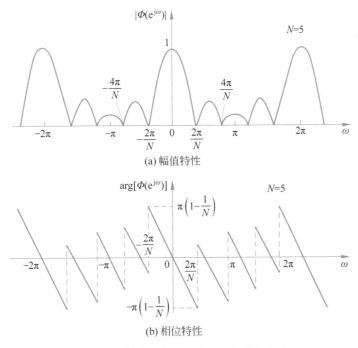

图 4-16　插值函数的幅值特性和相位特性

$\left(\omega_i = i\dfrac{2\pi}{N}, i \neq k\right)$ 处，函数 $\Phi\left(\omega_i - k\dfrac{2\pi}{N}\right) = 0$。频率响应 $X(\mathrm{e}^{\mathrm{j}\omega})$ 是由 N 个 $\Phi\left(\omega - k\dfrac{2\pi}{N}\right)$ 函数分别乘以 $X(k)$ 累加求得。由于其他点的插值函数在这一点上的值为零，因此，在各抽样点上，$X(\mathrm{e}^{\mathrm{j}\omega})$ 可无误差地逼近 $X(k)$，即

$$X(\mathrm{e}^{\mathrm{j}\omega})\big|_{\omega = \frac{2\pi}{N}k} = X(k), \quad k = 0, 1, \cdots, N-1$$

而 $X(\mathrm{e}^{\mathrm{j}\omega})$ 在任意两抽样点之间的值则等于各抽样点的加权插值函数 $\left[X(k)\Phi\left(\omega - \dfrac{2\pi}{N}k\right)\right]$ 在对应 ω 点上累加而求得，若对 $X(\mathrm{e}^{\mathrm{j}\omega})$ 取绝对值，则累加情况如图 4-17 所示。

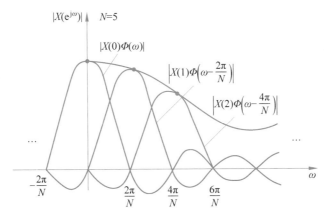

图 4-17　插值函数叠加求幅值响应

【例 4-17】　频域抽样综合应用示例。

已知三角形序列 $x(n)$ 如下：

$$x(n) = \begin{cases} n, & 0 \leqslant n \leqslant \dfrac{N}{2} \\ \dfrac{N}{2} - n, & \dfrac{N}{2} < n < N \end{cases}$$

序列 $x(n)$ 的傅里叶变换用 $X(e^{j\omega})$ 表示,若取 $N=26$,试编写程序完成如下计算:

(1) 对 $X(e^{j\omega})$ 进行 32 点频域抽样,对频域抽样值进行傅里叶逆变换;

(2) 对 $X(e^{j\omega})$ 进行 16 点频域抽样,对频域抽样值进行傅里叶逆变换。

解:先对序列 $x(n)$ 进行 DTFT 运算,得到 $x(n)$ 的频谱 $X(e^{j\omega})$,再对 $X(e^{j\omega})$ 进行 32 点(大于时域序列长度 26 点)频域抽样,并进行 IDFT 运算,然后对 $X(e^{j\omega})$ 进行 16 点(小于序列长度 26 点)频域抽样,并进行 IDFT 运算。完成上述计算的 MATLAB 代码如下:

```
% 频域抽样理论的实验验证
clc;close all;clear all;
M = 26;N = 32;
n = 0:M;  % 产生 M 长三角波序列 x(n)
xa = 0:M/2;xb = ceil(M/2) - 1: - 1:0;
xn = [xa,xb];Xk = fft(xn,512);
X32k = fft(xn,32);x32n = ifft(X32k);
X16k = X32k(1:2:N);x16n = ifft(X16k, N/2);
W = [0:1:511] * 2 * pi/512;
subplot(3,2,1);plot(W/pi,abs(Xk));xlabel('ω/pi');
ylabel('|X(ejw)|');title('|X(ejw)|');grid on;
subplot(3,2,2);stem(n,xn);xlabel('n');ylabel('x(n)')
title('三角形序列');grid on;
subplot(3,2,3);stem(abs(X32k));xlabel('k');
ylabel('|X32(k)|');title('32 点频域抽样值');grid on;
subplot(3,2,4);stem(abs(x32n));xlabel('n');ylabel('|x32(n)|');
title('32 点 X(k)抽样值重构 x(n)');grid on;
subplot(3,2,5);stem(abs(X16k));xlabel('k');ylabel('|X16(k)|');
title('16 点频域抽样值');grid on;
subplot(3,2,6);stem(abs(x16n));xlabel('n');ylabel('|x16(n)|');
title('16 点 X(k)抽样值重构 x(n)');grid on;
```

程序运行结果如图 4-18 所示。

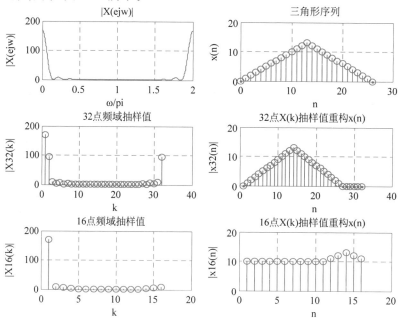

图 4-18　频域抽样实验验证运行结果

实验表明,对 $x(n)$ 的频谱 $X(\mathrm{e}^{\mathrm{j}\omega})$ 进行抽样时,若抽样点数大于时域序列的长度26点,则可以由 $X(\mathrm{e}^{\mathrm{j}\omega})$ 的抽样值无误差重构时域序列 $x(n)$(见图4-18第二行右图);若频域抽样点数小于时域序列长度,则由频域抽样值重构时域序列 $x(n)$ 时会产生混叠现象,这时不能由 $X(\mathrm{e}^{\mathrm{j}\omega})$ 的抽样值重构时域序列 $x(n)$(见图4-18第三行右图)。

4.7 DFT 计算连续信号的工程问题

连续时间信号的频谱是连续谱,并不适合用计算机直接进行处理,用计算机分析连续频谱需要对时域和频域均进行离散化处理,用 DFT 进行连续信号谱分析是一种近似谱分析。根据抽样定理,如果连续时间信号是非限带信号,还将产生频谱混叠现象,这些都可能引起一定的工程误差。首先,对连续时间信号 $x(t)$ 进行抽样,得到离散序列 $x(n)$,抽样应避免混叠现象;然后,对序列 $x(n)$ 进行截断,即 $x(n)$ 乘以一定形状的窗函数,例如用矩形窗 $w(n)$ 进行截断,则得到截断序列 $x(n)w(n)$。由于在时域为乘积,在频域则为卷积运算,因而可能造成频谱泄漏;而对频域的离散化处理,理论上会造成时域的周期延拓,得到周期序列 $\tilde{x}(n)$,对周期序列进行 DFS 运算,则得到频域周期序列 $\tilde{X}_N(k)$;对周期延拓序列 $\tilde{x}(n)$ 取主值区间,则得到 N 点有限长序列 $x_N(n)$,对有限长序列进行离散傅里叶变换,会得到对应的 N 点频域序列 $X_N(k)$。用 DFT 计算连续信号频谱应注意因近似计算所引起的工程问题。

1. 频率响应混叠失真

设信号 $x(t)$ 的最高频率为 f_{h},根据奈奎斯特抽样定理,抽样频率 f_{s} 应满足

$$f_{\mathrm{s}} \geqslant 2f_{\mathrm{h}}$$

即抽样间隔 T 应满足

$$T = \frac{1}{f_{\mathrm{s}}} \leqslant \frac{1}{2f_{\mathrm{h}}} \tag{4-76}$$

工程上一般取

$$f_{\mathrm{s}} = (2.5 \sim 3.5)f_{\mathrm{h}}$$

当信号的采样频率 $f_{\mathrm{s}} < 2f_{\mathrm{h}}$ 时,则抽样信号的频谱会因周期延拓而发生混叠现象,即频率响应的当前周期的尾部与下一周期的开始部分互相重叠,这种现象又称为频率响应的混叠失真。

对于有限长序列的 DFT,其频域也须离散化,相邻两谱线之间的频域间隔 f_0 就是 DFT 的频率分辨率。由频率分辨率可计算时域信号的周期,即信号记录的最小时间长度 T_0。

$$T_0 = \frac{1}{f_0} \tag{4-77}$$

进一步分析可知,信号的最高频率分量 f_{h} 和频率分辨率 f_0 存在约束关系。例如,若 f_{h} 增加,根据式(4-76),则 T 减小,即抽样频率 f_{s} 增加,而抽样点数与 f_{s} 和 f_0 具有如下关系:

$$\frac{f_{\mathrm{s}}}{f_0} = \frac{T_0}{T} = N \tag{4-78}$$

由于 f_{s} 增加,若 N 已确定,则 f_0 增加,即频率分辨率下降。

另一方面,若想提高频率分辨率,即减小 f_0,则 T_0 增加,当 N 为定值时,则 T 增加,因

而 f_s 减小。因此,为了避免发生混叠失真现象,信号谱的最高频率成分 f_h 应尽量小。

上述分析表明,时域和频域参数存在一定的约束关系,要想同时得到更高的 f_h 与频率分辨率 f_0,唯一方法是增加对时域信号 $x(t)$ 记录的时间长度 T_0,即提高抽样点数 N。而

$$N = \frac{f_s}{f_0} \geqslant \frac{2f_h}{f_0}$$

这是实现 DFT 运算所必须满足的最低理论抽样点数 N。如果进行加窗截断处理,时域信号乘以窗函数,则频域为卷积运算,将使频谱变宽,频率分辨率可能降低。为了使频率分辨率不受影响,应加大时域信号的记录长度 T_0。

如果工程上仅仅记录了信号 $x(t)$ 在某一时间段的波形或数据,并不知道信号的最高频率 f_h,如图 4-19 所示,这时应如何确定 f_h 呢?

这是工程上经常遇到的典型问题,这时应根据频率的物理意义来理解信号,根据记录的数据信息寻找信号 $x(t)$ 在已知时间段内变化最快的区间。例如,对于图 4-19 所示的信号 $x(t)$,在 $t_1 \sim t_2$ 区间内信号变化最快。信号变化越快,则信号的高频分量越高,频率成分越丰富,因此,图中 t_1 和 t_2 时间点也对应于信号变化速度最快的相邻峰值和谷点的时间点,该时间间隔 Δt 被认为是半个周期,因此可得

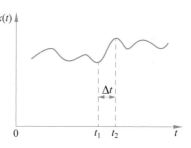

图 4-19 估算信号最高频率 f_h

$$\frac{T_0}{2} = \Delta t = t_1 - t_2$$

而

$$T_0 = 2(t_1 - t_2) = \frac{1}{f_h}$$

即

$$f_h = \frac{1}{2(t_1 - t_2)}$$

获得 f_h 的估计值后,就能根据 $f_s \geqslant 2f_h$ 确定抽样频率 f_s 的最低取值范围,工程上一般取 $3.5f_h \geqslant f_s \geqslant 2.5f_h$。

【例 4-18】 DFT 工程应用示例。

基于 FFT 算法的频谱分析处理器,要求信号的抽样点数为 2 的整数幂,在没有采取任何特殊数据处理措施的条件下,该频谱分析处理器的已知参数为:频率分辨率 ≤5Hz;信号最高频率 ≤5kHz,试确定该频谱分析仪下列相关参数:

(1) 信号的最小记录时间 T_0;

(2) 最大抽样间隔 T(即最小抽样频率);

(3) 一次观测应记录的最少点数 N。

解:(1) 计算信号的最小记录长度。

根据分辨率的定义计算 T_0

$$T_0 = \frac{1}{f_0} = \frac{1}{5} = 0.2\text{s}$$

因此，信号的最小记录时间长度 $T_0 \geqslant 0.2s$。

（2）求最大抽样间隔 T。

根据信号的最高频率确定最大抽样间隔 T，即最小抽样频率 $f_s = 1/T$，根据采样定理

$$f_s \geqslant 2f_h$$

因此可得最大采样间隔 T 为

$$T \leqslant \frac{1}{2f_h} = \frac{1}{2 \times 5 \times 10^3} = 0.1 \times 10^{-3}s$$

（3）求最少记录点数 N。

最小记录点数 N 应满足

$$N \geqslant \frac{2f_h}{f_0} = \frac{2 \times 5 \times 10^3}{5} = 2000$$

因此，最小采样点数 N 应取

$$N = 2^{11} = 2048$$

2. 频率分辨率

频率分辨率是指信号处理系统对相距最近的两个频率分量进行区分的能力，即可分辨出的最小频率间隔。通常可以采用两个不同频率的正弦信号来测试仪器的频率分辨率，若仪器能分辨的两个正弦信号的频率越靠近，频率差越小，则说明该仪器的频率分辨率越高。

频率分辨率一般用 f_0 或 Δf 表示，也可以用 ω_0 或 $\Delta \omega$ 表示，不同的表示方法可通过参数之间的关系进行转换。通常，T_0 越长，即 N 越大，则频率分辨率越高，f_0 可表示为

$$f_0 = \frac{f_s}{N} = \frac{1}{NT} = \frac{1}{T_0} \tag{4-79}$$

$$\frac{f_s}{f_0} = \frac{T_0}{T} = \frac{\Omega_s}{\Omega_0} = N \tag{4-80}$$

式中，Ω_0 指相邻两谱线之间的间隔；T_0 指信号的实际抽样区间的时间长度；抽样点数 N 是指在信号实际时间区间上的抽样点数，而不是补零值点后的抽样点数。f_0 的数值与信号的实际区间长度成反比，即信号时间区间 T_0 越长，其频率分辨率越高（即 f_0 越小）。

若信号 $x(t)$ 的记录长度为 T_1，经抽样得到的序列 $x(n)$ 的点数为 N_1，补零后序列的长度为 N_2，时间长度为 T_2，则

$$f_0 = \frac{f_s}{N_1} = \frac{1}{T_1} > \frac{f_s}{N_2} = \frac{1}{T_2}$$

虽然补零使数据长度由 N_1 增大为 N_2，但频率分辨率依然是 $f_0 = f_1$，由于补零的缘故，虽然 $N_2 > N_1$，但 T_2 不是有效采样区间的时间长度，补零不能提高频率分辨率。工程上，实际数据的有效长度依然为 T_1，计算分辨率的有效数据长度依然是 N_1。因此，对于时域信号抽样，补零值点不能提高频率分辨率。

补零的好处是可改善栅栏效应，使序列总点数为 2 的整数幂，便于 FFT 计算。

【例 4-19】 正弦信号采样频谱分析实例。

已知连续正弦信号如下：

$$x(t) = \sin(2\pi f_1 t) + \sin(2\pi f_2 t) + \sin(2\pi f_3 t)$$

频率参数 $f_1 = 2Hz$，$f_2 = 3Hz$，$f_3 = 6Hz$，采样频率 $f_s = 20Hz$，对信号进行频谱分析

时,如何选择采样点数 N 才能确保可以分辨出信号的全部频率成分?

解: 为了确保能分辨出信号的全部三个频率成分,应从频率分辨率和正弦信号的采样周期两方面进行全面分析和计算。

(1) DFT 的最低采样点数。

根据序列 $x(n)$ 的已知信息可知,频率分辨率为

$$f_0 = \min(\Delta f) = 1\,\mathrm{Hz}$$

因此,最低采样点数 N 应满足:

$$N = \frac{f_s}{f_0} = \frac{20}{1} = 20$$

(2) 正弦序列的周期。

以采样频率 $f_s = 20\,\mathrm{Hz}$ 对连续正弦信号进行采样以后,离散序列为

$$x(n) = \sin(2\pi f_1 nT) + \sin(2\pi f_2 nT) + \sin(2\pi f_3 nT)$$

$$= \sin\left(\frac{\pi}{10}n\right) + \sin\left(\frac{3\pi}{20}n\right) + \sin\left(\frac{3\pi}{10}n\right)$$

因此,序列 $x(n)$ 的周期 $N = 20$。

第 1 章分析正弦信号采样时指出,对正弦信号的采样点数应为周期的整数倍。综合本例(1)和(2)的计算结果可知,采样点数既需满足频率分辨率的要求,也需满足正弦信号周期的整数倍要求,因此,本题满足条件的最少点数 $N = 20$。

(3) 根据上述分析,采用 $N = 20$ 以及补不同倍数零值点进行正弦信号频谱分析,其MATLAB 代码如下。

```
clc;close all;clear all;
f1 = 2;f2 = 3;f3 = 6;fs = 20;w = 2 * pi/fs;
N = 20; n = 0:N-1; T = 1/fs;t = n * T;
x = sin(2 * pi * f1 * t) + sin(2 * pi * f2 * t) + sin(2 * pi * f3 * t);
f = 0:fs/N:fs/2-1/N; X = fft(x); X = abs(X); f = fs/N * (0:N/2-1);
subplot(221); stem(f,X(1:N/2),'.');
title('(a)抽样点数 N = 20'); xlabel('Hz'); grid on;
x(N:2 * N-1) = 0;                          % 在数据末补 N 个零
X = fft(x); X = abs(X); f = fs * (0:N-1)/(2 * N);
subplot(222); stem(f,X(1:N),'.');
title('(b)补 1 倍的零值点');xlabel('Hz'); grid on;
x(N:4 * N-1) = 0;                          % 在数据末补 3 * N 个零
X = fft(x); X = abs(X); f = fs * (0:2 * N-1)/(4 * N);
subplot(223); stem(f,X(1:2 * N),'.');
title('(c)补 3 倍的零值点');xlabel('Hz') ;grid on;
x(N:16 * N-1) = 0;                         % 在数据末补 15 * N 个零
X = fft(x); X = abs(X); f = fs * (0:8 * N-1)/(16 * N);
subplot(224); plot(f,X(1:8 * N));
title('(d)补 15 倍的零值点');xlabel('Hz');grid on;
```

程序运行结果如图 4-20(a)所示,采样点数 $N = 20$,可无误差分辨出 2Hz、3Hz 和 6Hz 三个频率成分。图 4-20(b)在序列 $x(n)$ 末端补 1 倍的零值点(即补 20 个零值点),图 4-20(c) 在序列 $x(n)$ 末端补 3 倍的零值点,图 4-20(d)在序列 $x(n)$ 末端补 15 倍的零值点。由于序列的有效长度为 20,已确保可分辨序列 $x(n)$ 的三个频率成分,因此,序列末端补不同倍数的零点,依然能分辨出序列的 3 个频率成分。

当采样点数为 $N = 20, 30, 40, 50$ 时,结果如图 4-21 所示。图 4-21(a) $N = 20$,可精确分

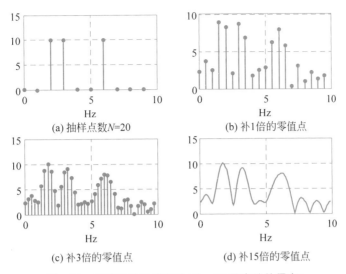

(a) 抽样点数$N=20$

(b) 补1倍的零值点

(c) 补3倍的零值点

(d) 补15倍的零值点

图 4-20 正弦信号采样实验（$N=20$ 及末端补零点）

辨出 2Hz、3Hz 和 6Hz 三个频率成分。图 4-21(b)$N=30$，虽然采样点数增加了，但由于采样点数不是周期的整数倍，存在频谱泄漏，因此，不能精确分辨出 $x(n)$ 的三个频率成分。图 4-21(c)$N=40$，是序列周期的整数倍，因此，可精确分辨出 2Hz、3Hz 和 6Hz 三个频率成分。图 4-21(d)$N=50$，虽然 N 增加了，但 N 不是周期的整数倍，存在频谱泄漏，这时可以分辨出 2Hz 和 6Hz 这两个频率成分，但不能精确分辨 3Hz 的信号。

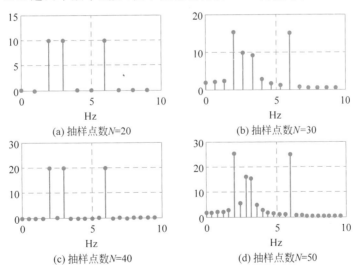

(a) 抽样点数$N=20$

(b) 抽样点数$N=30$

(c) 抽样点数$N=40$

(d) 抽样点数$N=50$

图 4-21 正弦信号采样实验（$N=20$ 及其他不同采样点数）

接下来进一步进行正弦信号采样实验，若 N 不是周期的倍数，是否可以通过在序列末端补零值点提高正弦信号的频率分辨率呢？

若取采样点数 $N=10$，并在序列末端补采样点数不同倍数的零值点，实验结果如图 4-22所示。实验表明，由于采样点数既达不到频率分辨率要求，也达不到正弦序列周期整数倍的要求，这时即使补上述同样倍数的零值点，也不能分辨出正弦序列 $x(n)$ 的 3 个频率成分。

实验表明，末端补零虽然可以一定限度降低栅栏效应，但并不能提高频率分辨率。

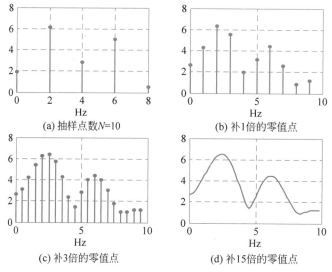

(a) 抽样点数N=10

(b) 补1倍的零值点

(c) 补3倍的零值点

(d) 补15倍的零值点

图 4-22　正弦信号采样(N 不是周期的倍数及末端补零)

3. 频谱泄漏

频谱泄漏是由于对时域信号进行截断造成的。例如,工程应用中通常需要将无限长的观测信号限定在一定的时间长度内,在运算上就需要截取信号的一段,即对信号进行截断处理。由于时域信号乘以窗函数,频域则需进行卷积运算,故频谱中除了原有的主瓣之外,还会出现原本没有的旁瓣,这就是频谱泄漏。

如图 4-23 所示,设无限长序列 $x_1(n)$ 如图 4-23(a)所示,其频谱 $X_1(e^{j\omega})$ 如图 4-23(b)所示,图 4-23(c)为宽度为 N 的矩形窗,其频谱如图 4-23(d)所示,矩形窗将 $x_1(n)$ 截断为 N 点的序列 $x(n)$,如图 4-23(e)所示,其频谱为 $X(e^{j\omega})$,如图 4-23(f)所示。

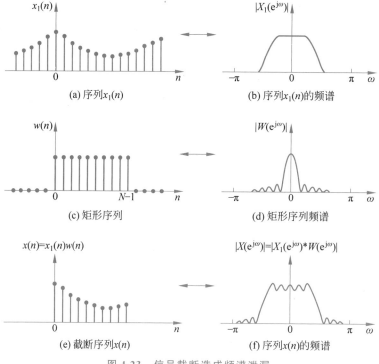

(a) 序列$x_1(n)$

(b) 序列$x_1(n)$的频谱

(c) 矩形序列

(d) 矩形序列频谱

(e) 截断序列$x(n)$

(f) 序列$x(n)$的频谱

图 4-23　信号截断造成频谱泄漏

序列 $x(n)$ 等于 $x_1(n)$ 乘一个时域矩形窗 $w(n)$，因而 $x(n)$ 的频谱等于序列 $x_1(n)$ 及矩形窗 $w(n)$ 的频谱的周期卷积。卷积运算使得频谱 $X(e^{j\omega})$ 与频谱 $X_1(e^{j\omega})$ 并不相同，产生了频谱失真，这种失真主要表现为频谱产生了扩散或拖尾，这就是频谱泄漏。

理论上，频谱泄漏也会产生混叠效应，因为泄漏可导致频谱扩展，使得最高频率可能超过 $f_s/2$，频率响应出现混叠失真。频谱泄漏之所以对信号产生影响是因为信号频谱中出现了本来没有的频率分量。比如 50Hz 的正弦波，本来只有一种频率分量，却包含了与 50Hz 频率相近的其他频率分量。频谱泄漏最直接的影响是造成谐波分析不准确。

减少泄漏的方法，首先是采用更宽的窗进行截断，从而获得更长的数据，但需要注意的是，数据越长，数据的存储量和运算量也越大；其次，对数据不进行垂直截断，即不采用矩形窗截断，而采用其他斜坡变化的窗逐渐截断，如三角形窗、升余弦窗、汉宁窗、海明窗等，使得窗谱的旁瓣能量更小，则卷积产生的泄漏也会更小。

4. 栅栏效应

栅栏效应是因为采用 DFT 计算频谱时频率被限制在抽样基频 $\omega_0 = \dfrac{2\pi}{N}$ 的整数倍，抽样使得频谱不能被连续观察到，也就是说，DFT 运算仅限于计算离散点上的频谱（基频整数倍处的谱）。DFT 的选频特性也说明了离散傅里叶变换存在栅栏效应，如图 4-24 所示，栅栏效应类似于通过一个"栅栏"观看景物，仅能在离散点之处看到景物的信息，只能看见落在缝隙间的部分景象，其余景象因被栅栏挡住而看不见，这种现象称为栅栏效应，栅栏效应又称为栅栏现象。

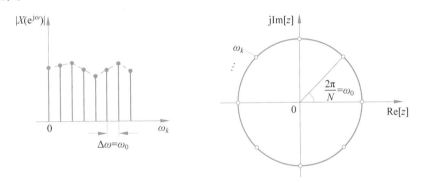

图 4-24　栅栏效应

图 4-24 中参数具有如下关系：

$$\omega_0 = \Delta\omega = \omega_k - \omega_{k-1} = \frac{2\pi}{N} = 2\pi\frac{f_0}{f_s} \tag{4-81}$$

根据离散傅里叶变换的物理意义，减小栅栏效应的一个重要方法是增加频域抽样点数 N，即频域抽样更密。在不改变时域抽样数据的情况下，可以在抽样数据的末端添加若干零值点，从而使一个周期内的序列长度增加，且并不改变原有的抽样数据，同时也使得栅栏的位置发生了改变，从而可能观察到原来观察不到的频率信息。根据 DFT 的物理意义，频域抽样点处的频率为 $\dfrac{2\pi}{N}k$，抽样间隔为 $\omega_0 = \dfrac{2\pi}{N}$，$N$ 增加使得抽样点之间的距离更近，z 平面单位圆上的抽样点越多，谱线越密，这样，原来看不到的谱分量才有可能被看到。

不管是时域抽样还是频域抽样,都存在相应的栅栏效应。当时域采样满足采样定理时,栅栏效应不会有实质性的影响。而频域采样的栅栏效应产生的影响可能更大,因为,若"挡住"或丢失的频率成分是信号的重要成分或具有特征意义的成分,将使得信号处理失去意义。减小栅栏效应可通过提高采样密度,即提高频率分辨率的方法解决。间隔小,频率分辨率高,被"挡住"或丢失的频率成分就会变少。

习题

1. 周期序列是否存在 z 变换? 为什么?

2. 已知下列各序列为周期序列,其主周期的序列值如下,试求序列 $\tilde{x}(n)$ 傅里叶级数的系数。

    (1) $\tilde{x}(n) = [2,0,10,0]$

    (2) $\tilde{x}(n) = [16,12,10,8,6,10]$

3. 根据下列各周期序列的 DFS 系数,求对应的时域周期序列 $\tilde{x}(n)$,并将直接计算结果和 MATLAB 编程计算结果进行对照。

    (1) $\widetilde{X}(k) = \{1,-j,2,j\}, N = 4$

    (2) $\widetilde{X}(k) = \{0,-4,3,-1,2\}, N = 5$

4. 已知序列 $x(n) = R_4(n), \tilde{x}(n) = x((n))_6$,试计算 $\widetilde{X}(k)$,并绘出 $\tilde{x}(n)$ 和 $\widetilde{X}(k)$ 的波形。

5. 已知序列 $x(n)$ 和 $h(n)$ 如下:

$$x(n) = \begin{cases} n+1, & 0 \leqslant n \leqslant 4 \\ 0, & \text{其他} \end{cases}, \quad h(n) = R_4(n-2)$$

周期序列 $\tilde{x}(n)$ 和 $\tilde{h}(n)$ 定义如下:

$$\tilde{x}(n) = x((n))_6, \quad \tilde{h}(n) = h((n))_6$$

试计算 $\tilde{x}(n)$ 与 $\tilde{h}(n)$ 的周期卷积。

6. 已知有限长序列 $x(n) = [1,2,2,1], 0 \leqslant n \leqslant 3$,试完成如下运算或验证:

    (1) 求序列 $x(n)$ 的 DFT;

    (2) 验证 $\sum\limits_{n=0}^{N-1} |x(n)|^2 = \dfrac{1}{N} \sum\limits_{k=0}^{N-1} |X(k)|^2$ 等式(帕塞瓦尔定理)是否成立。

7. 试求下列 N 点有限长序列 $x(n)$ 的 DFT。

    (1) $x(n) = \delta(n-m), \quad 0 < m < N$

    (2) $x(n) = a^n R_N(n)$

8. 时域序列 $\tilde{x}_1(n)$ 和 $\tilde{x}_2(n)$ 是周期为 N 的周期序列,若

$$\tilde{y}(n) = \tilde{x}_1(n)\tilde{x}_2(n)$$

$$\widetilde{Y}(k) = \text{DFS}[\tilde{y}(n)] = \sum_{n=0}^{N-1} \tilde{y}(n) W_N^{nk}$$

试证明周期序列具有如下时域乘积特性:

$$\widetilde{Y}(k) = \frac{1}{N} \sum_{m=0}^{N-1} \widetilde{X}_1(m) \widetilde{X}_2(k-m) = \frac{1}{N} \sum_{m=0}^{N-1} \widetilde{X}_2(m) \widetilde{X}_1(k-m)$$

9. 试证明时域圆周卷积定理。

10. 已知两个有限长序列 $x(n)=[1,2,3,4,5],h(n)=[6,7,8,9]$,试完成如下计算:

    (1) 计算 5 点圆周卷积 $x(n)\otimes h(n)$。

    (2) 计算 8 点圆周卷积 $x(n)\otimes h(n)$。

    (3) 计算 $x(n)*h(n)$。

11. 周期卷积特性的证明。

若

$$\widetilde{Y}(k)=\widetilde{X}_1(k)\widetilde{X}_2(k)$$

则有

$$\widetilde{y}(n)=\mathrm{IDFS}[\widetilde{Y}(k)]=\sum_{m=0}^{N-1}\widetilde{x}_1(m)\widetilde{x}_2(n-m)=\sum_{m=0}^{N-1}\widetilde{x}_2(m)\widetilde{x}_1(n-m)$$

12. 若 $x(n)$ 为 N 点有限长序列,且 $X(k)=\mathrm{DFT}[x(n)]$,证明如下结论:

    (1) 若序列 $x(n)$ 满足反对称条件,即 $x(n)=-x(N-1-n)$,则 $X(0)=0$。

    (2) 当 N 为偶数时,若 $x(n)$ 满足对称性,即 $x(n)=x(N-1-n)$,则 $X(N/2)=0$。

13. 已知 $x(n)$ 是 N 点有限长序列,$X(k)=\mathrm{DFT}[x(n)]$。若序列 $x(n)$ 每两点之间插入 $(m-1)$ 个零值点,并在序列的最后一点之后插入 $(m-1)$ 个零值点,得到一个 mN 点有限长序列 $y(n)$。

$$y(n)=\begin{cases}x(n/m), & n=im, \quad i=0,1,\cdots,N-1 \\ 0, & 其他\end{cases}$$

试求 $Y(k)$,并分析 $Y(k)$ 与 $X(k)$ 的关系。

14. 已知 $x(n)$ 是 N 点有限长序列,$X(k)=\mathrm{DFT}[x(n)]$,将 $x(n)$ 按如下方式构造为 mN 点有限长序列 $y(n)$:

$$y(n)=\begin{cases}x(n), & 0\leqslant n\leqslant N-1 \\ 0, & N\leqslant n\leqslant mN-1\end{cases}$$

试求 $Y(k)$,并分析 $Y(k)$ 与 $X(k)$ 的关系。

15. 已知以下序列 $x(n)$ 均为 N 点有限长序列,求各序列对应的 DFT。

    (1) $x(n)=\sin(\omega_0 n)R_N(n)$

    (2) $x(n)=n(n-1)R_N(n)$

16. 已知 $x(n)$ 和 $y(n)$ 均为 N 点实数序列,且有 $y(n)=x(N-1-n)$,若 $X(k)=\mathrm{DFT}[x(n)],Y(k)=\mathrm{DFT}[y(n)]$,试求 $Y(k)$。

17. 已知序列 $x(n)$ 为有限长序列,且有 $X(k)=\mathrm{DFT}[x(n)]$,试求 $\mathrm{DFT}\left[x(n)\cos\left(\dfrac{2\pi n n_0}{N}\right)\right],0<n_0\leqslant N-1$。

18. 已知序列 $x(n)$ 为有限长序列,$X(k)=\mathrm{DFT}[x(n)]$,试证明如下结论:

$$\mathrm{DFT}\{\mathrm{jIm}[x(n)]\}=\frac{1}{2}[X((k))_N-X^*((N-k))_N]R_N(k)=X_{\mathrm{op}}(x)$$

19. 试证明 DFT 形式下的帕塞瓦尔定理。

20. 试证明圆周相关定理的结论。

若

$$X(k)=\text{DFT}[x(n)], \quad Y(k)=\text{DFT}[y(n)], \quad R_{xy}(k)=X(k)Y^*(k)$$

则有

$$r_{xy}(m)=\text{IDFT}[R_{xy}(k)]=\sum_{n=0}^{N-1}x((n+m))_N y^*(n)R_N(m)$$

$$=\sum_{n=0}^{N-1}x(n)y^*((n-m))_N R_N(m)$$

21. 用某频谱分析仪器对模拟信号进行抽样,抽样频率为 8.192kHz,计算了 1024 个抽样点的 DFT,试确定该仪器的频率分辨率。

22. 某信号分析处理的频谱装置,要求信号抽样点数为 2 的整数幂,对数据没有采用特殊处理方法,要求频率分辨率达到 2Hz 级(即 $f_0=2\text{Hz}$),若对信号进行抽样的时间间隔为 0.1ms,试求该频谱装置的如下参数:

（1）数据最小记录时长；

（2）处理信号能达到的最高频率；

（3）一次观测最少应记录的点数。

23. 若 $\text{DFT}[x(n)]=X(k)$,试求 $\text{DFT}[X(n)]$。

24. 若 $x(n)$ 为 N 点有限长序列,并满足实偶对称特性,即

$$x(n)=x(N-n), \quad 0\leqslant n\leqslant N$$

设 $\text{DFT}[x(n)]=X(k)$,证明 $X(k)$ 也满足实偶对称特性。

25. 已知 $x(n)$ 和 $y(n)$ 均为 N 点实数序列,且有 $y(n)=(-1)^n x(n)$,试求 $Y(k)$。

26. 什么是栅栏效应？如何减小栅栏效应？序列的 DTFT 是否存在栅栏效应？

第 5 章 快速傅里叶变换

快速傅里叶变换（Fast Fourier Transform）是指在经典离散傅里叶变换（DFT）的基础上，以降低运算量和提高运算效率为目的，对 DFT 进行的各种改进，各种改进算法均称为傅里叶变换的快速算法，简称 FFT。采用快速算法可以使离散傅里叶变换所需要的乘法次数大为减少，而且序列的点数越大，FFT 算法对计算量的减少就越显著。

5.1 引言

快速傅里叶变换并不是一种新的变换，而是对 DFT 的一种算法改进。因此，FFT 算法的基础是 DFT，核心是对 DFT 算法进行高效改进。

有限长序列的离散傅里叶变换的时域和频域均为离散形式，可以采用计算机进行计算。DFT 在数字信号处理中应用非常广泛。例如，FIR 滤波器设计需要由 $h(n)$ 求 $H(k)$ 以及由 $H(k)$ 求 $h(n)$，这些都需要进行 DFT 计算。信息通信、图像传输、雷达、声呐等领域需要进行信号频谱分析，这也需要进行 DFT 计算。在数字系统分析与设计中，也经常要进行 DFT 计算。然而，在 20 世纪 60 年代中期以前，由于 DFT 的计算量非常大，且计算机的运算效率低，故很少采用计算机进行 DFT 运算。1965 年，库利（J. W. Cooley）和图基（J. W. Tukey）在《计算数学》（*Mathematics of Computation*）杂志上发表了著名的"机器计算傅里叶级数的一种算法"的论文，提出了 DFT 的一种快速算法，傅里叶变换的快速算法才引起广泛重视，从此，快速傅里叶变换的应用情况发生了根本性的变化，FFT 经过不断完善和改进，其运算时间一般可缩短至两个数量级以上，运算时间的有效缩短有效推动了 FFT 的广泛应用。

党的二十大报告提出"实现高水平科技自立自强，进入创新型国家前列"，实现这一目标，需要我们发奋努力，在科学和技术的各个领域不断创新、不断突破。快速傅里叶变换具有非常广泛的应用，尖端医疗器械、先进电力控制设备、5G 通信技术、星空探测、航母控制系统、高铁信号处理系统等都离不开 FFT。

5.2 DFT 的运算量及改进的途径

5.2.1 DFT 算法运算量的估计

设序列 $x(n)$ 为 N 点有限长序列，其 DFT 算法如下。

正变换（DFT）：

$$X(k) = \sum_{n=0}^{N-1} x(n) W_N^{nk}, \quad k = 0, 1, \cdots, N-1 \tag{5-1}$$

逆变换(IDFT):

$$x(n) = \frac{1}{N} \sum_{n=0}^{N-1} X(k) W_N^{-nk}, \quad n = 0, 1, \cdots, N-1 \tag{5-2}$$

比较 DFT 和 IDFT 可以发现,二者的算法结构非常类似,差别很小,它们的差异性主要体现在如下两点。

(1) 正变换和逆变换算法中 W_N 的指数符号相反;

(2) 正变换求和符号前的系数为 1,而逆变换求和符号前的乘数因子为 $1/N$。

由上述分析可知,正变换和逆变换的运算量几乎相等,因此,一般以 DFT 正变换为例进行运算量的估算。由于运算结构相同,故逆变换可以根据正变换的运算量进行准确估计。

为了提高适应性,一般假定序列 $x(n)$ 在复数范围内取值。实际上,无论 $x(n)$ 是实数还是复数,W_N^{nk} 一般都是复数、因而 $X(k)(k = , 0, 1, 2, \cdots, N-1)$ 一般也是复数。

根据 DFT 正变换公式,对于 N 点频域序列 $X(k)$ 而言,每计算一个 $X(k)$ 值,需进行 N 次复数乘法,即求和符号中 $x(n)$ 与 W_N^{nk} 有 N 次复数乘,$(N-1)$ 次复数加;而 $k = 0, 1,$ $2, \cdots, N-1$,即 $X(k)$ 一共有 N 个值,因此 DFT 正变换的全部运算共有 N^2 次复数乘法,$(N(N-1))$ 次复数加法。

复数运算是以实数运算为基础来完成的,因此,DFT 正变换可写为如下形式。

$$X(k) = \sum_{n=0}^{N-1} x(n) W_N^{nk} = \sum_{n=0}^{N-1} \{\mathrm{Re}[x(n)] + \mathrm{jIm}[x(n)]\}\{\mathrm{Re}[W_N^{nk}] + \mathrm{jIm}[W_N^{nk}]\}$$

$$= \sum_{n=0}^{N-1} \mathrm{Re}[x(n)]\mathrm{Re}[W_N^{nk}] - \mathrm{Im}[x(n)]\mathrm{Im}[W_N^{nk}] +$$

$$\mathrm{j}(\mathrm{Re}[x(n)]\mathrm{Im}[W_N^{nk}] + \mathrm{Im}[x(n)]\mathrm{Re}[W_N^{nk}]) \tag{5-3}$$

根据式(5-3),可得:

(1) 一次复数乘法 = 4 次实数乘法 + 2 次实数加法;

(2) 一次复数加法 = 2 次实数加法。

因此,每计算一个 $X(k)$ 需 $4N$ 次实数乘法以及 $2N(2N-1)$ 次实数加法。所以 N 点的 DFT 总计算量包括 $4N^2$ 次实数乘法和 $2N(2N-1)$ 次实数加法,如表 5-1 所示。

表 5-1　N 点 DFT 运算量表

计算方式	复数乘法	复数加法	实数乘法	实数加法
运算量	N^2	$N^2 - N$	$4N^2$	$4N^2 - 2N$

上述运算量估计是纯理论估计值,它包含了乘以常数 1 等特殊情况,与实际运算量会略有差异。这是因为式(5-1)中时域因子 n 和频域因子 k 取不同值时,W_N^{nk} 可能等于 1、-1 或 j,这时无须乘法运算,如:

$$W_N^0 = 1, \quad W_N^{N/2} = -1, \quad W_N^{N/4} = -\mathrm{j}$$

这些特殊情况会使实际运算量略小于运算量的理论值,当 N 越大时,这种特例所占的比例就越小。因此,为了统一和方便比较,DFT 运算量估计一般不考虑上述特殊情况。

根据表 5-1,完成一个长度为 N 点的 DFT 计算,乘法次数和加法次数都与 N^2 成正比,

当 N 很大时,运算量是非常大的。例如,若 $N=8$,则 DFT 运算量为 64 次复数乘法;若 $N=1024$,则 DFT 运算量为 1048576 次复数乘法,如果系统对实时性要求很高,这样巨大的运算量对计算机的速度要求非常高。若采样点数 N 进一步增大,则运算量以平方关系快速增长,因此,需要对 DFT 的算法进行改进,以有效降低 DFT 算法的运算量,提高运算速度。

5.2.2 降低运算量的途径

视频讲解

任何改进都必须从可改之处着手,从最有效之处改进,DFT 算法的改进也不例外。根据 5.2.1 节的分析可知,影响 DFT 运算量的因素有如下两个。

(1) W_N^{nk} 等于 1、−1 等常数时可适当降低运算量。

(2) 序列 $x(n)$ 的长度 N(即点数)对运算量有显著影响。

下面分析如何利用这两个因素减少运算量。

1. 利用 W_N^{nk} 减少运算量

利用 W_N^{nk} 等于 1、−1 等常数,以及 W_N^{nk} 的相关性质,可以适当降低运算量,主要包括如下特性。

(1) $W_N^{nk}=1,-1,\cdots$ 等常数,如,$W_N^0=1$,$W_N^{N/2}=-1$,$W_N^{N/4}=-\mathrm{j}$。

(2) W_N^{nk} 的对称性。

$$(W_N^{nk})^* = W_N^{-nk}$$

(3) W_N^{nk} 的周期性。

$$W_N^{nk} = W_N^{(n+N)k} = W_N^{n(k+N)}$$

(4) W_N^{nk} 的可约性。

$$W_N^{nk} = W_{mN}^{mnk}, \quad W_N^{nk} = W_{N/m}^{nk/m}$$

由此可得

$$W_N^{n(N-k)} = W_N^{(N-n)k} = W_N^{-nk}, \quad W_N^{n/2} = -1, \quad W_N^{(k+N/2)} = -W_N^k$$

利用上述特性,可以使 DFT 运算中某些项无须乘法运算,也可以使某些项合并运算。

2. 降低序列长度 N 减少运算量

由于运算量与 N^2 成正比,因此,减小 N 对减少 DFT 运算量是最有效的,它将使得运算量以平方的速度快速下降。然而,N 的减小是受限的,即受到奈奎斯特采样定理约束,序列长度 N 不能无原则缩短,工程上,一般应在满足采样定理的基础上,选择符合采样要求的最短序列。

DFT 的运算量与 N^2 成正比,N^2 是非线性函数,N 减小时运算量显著下降,即点数少的序列 DFT 运算量比点数多的序列的运算量要小很多。因此,当点数 N 不能进一步减小时,降低运算量的思路是将 N 点的序列 $x(n)$ 分解为 2 个 $N/2$ 点的序列,这样两个短序列的复数乘法运算量均为

$$\left(\frac{N}{2}\right)^2 + \left(\frac{N}{2}\right)^2 = \frac{N^2}{2}$$

经过一次分解,复数乘法运算量大约降低了一半。以此思路继续分解,每一个 $N/2$ 点的序列又可以分解为 2 个 $N/4$ 点的 DFT,运算量可进一步减小,以此类推,对每一个新产生的短序列继续分解,直至分解到全部子序列均为 2 点为止。

DFT 算法改进主要依据这一思路展开,因此快速算法理论上主要可以分成两大类,一

种是按时间抽取(Decimation-In-Time,DIT)法,将长序列分解为短序列,另一种是按频率抽取(Decimation-In-Frequency,DIF)法,将长序列分解为短序列。

5.3　按时间抽取(DIT)基-2 FFT 算法

FFT 快速算法的思路是将长序列分解为短序列,并根据 DFT 变换的奇、偶、虚、实的对称性及相关特性,对算法进行改进从而得到快速算法。FFT 算法并没有在理论上对傅里叶变换有新的推进,但在推动傅里叶变换的应用方面却取得了巨大的进步。根据将序列分解为短序列的方法不同而产生了不同的 FFT 算法,典型的算法主要包括 DIT 基-2(按时间抽取)和 DIF 基-2(按频率抽取)算法。

5.3.1　DIT 算法原理

对序列 $x(n)$ 按序号的奇、偶抽取得到两个子序列,并不断进行分组而实现的 FFT 算法称为 **DIT 基-2 FFT 算法**。该算法由库利-图基首先提出,故又称为库利-图基算法。

设序列 $x(n)$ 的点数为 $N=2^L$,L 为正整数。若序列点数不满足条件,可以从序列末端补零点,使之满足要求。N 为 2 的整数幂的 FFT 称为基-2 FFT。

视频讲解

1. 序列 $x(n)$ 第一次分解

将长度为 $N=2^L$ 的序列 $x(n)$ $(n=0,1,\cdots,N-1)$,根据时域序号 n 的奇、偶分为如下两组(两个子序列):

$$\begin{cases} x_1(r)=x(2r) \\ x_2(r)=x(2r+1) \end{cases} \quad r=0,1,\cdots,\frac{N}{2}-1 \tag{5-4}$$

于是,DFT 正变换公式可以化为

$$X(k)=\mathrm{DFT}[x(n)]=\sum_{n=0}^{N-1}x(n)W_N^{nk}=\sum_{\substack{n=0\\ n为偶数}}^{N-1}x(n)W_N^{nk}+\sum_{\substack{n=0\\ n为奇数}}^{N-1}x(n)W_N^{nk}$$

$$=\sum_{r=0}^{\frac{N}{2}-1}x(2r)W_N^{2rk}+\sum_{r=0}^{\frac{N}{2}-1}x(2r+1)W_N^{(2r+1)k}=\sum_{r=0}^{\frac{N}{2}-1}x_1(r)(W_N^2)^{rk}+W_N^k\sum_{r=0}^{\frac{N}{2}-1}x_2(r)(W_N^2)^{rk} \tag{5-5}$$

由于 $W_N^2=\mathrm{e}^{-\mathrm{j}\frac{2\pi}{N}\cdot 2}=W_{N/2}$,式(5-5)进一步可以化为

$$X(k)=\sum_{r=0}^{\frac{N}{2}-1}x_1(r)W_{N/2}^{rk}+W_N^k\sum_{r=0}^{\frac{N}{2}-1}x_2(r)W_{N/2}^{rk} \tag{5-6}$$

由于 $x_1(r)$、$x_2(r)$ 均为 $N/2$ 点的时域序列,其对应的 DFT 如下:

$$\begin{cases} X_1(k)=\sum_{r=0}^{\frac{N}{2}-1}x_1(r)W_{N/2}^{rk}=\sum_{r=0}^{\frac{N}{2}-1}x(2r)W_{N/2}^{rk} \\ X_2(k)=\sum_{r=0}^{\frac{N}{2}-1}x_2(r)W_{N/2}^{rk}=\sum_{r=0}^{\frac{N}{2}-1}x(2r+1)W_{N/2}^{rk} \end{cases} \tag{5-7}$$

因此,式(5-6)可表示为如下形式:

$$X(k) = X_1(k) + W_N^k X_2(k) \tag{5-8}$$

$X_1(k)$、$X_2(k)$ 都是长度为 $N/2$ 点的序列 $x_1(r)$、$x_2(r)$ 的标准 DFT 正变换,至此,一个 N 点 DFT 已分解成两个 $N/2$ 点的 DFT。

(1) $X_1(k)$、$X_2(k)$ 都是 $N/2$ 点的标准 DFT 正变换,因此,一个 N 点 DFT 已分解成两个 $N/2$ 点的 DFT。

(2) 式(5-8)中 $x_1(r)$、$x_2(r)$ 以及 $X_1(k)$、$X_2(k)$ 都是 $N/2$ 点的序列,即 $r,k=0,1,\cdots,$ $N/2-1$,而 $X(k)$ 却有 N 点,因此,根据式(5-8)只能计算 $X(k)$ 的前一半点的结果,而 $X(k)$ 后一半点的结果需要根据 DFT 的周期性以及 W_N^{nk} 的周期性对式(5-8)进行改进。

根据 W_N^{nk} 周期性

$$W_{N/2}^{rk} = W_{N/2}^{r\left(k+\frac{N}{2}\right)} \tag{5-9}$$

代入式(5-7)可得

$$X_1\left(\frac{N}{2}+k\right) = \sum_{r=0}^{\frac{N}{2}-1} x_1(r) W_{N/2}^{r\left(\frac{N}{2}+k\right)} = \sum_{r=0}^{\frac{N}{2}-1} x_1(r) W_{N/2}^{rk} = X_1(k) \tag{5-10}$$

对于 $X_2(k)$,同样可得

$$X_2\left(\frac{N}{2}+k\right) = X_2(k) \tag{5-11}$$

由于 $W_N^{N/2} = -1$,可得

$$W_N^{\left(\frac{N}{2}+k\right)} = W_N^{N/2} W_N^k = -W_N^k \tag{5-12}$$

因此,将式(5-10)~式(5-12)代入式(5-8),可得后一半点的公式如下:

$$X\left(k+\frac{N}{2}\right) = X_1\left(k+\frac{N}{2}\right) + W_N^{\left(k+\frac{N}{2}\right)} X_2\left(k+\frac{N}{2}\right)$$

$$= X_1(k) - W_N^k X_2(k), \quad k=0,1,\cdots,\frac{N}{2}-1 \tag{5-13}$$

由此可得计算全部 $X(k)$ 值的算法如下:

$$\begin{cases} X(k) = X_1(k) + W_N^k X_2(k), & k=0,1,\cdots,\dfrac{N}{2}-1 \\[2mm] X\left(k+\dfrac{N}{2}\right) = X_1(k) - W_N^k X_2(k), & k=0,1,\cdots,\dfrac{N}{2}-1 \end{cases} \tag{5-14}$$

根据式(5-14),由长度为 $N/2$ 点的 $X_1(k)$ 和 $X_1(k)$,即可求出 N 点 $X(k)$ 的全部值。

式(5-14)的运算规律可用图 5-1 的蝶形运算流图进行描述,式(5-14)中的乘法运算,对应于系数为 W_N^k 的蝶形支路。采用计算流图表示算法结构更简明扼要,也更加形象化,若支路上标有系数,则表示信号与支路系数相乘,若支路没有标注系数,则表示该支路的系数为 1。

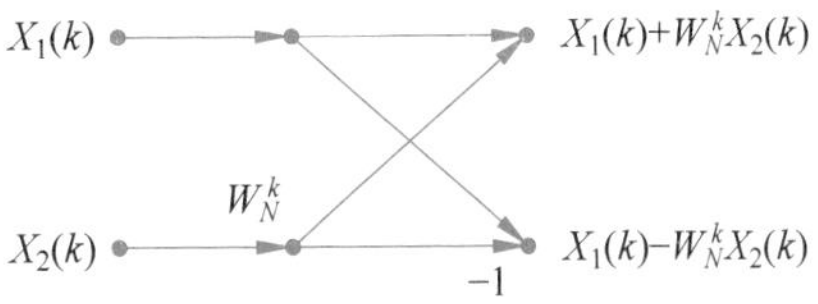

图 5-1　按时间抽取法蝶形运算流图

图 5-1 是一个基于 DIT 基-2 快速算法的一般蝶形运算图,若以 $k=0,1,2,\cdots,\left(\dfrac{N}{2}-1\right)$ 代

入图 5-1,则可得到 FFT 快速运算的第一次分解蝶形运算图。为便于深入理解 FFT 快速算法原理,以 $N=2^3=8$ 为例,详细分析图 5-1 所包含的全部碟形运算。

当 $k=0$ 时,碟形运算如下:

$$\begin{cases} X(0) = X_1(0) + W_N^0 X_2(0) \\ X(4) = X_1(0) - W_N^0 X_2(0) \end{cases}$$

当 $k=1$ 时,碟形运算如下:

$$\begin{cases} X(1) = X_1(1) + W_N^1 X_2(1) \\ X(5) = X_1(1) - W_N^1 X_2(1) \end{cases}$$

当 $k=2$ 时,碟形运算如下:

$$\begin{cases} X(2) = X_1(2) + W_N^2 X_2(2) \\ X(6) = X_1(2) - W_N^2 X_2(2) \end{cases}$$

当 $k=3$ 时,碟形运算如下:

$$\begin{cases} X(3) = X_1(3) + W_N^3 X_2(3) \\ X(7) = X_1(3) - W_N^3 X_2(3) \end{cases}$$

这就是图 5-1 或式(5-14)所包含的全部蝶形运算,对于上述表达式中的 $X_1(k)$、$X_2(k)$ $(k=0,1,2,3)$ 的计算,依然采用传统 DFT 公式进行计算。根据上面 $k=0,1,2,3$ 的 4 个表达式以及式(5-14),可以得到 8 点 DFT 经过第一次按序号 n 的奇偶分组(分解)之后计算 $X(k)$ 的过程,如图 5-2 所示。

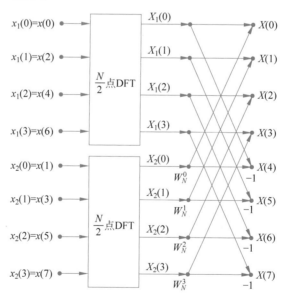

图 5-2 一个 N 点 DFT 分解为两个 N/2 点 DFT 算法过程

图 5-2 中,标注 DFT 的两个方框表示依然采用 DFT 公式进行计算,即 $X_1(0) \sim X_1(3)$ 采用式(5-7)中的第一式计算,$X_2(0) \sim X_2(3)$ 采用式(5-7)中的第二式计算,而最右端一列的 $X(0) \sim X(3)$ 采用式(5-14)中的第一式计算,$X(4) \sim X(7)$ 采用式(5-14)中的第二式计算。可以看出,每一个蝶形运算仅需一次复数乘法 $X_2(k)W_N^k$ 及两次复数加法运算。

图 5-2 完整地表示了一个 N 点 DFT 分解成两个 $N/2$ 点 DFT 的过程,该图完全等价地描述了式(5-14)的全部计算过程。根据第一次分解过程,若直接计算 $N/2$ 点 DFT,则每一个 $N/2$ 点 DFT 有 $\left(\dfrac{N}{2}\right)^2 = \dfrac{N^2}{4}$ 次复数乘法,$\dfrac{N}{2}\left(\dfrac{N}{2}-1\right)$ 次复数加法,两个 $N/2$ 点 DFT 共需 $2\times\left(\dfrac{N}{2}\right)^2 = \dfrac{N^2}{2}$ 次复数乘法和 $N\left(\dfrac{N}{2}-1\right)$ 次复数加法。

此外,采用蝶形运算将两个 $N/2$ 点 DFT 组合成一个 N 点 DFT 时,有 $N/2$ 个蝶形运算,还有 $N/2$ 次复数乘法及 $2\times N/2 = N$ 次复数加法。因而第一次分解完成之后,复数运算量如下。

复数乘法运算量:

$$\frac{N^2}{2} + \frac{N}{2} + \frac{N(N+1)}{2} \approx \frac{N^2}{2} \text{(次)}$$

复数加法运算量:

$$N\left(\frac{N}{2}-1\right) + N = \frac{N^2}{2}$$

由此可知,计算 N 点序列 $x(n)$ 的频域序列 $X(k)$,在经过第一次分解之后,运算量大约为直接采用 DFT 运算量的一半。

2. 序列 $x(n)$ 第二次分解

视频讲解

N 点序列分解为两个 $N/2$ 点短序列可以降低运算量,以此类推,由于 $N=2^L$,$N/2$ 仍是偶数,对 $x_1(r)$、$x_2(r)$ 两个 $N/2$ 点子序列应继续按序号 r 的奇偶分别分解为两个 $N/4$ 点子序列。

1) 对 $x_1(r)$ 分解

按第一次分解的原理,先将 $x_1(r)$ 分解为 $x_3(r)$、$x_4(r)$。

$$\left.\begin{aligned} x_1(2l) &= x_3(l) \\ x_1(2l+1) &= x_4(l) \end{aligned}\right\}, \quad l=0,1,\cdots,\frac{N}{4}-1 \tag{5-15}$$

$$\begin{aligned} X_1(k) &= \sum_{l=0}^{\frac{N}{4}-1} x_1(2l) W_{N/2}^{2lk} + \sum_{l=0}^{\frac{N}{4}-1} x_1(2l+1) W_{N/2}^{(2l+1)k} \\ &= \sum_{l=0}^{\frac{N}{4}-1} x_3(l) W_{N/4}^{lk} + W_{N/2}^{k} \sum_{l=0}^{\frac{N}{4}-1} x_4(l) W_{N/4}^{lk} \\ &= X_3(k) + W_{N/2}^{k} X_4(k), \quad k=0,1,\cdots,\frac{N}{4}-1 \end{aligned} \tag{5-16}$$

式(5-16)可以求出 $X_1(k)$ 前一半点的值 $\left(k=0,1,\cdots,\dfrac{N}{4}-1\right)$,对于 $X_1(k)$ 的后一半点,根据第一次分解的方法,可得

$$X_1\left(\frac{N}{4}+k\right) = X_3(k) - W_{N/2}^{k} X_4(k), \quad k=0,1,\cdots,\frac{N}{4}-1$$

式中

$$\begin{cases} X_3(k) = \sum_{l=0}^{\frac{N}{4}-1} x_3(l) W_{N/4}^{lk} \\ X_4(k) = \sum_{l=0}^{\frac{N}{4}-1} x_4(l) W_{N/4}^{lk} \end{cases} \tag{5-17}$$

与第一次分解类似,对 $x_1(r)$ 的分解过程也可以用蝶形图进行形象的表述,图 5-3(a)给出了当 $N=8$ 时,将一个 $N/2$ 点的 DFT 分解成两个 $N/4$ 点 DFT,并由这两个 $N/4$ 点 DFT 组合成一个 $N/2$ 点 DFT 的过程。

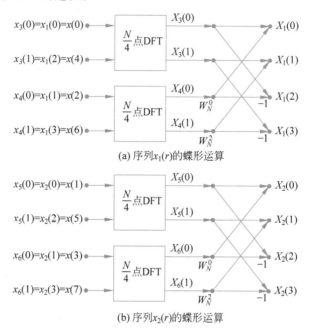

(a) 序列 $x_1(r)$ 的蝶形运算

(b) 序列 $x_2(r)$ 的蝶形运算

图 5-3 $N/2$ 点 DFT 分解为两个 $N/4$ 点 DFT

2) 对 $x_2(r)$ 分解

对 $x_2(r)$ 也可进行同样的分解:

$$\begin{cases} X_2(k) = X_5(k) + W_{N/2}^k X_6(k) \\ X_2\left(\dfrac{N}{4}+k\right) = X_5(k) - W_{N/2}^k X_6(k) \end{cases}, \quad k=0,1,\cdots,\dfrac{N}{4}-1$$

式中

$$\begin{cases} X_5(k) = \sum_{l=0}^{\frac{N}{4}-1} x_2(2l) W_{N/4}^{lk} = \sum_{l=0}^{\frac{N}{4}-1} x_5(l) W_{N/4}^{lk} \\ X_6(k) = \sum_{l=0}^{\frac{N}{4}-1} x_2(2l+1) W_{N/4}^{lk} = \sum_{l=0}^{\frac{N}{4}-1} x_6(l) W_{N/4}^{lk} \end{cases} \tag{5-18}$$

与 $x_1(r)$ 类似,$x_2(r)$ 的分解过程也可以用蝶形图描述,图 5-3(b)给出了当 $N=8$ 时,序列 $x_2(r)$ 分解成两个 $N/4$ 点的 DFT,并由这两个 $N/4$ 点 DFT 组合成一个 $N/2$ 点 DFT 的过程。

至此,一个 N 点($N=8$)DFT 分解成了四个 $\dfrac{N}{4}=2$ 点的 DFT。经过两次分解之后,由 $x(n)$ 计算 $X(k)$ 的运算过程如图 5-4 所示。为了统一支路上的乘数因子(又称为旋转因子,也称为支路系数),根据 W_N^{nk} 的可约性,对 W_N^{nk} 类型的支路系数进行了适当的运算,如 $W_{N/2}^k=W_N^{2k}$。图 5-4 中,标注 DFT 的方框,无论序列长度是多少,均表示采用经典 DFT 计算。

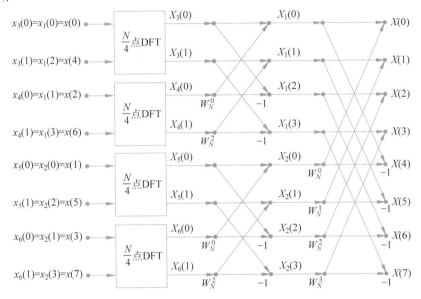

图 5-4　一个 N 点 DFT 分解为四个 $N/4$ 点 DFT($N=8$)

显然,序列 $x(n)$ 经过第二次分解之后,由四个 $N/4$ 点的 DFT 以及右边的两级蝶形组合运算来计算 N 点 DFT,其运算量比只有第一次分解的运算量又降低了大约一半。

视频讲解

3. 序列 $x(n)$ 第三次分解

以 $N=2^3=8$ 为例,经过两次分解以后,图 5-4 左边一列为四个 $N/4$ 点的 DFT,4 个子序列的长度均为 2 点,最左列每一框图都是 2 点 DFT 运算,其输出分别为 $X_3(k)$、$X_4(k)$、$X_5(k)$、$X_6(k)$,$k=0,1$,其中 $X_3(k)$、$X_4(k)$ 依据式(5-17)进行计算,$X_5(k)$、$X_6(k)$ 依据式(5-18)进行计算。

根据 DFT 的公式,展开 2 点 DFT 公式可以发现,完成 2 点 DFT 的计算只需 1 次复数乘法(由于 $W_2^0=1$,实际上无须乘运算)和 2 次加法运算,将图 5-4 左上第一个方框中的 $N/4$ 点 DFT 按公式展开,形式如下:

$$\begin{cases} X_3(0)=x(0)+W_2^0 x(4) \\ X_3(1)=x(0)-W_2^0 x(4) \end{cases} \tag{5-19}$$

以 $N=8$ 为例,根据式(5-19)可得 2 点长序列的蝶形算法流图,即计算 $X_3(k)$ 的蝶形运算流图如图 5-5 所示。

当 $N=8$ 时,图 5-4 左列其他 3 个 DFT(分别计算 $X_4(k)$、$X_5(k)$、$X_6(k)$)也都是 2 点 DFT,都可以将 2 点 DFT 框图直接展开,并以蝶形运算表示,由此可得出当 $N=8$ 时 FFT 的完整碟形运算图,如图 5-6 所示。

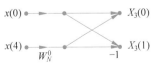

图 5-5　2 点 DFT 运算流图

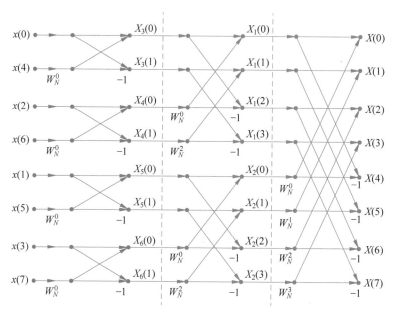

图 5-6　$N=8$ 时(DIT)FFT 运算流图

图 5-6 称为 FFT 快速运算的完整蝶形运算图($N=8$ 时),FFT 蝶形图由 $x(n)$ 计算 $X(k)$ 是从左至右按列(图中虚线)进行计算的,因此,当 $N=8$ 时只需 $L=3$ 级($2^L=2^3$)运算。

第 1 级运算。按照左边第一列 4 个蝶形图进行计算,序列 $x(n)$ 经过分组排队后,以 $[x(0),x(4),x(2),x(6),x(1),x(5)\,x(3),x(7)]$ 的顺序输入,按照蝶形运算规律,计算出第一级运算的输出值 $[X_3(0),X_3(1),X_4(0),X_4(1),X_5(0),X_5(1),X_6(0),X_6(1)]$。

第 2 级运算。按第二列 4 个蝶形图进行计算,这时第一级的输出就是第二级的输入值,依据第二列的 4 个蝶形图(上下两组,每组两个蝶形图)进行计算,得出输出值 $[X_1(0),$ $X_1(1),X_1(2),X_1(3),X_2(0),X_2(1),X_2(2),X_2(3)]$。

第 3 级运算。按第三列 4 个蝶形图进行计算,根据输入 $[X_1(0),X_1(1),X_1(2),$ $X_1(3),X_2(0),X_2(1),X_2(2),X_2(3)]$ 按最右一列的 4 个蝶形图计算出 8 点频域序列 $X(k),k=0,1,2,\cdots,N-1$。

上述 3 级计算中,每一级计算均包含 $N/2$ 次复数乘法运算,且每一个基本蝶形运算仅包含一个乘法,因此,若 $N=8$,依据图 5-6 所示的 FFT 蝶形运算计算 DFT,则仅需 12 次复数乘法运算(包括乘 $W_N^0=1$)。

上述 3 级蝶形运算中,每一级基本蝶形图的系数具有明显的规律性。

(1) 第 1 级蝶形运算的系数为 $W_N^0=W_8^0$。

(2) 第 2 级蝶形运算的系数为 W_N^0,W_8^2。

(3) 第 3 级蝶形运算的系数为 W_N^0,W_8^1,W_N^2,W_N^3。

以此类推,大家也可以得出当 $N=16$ 时,DIT 基-2 FFT 快速算法完整的蝶形运算流图以及与流图相对应的 FFT4 级运算过程,同样的方法,也可以得出 $N=2^L$ 的完整 FFT 算法流程图以及 FFT 的 L 级运算过程。

DIT 基-2 算法的每一次分解都是按输入序列 $x(n)$ 的序号 n 是偶数还是奇数进行分解,因此称为按时间抽取法。

5.3.2 DIT 算法的运算量

根据 DIT 算法的 FFT 流图,当 $N=2^L$ 时,蝶形流图从左往右共有 L 级蝶形运算,每一级都包含 $N/2$ 个基本蝶形运算单元,每个基本蝶形运算单元包含一次复数乘法、二次复数加法。因此,一个完整蝶形流图在从左至右的 L 级运算中,每一级都需要 $N/2$ 次复数乘法和 N 次复数加法,这样 L 级完整蝶形运算的总运算量如下。

复数乘法次数:

$$m_{\mathrm{T}} = \frac{N}{2}L = \frac{N}{2}\log_2 N \tag{5-20}$$

复数加法次数:

$$a_{\mathrm{T}} = NL = N\log_2 N \tag{5-21}$$

通常情况下,考虑到 $W_N^0 = 1$、$W_N^{N/2} = -1$ 和 $W_N^{N/4}$ 等因素,实际复数乘法运算量一般略低于理论估计值。通过分析 N 点时域序列的 FFT 算法过程可以得出,发生 $W_N^0 = 1$ 的情况共有 $N-1\left(1+2+4+\cdots+2^{L-1} = \sum_{i=0}^{L-1} 2^i = 2^L - 1 = N-1\right)$ 次,这些特殊系数都不用乘法运算,对于工程信号,一般 N 都比较大,特殊系数在运算量中占比较低。因此,对快速算法运算量的估计一般均按理论值,而不考虑系数为 ± 1 等特例。

由于计算机进行乘法运算所需时间比加法运算所需时间长很多,因此,也可以只用复数乘法次数表示运算量的大小。FFT 算法与 DFT 算法的运算量比较如表 5-2 所示。

表 5-2 DFT 算法与 FFT 算法运算量比较

N	N^2	$\frac{N}{2}\log_2 N$	$N^2 / \left(\frac{N}{2}\log_2 N\right)$
2	4	1	4.0
4	16	4	4.0
8	64	12	5.4
16	256	32	8.0
32	1024	80	12.8
64	4096	192	21.4
138	16384	448	36.6
256	65536	1024	64.0
512	262144	2304	113.8
1024	1048576	5120	204.8
2048	4194304	11264	372.4

DFT 的复数乘法次数是 N^2,FFT 复数乘法次数为 $\frac{N}{2}\log_2 N$,直接计算 DFT 与用 FFT 算法的运算量(复数乘法次数)之比为

$$\frac{N^2}{\frac{N}{2}L} = \frac{N^2}{\frac{N}{2}\log_2 N} = \frac{2N}{\log_2 N} \tag{5-22}$$

根据式(5-20)和式(5-22)可以得出 FFT 算法与 DFT 算法的运算量与序列长度 N 的关

系曲线,如图 5-7 所示,由该图可以看出,FFT 算法在节省运算量上具有巨大的优越性,且 N 越大,FFT 快速算法节约运量的效果就越明显,当 $N=1024$ 时,DFT 算法的运算量约为 FFT 运算量的 205 倍。

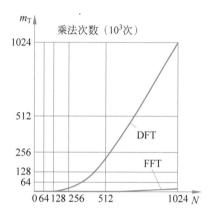

图 5-7　DFT 与 FFT 乘法运算量比较

5.3.3　DIT 基-2 算法的特点

DIT 基-2 算法具有一系列的特点,例如,根据快速算法的分解过程,可以很方便地得出 $N=4$ 点和 $N=8$ 点 FFT 算法流图的递推关系,同样也可以得出 $N=2^{L-1}$ 点与 $N=2^L$ 点 FFT 算法流图之间的递推关系。

视频讲解

1. 倒位序规律

在图 5-6 中,序列经过 $L=3$ 级分解,对于 $N=8$ 点的序列,FFT 的输出序列 $X(k)$ 为正常顺序排列,顺序为 $X(0),X(1),\cdots,X(7)$,但输入序列 $x(n)$ 经过 $L=3$ 次排序以后,已经不是自然顺序,而是按 $x(0),x(4),x(2),x(6),x(1),x(5) \ x(3),x(7)$ 的顺序排列。如果 $N=16,32,\cdots,1024$,则随着 N 的不断增大,输入信号 $x(n)$ 被分组的次数越多,经过不断分组以后,$x(n)$ 的输入顺序也越复杂。若依据逐次奇偶排序的方法计算输入的顺序,则既耗时间,又容易产生错误。

当 N 很大时,在完成各次分组排队之后,$x(n)$ 的输入顺序有没有规律可循呢?答案是肯定的,这一规律就是倒位序规律。

为了探讨输入的排序规律,可以从 $x(n)$ 的分组方法和二进制原理的内在关系入手。

回顾 $x(n)$ 按序号 n 的偶和奇分组的过程,以 $N=8$ 为例,n 可以用三位二进制数表示,$x(n)$ 的序号可表示为 $(n_2 n_1 n_0)_2$,第一次分组,序号 n 为偶数组成 $x_1(r)$,在上半部分;n 为奇数组成 $x_2(r)$,在下半部分。

从二进制视角看,第一次分组完全由二进制数 n 的最低位 n_0 决定,$n_0=0$ 时 n 为偶数,$n_0=1$ 时 n 为奇数。也就是说,$x(n)$ 按序号 n 的偶和奇分组实际上就是按序号二进制数的最低位 n_0 进行分组。

第一次分组之后,得到两个长度为 4 点的子序列,这时 n_0 已经确定。第二次分组是对 4 点子序列 $x_1(r)$、$x_2(r)$ 进行分组,这时是对 $(n_2 n_1 n_0)_2$ 中 $n_2 n_1$ 进行排队。因此,第二次分组对 $x_1(r)$、$x_2(r)$ 按偶序号和奇序号排队,和第一次分组的道理一样,这时是对二进制数 $n_2 n_1$ 进行排队,低位是 n_1,因此由 n_1 决定第二次分组,$n_1=0$ 时 r 为偶数,$n_1=1$ 时 r 为奇数。

同理,第三次分组的奇偶由最低位 n_2 确定,若 $N=8$,则只有 n_2,因此,$n_2=0$ 对应于偶数,$n_2=1$ 对应于奇数。

以 $N=8$ 为例,按序号 n 的偶序号和奇序号进行分组的过程,可用如图5-8所示的二进制树状图进行描述和解释。

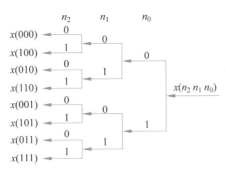

图 5-8　按序号分组形成倒位序的机制图

图5-8中,n_0、n_1、n_2 所在的列,正好对应了 $N=8$ 点序列的3次分组排队的过程,而最左边的 $x(000),x(100),\cdots,x(111)$ 则是 $x(n)$ 三次分组后的顺序,观察括号内的三位二进制序号,若从右往左看,则为序列的正常顺序;而从左往右看,则为倒位序。

因此,倒位序就是DIT基-2算法的输入顺序,由 $N=8$ 点推而广之,若序号 n 的正常二进制数为 $n_0 n_1 n_2 \cdots n_{L-1}$,则FFT算法的输入为 $n_{L-1} \cdots n_2 n_1 n_0$,即序号正常二进制的倒位序,根据倒位序规律,可得DIT基-2 FFT算法的输入顺序如表5-3所示。

表 5-3　DIT 基-2 FFT 算法倒位序规律表($N=8$)

自 然 顺 序		倒 位 序	
自然顺序(n)	二 进 制 数	倒位序二进制数	倒位序顺序($\hat{n}$)
0	000	000	0
1	001	100	4
2	010	010	2
3	011	110	6
4	100	001	1
5	101	101	5
6	110	011	3
7	111	111	7

FFT 实际运算中,一般先按自然顺序将输入序列 $x(n)$ 存入存储单元,为了得到倒位序的顺序,可以通过程序实现,以 $N=8$ 为例,若正常二进制数为 $(n_2 n_1 n_0)$,倒位序二进制数则为 $(n_0 n_1 n_2)$,用程序实现这一功能非常简单。

2. 原位运算

从图5-6可以看出,FFT运算具有明显的规律,L 级运算中的每一级(每一列)运算都由 $N/2$ 个蝶形图组成,每一个基本蝶形运算完成如下迭代运算:

$$\begin{cases} X_m(k) = X_{m-1}(k) + X_{m-1}(j) W_N^r \\ X_m(j) = X_{m-1}(k) - X_{m-1}(j) W_N^r \end{cases} \tag{5-23}$$

式中,m 表示第 m 列,k、j 表示FFT蝶形运算图的第 k 行和第 j 行。

因此,式(5-23)对应的基本蝶形运算如图 5-9 所示,包括一次复数乘和两次复数加。

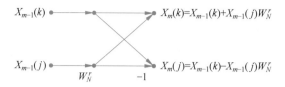

图 5-9　按时间抽取蝶形运算结果

根据图 5-6,第 $m-1$ 列的两个节点 k 和 j 的节点变量进行蝶形运算后,得到结果为第 m 列的 k、j 两节点的节点变量。在算法的实现上,FFT 蝶形运算是从左至右,按列进行运算。以 $N=8$ 为例,即先由输入序列 $x(n)$,分别采用第一级(列)的 4 个蝶形运算,求出 8 个数据;然后以这 8 个数据作为输入,采用第二级的 4 个蝶形运算图,求出 8 个数据;再采用第三列蝶形运算图,求出最终的 $X(k)$ 的全部 8 个值。

每一个基本蝶形运算的两个输出值存入下一级蝶形运算图的两个输入存储单元。因此,在编写程序代码时,某一列的 N 个数据存入存储单元之后,进入下一列蝶形运算,同样得到 N 个运算结果,仍可存储在同一组存储器中,直至计算出最后结果,无须开设更多的存储单元,这种优化和节省内存的方式称为 FFT 的原位运算(in-place computation)。

采用原位运算进行优化编程仅需 N 个存储单元,代码设计只需输入序列 $x(n)(n=0,1,\cdots,N-1)$ 的 N 个存储单元,以及用于存储每一列蝶形运算支路系数 $W_N^r(r=0,1,\cdots,N/2-1)$ 的 $N/2$ 个存储单元即可,降低了对内存资源的占用,提高了程序运行效率。

3. 蝶形运算两节点间的"距离"

DIT 基-2 FFT 算法是以蝶形图为单元的运算结构,在由计算机实现通用算法时,需要对各节点定位,以图 5-6 所示的 $N=8$ 点蝶形运算为例,序列 $x(n)$ 的输入顺序是倒位序,$X(k)$ 输出顺序为自然顺序。在该蝶形图中,从左至右共有 3 列,$m=1$ 时为第 1 级(即第 1 列),每个蝶形图两节点间的"距离"为 1;$m=2$ 时,第 2 级运算每个蝶形图两节点间的"距离"为 2;第 3 级每个蝶形图两节点间的"距离"为 4。

由此可得,当 $N=2^L$ 时,FFT 蝶形运算图输入为倒位序,输出正常顺序时,用 d 表示第 m 级运算每个蝶形图两节点间的"距离",则 d 可用下式表示:

$$d = 2^{m-1}$$

式中,m 表示 FFT 完整蝶形运算流图中列的序号,即第 m 列。

4. W_N^r 的确定

在 FFT 完整蝶形运算图中,第 m 级蝶形运算两节点间的"距离"为 2^{m-1},因而式(5-23)可写成如下形式:

$$\begin{cases} X_m(k) = X_{m-1}(k) + X_{m-1}(k+2^{m-1})W_N^r \\ X_m(k+2^{m-1}) = X_{m-1}(k) - X_{m-1}(k+2^{m-1})W_N^r \end{cases} \tag{5-24}$$

观察图 5-6,分析 FFT 蝶形运算流程可以发现,运算流图中的系数因子 W_N^r,第一列仅一个因子 W_N^0;第二列有两个因子 W_N^0,W_N^2;……,以此类推,最后一列有 $N/2$ 个 W_N^r 系数因子,分别为 $W_N^0,W_N^1,\cdots,W_N^{(\frac{N}{2}-1)}$。

对于程序实现,通过数学推导可以得到 r 值的递推算法,具体步骤如下:

（1）将式(5-24)蝶形运算两节点的第一个节点标号 k 表示成 L 位二进制数；

（2）将二进制数左移 $L-m$ 位，右边空位补零（即乘以 2^{L-m}）；

（3）将所得二进制数转换为十进制数，该数即为 r 值。

5.3.4 DIT 基-2 算法其他形式流图

图 5-6 所示的蝶形运算图描述了 FFT 快速算法的顺序结构和运算量，对于 FFT 算法流程图，若各节点的连接支路以及支路系数不变，则无论各节点和支路如何变形（改变空间位置），其算法和运算量均不会改变。即仅改变节点和支路的空间位置，蝶形图的运算结果不会改变，但由于支路物理位置改变，输入数据的提取方式（顺序）和输出的顺序可能会发生变化。以图 5-6 为例，在不改变支路连接关系和支路乘数因子（旋转因子）的条件下，可以得到多种其他形式的流图。

1. 输入自然顺序、输出倒位序

对于图 5-6 所示蝶形运算流图，按如下两个步骤改变支路的物理位置（不改变节点的链接支路）。

（1）将第 2 根水平线和第 5 根水平线平移互换位置，即 $x(4)$ 水平相连的所有节点和 $x(1)$ 水平相连的所有节点（包括输入数据和输出数据节点）互换位置。

（2）将第 4 根水平线和第 7 根水平线平移互换位置，即 $x(6)$ 水平相连的所有节点和 $x(3)$ 水平相连的所有节点互换位置，该互换也包括输入数据和输出数据节点。

图 5-6 所示蝶形运算图经过上述两个步骤的变化，可得如图 5-10 所示的蝶形运算流图。根据碟形运算的规律，图 5-10 与图 5-6 的蝶形图运算结构完全相同，运算量也完全相同。不同点主要体现在如下两方面：

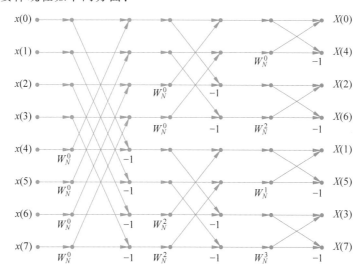

图 5-10 DIT 基-2 FFT 算法输入自然顺序、输出倒位序的 FFT 流图

（1）图 5-10 和图 5-6 的输入顺序不一样，图 5-6 输入为倒位序，输出为自然顺序，而图 5-10 输入为自然顺序，输出却是倒位序。

（2）支路乘数因子的顺序不同，图 5-6 的最后一列从上到下，使用系数的顺序为 W_N^0，W_N^1，W_N^2，W_N^3，前一列系数是后一列系数中的偶数幂系数（如 W_N^0，W_N^2）；而图 5-10 的最后一列使用系数的顺序为 $W_N^0, W_N^2, W_N^1, W_N^3$，前一列系数是后一列系数的前一半，即仅使用前一半系数 W_N^0, W_N^2，顺序为 $W_N^0, W_N^0, W_N^2, W_N^2$。该运算流程图就是库利和图基最初得出的按时间抽取法算法流程图。

2. 其他形式的流图

如果在不改变图 5-10 各节点的支路连接数量和连接方式的前提下，继续改变某些节点和支路的空间位置，则可以得到输入和输出均为正常顺序的 FFT 蝶形运算图，如图 5-11 所示。该算法流程图的优点是输入和输出均为正常顺序，无须按倒位序排序。缺点是程序设计时不能进行原位运算，N 个输入数据必须开设 $2N$ 个以上的复数存储单元。

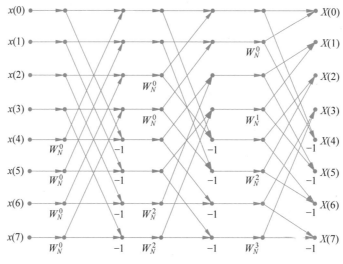

图 5-11　输入和输出均为正常顺序的 FFT 流图

FFT 蝶形运算图除了图 5-10 和图 5-11 所示的变化之外，还可以在保持各节点连接支路的数量和连接方式不变的前提下，再做进一步的变化，即图 5-6 和图 5-10，都可以进一步演变为其他形式，得到其他形式的 FFT 蝶形运算图。

【例 5-1】　用蝶形图计算 FFT 示例。

已知序列 $x(n)$ 如下：

$$x(n) = [1, 2, 1, 1]$$

根据 DIT 基-2 快速算法原理，给出基于序列 $x(n)$ 的 DIT 基-2 快速运算蝶形图，并对序列 $x(n)$ 进行快速 DFT 计算(即 FFT 计算)。

解：序列 $x(n)$ 为 4 点有限长序列，根据 DIT 基-2 算法原理，其完整蝶形图如图 5-12 所示。

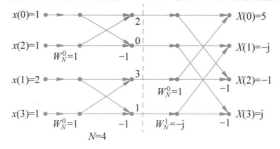

图 5-12　DIT 基-2(N=4)FFT 蝶形运算图

$N=4=2^2$，共有两级蝶形运算(见图 5-12)，支路系数(旋转因子)的数值已计算并标注在图 5-12 中，输入序列 $x(n)$ 的数据为倒位序。

虚线左边为第一级蝶形运算，从上往下四个节点的计算结果如下：

$$1+1=2,\quad 1-1=0,\quad 2+1=3,\quad 2-1=1$$

虚线右边为第二级蝶形运算，第二级运算结果如下：

$$X(0)=2+3=5,\quad X(1)=0-\mathrm{j}=-\mathrm{j}$$
$$X(2)=2-3=-1,\quad X(3)=0+\mathrm{j}=\mathrm{j}$$

计算过程表明，4 点蝶形运算中，由于 $W_4^0=1, W_4^1=-\mathrm{j}$，4 点 FFT 实际上没有乘法运算，非常节省运算量。

5.4 按频率抽取(DIF)基-2 FFT 算法

在 DIT 基-2 算法中，对序列 $x(n)$ 的分组采用按序号 n 的奇偶分解序列，得到 FFT 算法。如果对 $x(n)$ 不按奇偶分组，而是直接将序列的前一半和后一半分为两组，得到两个新的子序列，然后对新的子序列继续均分，一直分解到所有子序列为 2 点为止，这样就得到了一种新的 FFT 快速算法，这就是按频率抽取 FFT 算法，即 **DIF 基-2 FFT 算法**。

该方法对 $x(n)$ 按序号的中间位置对半均分，实际上形成了输出 $X(k)$ 按频域序号 k 的奇、偶分组排序。该算法由桑德-图基首先提出和完善，故又称为桑德-图基算法。

5.4.1 DIF 算法原理

设序列 $x(n)$ 的点数为 $N=2^L$，L 为正整数，先将序列 $x(n)$ 按前一半、后一半分为两个子序列。因此，DFT 公式可进行如下形式的变化：

$$X(k)=\sum_{n=0}^{N-1}x(n)W_N^{nk}=\sum_{n=0}^{\frac{N}{2}-1}x(n)W_N^{nk}+\sum_{n=\frac{N}{2}}^{N-1}x(n)W_N^{nk}$$

$$=\sum_{n=0}^{\frac{N}{2}-1}x(n)W_N^{nk}+\sum_{n=0}^{\frac{N}{2}-1}x\left(n+\frac{N}{2}\right)W_N^{(n+\frac{N}{2})k}$$

$$=\sum_{n=0}^{\frac{N}{2}-1}\left[x(n)+x\left(n+\frac{N}{2}\right)W_N^{Nk/2}\right]W_N^{nk},\quad k=0,1,\cdots,N-1 \qquad (5\text{-}25)$$

由于 $W_N^{\frac{Nk}{2}}=(-1)^k$，代入式(5-25)，可得

$$X(k)=\sum_{n=0}^{\frac{N}{2}-1}\left[x(n)+(-1)^k x\left(n+\frac{N}{2}\right)\right]W_N^{nk},\quad k=0,1,\cdots,N-1 \qquad (5\text{-}26)$$

若 k 为偶数，$(-1)^k=1$；若 k 为奇数，$(-1)^k=-1$，因此，根据频域序号 k 的奇偶情况可将式(5-26)表示为

$$X(2r)=\sum_{n=0}^{\frac{N}{2}-1}\left[x(n)+x\left(n+\frac{N}{2}\right)\right]W_N^{2nr}=\sum_{n=0}^{\frac{N}{2}-1}\left[x(n)+x\left(n+\frac{N}{2}\right)\right]W_{N/2}^{nr} \quad (5\text{-}27)$$

$$X(2r+1) = \sum_{n=0}^{\frac{N}{2}-1}\left[x(n) - x\left(n+\frac{N}{2}\right)\right]W_N^{n(2r+1)} = \sum_{n=0}^{\frac{N}{2}-1}\left\{\left[x(n) - x\left(n+\frac{N}{2}\right)\right]W_N^n\right\}W_{N/2}^{nr}$$

(5-28)

令

$$\begin{cases} x_1(n) = x(n) + x\left(n+\frac{N}{2}\right) \\ x_2(n) = \left[x(n) - x\left(n+\frac{N}{2}\right)\right]W_N^n \end{cases} \quad n=0,1,\cdots,\frac{N}{2}-1$$

(5-29)

即 $x(n)$ 前半区间某一序列值与间距为 $N/2$ 的后半区间的对应序列值之和组成了新的序列 $x_1(n)$，$x(n)$ 前半区间某一序列值与间距为 $N/2$ 的后半区间对应的序列值之差再与 W_N^n 相乘组成了新的序列 $x_2(n)$。新序列 $x_1(n)$ 和 $x_2(n)$ 均为 $N/2$ 点序列。

于是，式 (5-27)和式(5-28)可简化为

$$\begin{cases} X(2r) = \sum_{n=0}^{\frac{N}{2}-1} x_1(n)W_{N/2}^{nr} \\ X(2r+1) = \sum_{n=0}^{\frac{N}{2}-1} x_2(n)W_{N/2}^{nr} \end{cases} \quad r=0,1,\cdots,\frac{N}{2}-1$$

(5-30)

式(5-30)中的第一式是关于序列 $x_1(n)$ 的 $N/2$ 点 DFT 运算,第二式为关于序列 $x_2(n)$ 的 $N/2$ 点 DFT 运算。

式(5-29)所表示的运算关系可以用如图 5-13 所示的蝶形运算图表示。

这是 DIF 基本蝶形运算图,与图 5-1 进行对比可以看出,它与 DIT 蝶形图类似,DIF 的每一个基本蝶形运算仅包括一次复数乘法及两次复数加法。

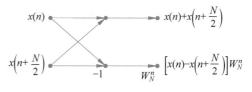

图 5-13　DIF 基本蝶形运算图

根据图 5-13,若 $N=2^3=8$ 时,以 $n=0,1,$ $2,3$ 代入,可以得出 DIF 基-2 第一次分解的运算过程,结合式(5-30)可得第一次分解 DIF 蝶形运算如图 5-14 所示,N 点 DFT 分解为左边的 4 个基本蝶形图和两个 $N/2$ 点的 DFT。第一次分解完成之后,其计算过程是从左往右按列计算,即第一列按 4 个蝶形图计算,右边 DFT 方框依然按 DFT 公式计算。

与 DIT 算法的推导过程类似,第一次分解以后,图 5-14 的左边包含了 4 个基本蝶形运算,即 $x(0)$ 与 $x(4)$、$x(1)$ 与 $x(5)$、$x(2)$ 与 $x(6)$、$x(3)$ 与 $x(7)$ 组成了 4 个基本蝶形运算,每一个蝶形运算包含一次复数乘法。

至此,一个 N 点 DFT 分解成了两个 $N/2$ 点 DFT,若直接计算 $N/2$ 点 DFT,则每一个 $N/2$ 点 DFT 的复数乘法次数如下:

$$\left(\frac{N}{2}\right)^2 = \frac{N^2}{4}$$

复数加法次数如下:

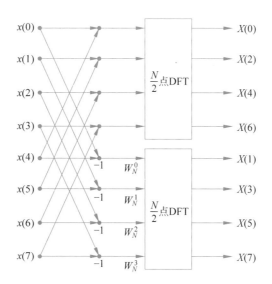

图 5-14　N 点 DFT 分解为两个 $N/2$ 点 DFT(DIF $N=8$)

$$\frac{N}{2}\left(\frac{N}{2}-1\right)$$

因此,图 5-14 中两个 $N/2$ 点 DFT 共需 $\dfrac{N^2}{2}$ 次复数乘法和 $N\left(\dfrac{N}{2}-1\right)$ 次复数加法。此外,左边第一列 $N/2$ 个蝶形运算共有 $N/2$ 次复数乘法和 $2\times N/2=N$ 次复数加法。因而第一次分解全部完成之后,复数总运算量如下。

复数乘法次数:

$$\frac{N^2}{2}+\frac{N}{2}+\frac{N(N+1)}{2}\approx\frac{N^2}{2}$$

复数加法次数:

$$N\left(\frac{N}{2}-1\right)+N=\frac{N^2}{2}$$

因此,DIF 经过第一次分解,其运算量与 DIT 的第一次分解的运算量完全一样,约为直接采用 DFT 运算量的一半。

既然长序列分解为短序列可以降低运算量,那么接下来继续进行第二次分解,与 DIT 的分解类似,由于 $N=2^L$,故 $N/2$ 仍是偶数,对 $x_1(n)$ 和 $x_2(n)$ 两个 $N/2$ 点的序列按前一半后一半继续分解,得到两个 $N/4$ 点的子序列。以 $x_1(n)$ 为例,按序号从中间均分为两组,每组 $N/4$ 点。

于是,一个 $N/2$ 点 DFT 被分解为两个 $N/4$ 点 DFT。当 $N=8$ 时,分解过程如图 5-15 所示。

对于 $N=2^L$ 序列,分解共需进行 L 次,即直到序列被分解为每一个子序列均为 2 点为止。2 点 DFT 正好组成一个基本蝶形运算,而且乘数因子 $W_N^0=1$,无须乘法运算。当 $N=8$ 时,DIF 基-2 FFT 完整蝶形运算图如图 5-16 所示。

图 5-16 称为 DIF 基-2 FFT 完整蝶形运算图($N=8$ 时),与 DIT 快速算法类似,由 $x(n)$ 计算 $X(k)$ 是从左至右按列进行计算,因此,8 点 FFT 共需要 3 级计算。

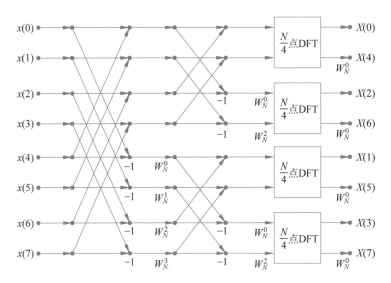

图 5-15 N 点 DFT 分解为 4 个 N/4 点 DFT(DIF N＝8)

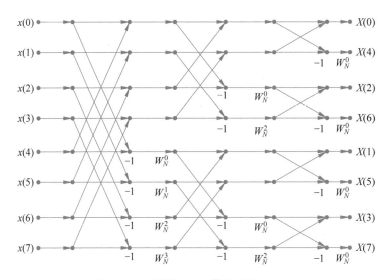

图 5-16 DIF 基-2 FFT 算法流图(N＝8)

第 1 级运算,按左边第一列 4 个蝶形图进行计算,得到 8 个中间值;第 2 级运算,以第 1 级的结果为输入,按第二列 4 个蝶形图计算,得到 8 个中间值;以此类推进行第 3 级运算,直至完成最后一级运算,得出全部 $X(k)$,$k=0,1,2,\cdots,N-1$。

若 $N=8$,上述 3 级计算中,每一级计算均包含 $\dfrac{N}{2}=4$ 次复数乘法运算,即每一个基本蝶形运算包含一个乘法,因此,依据图 5-16 所示的 FFT 蝶形运算计算 DFT,仅需 12 次复数乘法运算(包括乘 $W_N^0=1$)。

上述 3 级蝶形运算中,每一级基本蝶形图的系数也具有如下规律。

(1) 第 1 级蝶形运算的系数为 W_N^0,W_N^1,W_N^2,W_N^3。

(2) 第 2 级蝶形运算的系数为 W_N^0,W_8^2。

(3) 第 3 级蝶形运算的系数均为 W_N^0。

以此类推,也可以得出 $N=2^L$,DIF 基-2 FFT 快速算法完整的蝶形运算流图以及 FFT 的 L 级运算过程。

5.4.2　DIF 基-2 算法的特点

DIF 基-2 算法具有与 DIT 算法类似的特点,如根据序列分解过程及原理,可以很方便地得出 $N=4$ 点和 $N=8$ 点 FFT 流程图的递推关系,进而可得出 $N=2^{L-1}$ 点与 $N=2^L$ 点 FFT 算法流图之间的递推关系,以及 DIF 基-2 FFT 算法也可实现原位运算等。

1. DIF 的原位运算

从图 5-16 可以看出,DIF 与 DIT 的 FFT 算法结构相似,也具有明显的规律性,当 $N=8$ 时,从左至右,共包括三级蝶形运算。若 $N=2^L$,则包括 L 级(列)运算,每级都包含 $N/2$ 个基本蝶形图。每一个蝶形结构完成如下基本迭代运算:

$$X_m(k)=X_{m-1}(k)+X_{m-1}(j)$$
$$X_m(j)=[X_{m-1}(k)-X_{m-1}(j)]W_N^r \tag{5-31}$$

式中,m 表示 DIF 基-2 完整蝶形运算的第 m 列,k、j 分别表示第 k 行和第 j 行,式(5-31)可以用如图 5-17 所示的蝶形图表示,共包括一次复数乘法和两次复数加法。

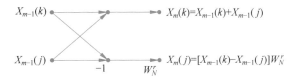

图 5-17　DIF 蝶形运算结构

在编程实现 DIF 的 FFT 算法时,同样可以实现原位运算,即仅需 N 个存储单元和 $N/2$ 个乘数因子存储单元即可实现从输入到输出的运算过程。

2. 两节点间的"距离"

与 DIT 基-2 FFT 算法类似,编程实现算法时,也需要对各节点进行定位,从图 5-16 可以看出,其输入数据为正常顺序,输出为倒位序。该蝶形图从左至右共有 3 级,$m=1$ 时为第 1 级(即第 1 列),每个蝶形图两节点间的"距离"为 4;$m=2$ 时为第 2 级(第 2 列),每个蝶形图两节点间的"距离"为 2;第 3 级每个蝶形图两节点间的"距离"为 1。

若 $N=2^L$,用 d 表示第 m 级运算蝶形图两节点间的"距离",则 d 可用下式表示:

$$d=2^{L-m}=\frac{N}{2^m} \tag{5-32}$$

式中,$N=2^L$,m 表示 FFT 完整蝶形运算流图中列的顺序,即第 m 列。

3. W_N^r 的计算

对 DIF 的完整蝶形图进行第 m 级运算时,基本蝶形运算两节点间的"距离"为 2^{L-m},因而第 m 级的蝶形计算可表示为

$$\begin{cases} X_m(k)=X_{m-1}(k)+X_{m-1}\left(k+\dfrac{N}{2^m}\right) \\ X_m\left(k+\dfrac{N}{2^m}\right)=\left[X_{m-1}(k)-X_{m-1}\left(k+\dfrac{N}{2^m}\right)\right]W_N^r \end{cases} \tag{5-33}$$

用代码实现 DIF 基-2 算法时,对于 $m=0,1,\cdots,L$ 的不同级运算,可以得出支路乘数因子 W_N^r 中指数 r 的递推算法,具体步骤如下:

(1) 将式(5-33)蝶形运算两节点中的第一个节点标号 k 表示为 L 位二进制数;

(2) 该二进制数左移 $(m-1)$ 位,即乘以 2^{m-1},移位时右边空位补零;

(3) 将所得二进制数转为十进制数,即为 r 值。

5.4.3 DIT 与 DIF 的比较

1. DIT 与 DIF 的不同点

(1) DIT 基-2 FFT 的输入序列是倒位序,输出是自然顺序,DIF 正好相反,但这不是绝对的,无论是 DIT 还是 DIF,都可以通过改变蝶形运算图支路的空间位置实现输入或输出的重新排列,两者的输入或输出顺序都可以改变为自然顺序或倒位序。

(2) DIT 的基本蝶形(见图 5-1)与 DIF 的基本蝶形(见图 5-17)不同,DIT 是先乘法运算,再进行代数和运算,而 DIF 则是先求代数和,再乘法运算。这是 DIT 与 DIF 本质的不同点。

2. DIT 与 DIF 的相同点

(1) 两者的运算量相同,即都有 L 级(列)运算,每一级运算均包括 $N/2$ 个基本蝶形运算,总共需要 $m_T=\dfrac{N}{2}\log_2 N$ 次复数乘法和 $a_T=N\log_2 N$ 次复数加法。

(2) DIT 基-2 FFT 和 DIF 基-2 FFT 都可通过编程实现原位运算。

(3) DIT 与 DIF 的基本蝶形运算流图互为转置关系。若将 DIT 的基本蝶形运算流图进行转置,就得到 DIF 的基本蝶形图,反之亦然。转置是指将流图的所有支路都改变方向,输入和输出互换。经转置运算,由图 5-1 可以得到图 5-17,反之也可以由图 5-17 得到图 5-1。

由此可知,根据输入和输出是按自然顺序还是按倒位序排列的不同,有四种原位运算的 FFT 算法流图,DIT 与 DIF 各两种,DIT 与 DIF 算法的特点如表 5-4 所示。

表 5-4 DIT 与 DIF 算法的特点($N=2^L$)

	按时间抽取(DIT)	
	输入自然顺序、输出倒位序	输入倒位序、输出自然顺序
m 级蝶形图两节点间的距离	$2^{L-m}=\dfrac{N}{2^m}$	2^{m-1}
第 m 级蝶形运算公式	$X_m(k)=X_{m-1}(k)+X_{m-1}\left(k+\dfrac{N}{2^m}\right)W_N^r$ $X_m\left(k+\dfrac{N}{2^m}\right)=X_{m-1}(k)-X_{m-1}\left(k+\dfrac{N}{2^m}\right)W_N^r$	$X_m(k)=X_{m-1}(k)+X_{m-1}(k+2^{m-1})W_N^r$ $X_m(k+2^{m-1})=X_{m-1}(k)-X_{m-1}(k+2^{m-1})W_N^r$
r 值计算(W_N^r)	1. k 表示为 L 位二进制数 2. 右移 $L-m$ 位,左边空出位补 0 3. 补 0 后倒位序排列即为 r 值	1. k 表示为 L 位二进制数 2. 左移 $L-m$ 位,右边空出位补 0 3. 补 0 后的结果即为 r 值
	按频率抽取(DIF)	
	输入自然顺序、输出倒位序	输入倒位序、输出自然顺序
m 级蝶形图两节点间的距离	$2^{L-m}=\dfrac{N}{2^m}$	2^{m-1}

续表

	按频率抽取（DIF）	
	输入自然顺序、输出倒位序	输入倒位序、输出自然顺序
第 m 级蝶形运算公式	$X_m(k)=X_{m-1}(k)+X_{m-1}\left(k+\dfrac{N}{2^m}\right)W_N^r$ $X_m\left(k+\dfrac{N}{2^m}\right)=$ $\left[X_{m-1}(k)-X_{m-1}\left(k+\dfrac{N}{2^m}\right)\right]W_N^r$	$X_m(k)=X_{m-1}(k)+X_{m-1}(k+2^{m-1})W_N^r$ $X_m(k+2^{m-1})=[X_{m-1}(k)-X_{m-1}(k+2^{m-1})]W_N^r$
r 值计算（W_N^r）	1. k 表示为 L 位二进制数 2. 左移 $m-1$ 位，右边空出位补 0 3. 补 0 后的结果即为 r 值	1. k 表示为 L 位二进制数 2. 右移 $m-1$ 位，左边空出位补 0 3. 补 0 后倒位序排列即为 r 值

5.4.4　IDFT 快速算法

离散傅里叶逆变换的快速运算称为 IFFT。DFT 和 IDFT 的算法结构类似，差异非常小。

DFT 正变换：

$$X(k)=\sum_{n=0}^{N-1}x(n)W_N^{nk},\quad k=0,1,\cdots,N-1 \tag{5-34}$$

DFT 逆变换：

$$x(n)=\text{IDFT}\big[X(k)\big]=\frac{1}{N}\sum_{k=0}^{N-1}X(k)W_N^{-nk},\quad k=0,1,\cdots,N-1 \tag{5-35}$$

正变换和逆变换的差别主要表现在两方面，一是正逆变换中的 W_N 指数的符号相反；二是逆变换算法包含常数因子 $1/N$，而正变换的因子为 1。

由于正变换和逆变换算法的内核要素相同，因此，无论是 DIT 基-2 FFT 还是 DIF 基-2 FFT 算法，若解决了逆变换与正变换的两个不同点，则正变换的快速算法也能用于逆变换。

解决上述指数符号和系数的差异问题，有如下两种方法：

（1）研究 FFT 快速算法运算流图，解决指数符号问题，实现 IFFT 算法；

（2）研究 DFT 和 IDFT 公式，利用复数性质改逆变换公式，实现 IFFT 运算。

1. 基于运算流图的 IFFT

（1）指数符号问题。

由于正变换和逆变换的算法结构基本相同，以 DIT 基-2 FFT 算法为例，根据 DIT 基-2 快速算法原理，只需将正变换快速算法蝶形运算中的支路增益系数 W_N^{nk} 置换为 W_N^{-nk} 即可。类似地，对于 DIF 基-2 快速算法，对其每一级蝶形做同样的改进之后也可以用于 IFFT 运算。

（2）系数 $1/N$ 的处理。

在乘数因子 W_N^{nk} 解决之后，可以将所得的运算结果均乘以常数 $1/N$，或者在每一级蝶形运算的各支路上增加支路系数 $1/2$，则可以解决逆变换系数 $1/N$ 的问题。

也就是说，对正变换的 FFT 运算进行上述改进之后，按时间抽取和按频率抽取的 FFT 算法均可用于逆变换的计算。在运算中注意将按时间抽取的流图（见图 5-6）或者按频率抽取的流图(见图 5-16)中的支路乘数因子 W_N^{nk} 改变为 W_N^{-nk},并在每列(级)运算中乘以 $1/2$,$\left(\dfrac{1}{2}\right)^L = \dfrac{1}{N}$。以 $N=8$ 点的 DIT 基-2 FFT 为例,IFFT 算法流图如图 5-18 所示。

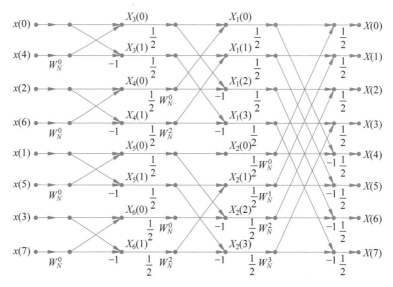

图 5-18　DIT 逆变换快速算法完整蝶形图($N=8$)

2. 基于公式改进的 IFFT

根据上述 IFFT 算法的实现过程可知,对正变换 FFT 的代码进行相应的修改即可用于逆变换的实现。这种方法虽然工作量小、实现方便,但需要修改 FFT 正变换程序的内部代码,即修改 W_N^{nk} 的指数符号以及对每一级运算乘以 $1/2$ 才能实现逆变换的快速算法。

显然,修改既有程序内部的代码对程序员的要求较高,稍有不慎,容易引起其他问题。如果不修改 DFT 正变换的内部代码,直接将正变换程序用于逆变换运算,则可以从 DFT 的公式入手,通过对变换公式进行适当变换,利用复数的性质,使逆变换与正变换的因子 W_N^{nk} 的符号相同,这样就无须修改 FFT 正变换程序的内部代码,也可以直接将正变换程序用于逆变换计算。

先对 DFT 逆变换进行共轭运算

$$x^*(n) = \frac{1}{N}\sum_{k=0}^{N-1}X^*(k)W_N^{nk}$$

再次进行共轭运算

$$x(n) = \frac{1}{N}\left[\sum_{k=0}^{N-1}X^*(k)W_N^{nk}\right]^* = \frac{1}{N}\{\mathrm{DFT}[X^*(k)]\}^* \tag{5-36}$$

此时,式(5-36)的 W_N^{nk} 指数的符号与正变换完全一致,因此,若先对 $X(k)$ 进行共轭运算,就可以直接应用正变换快速算法的程序进行逆变换计算,然后将变换结果再进行一次共轭运算,并乘以 $1/N$,就完成了逆变换的快速运算。

该方法的优点是无须对正变换 FFT 程序的内部代码进行修改,只需运算前先对逆变换的输入数据进行共轭运算,再将计算结果进行一次共轭运算并除以 N,就完成了求逆变换 $x(n)$ 的全部计算。

5.5 基-4 FFT 算法

基-2 FFT 算法的基本方法是先将 N 点序列一分为二,一个 N 点 DFT 被分解为两个 $N/2$ 点 DFT 的组合,再将 $N/2$ 点 DFT 又一分为二,分解为 4 个 $N/4$ 点的 DFT,直至全部分解为 2 点 DFT 为止。基-4 FFT 的思路与基-2 FFT 的思路基本类似,不同点是前者将 N 点序列一分为四,再对各子序列继续一分为四,直至分解到全部子序列为 4 点为止。

5.5.1 基-4 FFT 原理

根据基-2 FFT 算法原理,对于基-4 FFT 算法,序列 $x(n)$ 的点数应满足 $N=4^L$。基-4 FFT 算法的基本思路是将 N 点序列一分为四,即一个 N 点 DFT 分解为四个 $N/4$ 点 DFT 的线性组合,再将每一个 $N/4$ 点 DFT 又一分为四,分解为 4 个 $N/16$ 点的 DFT,直至全部分解为 4 点 DFT 为止。而对于 4 点 DFT 运算,则采用基-2 FFT 运算,并以此作为基-4 FFT 最后一次分解的基本运算单元。因此,类似于 DIT 基-2 的分解过程,DIT 基-4 快速算法先将长度为 $N=4^L$ 的序列 $x(n)$,按如下方式分为四个子序列:

$$\begin{cases} x_0(r)=x(4r) \\ x_1(r)=x(4r+1) \\ x_2(r)=x(4r+2) \\ x_3(r)=x(4r+3) \end{cases}, \quad r=0,1,\cdots,\frac{N}{4}-1 \tag{5-37}$$

于是,DFT 公式可以改变为如下形式:

$$X(k)=\text{DFT}[x(n)]=\sum_{n=0}^{N-1}x(n)W_N^{nk}$$

$$=\underset{((n))_4=0}{\sum_{n=0}^{N-1}}x(n)W_N^{nk}+\underset{((n))_4=1}{\sum_{n=0}^{N-1}}x(n)W_N^{nk}+\underset{((n))_4=2}{\sum_{n=0}^{N-1}}x(n)W_N^{nk}+\underset{((n))_4=3}{\sum_{n=0}^{N-1}}x(n)W_N^{nk}$$

$$=\sum_{r=0}^{\frac{N}{4}-1}x(4r)W_N^{4rk}+\sum_{r=0}^{\frac{N}{4}-1}x(4r+1)W_N^{(4r+1)k}+\sum_{r=0}^{\frac{N}{4}-1}x(4r+2)W_N^{(4r+2)k}+\sum_{r=0}^{\frac{N}{4}-1}x(4r+3)W_N^{(4r+3)k}$$

$$=\sum_{r=0}^{\frac{N}{4}-1}x_0(r)W_N^{4rk}+\sum_{r=0}^{\frac{N}{4}-1}x_1(r)W_N^{(4r+1)k}+\sum_{r=0}^{\frac{N}{4}-1}x_2(r)W_N^{(4r+2)k}+\sum_{r=0}^{\frac{N}{4}-1}x_3(r)W_N^{(4r+3)k}$$

式中,$((n))_4$ 表示 n 除以 4 的余数。根据 W_N 的可约性,上式可以进一步化为

$$X(k)=\sum_{r=0}^{\frac{N}{4}-1}x_0(r)W_{N/4}^{rk}+W_N^k\sum_{r=0}^{\frac{N}{4}-1}x_1(r)W_{N/4}^{rk}+W_N^{2k}\sum_{r=0}^{\frac{N}{4}-1}x_2(r)W_{N/4}^{rk}+W_N^{3k}\sum_{r=0}^{\frac{N}{4}-1}x_3(r)W_{N/4}^{rk}$$

$$\tag{5-38}$$

根据 $N/4$ 点 DFT 公式,式(5-38)可以表示为

$$X(k)=X_0(k)+W_N^kX_1(k)+W_N^{2k}X_2(k)+W_N^{3k}X_3(k), \quad 0\leqslant k\leqslant\frac{N}{4}-1 \tag{5-39}$$

式中,$X_0(k)$、$X_1(k)$、$X_2(k)$、$X_3(k)$ 分别为 $N/4$ 点时域序列 $x_0(r)$、$x_1(r)$、$x_2(r)$、$x_3(r)$ 对应的 DFT,即

$$X_0(k) = \sum_{r=0}^{\frac{N}{4}-1} x_0(r) W_{N/4}^{rk}, \quad X_1(k) = \sum_{r=0}^{\frac{N}{4}-1} x_1(r) W_{N/4}^{rk}$$

$$X_2(k) = \sum_{r=0}^{\frac{N}{4}-1} x_2(r) W_{N/4}^{rk}, \quad X_3(k) = \sum_{r=0}^{\frac{N}{4}-1} x_3(r) W_{N/4}^{rk}$$

类似 DIT 基-2 算法的第一次分解,式(5-39)只能计算出 $X(k)$ 前四分之一的值,$X(k)$ 其余值的计算需根据 W_N 的周期性以及有限长序列隐含的周期性,由式(5-39)直接得出:

$$X\left(k + \frac{N}{4}\right) = X_0(k) + W_N^{k+\frac{N}{4}} X_1(k) + W_N^{2\left(k+\frac{N}{4}\right)} X_2(k) + W_N^{3\left(k+\frac{N}{4}\right)} X_3(k)$$

$$X\left(k + \frac{N}{2}\right) = X_0(k) + W_N^{k+\frac{N}{2}} X_1(k) + W_N^{2\left(k+\frac{N}{2}\right)} X_2(k) + W_N^{3\left(k+\frac{N}{2}\right)} X_3(k)$$

$$X\left(k + \frac{3N}{4}\right) = X_0(k) + W_N^{k+\frac{3N}{4}} X_1(k) + W_N^{2\left(k+\frac{3N}{4}\right)} X_2(k) + W_N^{3\left(k+\frac{3N}{4}\right)} X_3(k)$$

$$0 \leqslant k \leqslant \frac{N}{4} - 1$$

根据 W_N 的特性,上述公式可以简化为如下形式:

$$X\left(k + \frac{N}{4}\right) = X_0(k) - jW_N^k X_1(k) - W_N^{2k} X_2(k) + jW_N^{3k} X_3(k) \tag{5-40}$$

$$X\left(k + \frac{N}{2}\right) = X_0(k) - W_N^k X_1(k) + W_N^{2k} X_2(k) - W_N^{3k} X_3(k) \tag{5-41}$$

$$X\left(k + \frac{3N}{4}\right) = X_0(k) + jW_N^k X_1(k) - W_N^{2k} X_{23}(k) - jW_N^{3k} X_3(k) \tag{5-42}$$

$$0 \leqslant k \leqslant \frac{N}{4} - 1$$

由式(5-39)和式(5-40)~式(5-42)可得如图 5-19 所示的 DIT 基-4 快速算法基本蝶形运算图。

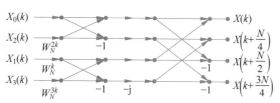

图 5-19 DIT 基-4 快速算法基本蝶形图

为了直观和深入理解基-4 FFT 算法原理,现以 $N=16$ 为例分析基-4 快速运算流图的规律。由于 $N=16=4^L$,即 $L=2$,根据式(5-39)和式(5-40)~式(5-42)对序列 $x(n)$ 进行第一次分解,分别以 $k=0,1,2,3$ 代入,可得当 $N=16$ 时第一次分解的蝶形运算图,如图 5-20 所示。经过第一次分解之后,输出为正常顺序,输入顺序为四进制倒位序。

由于 $N=16=4^2$ 仅需 2 次分解,经过第一次分解之后,对于 4 个 $\frac{N}{4}$ 点的 DFT,各子序列长度均为 4 点,正好是 DIT 基-4 快速运算的基本单元。根据基-4 算法的原则,4 点长的子序列 DFT 采用基-2 FFT 运算,这是基-4 FFT 的最后一次分解。根据图 5-19 或式(5-39)和式(5-40)~式(5-42)的运算规律,这时 k 只有一个取值,即 $k=0$,由于需按基-2 运算分组,

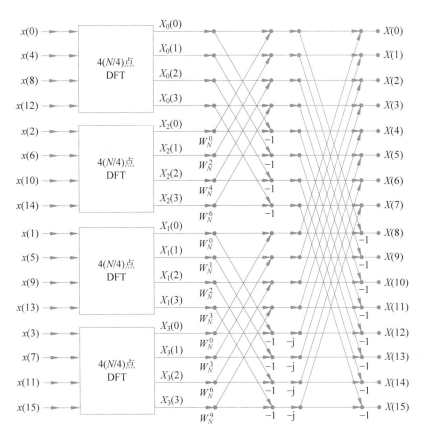

图 5-20　DIT 基-4 快速算法第一次分解蝶形图

因此需要按倒位序排列。以图 5-20 左上角第一个 4 点 DFT 为例,其运算可展开如下:

$$\begin{bmatrix} X_0(0) \\ X_0(1) \\ X_0(2) \\ X_0(3) \end{bmatrix} = \begin{bmatrix} W_4^0 & W_4^0 & W_4^0 & W_4^0 \\ W_4^0 & W_4^2 & W_4^1 & W_4^3 \\ W_4^0 & W_4^0 & W_4^2 & W_4^2 \\ W_4^0 & W_4^2 & W_4^3 & W_4^1 \end{bmatrix} \begin{bmatrix} x(0) \\ x(2) \\ x(1) \\ x(3) \end{bmatrix}$$

由于 $W_4^0 = 1$、$W_4^1 = -j$、$W_4^2 = -1$、$W_4^3 = j$,并考虑到 2 点 DFT 仍需按偶序号和奇序号排列,因此矩阵表达式可以进一步简化为如下形式:

$$\begin{bmatrix} X_0(0) \\ X_0(1) \\ X_0(2) \\ X_0(3) \end{bmatrix} = \begin{bmatrix} 1 & 1 & 1 & 1 \\ 1 & -1 & j & -j \\ 1 & -1 & 1 & -1 \\ 1 & -1 & j & -j \end{bmatrix} \begin{bmatrix} x(0) \\ x(2) \\ x(1) \\ x(3) \end{bmatrix} \tag{5-43}$$

根据式(5-43),可得第一列左上角 4 点基-4 快速算法的蝶形运算过程如图 5-21 所示。

蝶形图的计算是从左往右按列依次运算,根据图 5-21 可知,基-4 FFT 的第一级运算具有如下特点:

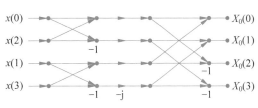

图 5-21　基-4 FFT 基本运算的信号流图

(1) 一个基-4 算法包含有 2 点 DFT 蝶形结构。

(2) 第一级 4 点基-4 FFT 运算完全不需要复数乘法运算,虽然流图中有支路系数 $-j$,但实际上这是交换复数的实部和虚部,不用乘法运算也可完成。

根据第一次分解和第二次分解过程可以得出当 $N=16$ 时 DIT 基-4 FFT 的完整蝶形运算流图如图 5-22 所示,序列 $x(n)$ 经过两次分解之后,输出为正常顺序,输入为四进制倒位序,图中虚线框内为一个 4 点基-4 FFT 流图的基本单元。

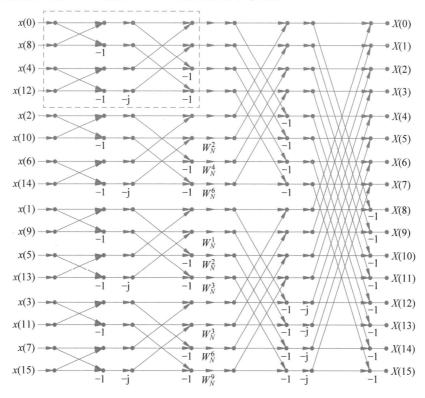

图 5-22 DIT 基-4 FFT 流图

5.5.2 基-4 FFT 运算量

根据基-4 FFT 算法原理,对于第一级基本的 4 点 FFT,实际上无须乘法运算。根据图 5-22 所示的算法流图,支路有乘旋转因子才包含复数乘法运算,每一个 4 点 DFT 仅有 3 次需乘旋转因子,另一乘 $W_N^0=1$。每一级基-4 FFT 包含 $N/4$ 个 4 点 DFT,因此,每一级共包含 $3\times N/4$ 次复数乘法运算,由于 $N=4^L$,共有 L 级运算,$L=(\log_2 N)/2$,第一级运算的因子为 ± 1 和 j,实际上没有乘法运算,因此,基-4 FFT 算法总的复数乘法次数如下。

(1) 复数乘法次数。

$$m_{\mathrm{T}}=\frac{3}{4}N(L-1)=\frac{3}{4}N\left(\frac{1}{2}\log_2 N-1\right)\approx\frac{3}{8}N\log_2 N,\quad L\gg 1 \tag{5-44}$$

由此可知,基-4 FFT 与基-2 FFT 相比乘法运算量更少,运算效率更高。由于一些特定的乘数因子无须相乘,如当 $N=16$ 时,$W_{16}^0=1$、$W_{16}^4=-j$、$W_{16}^8=-1$ 等,这些乘数因子实际上无须乘法运算,故根据图 5-22,当 $N=16$ 时,基-4 FFT 仅需 8 次复数乘法运算。

对于复数加法运算量,根据运算流图 5-22 可知,求和节点和基-2 FFT 的数量相等,由此可得,基-4 FFT 所需的复数加法次数和基-2 FFT 完全相等。

(2) 复数加法次数。

$$a_{\mathrm{T}} = N\log_2 N \tag{5-45}$$

5.6　分裂基 FFT 算法

基-2 FFT 算法的复数乘法运算量为 $\dfrac{N}{2}\log_2 N$,为了进一步寻找更高效的算法,1984 年,有学者在基-2 和基-4 算法的基础上提出了分裂基算法(split-radix)。根据现有公开文献和资料,若序列点数满足 $N = 2^L$,分裂基 FFT 算法被认为是目前运算量最优的 FFT 算法,这是因为该算法所包含的复数乘法次数最少,并可实现原位运算。

5.6.1　分裂基算法原理

分裂基算法又称为基-2 基-4 混合基算法,它既与基-2 算法相关,也与基-4 算法相关。无论是按时间抽取还是按频率抽取,在基-2 FFT 快速算法的计算过程中(见图 5-2 和图 5-4),每一级运算中的奇序号(DIT 观察输入序号,DIF 观察输出序号)均乘以一个旋转因子,偶序号则不用乘旋转因子。由于基-4 FFT 比基-2 FFT 更高效,故分裂基算法的基本方法是对偶序号采用基-2 FFT 算法,对奇序号采用基-4 FFT 算法,从而进一步降低复数乘法的运算量。

与 DIT 和 DIF 基-2 FFT 算法类似,分裂基 FFT 算法也要求 $N = 2^L$(L 为正整数)。DFT 正变换公式如下:

$$X(k) = \sum_{n=0}^{N-1} x(n) W_N^{nk}, \quad 0 \leqslant k \leqslant N-1$$

根据分裂基算法思想,一个 N 点的 DFT 应分解为一个 $N/2$ 点的 DFT 和两个 $N/4$ 点的 DFT。这种分解既有基-2 的部分,又有基-4 的部分,故称为分裂基分解。因此,时域序列 $x(n)$ 按序号 n 分解为如下三个子序列:

$$x_1(r) = x(2r), \quad 0 \leqslant r \leqslant \frac{N}{2} - 1$$

$$\begin{cases} x_2(l) = x(4r+1) \\ x_3(l) = x(4l+3) \end{cases}, \quad 0 \leqslant r \leqslant \frac{N}{4} - 1$$

序列分解以后,DFT 公式可以改变为如下形式:

$$\begin{aligned} X(k) &= \sum_{r=0}^{\frac{N}{2}-1} x(2r) W_N^{2rk} + \sum_{r=0}^{\frac{N}{4}-1} x(4r+1) W_N^{(4r+1)k} + \sum_{r=0}^{\frac{N}{4}-1} x(4r+3) W_N^{(4r+3)k} \\ &= \sum_{r=0}^{\frac{N}{2}-1} x_1(r) W_{N/2}^{rk} + W_N^{k} \sum_{r=0}^{\frac{N}{4}-1} x_2(r) W_{N/4}^{rk} + W_N^{3k} \sum_{r=0}^{\frac{N}{4}-1} x_3(l) W_{N/4}^{rk} \\ &= X_1(k) + W_N^{k} X_2(k) + W_N^{3k} X_3(k) \end{aligned} \tag{5-46}$$

式中

$$X_1(k) = \sum_{r=0}^{\frac{N}{2}-1} x_1(r) W_{N/2}^{rk} = \sum_{r=0}^{\frac{N}{2}-1} x(2r) W_{N/2}^{rk}$$

$$X_2(k) = \sum_{r=0}^{\frac{N}{4}-1} x_2(r) W_{N/4}^{rk} = \sum_{r=0}^{\frac{N}{4}-1} x(4r+1) W_{N/4}^{rk}$$

$$X_3(k) = \sum_{r=0}^{\frac{N}{4}-1} x_3(r) W_{N/4}^{rk} = \sum_{r=0}^{\frac{N}{4}-1} x(4r+3) W_{N/4}^{rk}$$

$X(k)$ 为 N 点DFT,而 $X_1(k)$ 为 $x(n)$ 中由偶序号组成的 $N/2$ 点DFT;$X_2(k)$、$X_3(k)$ 均为 $x(n)$ 中由奇序号组成的 $N/4$ 点DFT,根据 W_N^{nk}、$X_1(k)$、$X_2(k)$ 和 $X_3(k)$ 所隐含的周期特性可得

$$X_1(k) = X_1\left(k + \frac{N}{2}\right) \tag{5-47}$$

$$X_2(k) = X_2\left(k + \frac{N}{4}\right) \tag{5-48}$$

$$X_3(k) = X_3\left(k + \frac{3N}{4}\right) \tag{5-49}$$

将 $X(k)$ 分为如下四个区间:

$$\begin{cases} X(k) = X_1(k) + W_N^k X_2(k) + W_N^{3k} X_3(k) \\ X\left(k + \dfrac{N}{4}\right) = X_1\left(k + \dfrac{N}{4}\right) - j W_N^k X_2(k) + j W_N^{3k} X_3(k) \\ X\left(k + \dfrac{N}{2}\right) = X_1(k) - W_N^k X_2(k) - W_N^{3k} X_3(k) \\ X\left(k + \dfrac{3}{4}N\right) = X_1\left(k + \dfrac{N}{4}\right) + j W_N^k X_2(k) - j W_N^{3k} X_3(k) \end{cases} \tag{5-50}$$

$$0 \leqslant k \leqslant \frac{N}{4} - 1$$

式(5-50)的运算关系可表示为如图 5-23 所示的分裂基蝶形运算图。

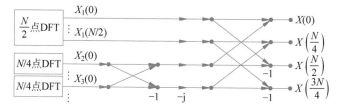

图 5-23 DIT 分裂基 FFT 算法的第一级运算流图

由此可得分裂基 FFT 快速算法的基本蝶形运算单位可表示为如图 5-24 所示的形式。

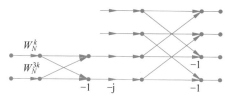

图 5-24 分裂基 FFT 算法的基本蝶形运算

与基-2 算法类似,以 $N=16$ 为例,基于式(5-50)可得出 DIT 分裂基 FFT 算法第一次分解的蝶形运算过程,如图 5-25 所示。

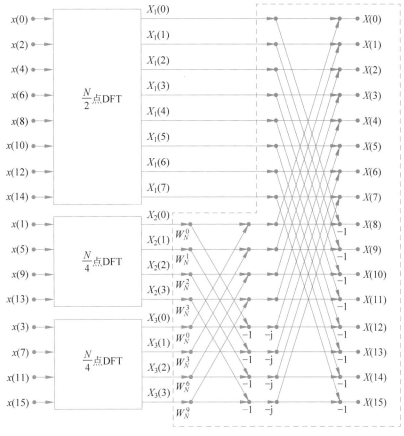

图 5-25 DIT 分裂基($N=16$)FFT 算法第一级分解过程

从图 5-25 可以看出,当 $N=16$ 时,第一级分解得到了图中虚线框内的 4 个分裂基、虚线框左方的 8 点 DFT(左上)和两个 4 点 DFT(左下)。

在第一级分解的基础上,根据式(5-50)继续进行下一级分解,即对虚线框左上的 8 点 DFT 以及左下的两个 4 点 DFT 继续进行分解,直至分解到分裂基的最小单元。对虚线框左上方的 8 点 DFT,根据式(5-50)或图 5-23 可知,对 $X_1(k)$ 进行第二级分解包含 2 个分裂基以及一个 4 点 DFT 和两个 2 点 DFT,而 $X_2(k)$ 和 $X_3(k)$ 均为 4 点 DFT,每一个 4 点 DFT 正好包含一个分裂基单元和一个 2 点 DFT。

由此可得出当 $N=16$ 时,完整分裂基运算流程图共包含 9 个分裂基,如图 5-26 所示。由于图 5-26 分裂基 FFT 算法是根据时域序号 n 的奇偶对序列进行分解的,因此,其输入和输出顺序与 DIT 基-2 FFT 算法一样,输入为正常顺序,输出为倒位序。与基-2 快速算法类似,分裂基快速算法也包括按频率抽取的分裂基快速算法。

5.6.2 分裂基算法的运算量

对于基-2 和基-4 算法,无论是基于时间抽取还是基于频率抽取,其快速算法的运算量均与算法的基本蝶形单元数量有关。分裂基算法的运算量也类似,对于 $N=2^L$ 点的分裂基

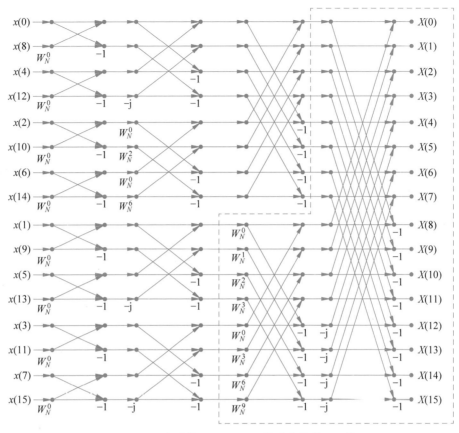

图 5-26　DIT 分裂基($N=16$)FFT 算法完整蝶形运算图

算法的运算量,其复数乘法次数与基本分裂基单元的数量密切相关,每一个分裂基蝶形结构包含两次复数乘法运算,而复数加法的运算量与蝶形图节点总数相关。若序列的点数相同,则基-2、基-4 和分裂基算法的节点数相同,故复数加法运算量与基-2 算法相同,不同 FFT 算法的运算量的差别主要体现在复数乘法运算量上,因此,估计分裂基算法总运量实际上就是计算基本分裂基单元的数量。

根据第一次分解后的蝶形运算流图(见图 5-25)可知,当 $N=2^L=16$ 时,第一级分解得到了 $2^{L-2}=2^2$ 个分裂基,同时还有 $2^{L-1}=8$ 点的 DFT 和两个 $2^{L-2}=4$ 点的 DFT。

设 $N=2^L$ 时,分裂基的数量为 s_L,因此,可得如下关于分裂基数量 S_L 的递推方程:

$$s_L = 2^{L-2} + s_{L-1} + 2s_{L-2}$$

由于 4 点构成一个基本分裂基单元,由此可得完整的递推关系表达式为

$$s_L = 2^{L-2} + s_{L-1} + 2s_{L-2}, \quad L \geqslant 2 \tag{5-51}$$

初始条件为

$$s_0 = s_1 = 0, \quad s_2 = 1$$

因此,当 $N=2^L$ 时,采用分裂基算法的复数乘法次数为

$$m_T = 2s_L$$

即

$$m_T = 2^{L-1} + 2s_{L-1} + 4s_{L-2}, \quad L \geqslant 2 \tag{5-52}$$

若初始条件为

$$s_0 = s_1 = 0, \quad s_2 = 1$$

根据式(5-51)及式(5-52),可得 4 点以上分裂基算法复数乘法运算量如表 5-5 所示,由于支路系数为 W_N^0、$W_N^{N/2}$ 时并不需要进行乘法运算,因此,实际上乘法运算量比表 5-5 略少。

表 5-5　分裂基 FFT 算法复数乘法次数

N	4	8	16	32	64	128	256	512	1024
L	2	3	4	5	6	7	8	9	10
S_L	1	3	9	23	57	135	313	711	1593
m_F	2	4	18	46	114	270	626	1422	3186

表 5-5 可以查询 1024 点以下的分裂基算法的复数乘法运算量,对于 $N > 1024$ 点的序列 $x(n)$,可以由式(5-52)递推求得复数乘法次数。从表 5-5 可以发现,分裂基算法的复数乘法次数比 $\frac{1}{3}N\log_2 N$ 更少。以 $N = 128$ 为例,$\frac{1}{3}N\log_2 N = 299$,而 $m_T = 270 < 299$;基-2 快速算法的乘法次数为 $\frac{N}{2}N\log_2 N = 448$,基-4 算法的复数乘法次数为 $\frac{3}{8}N\log_2 N = 336$,均比分裂基算法的运算量大一些。

5.7　线性调频 z 变换

FFT 算法可以快速计算出序列 $x(n)$ 的离散傅里叶变换,即有限长序列 $x(n)$ 的 z 变换 $X(z)$ 在 z 平面单位圆上 N 个等间隔抽样值。尽管 z 变换和 DFT 应用非常广泛,对推动离散频域分析起了非常重要的作用,但 z 变换在面对如下问题时仍存在明显的不足。

(1)工程应用中有时可能仅对信号的某一频段感兴趣,即只需要计算单位圆上某一局部频段的频谱值,例如,为提高窄带信号的频率分辨率,应在窄带范围内进行高密度抽样,而在窄带范围之外可以不抽样。由于 DFT 是基于单位圆上的等间隔抽样,故为了满足窄带部分需求应大幅增加频域的抽样点数,但这样做不仅增大了计算量;进而影响实时性,而且浪费资源。

(2)对非单位圆上进行抽样,例如语音信号处理需要了解 z 变换极点处的复频率,而对于稳定系统,极点位置可能与单位圆有一定的距离,因此,仅在单位圆上进行抽样难以了解极点处复频率,因而客观上需要在单位圆内部的某一曲线上进行抽样。

线性调频 z 变换(Chirp-z 变换,CZT)的提出正是为了满足上述需求,它是一种可沿 z 平面任意螺线进行抽样的频谱分析方法,并可利用 FFT 原理进行快速计算。

5.7.1　基本原理

已知序列 $x(n)$ 是点数为 N 的有限长序列,则 $x(n)$ 的 z 变换为

$$X(n) = \sum_{n=0}^{N-1} x(n)z^{-n}$$

为满足 z 变量在 z 平面的非单位圆路径上进行抽样,可以选择 z 平面的一条螺旋线进行等间隔(角度)的抽样。设抽样点 z_k 为

$$z_k = AW^{-k}, \quad k = 0,1,\cdots,M-1 \tag{5-53}$$

M 为所分析的复频域的抽样点数,M 可以大于或等于 N,A 和 W 都是任意复数,为满

足抽样路径的灵活多样性,令

$$\begin{cases} A = A_0 \mathrm{e}^{\mathrm{j}\theta_0} \\ W = W_0 \mathrm{e}^{-\mathrm{j}\phi_0} \end{cases} \tag{5-54}$$

式中,A_0 和 W_0 为正实数,将式(5-54)代入式(5-53)得

$$z_k = A_0 \mathrm{e}^{\mathrm{j}\theta_0} W_0^{-k} \mathrm{e}^{\mathrm{j}k\phi_0} = A_0 W_0^{-k} \mathrm{e}^{\mathrm{j}(\theta_0 + k\phi_0)} \tag{5-55}$$

把 $k = 0, 1, 2, \cdots, M-1$ 代入式(5-55),可得

$$z_0 = A_0 \mathrm{e}^{\mathrm{j}\theta_0}$$

$$z_1 = A_0 W_0^{-1} \mathrm{e}^{\mathrm{j}(\theta_0 + \phi_0)}$$

$$\vdots$$

$$z_k = A_0 W_0^{-k} \mathrm{e}^{\mathrm{j}(\theta_0 + k\phi_0)}$$

$$\vdots$$

$$z_{M-1} = A_0 W_0^{-(M-1)} \mathrm{e}^{\mathrm{j}[\theta_0 + (M-1)\phi_0]}$$

抽样值 z_k 在如图 5-27 所示的 z 平面的螺旋线上进行。

根据上述分析及式(5-53)可知:

(1) A_0 表示螺旋线的第一个抽样点(起始抽样点)到坐标原点的距离,即抽样点 z_0 的向量半径长度,由于稳定系统的极点在单位圆内,因此 $A_0 \leqslant 1$。

(2) θ_0 表示第一个抽样点 z_0 的相位角,可以为任意正负值。

(3) ϕ_0 表示两相邻抽样点之间的相角差,若 $\phi_0 > 0$ 时,表示抽样沿逆时针方向进行;$\phi_0 < 0$,表示抽样沿顺时针方向进行。

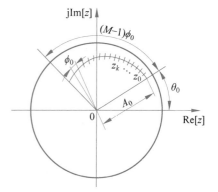

图 5-27　CZT 在 z 平面螺旋线上的抽样点

(4) W_0 表示螺旋线的伸展率,$W_0 > 1$ 时,螺旋线随着 k 的增加向圆心收缩;$W_0 < 1$ 时,螺旋线随 k 的增加远离圆心向外伸展;$W_0 = 1$ 表示以 A_0 为半径的一段圆弧,若 $A_0 = 1$ 则该圆弧是单位圆的一段。

若 $\phi_0 = \dfrac{2\pi}{N}$,$M = N$,$A = A_0 \mathrm{e}^{\mathrm{j}\theta_0} = 1$,$W_0 = 1$,则可得出 $W = \mathrm{e}^{-\mathrm{j}\frac{2\pi}{N}}$,螺旋线演变为单位圆,式(5-53)演变为 N 点 DFT 运算,即 N 个抽样点等间隔均匀分布在单位圆上。这时若取 ϕ_0 为非零任意值,则 DFT 的结果是单位圆上某一段圆弧的频谱。

将式(5-53)代入 z 变换表达式,可得

$$X(z_k) = \sum_{n=0}^{N-1} x(n) z_{z_k}^{-n} = \sum_{n=0}^{N-1} x(n) A^{-n} W^{nk}, \quad 0 \leqslant k \leqslant M-1 \tag{5-56}$$

5.7.2　CZT 快速算法

1. 快速算法原理

若对式(5-56)直接进行计算,则计算过程和方法均与直接计算 DFT 类似,可获得频域

M 个抽样点的离散频谱。

式(5-56)的运算量也可以准确估计,共包含 NM 次复数乘法和 $(N-1)M$ 次复数加法。显然,若 N 与 M 大致相当,则乘法次数 (NM) 与 DFT 的 N^2 为同阶量级,若采样点数很大,即 N 与 M 均较大,则运算量很大,将影响到 CZT 的运算速度,因此,应考虑采用快速运算。

布鲁斯坦(Bluestein)提出了实现 CZT 快速算法的基本思路,可以将该运算转换为卷积运算形式,从而可以根据 FFT 算法原理实现 CZT 快速算法,提高运算速度。

布鲁斯坦快速算法原理利用了如下代数恒等式:

$$nk = \frac{1}{2}\left[n^2 + k^2 - (k-n)^2\right]$$

将该恒等式代入式(5-56),可得

$$X(z_k) = \sum_{n=0}^{N-1} x(n)A^{-n}W^{\frac{n^2}{2}}W^{-\frac{(k-n)^2}{2}}W^{\frac{k^2}{2}} = W^{\frac{k^2}{2}}\sum_{n=0}^{N-1}\left[x(n)A^{-n}W^{\frac{n^2}{2}}\right]W^{-\frac{(k-n)^2}{2}} \tag{5-57}$$

为利用快速卷积对式(5-57)进行计算,设

$$g(n) = x(n)A^{-n}W^{\frac{n^2}{2}}, \quad n = 0,1,\cdots,N-1 \tag{5-58}$$

$$h(n) = W^{-\frac{n^2}{2}} \tag{5-59}$$

则式(5-57)可得到以下类似卷积形式的表达式:

$$X(z_k) = W^{\frac{k^2}{2}}\sum_{n=0}^{N-1}g(n)h(k-n), \quad k = 0,1,\cdots,M-1 \tag{5-60}$$

该式表明,抽样点 z_k 处的 z 变换可通过求 $g(n)$ 与 $h(n)$ 的卷积结果再乘以系数 $W^{\frac{k^2}{2}}$ 实现。因此,式(5-60)可表示为

$$X(z_k) = W^{\frac{k^2}{2}}\left[g(k) * h(k)\right], \quad k = 0,1,\cdots,M-1 \tag{5-61}$$

由此可得,计算 $X(z_k)$ 的流程如图 5-28 所示。

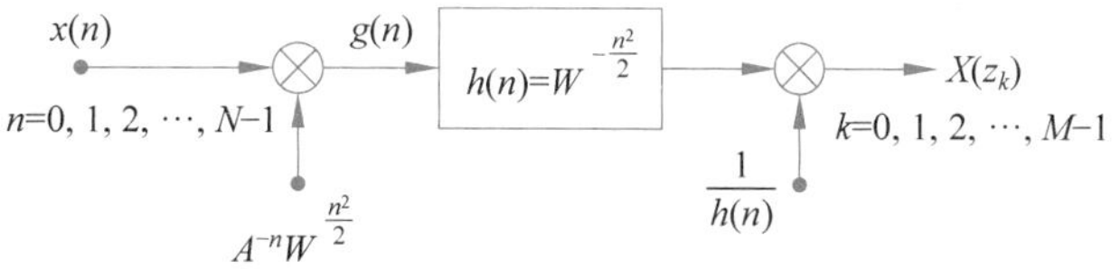

图 5-28　Chirp-z 变换运算流程

序列 $h(n) = W^{-\frac{n^2}{2}}$ 可以理解为频率随离散时间 (n) 呈线性增长的复指数序列,该信号形式是雷达系统中的一种重要信号类型,称为线性调频信号(Chirp signal),因此,该变换称为线性调频 z 变换。

2. 快速算法实现步骤

根据式(5-61)计算卷积,先分析序列 $g(n)$ 和 $h(n)$ 的长度和区间范围,由于 $x(n)$ 是 N 点序列,$n = 0,1,2,\cdots,N-1$,因此 $g(n)$ 也是 N 点序列。而 $h(n) = W^{-\frac{n^2}{2}}$ 为无限长偶对称序列,但由于 z 平面上的抽样点只有 M 个,根据式(5-60),若将 $h(n)$ 视为单位抽样响应,则

$$k = 0,1,2,\cdots,M-1$$

$h(n)$是非因果线性系统,$h(n)$在$n=-(N-1)\sim(M-1)$范围内取值,如图 5-29 所示,$h(n)$为 $L=N+M-1$ 点有限长序列。

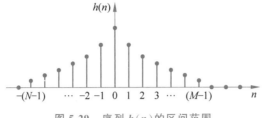

图 5-29　序列 $h(n)$ 的区间范围

根据序列自变量的取值范围,$g(n)*h(n)$卷积序列的长度为 $2N+M-2$,根据圆周卷积代替线性卷积的条件,圆周卷积长度应不小于 $2N+M-2$。

由于仅需计算 $X(z_k)$ 的前 M 个值,因此,为了降低运算量,可将圆周卷积的点数 L 取为

$$L \geqslant N+M-1$$

L 应为 2 的整数幂,取满足条件的最小 L 值即可。根据运算要求,对序列 $h(n)$ 应补零值点,使序列长度等于 L,即从 $n=M$ 开始补 $L-(N+M-1)$ 个零点,当 $n=L-N$ 时,对序列 $h(n)$ 以 L 为周期进行周期延拓,对 $g(n)$ 同样在末端补零至 L 点。$h(n)$ 和 $g(n)$ 均为 L 点序列之后,就可以进行 CZT 快速运算了,一般包括如下五个步骤。

(1) 计算 $\text{FFT}[g(n)]$。

根据线性调频计算原理、圆周卷积代替线性卷积的条件以及 FFT 计算对点数的要求,选择满足 $L \geqslant N+M-1$ 和 L 取 2 的整数幂的最小整数,然后对序列 $g(n)=x(n)A^{-n}W^{\frac{n^2}{2}}$ 的末端按如下方式补零值点,使序列 $g(n)$ 成为 L 点有限长序列:

$$g(n)=\begin{cases} A^{-n}W^{\frac{n^2}{2}}x(n), & 0 \leqslant n \leqslant N-1 \\ 0, & N \leqslant n \leqslant L-1 \end{cases} \tag{5-62}$$

并计算序列 $g(n)$ 的 L 点 FFT 运算,得 L 点 $G(k)$,即

$$G(k)=\text{FFT}[g(n)]$$

(2) 计算 $\text{FFT}[h(n)]$。

对序列 $h(n)$ 补零点成为 L 点有限长序列,在 $n=0\sim(M-1)$ 范围内取 $h(n)=W^{-\frac{n^2}{2}}$,在 $n=M\sim(L-N)$ 范围内 $h(n)$ 可取任意值,或者直接取零值,在 $n=(L-N+1)\sim(L-1)$ 范围内,$h(n)=W^{-\frac{n^2}{2}}$ 并进行周期延拓,则延拓序列为 $W^{-\frac{m^2}{2}}$,即

$$h(n)=\begin{cases} W^{-\frac{n^2}{2}}, & 0 \leqslant n \leqslant M-1 \\ 0(\text{或任意值}), & M \leqslant n \leqslant L-N \\ W^{-\frac{(L-n)^2}{2}}, & L-N+1 \leqslant n \leqslant L-1 \end{cases} \tag{5-63}$$

根据序列 $h(n)$ 的表达式可知,$h(n)$ 是序列 $W^{-\frac{m^2}{2}}$ 以 L 为周期进行周期延拓的主值序列,如图 5-30 所示,对序列 $h(n)$ 进行 L 点 FFT 运算,即

$$H(k) = \mathrm{FFT}[h(n)]$$

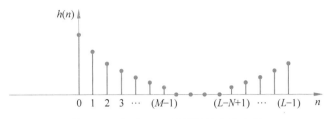

图 5-30 序列 $h(n)$ 延拓后的主值序列

（3）计算频域乘积。

计算频域序列 $H(k)$ 和 $G(k)$ 的乘积，即计算 $Y(k) = H(k)G(k)$，得到 L 点频域序列 $Y(k)$。

（4）计算圆周卷积。

计算 $Y(k)$ 的 L 点傅里叶逆变换，即对 $Y(k)$ 进行 IFFT 计算，得到 $h(n)$ 与 $g(n)$ 的圆周卷积序列为

$$y(n) = h(n) \otimes g(n) = \frac{1}{L} \sum_{k=0}^{L-1} H(k)G(k) \mathrm{e}^{\mathrm{j}\frac{2\pi}{L}kn}$$

圆周卷积序列 $y(n)$ 的前 M 个值等于原 $h(n)$ 与 $g(n)$ 的线性卷积，当 $n \geqslant M$ 时，序列 $y(n)$ 的值无意义，可以不予计算。

（5）计算 $X(z_k)$。

$$X(z_k) = W^{\frac{k^2}{2}} y(k), \quad 0 \leqslant k \leqslant M-1 \tag{5-64}$$

3. MATLAB 实现 CZT 快速算法

MATLAB 提供了实现 CZT 快速算法函数 czt，调用格式如下：

```
y = czt(x,M,W,A)
```

该函数的功能是计算长度为 M 点的序列 $x(n)$ 的 Chirp-z 变换 $X(z_k)$，A 为频率抽样的起始点位置，W 为采样轮廓线上各抽样点之间的比率，y 用于存储 CZT 的变换值 $X(z_k)$。

5.7.3 CZT 算法运算量

当 N 和 M 很大时，采用 CZT 快速算法计算 $X(z_k)$ 比直接求 $X(z_k)$ 能有效节省运算量，CZT 快速算法所需的运算量主要包括如下几项。

（1）求 $g(n)$ 的系数。补零点时获得 L 点序列 $g(n) = (A^{-n} W^{\frac{n^2}{2}})x(n)$，由于仅有 N 点非零值，复数乘法次数为 N 次，而 $g(n)$ 的系数 $A^{-n} W^{\frac{n^2}{2}}$ 可用如下递推法求解：

$$g(n) = (A^{-n} W^{\frac{n^2}{2}})x(n) = C_n x(n)$$

式中

$$C_n = A^{-n} W^{\frac{n^2}{2}} = C_{n-1} D_{n-1}$$

$$D_n = W^n W^{\frac{1}{2}} A^{-1} = W^n D_0 = W D_{n-1}$$

初始条件为

$$C_0 = 1, \quad D_0 = W^{\frac{1}{2}} A^{-1} = \frac{W_0^{1/2}}{A_0} e^{-j\left(\frac{\phi_0}{2} + \theta_0\right)}$$

因此,根据式(5-85)可求出 N 个系数 C_n,共包括 $2N$ 次复数乘法。

(2) 求 $h(n)$ 的系数。补零点得到 L 点序列 $h(n)$,而 $h(n)$ 由 $W^{-\frac{n^2}{2}}$ 在 $-(N-1) \leqslant n \leqslant M-1$ 段内的序列值构成,由于 $W^{-\frac{n^2}{2}}$ 具有偶对称性,故若 $N > M$,则只需求出 $0 \leqslant n \leqslant N-1$ 范围内的 N 点序列值即可。和步骤(1)类似,$W^{-\frac{n^2}{2}}$ 的值同样采用递推法求解,共需 $2N$ 次复数乘法。

(3) 计算 $G(k)H(k)$。需两次 L 点 FFT 运算,复数乘法运算量为 $2 \times \frac{1}{2} L \log_2 L$。

(4) 计算圆周卷积 $y(n)$。需一次 L 点 IFFT 运算,复数乘法运算量为 $\frac{1}{2} L \log_2 L$。

(5) 计算 $Y(k) = G(k)H(k)$。需 L 次复数乘法。

(6) 计算 $X(z_k)$。$X(z_k) = W^{\frac{k^2}{2}} y(k)$ ($0 \leqslant k \leqslant M-1$),需 M 次复数乘法。

因此,计算 CZT 全部值所需的复数乘法次数为

$$m_T = \frac{3}{2} L \log_2 L + 5N + L + M \tag{5-65}$$

而直接计算 $X(z_k)$ 的复数乘法次数为 NM 次,当 N、M 均为较大数时,采用基于 FFT 的 CZT 快速算法比直接计算的运算量要小很多,且 N、M 越大,优势越明显,例如若 $N = M = 64$,CZT 快速算法与直接算法的乘法运算量相差无几,若 $N = M = 128$,则快速运算开始显示出优势。

CZT 的算法非常灵活,时域输入序列 $x(n)$ 的点数 N 可以和频域序列的点数 M 不相等,且 N 和 M 均可以是质数或其他任意正整数。抽样间隔 ϕ_0 可以根据需要任意选取,即频率分辨率可以根据需要进行调整。计算 z 变换的螺旋线也可以根据需要进行选择。第一个采样点的选取也无特殊限制,可以根据应用需要自由选择,即可以从任意复频率开始对输入数据进行分析,可以方便地对窄带高频信号进行高密度抽样分析。相比 DFT 而言,CZT 是进行频谱细化分析的一种方法,对于某些特定应用,FFT 不能精确反映信号的局部频谱特性,但采用 CZT 算法可以获得更精确的频谱特性。

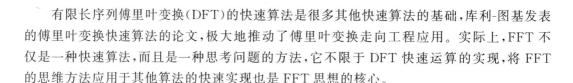

5.8 线性卷积与线性相关的 FFT 算法

有限长序列傅里叶变换(DFT)的快速算法是很多其他快速算法的基础,库利-图基发表的傅里叶变换快速算法的论文,极大地推动了傅里叶变换走向工程应用。实际上,FFT 不仅是一种快速算法,而且是一种思考问题的方法,它不限于 DFT 快速运算的实现,将 FFT 的思维方法应用于其他算法的快速实现也是 FFT 思想的核心。

5.8.1 线性卷积的 FFT 算法

线性卷积运算是信号处理的基本运算,应用非常广泛。例如,对于 FIR 滤波器,其输出

等于滤波器的单位冲激响应 $h(n)$ 与输入信号 $x(n)$ 的线性卷积。

设输入序列 $x(n)$ 为 N 点,单位冲激响应序列 $h(n)$ 为 M 点,则输出 $y(n)$ 为

$$y(n) = x(n) * h(n) = \sum_{m=0}^{M-1} h(m) x(n-m)$$

$y(n)$ 为 $L = N+M-1$ 点有限长序列。

1. 线性卷积的运算量

根据线性卷积的计算公式,序列 $x(n)$ 的每一个值都必须和序列 $h(n)$ 的全部值进行乘法运算,因此,线性卷积的乘法的总运算量为 NM 次,以 M_{Con} 表示乘法次数,则有

$$M_{\text{Con}} = NM \tag{5-66}$$

对于线性相位 FIR 滤波器而言,由于满足

$$h(n) = \pm h(M-1-n)$$

所以线性相位数字滤波器的网络结构通常是 $h(n)$ 与 $h(M-1-n)$ 共用放大器,因此,乘法运算次数可以减少一半,即

$$M_{\text{Con}} = \frac{NM}{2} \tag{5-67}$$

由上可知,线性卷积算法复数乘法的运算量为 $M_{\text{Con}} = NM$,虽然在线性相位数字滤波器中运算量为 $M_{\text{Con}} = \dfrac{NM}{2}$,当两序列长度接近时,如 N 与 M 接近或者 $N = M$ 时,则运算量近似为 N^2。由于计算 N 点序列 $x(n)$ 的 DFT 运算量为 N^2,即线性卷积和 DFT 运算量相等,都非常大,因此,对于线性卷积,采用快速算法具有很好的效果。

2. 线性卷积的快速算法

线性卷积快速算法的基本思路是以 FFT 算法为基础进行快速运算,即用圆周卷积来代替该线性卷积,然后用 FFT 算法进行计算,如图 5-31 所示。

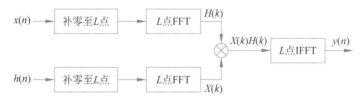

图 5-31 线性卷积快速算法结构

当序列 $x(n)$ 和 $h(n)$ 末端补零值点至 $L \geqslant N+M-1$ 时,则圆周卷积可以代替线性卷积,因此,需要在序列 $x(n)$ 和 $h(n)$ 末端补零点,使 $L \geqslant N+M-1$ 并取 L 为 2 的整数幂,此时可以采用 FFT 算法,即

$$x(n) = \begin{cases} x(n), & 0 \leqslant n \leqslant N-1 \\ 0, & N \leqslant n \leqslant L-1 \end{cases}$$

$$h(n) = \begin{cases} h(n), & 0 \leqslant n \leqslant M-1 \\ 0, & M \leqslant n \leqslant L-1 \end{cases}$$

补零后计算圆周卷积为

$$y(n) = x(n) \otimes h(n)$$

由于 $L \geqslant N+M-1$ 时,圆周卷积与线性卷积结果一致。因此,可得线性卷积快速运算

的基本步骤如下。

(1) 计算 $H(k) = \text{FFT}[h(n)]$。

(2) 计算 $X(k) = \text{FFT}[x(n)]$。

(3) 计算 $Y(k) = X(k)H(k)$。

(4) 计算 $y(n) = \text{IFFT}[Y(k)]$。

步骤(1)、(2)、(4)均采用 FFT 进行计算,步骤(3)为乘法运算,因此,线性卷积快速算法的乘法运算量包括三次 FFT 运算和 N 次乘法运算,总运算量如下:

$$m_T = \frac{3}{2}L\log_2 L + L = L\left(1 + \frac{3}{2}\log_2 L\right) \tag{5-68}$$

虽然运算量包含 3 个 L 点的 FFT 运算,但当 N 和 M 较大时(即 L 比较大),依然具有很好的快速运算效果。现在以线性相位 FIR 数字滤波器为例,分析直接计算线性卷积和用 FFT 计算线性卷积这两种方法的乘法次数。

令 k 为 m_{Con} 与 m_T 的比值,则

$$k = \frac{m_{\text{Con}}}{m_T} = \frac{NM}{2L\left(1 + \frac{3}{2}\log_2 L\right)} \tag{5-69}$$

若 $k > 1$ 时,说明采用线性卷积快速算法能节省运算量。$L = N + M - 1$,工程应用中,一般 $x(n)$ 和 $h(n)$ 的点数较大,即 N 和 M 较大,因而 $L \approx N + M$,根据代数知识,M 和 N 越接近时,乘积 NM 越大,分两种情况讨论。

1) $x(n)$ 与 $h(n)$ 点数接近

若 $M = N$,对提升比值 k 有利,这时 $L = 2N - 1 \approx 2N$,则

$$k = \frac{NM}{2L\left(1 + \frac{3}{2}\log_2 L\right)} \approx \frac{N^2}{4L\left(1 + \frac{3}{2}\log_2(2N)\right)} = \frac{N}{4(2.5 + 1.5\log_2 N)} = \frac{N}{10 + 6\log_2 N}$$

根据序列长度不同,运算量比值如表 5-6 所示

表 5-6　线性卷积直接计算与快速算法运算量比值($N = M$)

$N = M$	8	32	64	128	256	512	1024	2048	4096
k	0.286	0.80	1.39	2.46	4.41	8	14.62	26.95	49.95

根据表 5-6,若 $N = M = 8$、32 时,快速算法的运算量反而大于直接卷积,此时不宜采用快速算法。若 $N = M = 64$,快速算法比直接卷积效果略好,因此 $N = M = 64$ 是节省运算量的临界值。若 $N = 512$,快速算法的运算量仅为直接卷积的 1/8;若 $N = 4096$,快速算法的运算量仅有直接卷积的 2%。

【例 5-2】　FFT 计算快速卷积示例。

已知序列 $x(n)$ 和 $h(n)$ 如下:

$$x(n) = 0.6^n, \quad 0 \leqslant n \leqslant 15, h(n) = R_{15}(n)$$

试计算 $y(n) = x(n) * h(n)$。

解:用 FFT 计算线性卷积,应注意圆周卷积代替线性卷积的条件为

$$L \geqslant N_1 + N_2 - 1$$

$$N_1 = \text{length}[x(n)], \quad N_2 = \text{length}[h(n)]$$

计算线性卷积的 MATLAB 程序如下：

```
clc;clear all;close all
n = [0:1:15];xn = 0.6.^n;n1 = length(n);
m = [0:1:15];n2 = length(m);hn = ones(1,n2);
L = n1 + n2 - 1;
Xk = fft(xn,L);Hk = fft(hn,L);Yk = Xk. * Hk;
yn = ifft(Yk,L)
figure(1);stem(abs(yn))
xlabel('n');ylabel('y(n) = x(n) * h(n)');
title('FFT 实现快速卷积运算');
axis([0,32,0,1.1 * max(yn)]);
```

程序计算结果如下：

```
yn = Columns 1 through 12
    1.0000    1.6000    1.9600    2.1760    2.3056    2.3834    2.4300    2.4580
    2.4748    2.4849    2.4909    2.4946
  Columns 13 through 24
    2.4967    2.4980    2.4988    2.4993    1.4993    0.8993    0.5393    0.3233
    0.1937    0.1159    0.0693    0.0413
  Columns 25 through 31
    0.0245    0.0144    0.0084    0.0047    0.0026    0.0013    0.0005
```

FFT 快速卷积结果的波形如图 5-32 所示。

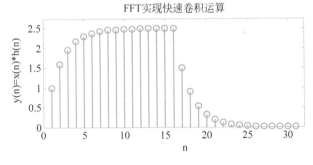

图 5-32　FFT 计算线性卷积的结果

2）$x(n)$ 与 $h(n)$ 点数相差很大

若序列 $x(n)$ 的点数很多，即

$$N \gg M$$

则有

$$L = N + M - 1 \approx N$$

可得

$$k = \frac{NM}{2L\left(1 + \dfrac{3}{2}\log_2 L\right)} \approx \frac{NM}{2N\left(1 + \dfrac{3}{2}\log_2 N\right)} = \frac{M}{2 + 3\log_2 N} \tag{5-70}$$

当 L 与 M 相差很大时，k 值将快速下降，线性卷积快速算法的优越性就难以体现，这时，可以采用分段卷积方法进行卷积快速运算。

应用中，有时会遇到一个短序列与一个长序列的卷积计算问题，显然，这时不宜直接应用上述卷积快速算法，否则浪费资源。可以考虑将长序列分解为与短序列点数相当或相等的若干段，分别计算每一段的卷积结果，然后用合适的方法将各段的计算结果合并，得到最终计算结果。由于分段后点数相当,故对每一段的卷积运算均可采用快速算法。对 $x(n)$ 分段进行卷积运算的方法包括重叠相加法和重叠保留法两种。

(1) 重叠相加法。

重叠相加法(overlap-add)是指在计算分段卷积时需要对各输出段的重叠部分进行相加,因而称为重叠相加法。

设 $x(n)$ 为长序列,$h(n)$ 为短序列,点数为 M。将长序列 $x(n)$ 分解为互不重叠的若干段,每段为 N 点,N 与 M 相等或相差不大,令 $x_i(n)$ 表示 $x(n)$ 的第 i 段:

$$x_i(n) = \begin{cases} x(n), & iN \leqslant n \leqslant (i+1)N-1 \\ 0, & 其他 \end{cases}, \quad i = 0,1,\cdots \tag{5-71}$$

则输入序列 $x(n)$ 可表示为

$$x(n) = \sum_i x_i(n) \tag{5-72}$$

$$y_i(n) = \sum_i x_i(n) * h(n)$$

因此,$x(n)$ 与 $h(n)$ 的线性卷积等于各 $x_i(n)$ 与 $h(n)$ 的线性卷积之和,即

$$y(n) = x(n) * h(n) = \sum_i x_i(n) * h(n) \tag{5-73}$$

求和的每一卷积项都可采用线性卷积的快速算法进行计算。由于每一段的卷积结果 $y_i(n) = \sum_i x_i(n) * h(n)$ 的长度为 $L \geqslant N+M-1$,L 向上取值并符合 FFT 算法要求。

应用快速算法计算每一段的卷积前,应先对 $x_i(n)$ 及 $h(n)$ 末端补零点,补到 L 点,以满足圆周卷积代替线性卷积 $y_i(n)$ 的条件,方便进行快速卷积运算:

$$y_i(n) = x_i(n) \bigotimes h(n)$$

因为 $x_i(n)$ 为 L 点,而 $y_i(n)$ 为 $N = L+M-1$ 点,故相邻两段卷积计算的结果将有 $(M-1)$ 点产生重叠,即上一段卷积结果的后 $(M-1)$ 点和下一段卷积运算结果的前 $(M-1)$ 个点发生重叠。根据式(5-73),应将重叠部分相加,再与无重叠部分合并为 $y(n)$ 的输出结果。

因此,采用 FFT 实现重叠相加法的步骤如下:

① 用 FFT 计算 $H(k) = \text{DFT}[h(n)]$;

② 用 FFT 计算 $X_i(k) = \text{DFT}[x_i(n)]$;

③ 计算乘积运算 $Y_i(k) = X_i(k)H(k)$;

④ 用 IFFT 计算 $y_i(n) = \text{IDFT}[Y_i(k)]$;

⑤ 将各段卷积结果 $y_i(n)$ 相加,注意重叠区间的长度,$y(n) = \sum_i y_i(n)$。

【例 5-3】 重叠相加法计算线性卷积示例。

已知序列 $x(n)$ 和 $h(n)$ 如下:

$$x(n) = 3n-1, \quad 0 \leqslant n \leqslant 15, \quad h(n) = [1,0,-1]$$

试采用重叠相加法计算 $y(n) = x(n) \bigotimes h(n)$。

解:对于两序列长度相差很大的线性卷积计算,可以采用重叠相加法。

MATLAB 提供了基于 FFT 的重叠相加法计算线性卷积的函数 fftfilt.m,该函数计算圆周卷积时采用快速傅里叶变换 FFT。函数调用格式如下:

```
y = fftfilt(h,x,L)
```

x 和 h 分别表示序列 $x(n)$ 和 $h(n)$，L 表示分段长度，该参数可用默认值，调用格式如下：

```
y = fftfilt(h,x)
```

分段长度 L 为默认值时，系统自动对长序列选择一个合适的分段长度。

计算线性卷积的 MATLAB 程序如下：

```
clc;clear all;close all
n = 0:15;
x = 3 * n - 1;h = [1,0, - 1];
y = fftfilt(h,x)
```

本题 $x(n)$ 和 $h(n)$ 的序列长度相差较大，为了加深对重叠相加法的理解，程序设置了分段长度为 3 和 4 两种情况，计算结果相同。

程序计算的卷积结果如下：

```
y =  Columns 1 through 11
 - 1.0000    2.0000    6.0000    6.0000    6.0000    6.0000    6.0000    6.0000
 6.0000    6.0000    6.0000
Columns 12 through 16
 6.0000    6.0000    6.0000    6.0000    6.0000
```

（2）重叠保留法。

重叠保留法(overlap-save)与重叠相加法的相同之处是都需要先对序列 $x(n)$ 进行分段，分为长度为 N 点的若干短序列。不同之处是，对分段之后的短序列的处理方式不同，重叠保留法的计算步骤如下。

① 分段。重叠保留法对短序列不进行补零操作，而是在 $x_i(n)$ 的开始部分补上前一段 $x_{i-1}(n)$ 保留下来的 $(M-1)$ 个输入序列的值，组成长度为 $L=N+M-1$ 点的第 i 段序列 $x_i(n)$。若 $L=N+M-1$ 不满足 2 的整数幂，则可在每段序列末端补零值点以达到要求。

② 首段单独处理。分段的第一段 $x_0(n)$ 由于没有上一段，应特殊处理，这时可以直接将第一段 $x_0(n)$ 的前 $(M-1)$ 个值赋为零。

③ 计算各段线性卷积。采用 FFT 计算 $h(n)$ 和 $x_i(n)$ 的线性卷积，这时每段圆周卷积计算结果的前 $(M-1)$ 点的值存在误差，不等于线性卷积的值，应舍去，保留后面的 $N-M+1$ 点的值。

④ 修正后连接成卷积序列 $y(n)$。完成每一段卷积的计算并修正到正确值，最后将修正后正确的卷积结果 $y_i(n)$ 连接成一个输出序列 $y(n)$。

由于该方法在计算时，每一组（每一段）均由前一段保留下来的 $(M-1)$ 个点和新的 $(N-M+1)$ 个点所组成，故称为重叠保留法。

【例 5-4】 重叠保留法计算线性卷积示例。

已知序列 $x(n)$ 和 $h(n)$ 如下：

$$x(n) = 6n - 1, \quad 0 \leqslant n \leqslant 15, \quad h(n) = [1,0, - 1]$$

试采用重叠保留法计算 $y(n) = x(n) * h(n)$。

解：重叠保留法计算线性卷积的 MATLAB 程序如下：

```
clc;close all;clear all;
n = 0:12;x = 6 * n - 1;h = [1,0, - 1];
L_x = length(x);L_h = length(h);
N = 6;N = 2^(ceil(log10(N)/log10(2)));
M = L_h - 1;L = N - M;
h_fft = fft(h,N);
k = ceil(L_x/L);
x = [zeros(1,M),x,zeros(1,N - 1)];
y = zeros(k,N);
for i = 0:k - 1
    xk = fft(x(i * L + 1:i * L + N));
    y(i + 1,:) = real(ifft(xk. * h_fft));
end
y = y(:,L_h:N)'; % 舍弃前面 M 个值
yn = (y(:))'
```

计算的卷积结果如下：

```
yn = - 1.0000    5.0000    12.0000    12.0000    12.0000    12.0000    12.0000    12.0000
12.0000    12.0000    12.0000    12.0000    12.0000    - 65.0000    - 71.0000
```

5.8.2 线性相关的 FFT 算法

线性相关包括自相关与互相关，它们在信息与通信、统计和信号处理等众多领域得到了广泛应用。互相关函数和自相关函数都是信号分析与处理的重要概念，互相关函数表示两个不同时间序列之间的相关程度，它描述了信号 $x(n)$ 与 $y(n)$ 在任意两个不同时刻取值之间的相关程度，两个不同信号既可以是确定性信号，也可以是随机信号。一般情况下，信号相关的概念通常指两个信号的互相关。

应用 FFT 计算相关，即利用圆周相关来计算线性相关，常称之为快速相关计算。与线性卷积的快速算法类似，也应采用末端补零点的方法避免混叠失真。

设序列 $x(n)$ 长度为 N 点，$y(n)$ 长度为 M 点，线性相关定义如下：

$$r_{xy}(n) = \sum_{m=0}^{M-1} x(n+m) y^*(m) \tag{5-74}$$

用圆周相关代替线性相关应满足 $L \geqslant N + M - 1$，且 L 为 2 的整数幂，因此，需对序列末端按如下方式补零：

$$x(n) = \begin{cases} x(n), & 0 \leqslant n \leqslant N-1 \\ 0, & N \leqslant n \leqslant L-1 \end{cases}$$

$$y(n) = \begin{cases} y(n), & 0 \leqslant n \leqslant M-1 \\ 0, & M \leqslant n \leqslant L-1 \end{cases}$$

快速相关计算的步骤如下：

(1) 求 L 点 FFT，$X(k) = \text{DFT}[x(n)]$；

(2) 求 L 点 FFT，$Y(k) = \text{DFT}[y(n)]$；

(3) 求乘积，$R_{xy}(k) = X(k) Y^*(k)$；

(4) 求 L 点 IFFT，$r_{xy}(n) = \text{IFFT}[R_{xy}(k)]$。

由计算步骤可知，采用 FFT 算法计算线性相关的运算量与采用 FFT 计算线性卷积的运算量是相等的，而且可以应用已有的 FFT 算法程序进行计算。

【例 5-5】　FFT 计算线性相关示例。

已知序列 $x(n)$ 和 $y(n)$ 如下：

$$x(n) = [3,5,7,0,-1,3,5], \quad y(n) = R_{15}(n)$$

试计算 $x(n)$ 与 $y(n)$ 的线性相关。

解：用 FFT 计算线性相关，应先对序列 $x(n)$ 和 $y(n)$ 的末端补零值点，直至长度满足条件：

$$L \geqslant N_1 + N_2 - 1$$
$$N_1 = \text{length}[x(n)], \quad N_2 = \text{length}[y(n)]$$

计算线性卷积的 MATLAB 程序如下：

```
clc;clear all;close all
xn = [3,5,7,0,-1,3,5];n1 = length(xn);
noise = randn(1,n1);
yn = [5,7,0,-1,3,5,3];
n1 = length(xn);n2 = length(yn);
L = n1 + n2 - 1;
Xk = fft(xn,L);Yk = fft(yn,L);
Rk = conj(Xk). * Yk;Rxy = ifft(Rk,L)
figure(1);n = length(Rxy);stem(abs(Rxy))
xlabel('n');ylabel('序列相关');
title('FFT 实现快速相关计算');
axis([0,16,0,1.1 * max(Rxy)]);
```

线性相关的计算结果如下：

```
Rxy = 77.0000   18.0000   13.0000   47.0000   55.0000   30.0000      9.0000   25.0000
50.0000    16.0000    -12.0000    47.0000    109.0000
```

线性相关的波形如图 5-33 所示。

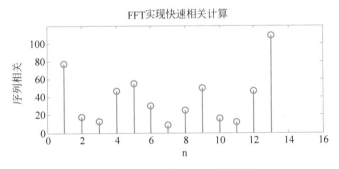

图 5-33　FFT 计算线性相关的结果

习题

1. 已知 $X(k)$ 和 $Y(k)$ 是两个 N 点实序列 $x(n)$ 和 $y(n)$ 的 DFT，即

$$X(k) = \text{DFT}[x(n)] = \sum_{n=0}^{N-1} x(n)z^{-n}$$

$$Y(k) = \text{DFT}[y(n)] = \sum_{n=0}^{N-1} y(n)z^{-n}$$

为了提高计算效率,试设计用一个 N 点 IDFT/IFFT 计算出 $x(n)$ 和 $y(n)$ 的算法。

2. 试根据 DIT 算法原理,绘出当 $N=8$ 时,DIT 基-2 快速算法完整的蝶形运算图,其中输入为自然顺序,输出为倒位序,并标出正确的支路系数。

3. 若计算机运算一次复数乘法的平均时间为 $2\mu s$,计算一次复数加法的平均时间为 $0.2\mu s$,用该计算机求 1024 点 DFT,试计算完成下列运算所需的时间:

(1) 使用 DFT 计算需要多少时间?

(2) 使用 FFT 计算需要多少时间?

4. 试根据 DIT 算法原理,绘出当 $N=16$ 时,DIT 基-2 快速算法完整的蝶形运算图,其中输入为倒位序,输出为自然顺序,并标出正确的支路系数。

5. 若有限长序列 $x(n)$ 的长度 $N=64$,试写出 DIT 基-2 FFT 算法(输入倒位序、输出自然顺序)完整蝶形图中第三级蝶形运算中的全部支路系数。

6. 试根据 DIF 算法原理,绘出当 $N=16$ 时,DIF 基-2 快速算法完整的蝶形运算图,其中输入为自然顺序,输出为倒位序,并标出正确的支路系数。

7. 已知 $x(n)$ 为 8 点有限长序列,其定义如下:

$$x(n)=\begin{cases}1, & 0\leqslant n\leqslant 7 \\ 0, & 其他\ n\end{cases}$$

若 z 平面螺线路径参数如下:

$$A_0=0.8, \quad W_0=1.2, \quad \theta_0=\frac{\pi}{3}, \quad \phi_0=\frac{\pi}{10}$$

试完成如下计算:

(1) 采用 CZT 算法求其前 10 点的复频谱 $X(z_k)$;

(2) 根据 CZT 实现原理,绘出 z_k 的路径图。

8. CZT 算法可用于计算 N 点有限长序列 $h(n)$ 在 z 平面实轴上各 z_k 点的 z 变换 $H(z)$,使

(a) $z_k=ak$,$k=0,1,\cdots,N-1$,a 为实数,$a\neq 0$

(b) $z_k=a^k$,$k=0,1,\cdots,N-1$,a 为实数,$a\neq\pm 1$

(c) (a)和(b)都可以

(d) (a)和(b)都不可以

上述说法中哪一说法是正确的? 并简要分析原因。

9. 对信号 $x(t)=\mathrm{e}^{-0.1t}$,$t\geqslant 0$ 进行频谱分析。

(1) 根据傅里叶变换求出其频谱;

(2) 若以 $T=0.75\mathrm{s}$ 的抽样间隔对 $x(t)$ 采样,求离散信号频谱的重复周期 Ω_s。

10. 已知序列 $h(n)$ 为 $N=8$ 点的有限长序列,$H(\mathrm{e}^{\mathrm{j}\omega})=\mathrm{DTFT}[h(n)]$。如果要计算 $H(\mathrm{e}^{\mathrm{j}\omega})$ 在频率 $\omega_k=\frac{2\pi}{64}k^2$($k=0,1,\cdots,7$)共 8 个频率抽样点处的值,要求采用绿色计算,即不能采用先算出超过 8 个抽样点,再舍弃一些点的计算方法,试分析采用 CZT 算法是否可行? 并简要说明理由。

11. 已知 FIR 滤波器的单位抽样响应 $h(n)$ 为 $M=60$ 的有限长序列,若用该滤波器对一串很长的数据进行滤波,并采用基于重叠保留法的 FFT 实现这一滤波功能,离散傅里叶

变换为 128 点。为了实现该滤波功能:(1)各输入段必须重叠多少个抽样点? (2)数据如何分段? (3)从每一段卷积结果中取出多少个点才能使这些值连接在一起得到正确的卷积序列(滤波器的输出)? (4)若对于长数据已分段为每段 120 点,应如何处理?

12. 已知序列 $x(n)$ 和 $h(n)$ 如下:

$$x(n) = \{2,8,2,1,8,2,1,2,1,6\}, \quad h(n) = \{-1,0,1\}$$

试用基于重叠相加法的 FFT 算法计算序列 $x(n)$ 和 $h(n)$ 的线性卷积。

13. 已知序列 $x(n)$ 和 $h(n)$ 如下:

$$x(n) = \{2,1,2,1,8,2,1,6,2\}, \quad h(n) = x(n-3)$$

试用 FFT 计算序列 $x(n)$ 和 $h(n)$ 的互相关序列。

第6章 数字滤波器的基本结构

数字信号处理的重要目的是通过设计某种算法或者某种设备来处理数字信号,并使处理器具有稳定和确定的优良特性。因此,与 DFT/FFT 一样,设计滤波器的算法结构也是信号处理的重要内容之一。数字滤波器的运算速度、误差、稳定性和成本都与数字滤波器的结构密切相关。本章主要内容包括数字滤波器结构的表示方法、无限冲激响应(IIR)数字滤波器的结构和有限冲激响应(FIR)数字滤波器的结构等。

6.1 数字滤波器结构的表示方法

任一数字滤波器,可以用如下系统函数或差分方程进行描述:

$$H(z) = \frac{\sum_{k=0}^{M} b_k z^{-k}}{1 - \sum_{k=1}^{N} a_k z^{-k}}, \quad M \leqslant N \tag{6-1}$$

$$y(n) = \sum_{k=0}^{M} b_k x(n-k) + \sum_{k=1}^{N} a_k y(n-k) \tag{6-2}$$

从上述描述可以看出,数字滤波器的功能是将输入序列 $x(n)$ 经过某种适当的运算转换为输出序列 $y(n)$。也就是说,数字滤波器是按照一定的运算关系将输入序列转换为输出序列的数字系统。这一运算系统既可以用软件来实现,也可以用硬件来实现,还可以采用不同的运算结构来表示,结构对数字滤波器的运算速度、误差和复杂程度有直接影响。

同一滤波器系统可以用不同的结构来实现,而不同的结构形式决定了滤波器的特点和性能。凡是科学的结论,无论是自然科学还是社会科学,道理都是相通的,新中国成立 70 多年来,我国取得了举世瞩目的成就,这些成绩的取得源于社会制度的优越性,源于国家治理结构和体制的科学性和优越性。

1. 基本结构的表示方法

根据式(6-2)滤波器的差分方程可知,实现数字滤波器的运算功能需要加法器、乘法器和单位延时器 3 种基本运算单元。如图 6-1 所示,这 3 种基本运算单元既可以用方框图表示,也可以用信号流图表示,图 6-1(a)为方框图,图 6-1(b)为信号流图。

2. 数字滤波器结构的表示

虽然信号流图表示法与方框图表示法是完全等效的,但信号流图表示法更简洁,因此,

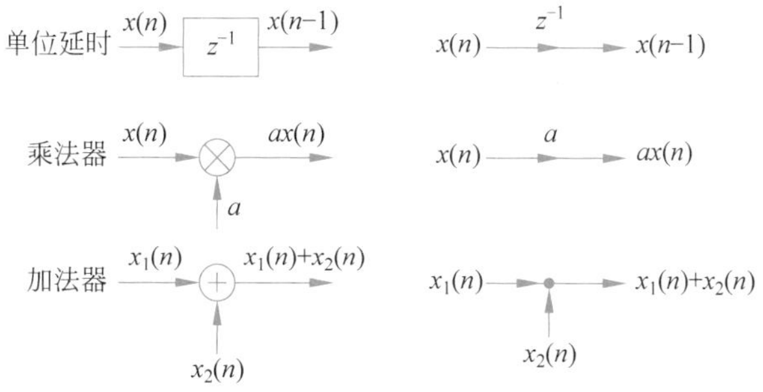

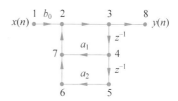

图 6-1　3 种基本运算单元的方框图及信号流图表示

数字滤波器的表示方法一般采用信号流图表示。现在以一个二阶数字滤波器系统为例介绍如何用加法器、乘法器和延迟单元来表示数字滤波器的结构。

【例 6-1】 滤波器结构表示方法示例。

已知一阶数字滤波器如下：

$$y(n) = a_1 y(n-1) + a_2 y(n-2) + b_0 x(n)$$

试用信号流图表示该滤波器的结构。

解：根据给定的滤波器差分方程，可得该滤波器的信号流图，如图 6-2 所示。

进一步观察图 6-2 可知，信号流图是由若干节点和各节点间的定向支路连接而成的网络。图中 1，2，3，4，5，6，7，8 都是网络节点，这些节点可以分为如下几类。

(1) 输入节点：$x(n)$ 为输入节点，即节点 1 为输入节点。

(2) 输出节点：$y(n)$ 为输出节点，即节点 8 为输出节点。

(3) 求和节点：具有两个或者两个以上输入支路的节点，称为求和节点。图 6-2 中，节点 2 和节点 7 为求和节点。

图 6-2　二阶系统信号流图结构

(4) 分支节点：具有两个或者两个以上输出支路的节点，称为分支节点。图 6-2 中，节点 3 和节点 4 为分支节点。

(5) 普通节点：只有一个输入支路和一个输出支路的节点，称为普通节点。图 6-2 中，节点 5 和节点 6 为普通节点。

支路传输系数为 1 时，其系数一般不用标注。任一节点的值等于该节点所有输入支路的信号之和。从图 6-2 滤波器结构图可以清楚地看到每个节点上的输入与输出关系，根据节点的输入与输出关系可以列出基于节点信号值的方程。节点的信号值也称为节点变量或节点状态，根据滤波器的信号流图，可以写出流图中各个节点的信号状态。

3. 信号流图的转置定理

对于单输入、单输出的 LSI 系统，将网络中全部支路的方向进行反转，并将其输入和输出互换，称为信号流图转置。

转置定理：信号流图转置后，流图的系统函数与原流图的系统函数 $H(z)$ 完全一致。

根据转置定理，对于图 6-2 所示系统，其转置结构如图 6-3 所示。

信号流图转置的作用如下：

(1) 转变运算结构；

（2）验证由流图计算的系统函数是否正确。

数字滤波器的运算结构对滤波器的实现具有非常重要
的意义,尤其是对于一些定点运算的处理器,网络结构会影
响滤波器系统的精度、误差、稳定性、经济性以及运算速度
等重要性能。对于无限冲激响应(IIR)数字滤波器和有限
长单位冲激响应(FIR)数字滤波器,它们在结构上各有特点,下面将分别进行讨论。

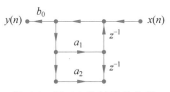

图 6-3 图 6-2 的转置结构图

6.2 IIR 数字滤波器的网络结构

根据无限冲激响应(IIR)数字滤波器系统函数 $H(z)$ 的特点,该类型的滤波器具有以下特点:

（1）滤波器系统的单位抽样响应 $h(n)$ 是无限长的;

（2）系统函数 $H(z)$ 在 z 平面存在有限个极点;

（3）滤波器网络结构为递归型结构,即存在输出到输入的反馈回路。

无限冲激响应数字滤波器包括直接 I 型、直接 II 型、级联型和并联型四种结构,同一系统函数 $H(z)$,可以根据需要采用上述四种结构中的任意一种来实现。

6.2.1 直接 I 型

1）直接 I 型网络结构

直接由 IIR 数字滤波器的系统函数或者差分方程而得到的网络结构称为直接I型结构。

一个 N 阶 IIR 数字滤波器的系统函数如下所示:

$$H(z) = \frac{\sum_{k=0}^{M} b_k z^{-k}}{1 - \sum_{k=1}^{N} a_k z^{-k}}, \quad M \leqslant N$$

式中至少有一个 $a_k \neq 0 (k=1,2,\cdots,N)$。

IIR 数字滤波器也可用如下 N 阶差分方程来描述:

$$y(n) = \sum_{i=0}^{M} b_i x(n-i) + \sum_{i=1}^{N} a_i y(n-i)$$

根据该差分方程表达式,可以直接得出数字滤波器的结构,如图 6-4 所示。

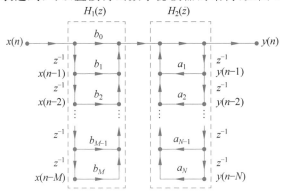

图 6-4 IIR 数字滤波器直接 I 型结构

该滤波器主要由 $H_1(z)$ 和 $H_2(z)$ 两个子系统组成,各子系统完成的运算分别如下:

(1) $H_1(z)$ 子系统完成的运算为 $\sum_{i=0}^{M} b_i x(n-i)$,表示输入及其延时后的输入组成 M 阶延时网络,并与相应的系数相乘相加,即横向延时网络。

(2) $H_2(z)$ 子系统完成的运算为 $\sum_{i=1}^{N} a_i y(n-i)$,表示输出及其延时组成的 N 阶延时网络,并与相应的系数相乘相加。

滤波器的输出 $y(n)$ 由上述两部分求和累加而成。再从系统函数 $H(z)$ 进行分析,第一部分 $\sum_{i=0}^{M} b_i x(n-i)$ 实现了系统函数的分子多项式,该部分与系统函数的零点密切相关;第二部分 $\sum_{i=1}^{N} a_i y(n-i)$ 实现了系统函数的分母多项式,该部分与系统函数的极点密切相关。

2) 直接 Ⅰ 型网络结构的特点

(1) 构建该滤波器的结构需要 $N+M$ 个单位延迟器。

(2) 系数 a_i、b_i 对滤波器性能的影响不直接,调整不方便,对极点和零点进行精确控制的难度大,任一 a_i、b_i 的改变将影响系统函数全部零点或极点的分布。

(3) 对字长变化敏感,即对 a_i、b_i 的准确度要求严格。

(4) 若系统有靠近单位圆附近的极点,系数 a_i 的波动容易造成系统不稳定。

滤波器的阶数越高,对上述各项的影响越大。

【例 6-2】 IIR 直接 Ⅰ 型结构示例。

已知二阶数字滤波器差分方程如下:

$$y(n) = \sum_{i=0}^{2} b_i x(n-i) + \sum_{i=1}^{2} a_i y(n-i)$$

试给出该滤波器系统的直接 Ⅰ 型结构。

解:根据已知条件将差分方程展开为如下形式:

$$y(n) = a_1 y(n-1) + a_2 y(n-2) + b_0 x(n) + b_1 x(n-1) + b_2 x(n-2)$$

根据直接 Ⅰ 型数字滤波器的结构特点,可得该滤波器的直接 Ⅰ 型结构如图 6-5 所示。

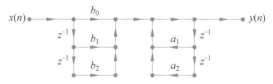

图 6-5 二阶滤波器的直接 Ⅰ 型结构

6.2.2 正准型结构(直接 Ⅱ 型)

1) 直接 Ⅱ 型网络结构

直接 Ⅰ 型结构中的两部分可以分别看作两个独立的子网络 $H_1(z)$ 和 $H_2(z)$,它们串接构成滤波器总的系统函数 $H(z)$,即

$$H(z) = H_1(z) H_2(z) \tag{6-3}$$

交换图 6-4 中两个子网络 $H_1(z)$ 和 $H_2(z)$ 的位置顺序,则变成了如图 6-6 所示的网络结构。

与图 6-4 所示结构不同的是,图 6-6 所示滤波器结构的基本延时单元已经"背靠背"紧挨在一起,$H_1(z)$ 和 $H_2(z)$ 两个子网络之间的支路的系数为 1,因此,两条延时链中对应的延时单元内容完全相同,基本延时单元可以合用,于是得到如图 6-7 所示的滤波器结构。

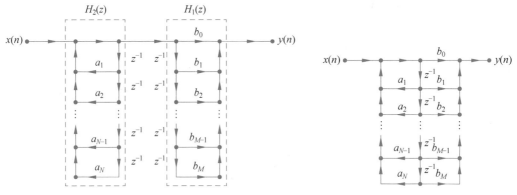

图 6-6　IIR 数字滤波器直接 I 型结构的演变结构　　　图 6-7　IIR 数字滤波器直接 II 型结构

如图 6-7 所示,合并使用延时单元之后得到的滤波器结构称为直接 II 型结构,也可称为正准型结构或典范型结构。

直接 II 型结构和直接 I 型结构在功能上是等效的,但前者与后者相比,不仅在硬件上更节省延时单元,在软件实现时也更节省存储单元,因而直接 II 型比直接 I 型更优且更经济。

2) 直接 II 型滤波器的特点

(1) 优点:基本延时单元减少为 M 个(若 $N \geqslant M$),可节省寄存器和存储单元。

(2) 缺点:与直接 I 型类似,零点和极点的控制难度大。

虽然直接 II 型节省了延时单元和存储单元,但依然具有零极点难以控制的问题。因此,IIR 滤波器很少采用上述两种结构实现高阶系统,而是采用将高阶滤波器系统分解为一系列低阶系统(一阶或二阶)的级联或并联来实现。

【例 6-3】　数字滤波器的直接 II 型结构示例。

系统函数与例 6-2 相同,试给出该滤波器系统的直接 II 型结构。

解:滤波器系统的差分方程如下:

$$y(n) = a_1 y(n-1) + a_2 y(n-2) + b_0 x(n) +$$
$$b_1 x(n-1) + b_2 x(n-2)$$

根据直接 II 型结构的特点,可得该滤波器的直接 II 型结构如图 6-8 所示。

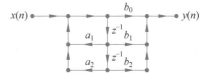

图 6-8　二阶滤波器的直接 II 型结构

6.2.3　级联型结构

数字滤波器的级联型结构是指将系统函数分解为乘积形式,每一个乘积项成为一个独立子系统,全部子系统以串联形式连接,因此,级联型结构又称为串联型结构。

1. 级联型结构的级联形式

系统分解为级联型结构时,一般将系统分解为二阶系统级联。若系统函数 $H(z)$ 为 N 阶系统且分子、分母多项式的系数均为实数,则可根据系统函数的零、极点将其分子、分母都分解为如下形式:

$$H(z) = \frac{\sum\limits_{k=0}^{M} b_k z^{-k}}{1 - \sum\limits_{k=1}^{N} a_k z^{-k}} = K \frac{\prod\limits_{i=1}^{M}(1 - c_i z^{-1})}{\prod\limits_{i=1}^{N}(1 - d_i z^{-1})} \tag{6-4}$$

式中，K 为常数，由于系统函数 $H(z)$ 的系数 a_k、b_k 都是实数，因此，系统函数分子和分母的零极点为实根或共轭复数根，$H(z)$ 可以表示为如下形式：

$$H(z) = K \frac{\prod\limits_{i=1}^{M_1}(1 - g_i z^{-1}) \prod\limits_{i=1}^{M_2}(1 - h_i z^{-1})(1 - h_i^* z^{-1})}{\prod\limits_{i=1}^{N_1}(1 - p_i z^{-1}) \prod\limits_{i=1}^{N_2}(1 - q_i z^{-1})(1 - q_i^* z^{-1})} \tag{6-5}$$

式中，K 为常数，g_i、p_i 为实数根，h_i、q_i 为复数根，$*$ 表示共轭复数，且满足如下条件：

$$\begin{cases} M_1 + 2M_2 = M \\ N_1 + 2N_2 = N \end{cases}$$

根据复数运算规律，可以将上述共轭复数因子项两两相乘合并为实系数二阶因子项，因而 $H(z)$ 可以表示为如下形式：

$$H(z) = K \frac{\prod\limits_{i=1}^{M_1}(1 - g_i z^{-1}) \prod\limits_{i=1}^{M_2}(1 + \beta_{1i} z^{-1} + \beta_{2i} z^{-2})}{\prod\limits_{i=1}^{N_1}(1 - p_i z^{-1}) \prod\limits_{i=1}^{N_2}(1 + \alpha_{1i} z^{-1} + \alpha_{2i} z^{-2})} \tag{6-6}$$

对式(6-6)中分子和分母中的单实数根因子也可两两组合相乘，合并为二阶因子项，即两个一阶子系统相乘合并为二阶子系统。若 $H(z)$ 分子或分母为奇数次方，则两两组合之后，对应的分子或分母中存在剩余的一次因子项，可以视为二阶因子的特例（即二次系数为 0）。根据上述分析，则 $H(z)$ 可以表示为如下全二阶因子相乘（级联）的形式：

$$H(z) = K \frac{\prod\limits_i (1 + \beta_{1i} z^{-1} + \beta_{2i} z^{-2})}{\prod\limits_i (1 + \alpha_{1i} z^{-1} + \alpha_{2i} z^{-2})}$$

$$= K \prod\limits_i \frac{(1 + \beta_{1i} z^{-1} + \beta_{2i} z^{-2})}{(1 + \alpha_{1i} z^{-1} + \alpha_{2i} z^{-2})}$$

$$= K \prod\limits_i H_i(z) \tag{6-7}$$

式中，α_{1i}、β_{1i}、α_{2i}、β_{2i} 均为实系数。

视频讲解

$H(z)$ 级联的各二阶子网络称为二阶基本节，当 N 或 M 为奇数时，则有一个子网络的二次项系数为 0，这时二阶基本节简化为一阶基本节。

对于级联型结构，其一阶基本节和二阶基本节的信号流图如图 6-9 所示。

系统所级联子网络的数量与系统函数的具体情况相关。以 $N = M$ 为例，共有 $\left[\dfrac{N+1}{2}\right]$（$[\cdot]$ 表示取整运算）个子网络。若 N 为偶数，则所有子网络均为二阶基本节；若 N 为奇数，则子网络中将包含一个一阶基本节。

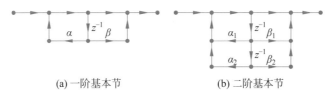

(a) 一阶基本节   (b) 二阶基本节

图 6-9   级联型结构的一阶基本节和二阶基本节

根据 N、M 不同的取值情况,系统函数 $H(z)$ 可以表示为若干二阶基本节和一阶基本节的级联型结构。例如,若 $N=M=5$(奇数),则 $H(z)$ 可以表示为两个二阶基本节和一个一阶基本节的级联型结构,如图 6-10(a)所示;若 $N=M=6$(偶数),则 $H(z)$ 可以表示为三个二阶基本节的级联型结构,如图 6-10(b)所示。

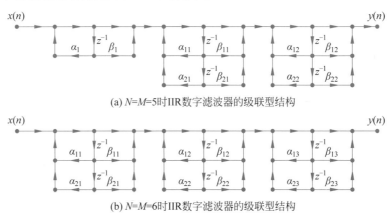

(a) $N=M=5$时IIR数字滤波器的级联型结构

(b) $N=M=6$时IIR数字滤波器的级联型结构

图 6-10   IIR 数字滤波器的级联型结构

2. 级联型结构的优点

(1) 滤波器系统的零、极点调整方便,可对每一个二阶基本节进行单独调整,若调整 α_{1k}、α_{2k},则可单独调整系统的第 k 对极点,若调整 β_{1k}、β_{2k},则可单独调整系统的第 k 对零点。

(2) 各二阶基本节的搭配可根据零、极点调整的需要调整位置,合理的组合可以降低运算误差。

(3) 系统实现简单,采用一个二阶基本节,通过调整其系数就可实现整个系统。

(4) 存储单元少,可流水线操作。

【例 6-4】 IIR 级联型结构示例。

已知系统函数如下:

$$H(z) = \frac{1+3.5z^{-1}+3.5z^{-2}+z^{-3}}{1-1.8z^{-1}+0.96z^{-2}-0.128z^{-3}}$$

试确定该系统的级联型结构。

解:根据给定的系统函数,对其按级联结构的形式进行分解,可得

$$H(z) = \frac{1+3.5z^{-1}+3.5z^{-2}+z^{-3}}{1-1.8z^{-1}+0.96z^{-2}-0.128z^{-3}} = \frac{1+3z^{-1}+2z^{-2}}{1-1.6z^{-1}+0.64z^{-2}} \times \frac{1+0.5z^{-1}}{1-0.2z^{-1}}$$

$N=M=3$,系统由一个二阶基本节和一个一阶基本节组成,根据 $H(z)$ 分解因式的结果,可得该滤波器的级联型结构如图 6-11 所示。需要注意的是,由于多项式分解因式的非唯一性,滤波器级联型的网络结构可能有多种,且系统的阶数越高,结构种类越多。

【例 6-5】 由滤波器结构确定滤波器系统函数示例。

根据如图 6-12 所示的数字滤波器结构,写出该滤波器的系统函数和差分方程。

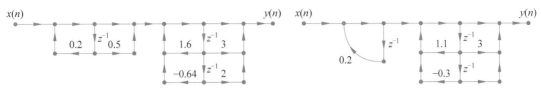

图 6-11 数字滤波器的级联型结构   图 6-12 滤波器结构

解:(1)根据级联型结构和系统函数之间的关系,可得系统函数 $H(z)$ 如下:

$$H(z) = \frac{1}{1 - 0.2z^{-1}} \times \frac{1 + 3z^{-1} + z^{-2}}{1 - 1.1z^{-1} + 0.3z^{-2}} = \frac{1 + 3z^{-1} + z^{-2}}{1 - 1.3z^{-1} + 0.52z^{-2} - 0.06z^{-3}}$$

(2)由系统函数 $H(z)$ 可得系统差分方程如下:

$$y(n) = x(n) + 3x(n-1) + x(n-2) + 1.3y(n-1) - 0.52y(n-2) + 0.06y(n-3)$$

3. 级联型结构的 MATLAB 实现

MATLAB 提供了数字滤波器级联型结构设计的函数 tf2sos,该函数的使用非常方便,函数的调用格式如下:

```
s_s = tf2sos(b,a)
```

b、a 都是矩阵变量,用于存储系统函数分子和分母的系数。s_s 输出各级联型子系统的数据,即级联系统函数的系数,输出系数按级联的顺序输出,第一行输出的是第一个级联系统的分子系数和分母系数;接着输出第二个级联系统的分子系数和分母系数,两阶以上的高阶系统以此类推。

【例 6-6】 MATLAB 设计 IIR 级联型结构示例。

已知系统函数如下:

$$H(z) = \frac{0.21 + 2.18z^{-1} + 3.18z^{-2} + 2.18z^{-3} + 0.21z^{-4}}{1 + 0.4z^{-1} - 0.79z^{-2} - 0.166z^{-3} + 0.168z^{-4}}$$

试确定该系统的级联型结构。

解:用 MATLAB 进行设计,程序代码如下:

```
clc;clear all;close all
b = [0.21,2.18,3.18,2.18,0.21];          % 系统函数分子多项式系数
a = [1,0.4, − 0.79, − 0.166,0.168];      % 系统函数分母多项式系数
s_s = tf2sos(b,a)                        % 输出级联型结构各子系统函数分子和分母系数
```

程序运行结果如下:

```
s_s =
    0.2100    1.8701    0.2100    1.0000    − 1.1000    0.3000
    1.0000    1.4759    1.0000    1.0000      1.5000    0.5600
```

根据输出结果,可得级联型结构表达式如下(结构图略):

$$H(z) = \frac{0.21 + 1.8701z^{-1} + 0.21z^{-2}}{1 - 1.1z^{-1} + 0.3z^{-2}} \times \frac{1 + 1.4759z^{-1} + z^{-2}}{1 + 1.5z^{-1} + 0.56z^{-2}}$$

高阶系统的级联型结构运算量较大,但应用 MATLAB 设计高阶系统的数字滤波器结构非常方便。例 6-4 中曾指出级联型结构可能有多种答案,读者运行本程序可以得到级联

型结构的第二种结构。程序代码如下：

```
b = [1,3.5,3.5,1];
a = [1, − 1.8,0.96, − 0.128];
s_s = tf2sos(b,a)
```

程序运行结果如下：

```
s_s =
1.0000    2.0000         0    1.0000    − 0.2000         0
1.0000    1.5000    0.5000    1.0000    − 1.6000    0.6400
```

即系统函数的级联结构如下：

$$H(z) = \frac{1 + 2z^{-1}}{1 - 0.2z^{-1}} \times \frac{1 + 1.5z^{-1} + 0.5z^{-2}}{1 - 1.6z^{-1} + 0.64z^{-2}}$$

6.2.4　并联型结构

数字滤波器的并联型结构是指将系统函数分解为低阶子系统之和的形式，每一个求和项成为一个独立子系统，全部子系统以并联形式连接。

1. 并联型结构的系统函数分解

将系统函数 $H(z)$ 展开为若干部分分式之和，就得到了数字滤波器的并联型结构的实现方式，即将系统分解为如下形式：

$$H(z) = H_1(z) + H_2(z) + H_3(z) + \cdots + H_k(z) \tag{6-8}$$

根据式(6-8)，并联型结构如图 6-13 所示。

以一个三阶系统为例，根据并联型结构系统
函数的特点，可以对系统函数进行如下分解：

$$H(z) = \frac{2 - z^{-1} + 2.75z^{-2} - 0.5z^{-3}}{1 - 1.25z^{-1} - 0.75z^{-2} + 0.125z^{-3}}$$

$$= \frac{-4 + 5z^{-1}}{1 - z^{-1} - 0.5z^{-2}} + \frac{2}{1 - 0.25z^{-1}} + 4$$

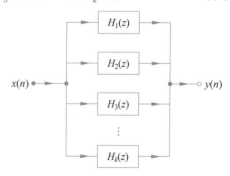

图 6-13　滤波器的并联型结构

这是三阶系统函数的分解形式。以此类推，
对于更一般形式的系统函数 $H(z)$，则可以分解为
如下形式：

$$H(z) = \frac{\sum_{k=0}^{M} b_k z^{-k}}{1 - \sum_{k=1}^{N} a_k z^{-k}} = \sum_{k=0}^{K_1} \frac{\alpha_k}{1 - e_k z^{-1}} + \sum_{k=0}^{K_2} \frac{\beta_k(1 - g_k z^{-1})}{(1 - d_k z^{-1})(1 - d_k^* z^{-1})} + \sum_{k=0}^{M-N} c_k z^{-k}$$

$$\tag{6-9}$$

式中 $N = K_1 + 2K_2$，式(6-9)是并联型结构对系统函数进行分解的一般表达式。

(1) 当 $M \geqslant N$ 时，式(6-9)才会出现最后一项。由于系统函数 $H(z)$ 各系数都是实数，因此，α_k、e_k、β_k、g_k、c_k 也都是实数。由于 a_k、b_k 均为实数，因此，$H(z)$ 的根为实数，若存在复数根，则以共轭复根成对出现，d_k 与 d_k^* 表示共轭复数根。

（2）当系统函数 $H(z)$ 的全部极点为实数时,则 $N=K_1$, $K_2=0$,式(6-9)中无第2求和项。

根据上述分析,若系统函数的极点全为实数,则可以全部分解为一阶分式之和,因而可以两两相加合并为若干二阶子系统之和。当 N 为奇数时,存在一个一阶子系统,可以视为二次系数为0的特殊二阶子系统。若 $H(z)$ 存在复数极点,则复数极点是以共轭极点的形式成对出现,可以将两个共轭因子项相乘合并为实系数二阶因子,而单实数根因子任意两两相加合并为二阶子系统。

因此,式(6-9)第一部分两两合并,第二部分按共轭复数相乘合并,则系统函数可以表示为若干二阶子系统之和,即

$$H(z)=\sum_{k=1}^{\left[\frac{N+1}{2}\right]}\frac{\beta_{0k}+\beta_{1k}z^{-1}}{1+\alpha_{1k}z^{-1}+\alpha_{2k}z^{-2}}+\sum_{k=0}^{M-N}c_k z^{-k} \tag{6-10}$$

组成并联型系统的基本子系统为 $H_k(z)=\dfrac{\beta_{0k}+\beta_{1k}z^{-1}}{1+\alpha_{1k}z^{-1}+\alpha_{2k}z^{-2}}$,该子系统一般称为并联型结构的二阶基本节,如图 6-14 所示。

与级联型结构类似,若 N 为奇数,则式(6-10)中有一项二阶因子演变为一阶因子,即 $\alpha_{2k}=0$, $\beta_{1k}=0$。也就是说,N 为奇数时,滤波器结构中包含一个并联型一阶基本节,其结构如图 6-15 所示。

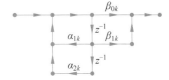

图 6-14　并联型结构的二阶基本节

对于并联型结构,系统函数 $H(z)$ 被分解为若干子网络。一般而言,各子网络由并联型结构的二阶基本节和一阶基本节组成,以 $N=M=3$ 为例,IIR 滤波器的并联型结构如图 6-16 所示。

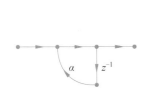

图 6-15　并联型结构的一阶基本节

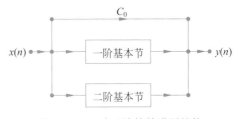

图 6-16　三阶系统的并联型结构

2. 并联型结构的特点

1) 优点

（1）可单独调整滤波器极点的位置。

（2）实现简单,仅需一个通用二阶基本节,通过改变基本节的系数即可完成滤波器结构设计。

（3）并联型结构可同时对输入进行运算,因而比直接型和级联型运算速度快。

（4）各子系统的误差互不影响,滤波器总的误差最小,对字长要求低。

2) 缺点

二阶子系统的零点并不是整个系统函数的零点,因此,并联型结构不能直接调整滤波器系统的零点。当需要准确地传输零点时,一般不采用并联型结构而采用级联型结构。

【例 6-7】 IIR 滤波器并联型结构设计示例。

已知 IIR 数字滤波器的系统函数 $H(z)$ 如下：

$$H(z) = \frac{2 + 0.5z^{-1} + 4z^{-2} - 0.75z^{-3}}{1 - 1.25z^{-1} + 0.75z^{-2} - 0.125z^{-3}}$$

试确定该系统的并联型网络结构。

解：根据并联型结构的特点，将 $H(z)$ 分解为如下二阶子系统和一阶子系统的形式：

$$H(z) = \frac{-8 + 10z^{-1}}{1 - z^{-1} + 0.5z^{-2}} + \frac{4}{1 - 0.25z^{-1}} + 6$$

系统由一阶基本节、二阶基本节以及常数项三部分组成，根据上式，可以得出该滤波器的并联型结构，如图 6-17 所示。

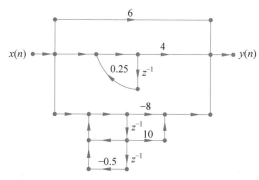

图 6-17   例 6-7 的并联型结构

3. 并联型结构的 MATLAB 实现

MATLAB 没有提供直接将滤波器系统函数转换为并联型结构的函数，但可以利用 MATLAB 的 residuez 函数编写程序实现由系统函数转换为并联型结构。residuez 函数的调用格式如下：

```
[r,p,k] = residuez(b,a)
```

【例 6-8】 MATLAB 设计 IIR 并联型结构示例。

已知系统函数如下：

$$H(z) = \frac{0.21 + 2.18z^{-1} + 3.18z^{-2} + 2.18z^{-3} + 0.21z^{-4}}{1 + 0.4z^{-1} - 0.79z^{-2} - 0.166z^{-3} + 0.168z^{-4}}$$

试确定该系统的并联型结构。

解：用 MATLAB 实现 IIR 并联型结构的程序代码如下：

```
clc;clear all;close all
b = [0.21, 2.18, 3.18, 2.18, 0.21];
a = [1, 0.4, -0.79, -0.166, 0.168];
[r, p, C0] = residuez(b, a)
[C0, B, A] = hzTopar(b, a)
```

为了分析系统的稳定性，本例输出了系统的全部极点，程序中用到了实现并联功能的函数 hzTopar(b,a)，该函数代码如下：

```
function[C0,B2,A2] = hzTopar(b,a)
% 该函数用于数字滤波器的并联型结构
```

```
M = length(b);N = length(a);
[res1,p1,C0] = residuez(b,a);                    % 求系统的单极点、留数和常数
p = cplxpair(p1,1e - 10);                        % 共轭复数极点的设置允许误差
 % I = cplx_comp(p1,p);
 % 根据找到的共轭复数极点及排序调整对应的留数顺序
p_No = [];
for i = 1:1:length(p1);
    for j = 1:1:length(p1);
        if(abs(p1(j) - p(i))< 1e - 4)
            p_No = [p_No,j];
        end
    end
end
p_No = p_No';res = res1(p_No);
K = floor(N/2);
B2 = zeros(K,2);                                 % 二阶子系统分子向量(2 个系数)初始化
A2 = zeros(K,3);                                 % 二阶子系统分母向量(3 个系数)初始化
if K * 2 == N;
    for i = 1:2:N - 2;
        p_p = p(i:i + 1,:);
        r_r = res(i:i + 1,:);
        [B2i,A2i] = residuez(r_r,p_p,[]);
        A2(fix(i + 1)/2,:) = real(A2i);
        B2(fix(i + 1)/2,:) = real(B2i);
    end
    [B2i,A2i] = residuez(res(N - 1),p(N - 1),[]);
    A2(K,:) = [real(A2i) 0];B2(K,:) = [real(B2i) 0];
else
    for i = 1:2:N - 1;
        p_p = p(i:i + 1,:);r_r = res(i:i + 1,:);
        [B2i,A2i] = residuez(r_r,p_p,[]);
        A2(fix(i + 1)/2,:) = real(A2i);B2(fix(i + 1)/2,:) = real(B2i);
    end
end
```

程序运行结果如下:

```
p = - 0.8000    - 0.7000    0.6000    0.5000
C0 = 1.25
B =
     0.5349    0.7912
    - 1.5749    3.8395
A =
    1.0000    1.5000    0.5600
    1.0000   - 1.1000    0.3000
```

由此可得系统的并联结构如下:

$$H(z) = \frac{0.5349 + 0.7912z^{-1}}{1 + 1.5z^{-1} + 0.56z^{-2}} + \frac{- 1.5749 + 3.8395z^{-1}}{1 - 1.1z^{-1} + 0.3z^{-2}} + 1.25$$

系统有两个实数极点和一对共轭复数极点,全部极点都在单位圆内,系统是稳定的。根据系统函数可得系统的并联型结构,如图 6-18 所示。

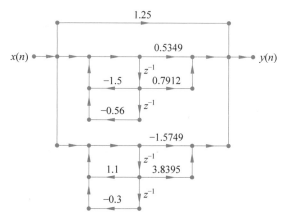

图 6-18 例 6-8 滤波器的并联型结构

6.3 FIR 数字滤波器的网络结构

有限冲激响应数字滤波器简称为 FIR 数字滤波器。若 FIR 数字滤波器的单位抽样响应 $h(n)$ 的长度为 N，则 FIR 数字滤波器的系统函数 $H(z)$ 可以表示为如下形式：

$$H(z) = \sum_{n=0}^{N-1} h(n) z^{-n} \tag{6-11}$$

FIR 数字滤波器特点如下。

（1）系统的单位抽样响应 $h(n)$ 长度为 N 点。

（2）系统函数 $H(z)$ 在有限 z 平面处收敛，系统在 $|z| > 0$ 处只有零点，全部极点均在 $z = 0$ 处。

（3）滤波器在结构上是非递归型结构，即没有从输出到输入的反馈，但在频率采样结构等某些特殊结构中也包含反馈结构。

由系统函数 $H(z)$ 的表达式，可得 FIR 数字滤波器的差分方程形式如下：

$$y(n) = \sum_{k=0}^{N-1} h(k) x(n-k) \tag{6-12}$$

根据系统函数以及差分方程的形式，FIR 数字滤波器的基本结构包括直接型结构、级联型结构、线性相位型结构、频率抽样型结构等结构形式。

6.3.1 直接型结构

视频讲解

直接型结构是指直接由系统的差分方程得到的 FIR 数字滤波器结构。FIR 数字滤波器的直接型结构也称卷积型或横截型结构。之所以称为卷积型，是因为差分方程是信号的卷积形式，又称为横截型，是因为滤波器是由一条输入 $x(n)$ 的延时链组成的横向结构。根据差分方程（6-12）可得出直接型网络结构，如图 6-19 所示。

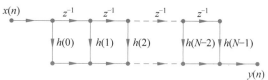

【例 6-9】 FIR 直接型结构示例。

图 6-19 FIR 滤波器的直接型结构

已知有一个六阶的线性相位 FIR 数字滤波器,其系统函数 $H(z)$ 如下:
$$H(z) = 0.58 + 1.27z^{-1} + 0.75z^{-2} + 0.128z^{-3} + 1.68z^{-4} + 0.12z^{-5} + 0.88z^{-6}$$
试设计 FIR 数字滤波器的直接型结构。

解:根据 FIR 数字滤波器的直接型与差分方程的关系,可得直接型结构如图 6-20 所示。

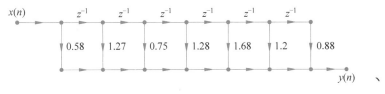

图 6-20 例 6-9 的 FIR 直接型结构

6.3.2 级联型结构

视频讲解

1. 系统函数的分解形式

FIR 数字滤波器的级联型结构与 IIR 数字滤波器的级联型结构类似,将系统函数 $H(z)$ 分解为若干二阶子系统乘积的形式,就实现了级联型结构,即

$$H(z) = \sum_{n=0}^{N-1} h(n)z^{-n} = \prod_{i=1}^{k} (\alpha_{0i} + \alpha_{1i}z^{-1} + \alpha_{2i}z^{-2}) \tag{6-13}$$

式中,$k = \left[\dfrac{N}{2}\right]$。

根据式(6-13),FIR 数字滤波器可用二阶基本节级联构成网络结构,每一个二阶基本节控制系统的一对零点。

(1)当 N 为奇数时,FIR 数字滤波器的级联型结构全部由二阶基本节组成,如图 6-21(a)所示。

(2)当 N 为偶数时,FIR 数字滤波器的级联型结构中存在一个一阶基本节(可视为该二阶基本节的二次项系数为 0),此时 FIR 数字滤波器的级联型结构由若干二阶基本节和一个一阶基本节级联而成,如图 6-21(b)所示。

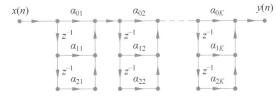

(a) N 为奇数时 FIR 数字滤波器的级联型结构

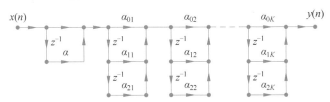

(b) N 为偶数时 FIR 数字滤波器的级联型结构

图 6-21 FIR 数字滤波器的级联型结构

当需要控制滤波器的传输零点时,可采用级联型结构,将滤波器的系统函数分解为二阶实系数因子的级联形式。

2. 级联型结构的特点

(1) 每一个二阶基本节控制一对零点,需要控制系统函数的零点时可以采用级联型结构。

(2) 级联型结构所需要的系数比直接型结构的系数多。

(3) 采用级联型结构所需乘法运算次数比直接型结构多。

【例 6-10】 FIR 级联型结构示例。

试给出下列滤波器系统的级联型结构:

(1) $H(z)=1-6z^{-1}+11z^{-2}+6z^{-3}$

(2) $H(z)=1+11z^{-1}+41z^{-2}+61z^{-3}+30z^{-4}$

解:根据级联型结构的特点,对系统函数 $H(z)$ 进行级联型结构因式分解。

(1)
$$\begin{aligned} H(z)&=1-6z^{-1}+11z^{-2}+6z^{-3}\\ &=(1+z^{-1})(1+5z^{-1}+6z^{-2})\\ &=(1+z^{-1})(1+5z^{-1}+6z^{-2}) \end{aligned}$$

(2)
$$\begin{aligned} H(z)&=1+11z^{-1}+41z^{-2}+61z^{-3}+30z^{-4}\\ &=(1+6z^{-1}+5z^{-2})(1+5z^{-1}+6z^{-2}) \end{aligned}$$

根据(1)、(2)的分解形式,可分别得到滤波器的级联型结构,如图 6-22 所示。

3. MATLAB 实现 FIR 数字滤波器的级联型结构

FIR 级联型结构也可以使用 MATLAB 函数 tf2sos 进行结构设计,在 FIR 系统中,调用函数时应注意分母系数 $a=1$。

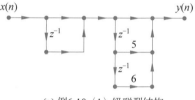

(a) 例6-10 (1) 级联型结构

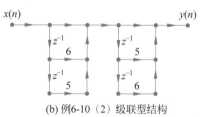

(b) 例6-10 (2) 级联型结构

图 6-22 例 6-10 的 FIR 级联型结构

【例 6-11】 FIR 级联型结构的 MATLAB 实现。

已知滤波器的系统函数如下:
$$H(z)=1+11z^{-1}+41z^{-2}+61z^{-3}+30z^{-4}$$

试用 MATLAB 设计该系统函数的级联型结构。

解:FIR 滤波器级联型结构设计的 MATLAB 代码如下:

```
clc;clear all;close all
b=[1,11,41,61,30];
a=[1];
s_s=tf2sos(b,a)
```

程序设计结果如下:

```
s_s =
    1.0000    8.0000   15.0000    1.0000         0         0
    1.0000    3.0000    2.0000    1.0000         0         0
```

即级联型系统函数如下:
$$H(z)=(1+8z^{-1}+15z^{-2})(1+3z^{-1}+2z^{-2})$$

视频讲解

6.3.3　线性相位型结构

线性相位数字滤波器的应用非常广泛,在数据传输和图像处理系统中,通常要求系统具有严格的线性相位。与 IIR 数字滤波器相比,FIR 数字滤波器的重要特点之一就是可以设计具有严格线性相位的数字滤波器,但 FIR 数字滤波器实现严格的线性相位是有条件的,即要求滤波器的单位抽样响应 $h(n)$ 满足偶对称或奇对称条件。

偶对称条件如下:

$$h(n) = h(N-1-n) \tag{6-14}$$

奇对称条件如下:

$$h(n) = -h(N-1-n) \tag{6-15}$$

$h(n)$ 无论是偶对称还是奇对称,可以统称为对称性,这时,对称中心为 $\dfrac{N-1}{2}$。若 FIR 数字滤波器的单位抽样响应 $h(n)$ 具有对称性,则可以分以下两种情况进行讨论。

(1) N 为奇数。

$$
\begin{aligned}
H(z) &= \sum_{n=0}^{N-1} h(n) z^{-n} = \sum_{n=0}^{\frac{N-1}{2}-1} h(n) z^{-n} + h\left(\frac{N-1}{2}\right) z^{-\frac{N-1}{2}} + \sum_{n=\frac{N-1}{2}+1}^{N-1} h(n) z^{-n} \\
&= \sum_{n=0}^{\frac{N-1}{2}-1} h(n) z^{-n} + h\left(\frac{N-1}{2}\right) z^{-\frac{N-1}{2}} + \sum_{n=0}^{\frac{N-1}{2}-1} h(N-1-n) z^{-(N-1-n)} \\
&= \sum_{n=0}^{\frac{N-1}{2}-1} h(n) \left[z^{-n} \pm z^{-(N-1-n)}\right] + h\left(\frac{N-1}{2}\right) z^{-\frac{N-1}{2}} \tag{6-16}
\end{aligned}
$$

式(6-16)中的"±"号对应于 $h(n)$ 为偶对称/奇对称时的情况。

由于 N 为奇数,若 $h(n)$ 为奇对称,令 $N=2p+1$,则有

$$h\left(\frac{N-1}{2}\right) = h(p) = -h(N-1-p) = -h(p)$$

由此可得

$$h\left(\frac{N-1}{2}\right) = 0$$

根据式(6-16)可得 N 为奇数时,线性相位 FIR 数字滤波器的结构,如图 6-23 所示,图中的"+"号对应于 $h(n)$ 为偶对称,"−"号对应于 $h(n)$ 为奇对称。当 $h(n)$ 为奇对称时,$h\left(\frac{N-1}{2}\right) = 0$,相当于该支路应断开。

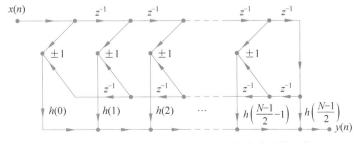

图 6-23　N 为奇数时,线性相位 FIR 数字滤波器结构

（2）N 为偶数。

$$H(z) = \sum_{n=0}^{N-1} h(n)z^{-n} = \sum_{n=0}^{\frac{N}{2}-1} h(n)z^{-n} + \sum_{n=\frac{N}{2}}^{N-1} h(n)z^{-n}$$

$$= \sum_{n=0}^{\frac{N}{2}-1} h(n)z^{-n} + \sum_{n=0}^{\frac{N}{2}-1} h(N-1-n)z^{-(N-1-n)}$$

$$= \sum_{n=0}^{\frac{N}{2}-1} h(n)\left[z^{-n} \pm z^{-(N-1-n)}\right] \tag{6-17}$$

式(6-17)中的"±"号分别对应于 $h(n)$ 为偶对称/奇对称时的情况,根据式(6-17)可得 N 为偶数时,线性相位 FIR 数字滤波器的结构,如图 6-24 所示,图中的"+"号对应于 $h(n)$ 为偶对称,"−"号对应于 $h(n)$ 为奇对称。

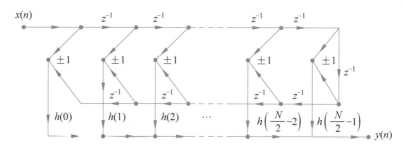

图 6-24　N 为偶数时线性相位 FIR 滤波器结构

对比 FIR 线性相位滤波器结构图和直接型结构图可以看出,由于 FIR 线性相位滤波器 $h(n)$ 具有对称性,又因为滤波器设计中凡对称系数均共用乘法器,所以这样不仅使乘法次数较少了一半,而且从理论上保证了 $h(n)$ 具有严格的对称性。

【例 6-12】　N 为偶数的线性相位滤波器设计示例。

设 FIR 数字滤波器系统函数 $H(z)$ 如下,试设计 FIR 线性相位数字滤波器结构。

$$H(z) = 0.512 + 0.21z^{-1} + 0.168z^{-2} + 0.168z^{-3} + 0.21z^{-4} + 0.512z^{-5}$$

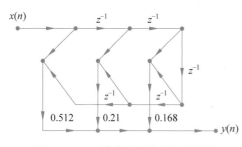

图 6-25　FIR 滤波器的线性相位结构

解：由于 $h(n) = h(N-n-1)$,$H(z)$ 系数具有偶对称性,因此,根据 FIR 滤波器的结构特点,该系统的线性相位数字滤波器结构如图 6-25 所示。

【例 6-13】　N 为奇数的线性相位滤波器设计示例。

已知有一个八阶的线性相位 FIR 数字滤波器,其系统函数 $H(z)$ 如下,试设计该 FIR 数字滤波器的结构。

$$H(z) = 0.61 + 1.2z^{-1} + 2.8z^{-2} + 5.8z^{-3} + 2.78z^{-4} + 5.8z^{-5} + 2.8z^{-6} + 1.2z^{-7} + 0.61z^{-8}$$

解：根据已知条件,该系统为八阶 FIR 数字滤波器,具有 9 个系数且其系数满足：

$$h(n) = h(N-n-1)$$

即系统函数 $H(z)$ 的系数具有偶对称性，因此，根据 FIR 滤波器的结构特点，该系统的线性相位数字滤波器结构如图 6-26 所示。

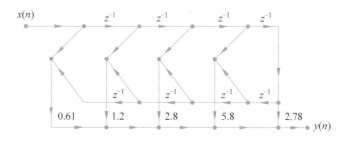

图 6-26　例 6-13 的 FIR 线性相位结构

线性相位数字滤波器的乘法次数，当 N 为偶数时，乘法次数为 $N/2$，当 N 为奇数时，乘法次数为 $(N+1)/2$，而直接型结构乘法次数为 N。

6.3.4　频率抽样型结构

视频讲解

1. 滤波器结构

根据频域抽样理论，一个 N 点有限长序列可以由相同长度的频域采样值唯一确定。因此，对于单位抽样响应长度为 N 的序列 $h(n)$，也可对系统函数 $H(z)$ 在单位圆上进行 N 点等间隔采样，这些采样值等于 $h(n)$ 的离散傅里叶变换值 $H(k)$，即

$$H(k)=H(z)\Big|_{z=\mathrm{e}^{\mathrm{j}\frac{2\pi}{N}k}}=\mathrm{DFT}[h(n)]\quad k=0,1,2,\cdots,N-1 \tag{6-18}$$

根据频率抽样理论，用频率采样表达 $H(z)$ 的插值公式为

$$H(z)=(1-z^{-N})\frac{1}{N}\sum_{k=0}^{N-1}\frac{H(k)}{1-W_N^{-k}z^{-1}} \tag{6-19}$$

从式(6-19)可以看出，频率抽样型结构由 $(1-z^{-N})$ 和 $\sum\limits_{k=0}^{N-1}\dfrac{H(k)}{1-W_N^{-k}z^{-1}}$ 两部分级联而成，第一部分 $(1-z^{-N})$ 是 FIR 系统，而另一部分 $\sum\limits_{k=0}^{N-1}\dfrac{H(k)}{1-W_N^{-k}z^{-1}}$ 则是 N 个一阶 IIR 系统并联，每一个一阶系统都具有反馈支路。

令

$$H_c(z)=1-z^{-N} \tag{6-20}$$

$$H_k(z)=\frac{H(k)}{1-W_N^{-k}z^{-1}} \tag{6-21}$$

则有

$$H(z)=\frac{1}{N}H_c(z)\sum_{k=0}^{N-1}H_k(z) \tag{6-22}$$

1）第一部分（FIR 部分）

$$H_c(z)=1-z^{-N}$$

这是一个由 N 阶延时单元级联而成的梳状滤波器，其结构如图 6-27 所示。

梳状滤波器在单位圆上有 N 个均匀分布的零点，即

图 6-27　梳状滤波器结构

$$H_c(z) = (1 - z^{-N}) = 0$$

于是

$$z^{-N} = 1$$

进而可得

$$z_i = e^{j\frac{2\pi}{N}i}, \quad i = 0, 1, 2, \cdots, N-1 \tag{6-23}$$

$H_c(z) = (1 - z^{-N})$ 的频率响应为

$$H_c(e^{j\omega}) = 1 - e^{-j\omega N} = 2je^{-j\frac{\omega N}{2}} \sin\left(\frac{\omega N}{2}\right) \tag{6-24}$$

因此,可得幅值响应为

$$|H_c(e^{j\omega})| = 2\left|\sin\left(\frac{\omega N}{2}\right)\right| \tag{6-25}$$

梳状滤波器的幅值响应如图 6-28。

2) 第二部分(IIR 部分)

由 N 个一阶子系统并联组成,各一阶子系统如下:

$$H_k(z) = \frac{H(k)}{1 - W_N^{-k} z^{-1}}$$

并联的各一阶子系统实际上是一阶谐振器,各一阶子系统在单位圆上均有一个极点,极点位置如下:

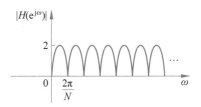

图 6-28 梳状滤波器的幅值响应

$$z_k = W_N^{-k} = e^{j\frac{2\pi k}{N}}, \quad k = 0, 1, 2, \cdots, N-1 \tag{6-26}$$

该子系统在 $\omega = \frac{2\pi}{N}k$ 处的频响为 ∞,是一个谐振频率为 $\frac{2\pi}{N}k$ 的谐振器。当 $i = k$ 时,这些一阶谐振器的极点正好与梳状滤波器中的一个零点抵消,从而使得在 $\frac{2\pi}{N}k$ 这一频率点处的幅值响应等于 $H(k)$。由于频率抽样型结构的第二部分包含 N 个一阶谐振器,因而具有 N 个极点,这些极点与梳状滤波器的 N 个零点理论上正好相互抵消,因此在 N 个频率抽样点 $\left(\omega = \frac{2\pi}{N}k, k = 0, 1, 2\cdots, N-1\right)$ 处的幅值响应正好分别等于 $H(k)$ 的值。

梳状滤波器和 N 个并联的一阶谐振器级联,就是频率抽样型的总结构,如图 6-29 所示。

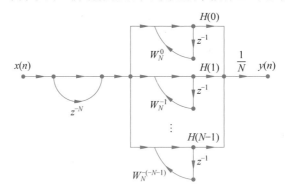

图 6-29 FIR 滤波器的频率抽样型结构

【例 6-14】　频率抽样型滤波器结构设计示例。

已知 FIR 数字滤波器,其单位抽样响应为 $h(n)$,其对应的 DFT 为 $H(k)$,若 $h(n)$ 为 9 点长序列,试设计其频率抽样型结构的数字滤波器。

解:根据 FIR 频率抽样型结构滤波器的理论可知,该滤波器数学结构如下:

$$H(z) = \frac{1 - z^{-N}}{N} \cdot \sum_{k=0}^{N-1} \frac{H(k)}{1 - W_N^{-k} z^{-1}} = \frac{1 - z^{-9}}{N} \cdot \sum_{k=0}^{8} \frac{H(k)}{1 - W_N^{-k} z^{-1}}$$

根据上述数学结构可得滤波器的信号流图,如图 6-30 所示。

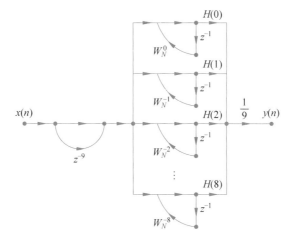

图 6-30　例 6-14 滤波器的频率抽样型结构

2. 频率抽样型结构的特点

其优点如下。

(1) 频率抽样型结构的优点是系数 $H(k)$ 就是滤波器在 $\omega = \frac{2\pi}{N}k$ 处的响应,因此,频率特性的调整很方便,调整一阶子系统的支路增益 $H(k)$ 就可以有效调整频率特性。

(2) 滤波器设计易于标准化和模块化,若不同滤波器的单位抽样响应 $h(n)$ 的长度 N 相同,对于任何频率响应,其梳状滤波器部分完全相同,仅各一阶子系统的支路系数 $H(k)$ 不同。

同时它存在下列缺点。

(1) N 个并联的一阶子系统,其系数 W_N^{-k} 和 $H(k)$ 都是复数,计算相对较复杂。

(2) 系统的稳定性差,频率抽样型结构的稳定性取决于单位圆上 N 个零极点的对消情况,由于系数存在量化误差,因而可能某些谐振器的极点不能与梳状滤波器的零点相抵消,从而影响滤波器的稳定性。

3. 频率抽样型结构的改进

为了改进 FIR 频率抽样型结构在稳定性方面存在的缺点,可以对频率抽样型结构进行适当的改进,主要体现在如下两点。

1) 系统的零极点向单位圆内收缩

将单位圆上的零极点向单位圆内收缩,将零极点进行适当的变动,使零极点位于半径为 $r < 1$,但 $r \approx 1$ 的圆上,频率采样点也修正到半径为 r 的圆上,从而解决滤波器系统的稳定性问题。

经过零极点收缩之后,滤波器系统函数如下:

$$H(z) = (1 - r^N z^{-N}) \frac{1}{N} \cdot \sum_{k=0}^{N-1} \frac{H_r(k)}{1 - rW_N^{-k} z^{-1}} \tag{6-27}$$

而由于 $r \approx 1$，因此有

$$H_r(k) \approx H(k) \tag{6-28}$$

代入式(6-28)可得

$$H(z) \approx (1 - r^N z^{-N}) \frac{1}{N} \cdot \sum_{k=0}^{N-1} \frac{H(k)}{1 - rW_N^{-k} z^{-1}} \tag{6-29}$$

经过修正之后，系统函数的各极点为

$$z_k = r \mathrm{e}^{\mathrm{j}\frac{2\pi k}{N}}, \quad k = 0, 1, 2, \cdots, N-1 \tag{6-30}$$

由于零极点收缩之后，全部零极点均在单位圆内，所以即使出现零极点没有完全抵消的情况，也不会影响滤波器系统的稳定性。

2) 一阶共轭子系统合并为二阶子系统

将频率抽样型结构中具有共轭极点的一阶子系统合并为二阶子系统，组成实系数的二阶子系统。根据 DFT 的共轭对称性，可得

$$H(k) = H^*(N-k) \tag{6-31}$$

再结合 W 因子的对称性，有

$$W_N^{-k} = W_N^{N-k} \tag{6-32}$$

因此，可以将第 k 个谐振器 $H_k(z)$ 和第 $N-k$ 个谐振器 $H_{N-k}(z)$ 合并为一个实系数二阶子系统。若以 $H_k(z)$ 表示合并之后的二阶子系统函数，则有

$$
\begin{aligned}
H_k(z) &= \frac{H(k)}{1 - rW_N^{-k} z^{-1}} + \frac{H(N-k)}{1 - rW_N^{-(N-k)} z^{-1}} = \frac{H(k)}{1 - rW_N^{-k} z^{-1}} + \frac{H^*(k)}{1 - r(W_N^{-k})^* z^{-1}} \\
&= \frac{B_{0k} + B_{1k} z^{-1}}{1 - 2r\cos\left(\frac{2\pi k}{N}\right) z^{-1} + r^2 z^{-2}}, \quad
\begin{cases}
k = 1, 2, \cdots, \dfrac{N-1}{2}, N \text{ 为奇数} \\
k = 1, 2, \cdots, \dfrac{N}{2} - 1, N \text{ 为偶数}
\end{cases}
\end{aligned}
\tag{6-33}
$$

式中

$$
\begin{cases}
B_{0k} = 2\mathrm{Re}[H(k)] \\
B_{1k} = -2r\mathrm{Re}[H(k)W_N^K]
\end{cases}
\tag{6-34}
$$

由于二阶子系统的极点在单位圆内，所以根据频率响应几何确定法的原理，该二阶子系统是具有某一品质因数的谐振器，谐振器频率为

$$\omega_k = \frac{2\pi}{N} k$$

经过修正以后，除了共轭极点外，还有实数极点，下面分 N 为偶数和奇数两种情况进行讨论。

(1) N 为偶数。

N 为偶数，谐振器在 $k=0$ 和 $k=N/2$ 处有一对实数极点，极点分别如下：

$$z_0 = r, \quad z_{\frac{N}{2}} = -r$$

两个实数极点对应于两个一阶子系统，即

$$H_0(z) = \frac{H(0)}{1 - rz^{-1}} \tag{6-35}$$

$$H_{\frac{N}{2}}(z) = \frac{H\left(\frac{N}{2}\right)}{1 - rz^{-1}} \tag{6-36}$$

因此，当 N 为偶数时，FIR 滤波器的频率抽样型的修正结构包括两部分，第一部分是梳状滤波器，第二部分包括$\left(\frac{N}{2} - 1\right)$ 个二阶子系统及两个一阶子系统 $H_0(z)$ 和 $H_{\frac{N}{2}}(z)$ 的并联结构，因此，对应的系统函数如下：

$$
\begin{aligned}
H(z) &= (1 - r^N z^{-N}) \frac{1}{N} \left[H_0(z) + H_{\frac{N}{2}}(z) + \sum_{k=1}^{\frac{N}{2}-1} H_k(z) \right] \\
&= (1 - r^N z^{-N}) \frac{1}{N} \left[\frac{H(0)}{1 - rz^{-1}} + \frac{H\left(\frac{N}{2}\right)}{1 - rz^{-1}} + \sum_{k=1}^{\frac{N}{2}-1} \frac{B_{0k} + B_{1k} z^{-1}}{1 - 2r\cos\left(\frac{2\pi k}{N}\right) z^{-1} + r^2 z^{-2}} \right]
\end{aligned}
\tag{6-37}
$$

（2）N 为奇数。

当 N 为奇数时，系统仅有一个实数极点，即

$$z_0 = r$$

其对应的一阶子系统 $H_0(z)$ 与式(6-35)相同。

因此，当 N 为奇数时，FIR 滤波器的频率抽样型的修正结构同样包括两部分，第一部分仍然是梳状滤波器，而第二部分则包括$(N-1)/2$ 个二阶子系统和一个一阶子系统 $H_0(z)$ 的并联结构，对应的系统函数如下：

$$
\begin{aligned}
H(z) &= (1 - r^N z^{-N}) \frac{1}{N} \left[H_0(z) + \sum_{k=1}^{\frac{N-1}{2}} H_k(z) \right] \\
&= (1 - r^N z^{-N}) \frac{1}{N} \left[\frac{H(0)}{1 - rz^{-1}} + \sum_{k=1}^{\frac{N-1}{2}} \frac{B_{0k} + B_{1k} z^{-1}}{1 - 2r\cos\left(\frac{2\pi k}{N}\right) z^{-1} + r^2 z^{-2}} \right]
\end{aligned}
\tag{6-38}
$$

综上所述，无论 N 是偶数还是奇数，当 N 很大时，FIR 数字滤波器的频率抽样型结构都需要较多的延时单元和乘法器，这使系统结构变得较复杂，应慎重选择，但对于窄带滤波器却可以例外，这是由于窄带滤波器的 $H(k)$ 多数抽样值为零，于是二阶子系统的数量大大减少，从而降低了滤波器系统的复杂度。

3）改进型结构的特点

改进型结构具有如下特点。

（1）选频性好，适于窄带滤波，这时大部分 $H(k)$ 为零，只有较少的二阶子系统。

（2）不同的 FIR 滤波器，若长度相同，可通过改变系数用同一个子系统实现。

（3）频率抽样型滤波器的结构相对较复杂，采用的存储器多。

 习 题

1. 某 IIR 数字滤波器系统的差分方程如下：

$$y(n) = \frac{5}{6}y(n-1) - \frac{1}{6}y(n-2) + x(n) + \frac{1}{2}x(n-1)$$

（1）给出该系统的直接 I 型结构；

（2）给出该系统的直接 II 型结构。

2. 已知滤波器的系统函数如下：

$$H(z) = \frac{(1+z^{-1})(1-2.8z^{-1}+6z^{-2})}{(1-0.8z^{-1})(1+1.6z^{-1}+0.63z^{-2})}$$

试给出该滤波器系统的级联型结构，并分析该系统有几种级联型结构。

3. 已知系统函数如下：

$$H(z) = \frac{2+5z^{-1}}{1+1.3z^{-1}+0.4z^{-2}} + \frac{2}{1-0.75z^{-1}} + 2$$

试给出该系统的并联型结构。

4. 已知滤波器的级联型结构如图 6-31 所示。

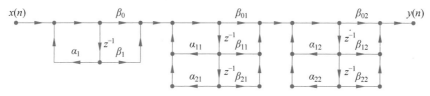

图 6-31 滤波器的级联型结构

试根据该级联型结构写出该滤波器的系统函数。

5. 已知滤波器的并联型结构如图 6-32 所示。

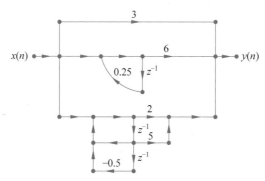

图 6-32 滤波器的并联型结构

试根据该并联型结构写出该滤波器的系统函数。

6. 已知 FIR 滤波器的系统函数如下：

$$H(z) = 1.8 + 2.8z^{-1} + 0.78z^{-2} + 0.12z^{-3} + 0.78z^{-4} + 2.8z^{-5} + 1.8z^{-6}$$

试设计该滤波器的直接型结构。

7. 已知 FIR 滤波器的系统函数如下：

$$H(z) = 1 + 10z^{-1} + 33z^{-2} + 36z^{-3}$$

试设计该系统的级联型结构。

8. 已知 FIR 滤波器的系统函数如下：

$$H(z) = 6.18 + 1.21z^{-1} + 2.8z^{-2} + 5.18z^{-3} + 1.8z^{-4} + 5.18z^{-5} + 2.8z^{-6} + 1.21z^{-7} + 6.18z^{-8}$$

试设计该系统的线性相位型结构。

9. 已知滤波器的结构如图 6-33 所示。

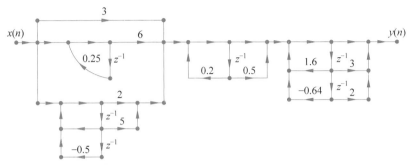

图 6-33 滤波器的结构

试根据该结构写出该滤波器的系统函数。

10. 已知 FIR 滤波器的系统函数如下：

$$H(z) = 6.18 + 1.28z^{-1} + 2.8z^{-2} + 5.18z^{-3} + 5.8z^{-4} + 6.8z^{-5} + 7.28z^{-6} + 11.21z^{-7} + 16.18z^{-8}$$

试采用 MATLAB 设计该系统的级联型结构。

11. 已知滤波器的结构如图 6-34 所示。

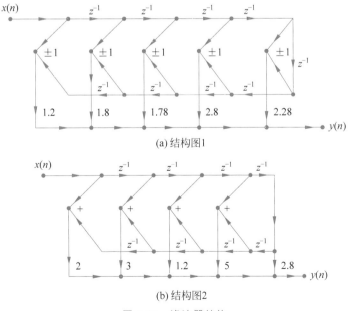

(a) 结构图1

(b) 结构图2

图 6-34 滤波器结构

试根据该结构图完成如下任务：

（1）指出该滤波器的结构类型；

（2）根据结构图写出滤波器的系统函数。

第 7 章 IIR 数字滤波器设计

7.1 滤波器设计概述

时域信号一般都包含多种频率成分,凡是可以使信号的特定频率成分通过,而对其他频率成分进行抑制的装置或系统都可以称为滤波器。换句话说,滤波器是一种选频装置,可以根据需要将输入信号的某些频率成分按要求进行衰减,并保留所需要的频率成分。利用滤波器的这种选频作用,可以滤除信号中的干扰和噪声。例如低通滤波器,它的作用是使输入信号中高于某一频率的信号充分衰减,而低于该频率的信号不衰减或衰减很少;高通滤波器则允许信号中的高频分量通过,抑制低频和直流分量。

根据所处理的信号是模拟信号还是数字信号,滤波器可以分为模拟滤波器和数字滤波器。模拟滤波器需要采用硬件电路来实现,即用模拟元器件组成的电路来实现滤波功能。数字滤波器是将输入信号(序列)通过一定的运算后转换为输出序列,从而完成滤波功能。数字滤波器是一个数字系统,通常情况下为线性移不变系统,具有线性移不变系统的全部性质。

7.1.1 滤波器的类型

数字滤波器是具有滤波功能的离散数字系统,根据不同的分类方法,可以分为不同类型。

按照频带可以分为低通、高通、带通、带阻和全通数字滤波器。

按照与理想滤波器的逼近方式可以分为巴特沃斯(Butterworth)滤波器、切比雪夫(Chebyshev)滤波器、椭圆(Elliptic)滤波器和贝塞尔(Bessel)滤波器等。

按照滤波器的结构可以分为递归型滤波器和非递归型滤波器两大类,又称为无限冲激响应(IIR)数字滤波器和有限冲激响应(FIR)数字滤波器。

党的二十大报告指出:"科技是第一生产力,人才是第一资源,创新是第一动力"。从模拟滤波器到数字滤波器,由于技术的创新,滤波器性能得到了较大的提升,在我国实现高质量发展的宏大社会实践中,唯有持续进行技术创新,尊重知识、尊重人才才能实现这一宏伟目标。

7.1.2 滤波器的技术指标

数字滤波器主要用于对数字信号进行滤波,即用于对信号进行频率选择,实现选频功能,其指标通常与频域中的幅值响应和相位响应相关,由于 IIR 滤波器无法对相位特性进行有效控制,因此,IIR 滤波器的技术指标一般仅与幅值响应有关,通常用幅值响应的允许误

视频讲解

差来表示,以模拟低通滤波器为例,如图 7-1 所示,指标主
要包括通带、过渡带和阻带三方面。

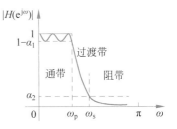

图 7-1　模拟低通滤波器技术指标

1. 滤波器的逼近误差

无论是在通带还是阻带,滤波器的性能与理想性能都
可能会存在一定的误差,若超过允许的误差范围,则滤波
器不能使用。

在通带范围内,如图 7-1 所示,滤波器的实际响应以误
差 α_1(通常以百分比表示,如 2%)逼近理想值 1,也就是说,滤波器幅值响应逼近 1 的最大
误差为 α_1,即

$$1 - \alpha_1 \leqslant |H(\mathrm{e}^{\mathrm{j}\omega})| \leqslant 1, \quad |\omega| < \omega_\mathrm{p}$$

在阻带范围内,滤波器的实际衰减可能也不会很快就达到 0,幅值响应以误差小于 α_2
(通常以百分比表示)逐渐逼近于 0,即

$$|H(\mathrm{e}^{\mathrm{j}\omega})| \leqslant \alpha_2, \quad \omega_\mathrm{s} < |\omega| \leqslant \pi$$

2. 通带截止频率 ω_p 和阻带截止频率 ω_s

通带截止频率 ω_p 与通带允许的最大误差 α_1 相关,而阻带截止频率 ω_s 与阻带误差 α_2
相关。在 ω_p 与 ω_s 之间的频率范围,称为频率的过渡带。

在工程设计中,滤波器性能指标一般采用通带允许的最大衰减 δ_1、阻带必须达到的最
小衰减 δ_2 等设计指标来表示。δ_1 和 δ_2 的定义如下:

$$\begin{cases} \delta_1 = 20\lg \dfrac{|H(\mathrm{e}^{\mathrm{j}0})|}{|H(\mathrm{e}^{\mathrm{j}\omega_\mathrm{c}})|} = -20\lg |H(\mathrm{e}^{\mathrm{j}\omega_\mathrm{c}})| = -20\lg(1-\alpha_1) \\ \delta_2 = 20\lg \dfrac{|H(\mathrm{e}^{\mathrm{j}0})|}{|H(\mathrm{e}^{\mathrm{j}\omega_\mathrm{st}})|} = -20\lg |H(\mathrm{e}^{\mathrm{j}\omega_\mathrm{st}})| = -20\lg(\alpha_2) \end{cases} \quad (7\text{-}1)$$

式中默认 $|H(\mathrm{e}^{\mathrm{j}0})| = 1$,即已经被归一化。

根据模拟电路知识及式(7-1)可知,若 $\omega_\mathrm{p} = 3\mathrm{dB}$,则对应幅值响应衰减到 $|H(\mathrm{e}^{\mathrm{j}\omega_\mathrm{p}})| = 0.707$,即通带衰减为 $\delta_1 = 3\mathrm{dB}$,称为 3dB 频率,这时的通带截止频率称为 3dB 截止频率,一般
用 ω_c 表示。阻带截止频率一般用 ω_s 表示,若在 ω_s 处幅值为 $|H(\mathrm{e}^{\mathrm{j}\omega_\mathrm{s}})| = 0.01$,则 $\delta_2 = 40\mathrm{dB}$。

7.1.3　滤波器的特性

对于数字滤波器 $H(z)$,其系统函数在单位圆上的值就是滤波器的频率响应 $H(\mathrm{e}^{\mathrm{j}\omega})$,
而滤波器设计一般均与其频率响应 $H(\mathrm{e}^{\mathrm{j}\omega})$ 密切相关,因此描述数字滤波器频率响应特征的
三个参数主要包括幅值平方响应、相位响应和群延迟。

1. 幅值平方响应

若滤波器的逼近指标主要基于幅值特性而不是基于相位特性时,依据幅值平方响应对
滤波器进行设计非常方便和高效。幅值平方响应的表达式如下:

$$|H(\mathrm{e}^{\mathrm{j}\omega})|^2 = H(\mathrm{e}^{\mathrm{j}\omega})H^*(\mathrm{e}^{\mathrm{j}\omega}) = H(\mathrm{e}^{\mathrm{j}\omega})H(\mathrm{e}^{-\mathrm{j}\omega}) = |H(z)H(z^{-1})|_{z=\mathrm{e}^{\mathrm{j}\omega}} \quad (7\text{-}2)$$

对于实际滤波器系统,冲激响应为实变函数,即滤波器的冲激响应满足共轭对称性。因
此有

$$H^*(\mathrm{e}^{\mathrm{j}\omega}) = H(\mathrm{e}^{-\mathrm{j}\omega})$$

如果 $z = r\mathrm{e}^{-\mathrm{j}\omega_i}$ 是系统函数 $H(z)$ 的极点,则有

$$z = \frac{1}{r}\mathrm{e}^{-\mathrm{j}\omega_i}$$

为 $H(z^{-1})$ 的极点。由于实际滤波器系统 $H(z)$ 的系数均为实系数,系统函数 $H(z)$ 的零点或极点是实数或零极点以共轭对的形式出现。因此,对于幅值平方函数 $H(z)H(z^{-1})$,必有如下成对共轭极点:

$$\begin{cases} z = r\mathrm{e}^{-\mathrm{j}\omega_i} \\ z = \dfrac{1}{r}\mathrm{e}^{\mathrm{j}\omega_i} \end{cases} \tag{7-3}$$

而且这一共轭对极点是关于单位圆共轭反演的。

根据线性移不变系统的稳定性理论,对于幅值平方函数 $H(z)H(z^{-1})$ 的极点,应取单位圆内的极点作为 $H(z)$ 的极点,单位圆外的极点作为 $H(z^{-1})$ 的极点。

系统函数的零点与系统的稳定性没有关系,因而零点可在 z 平面内任意位置,若选取 $H(z)H(z^{-1})$ 单位圆内的零点作为 $H(z)$ 的零点,单位圆外的零点作为 $H(z^{-1})$ 的零点,则 $H(z)$ 为最小相位系统。

2. 相位响应

由于 $H(\mathrm{e}^{\mathrm{j}\omega})$ 一般为复数,因此可表示为

$$H(\mathrm{e}^{\mathrm{j}\omega}) = |H(\mathrm{e}^{\mathrm{j}\omega})|\mathrm{e}^{\mathrm{j}\beta(\mathrm{e}^{\mathrm{j}\omega})} = \mathrm{Re}[H(\mathrm{e}^{\mathrm{j}\omega})] + \mathrm{jIm}[H(\mathrm{e}^{\mathrm{j}\omega})] \tag{7-4}$$

由此可得

$$\beta(\mathrm{e}^{\mathrm{j}\omega}) = \arctan\left(\frac{\mathrm{Im}[H(\mathrm{e}^{\mathrm{j}\omega})]}{\mathrm{Re}[H(\mathrm{e}^{\mathrm{j}\omega})]}\right) \tag{7-5}$$

根据复数知识有

$$H^*(\mathrm{e}^{\mathrm{j}\omega}) = |H(\mathrm{e}^{\mathrm{j}\omega})|\mathrm{e}^{-\mathrm{j}\beta(\mathrm{e}^{\mathrm{j}\omega})}$$

因此可得

$$\beta(\mathrm{e}^{\mathrm{j}\omega}) = \frac{1}{2\mathrm{j}}\ln\left(\frac{[H(\mathrm{e}^{\mathrm{j}\omega})]}{[H^*(\mathrm{e}^{\mathrm{j}\omega})]}\right) = \frac{1}{2\mathrm{j}}\ln\left(\frac{H(\mathrm{e}^{\mathrm{j}\omega})}{H(\mathrm{e}^{-\mathrm{j}\omega})}\right) = \frac{1}{2\mathrm{j}}\ln\left(\frac{H(z)}{H(z^{-1})}\right)_{z=\mathrm{e}^{\mathrm{j}\omega}} \tag{7-6}$$

3. 群延迟

滤波器相位对角频率导数的负值称为群延迟。该参数是滤波器平均延时的度量值,其数学定义如下:

$$\tau(\mathrm{e}^{\mathrm{j}\omega}) = -\frac{\mathrm{d}\beta(\mathrm{e}^{\mathrm{j}\omega})}{\mathrm{d}\omega} \tag{7-7}$$

若要求滤波器具有线性相位特性,则通带范围内群延迟应为常数。根据 $H(\mathrm{e}^{\mathrm{j}\omega})$ 的表达式以及群延迟的定义,$\tau(\mathrm{e}^{\mathrm{j}\omega})$ 可以化为如下两种形式。

(1) 用频率响应表示。

$$\tau(\mathrm{e}^{\mathrm{j}\omega}) = -\frac{\mathrm{d}\beta(z)}{\mathrm{d}z}\frac{\mathrm{d}z}{\mathrm{d}\omega}\bigg|_{z=\mathrm{e}^{\mathrm{j}\omega}} = -\mathrm{j}z\frac{\mathrm{d}\beta(z)}{\mathrm{d}z}\bigg|_{z=\mathrm{e}^{\mathrm{j}\omega}}$$

根据频率响应的表达式可得

$$\ln[H(\mathrm{e}^{\mathrm{j}\omega})] = \ln|H(\mathrm{e}^{\mathrm{j}\omega})| + \mathrm{j}\beta(\mathrm{e}^{\mathrm{j}\omega})$$

即

$$\beta(\mathrm{e}^{\mathrm{j}\omega}) = \mathrm{Im}\{\ln[H(\mathrm{e}^{\mathrm{j}\omega})]\}$$

由此可得

$$\tau(\mathrm{e}^{\mathrm{j}\omega}) = -\mathrm{Im}\left[\frac{\mathrm{d}}{\mathrm{d}\omega}\{\ln[H(\mathrm{e}^{\mathrm{j}\omega})]\}\right] \tag{7-8}$$

（2）用系统函数表示。

同样，根据 $H(\mathrm{e}^{\mathrm{j}\omega})$ 的表达式，式(7-8)也可以简化为如下形式：

$$\tau(\mathrm{e}^{\mathrm{j}\omega}) = -\mathrm{Im}\left(\frac{\mathrm{d}}{\mathrm{d}z}[\ln H(\mathrm{e}^{\mathrm{j}\omega})]\right)\frac{\mathrm{d}z}{\mathrm{d}\omega}\bigg|_{z=\mathrm{e}^{\mathrm{j}\omega}} \tag{7-9}$$

进一步化简可得

$$\tau(\mathrm{e}^{\mathrm{j}\omega}) = -\mathrm{Im}\left[\mathrm{j}z\frac{\mathrm{d}\{\ln[H(z)]\}}{\mathrm{d}z}\right]\bigg|_{z=\mathrm{e}^{\mathrm{j}\omega}} = -\mathrm{Re}\left[z\frac{\mathrm{d}\{\ln[H(z)]\}}{\mathrm{d}z}\right]\bigg|_{z=\mathrm{e}^{\mathrm{j}\omega}}$$
$$= -\mathrm{Re}\left[z\frac{\mathrm{d}[H(z)]}{\mathrm{d}z}\frac{1}{H(z)}\right]\bigg|_{z=\mathrm{e}^{\mathrm{j}\omega}} \tag{7-10}$$

群延迟是信号处理中的一个重要概念，在水声工程、无损探伤、振动分析、地震波检测等众多领域具有广泛应用，它描述了相位变化随频率变化的快慢程度，刻画了信号通过滤波器的各正弦分量的振幅包络的时延，并且是各频率分量的函数。

7.1.4　IIR 滤波器的设计方法

IIR 数字滤波器的设计问题，在数学上表现为逼近问题，即设计如下形式的滤波器系统函数：

$$H(z) = \frac{\sum_{k=0}^{M} b_k z^{-k}}{1 - \sum_{k=1}^{N} a_k z^{-k}}, \quad M \leqslant N \tag{7-11}$$

并确定滤波器的系数 a_k 和 b_k 的值，使所设计的滤波器在性能上逼近给定的性能指标。如果在 s 平面逼近，则得到 IIR 模拟滤波器，然后再转换为数字滤波器；如果在 z 平面逼近，则直接得到 IIR 数字滤波器。

设计 IIR 数字滤波器一般有如下两种方法。

（1）间接设计法。此为由模拟到数字的间接设计方法，即先设计一个符合要求的模拟滤波器，然后将模拟滤波器转换为数字滤波器，因为模拟滤波器的设计方法已经很成熟，既可以采用公式法设计，也可以采用查表法设计，非常方便。

IIR 数字滤波器设计常常采用间接设计法，即先将给定的数字滤波器技术指标转换为模拟域指标，再设计模拟低通原型滤波器，然后将模拟低通原型滤波器转换为所需的数字滤波器。从模拟滤波器转换到数字滤波器的间接设计方法主要包括冲激响应不变法、阶跃响应不变法和双线性变换法等，其中冲激响应不变法和双线性变换法应用较为广泛，上述两种方法设计 IIR 数字滤波器的步骤如图 7-2 所示。

图 7-2　间接法设计 IIR 数字滤波器

（2）计算机辅助设计法。用计算机直接设计 IIR 数字滤波器，又称为优化设计法。由于该方法是一种优化设计法，因此设计方法和优化准则密切相关。例如，优化准则可以为滤波器的频率响应 $H(e^{j\omega})$ 的幅值与理想滤波器的幅值响应 $|H_d(e^{j\omega})|$ 的均方误差最小，或 $H(e^{j\omega})$ 与 $|H_d(e^{j\omega})|$ 的最大误差最小等，然后在选定的准则下，求解滤波器系统函数 $H(z)$ 的分子系数 a_k 和分母系数 b_k。基于计算机的优化设计方法通常没有解析形式的设计公式，需要经过计算机反复迭代而得到设计参数。

7.2　几种简单典型的 IIR 滤波器

在 IIR 数字滤波器中，有几种简单而又典型的滤波器系统具有广泛的应用，这些典型系统包括全通系统、最小相位延时系统和最大相位延时系统等。

7.2.1　全通系统

频率响应幅值在全频带范围内为常数或等于 1 的系统称为全通系统。全通系统（All-pass System）又称为全通滤波器，全通滤波器一般用于对输入信号的相位进行变换。

令 $H_{ap}(z)$ 表示全通滤波器的系统函数，则对于任意阶全通系统，幅值响应如下：

$$|H_{ap}(e^{j\omega})|=1 \tag{7-12}$$

1. 一阶全通系统

根据全通系统的定义，如下形式的一阶系统为全通系统：

$$H_{ap}(z)=\frac{a-z^{-1}}{1-az^{-1}}, \quad a\in\mathbf{R}, 且\ 0<|a|<1 \tag{7-13}$$

该系统的极点为 $z=a$，零点为 $z=\dfrac{1}{a}$，如图 7-3(a)所示，这类全通系统的零点和极点是以单位圆为镜像对称的。考虑到实际系统的单位抽样响应为实数，因此，a 应取实数，由于 $0<|a|<1$，因此，式(7-13)全通系统的极点分布在单位圆内的实轴上。

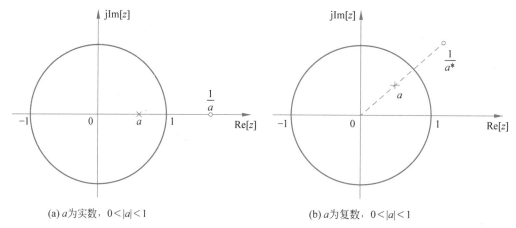

(a) a 为实数，$0<|a|<1$　　　　(b) a 为复数，$0<|a|<1$

图 7-3　一阶全通系统零极点位置

实际上，一阶全通系统的极点并不要求必须分布在实轴上，极点可以分布在单位圆内的任意位置，如图 7-3(b)所示，这时式(7-13)中 a 的取值范围扩大为复数，则可以得到更多复数极点的一阶全通系统。复系数一阶全通系统的形式如下：

$$H_{ap}(z) = \frac{a^* - z^{-1}}{1 - az^{-1}}, \quad 0 < |a| < 1 \tag{7-14}$$

令

$$a = r e^{j\theta}, \quad |r| < 1$$

则该系统的幅频响应为

$$|H_{ap}(e^{j\omega})| = \left| \frac{r e^{-j\theta} - e^{-j\omega}}{1 - r e^{j\theta} e^{-j\omega}} \right| = |e^{-j\omega}| \left| \frac{1 - r e^{j(\omega-\theta)}}{1 - r e^{-j(\omega-\theta)}} \right|$$

$$= \left| \frac{[1 - r\cos(\omega-\theta)] - j\sin(\omega-\theta)}{[1 - r\cos(\omega-\theta)] + j\sin(\omega-\theta)} \right| = 1$$

2. 高阶全通系统

高阶全通系统可由一阶全通系统级联而成或根据全通系统的幅值特性直接给出高阶全通系统的系统函数。

1) 一阶全通系统级联为 N 阶全通系统

高阶全通系统可由一阶全通系统级联组成，这些一阶全通系统为式(7-14)的形式，即

$$H_{ap}(z) = \frac{a^* - z^{-1}}{1 - az^{-1}}, \quad 0 < |a| < 1$$

一阶全通系统 $H_{ap}(z)$ 又称为一阶全通基本单元，多个一阶全通系统可以组成高阶全通系统。由于实际系统的 $H(z)$ 为实系数系统函数，因此，以二阶全通系统为例，若有复数零极点，其零点和极点均应为复数共轭对，即二阶全通系统的系统函数为如下形式：

$$H_{ap}(z) = \frac{a^* - z^{-1}}{1 - az^{-1}} \frac{a - z^{-1}}{1 - a^* z^{-1}}, \quad 0 < |a| < 1 \tag{7-15}$$

该系统由两个一阶全通系统的基本单元级联而成，其零极点分布如图 7-4 所示。

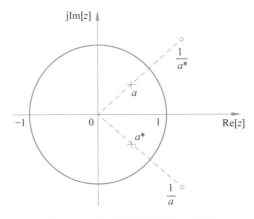

图 7-4　二阶全通系统零极点位置

2) 通用 N 阶全通系统

根据全通系统频率响应的幅值特性，N 阶数字全通系统的系统函数可以由如下分式构建：

$$H_{ap}(z) = \pm \frac{a_N + a_{N-1}z^{-1} + \cdots + a_1 z^{-(N-1)} + z^{-N}}{1 + a_1 z^{-1} + a_2 z^{-2} + \cdots + a_N z^{-N}} \tag{7-16}$$

式中，$a_i \in \mathbf{R}, i = 1, 2, \cdots, N$，$H_{ap}(z)$ 的极点全部在单位圆内。

3) 最简 N 阶全通系统

根据全通系统的定义,如下系统:

$$H_{ap}(z) = z^{-N}, \quad N = 1, 2, 3, \cdots \tag{7-17}$$

满足全通系统的定义,也是全通系统。式(7-17)可以组成任意阶全通系统,这是 N 阶最简全通系统,它是单纯的延时系统。

3. 全通系统的应用

全通系统实际上是一种不改变信号的幅度谱,只改变信号相位谱的信号处理系统。这表明信号通过全通系统后,幅度谱不变,仅相位谱发生改变,也可以认为是对相位进行滤波。因此,若需要对相位进行某种处理时,可采用全通系统。

1) 相位校正

IIR 滤波器的相位特性通常是非线性的,而视频和语音信号传输时要求系统具有线性相位特性,这时可以采用全通滤波器进行相位校正,以获得线性相位特性。由于全通滤波器具有相位校正功能,因此又称为相位均衡器。

设全通系统滤波器为 $H_{ap}(z)$,原滤波器的系统函数为 $H(z)$,则级联全通系统后滤波器的系统函数为

$$H_F(z) = H_{ap}(z)H(z) \tag{7-18}$$

即

$$H_F(e^{j\omega}) = H_{ap}(e^{j\omega})H(e^{j\omega}) = |H_{ap}(e^{j\omega})| |H(e^{j\omega})| e^{j[\phi_{ap}(\omega) + \phi(\omega)]}$$

由此可得

$$\phi_F(\omega) = \phi_{ap}(\omega) + \phi(\omega)$$

即

$$\tau_F(\omega) = \tau_{ap}(\omega) + \tau(\omega)$$

相位校正的目标是使滤波器的相位特性为线性特性,即群延迟为常数 τ_0,也就是说在原滤波器通带中群延迟应具有如下特性:

$$\tau_F(\omega) = \tau_{ap}(\omega) + \tau(\omega) = \tau_0 \tag{7-19}$$

若逼近误差采用均方误差,则均方误差为

$$e^2 = [\tau_F(\omega) + \tau_0]^2 = [\tau_{ap}(\omega) + \tau(\omega) - \tau_0]^2 \tag{7-20}$$

误差 e^2 与 ω、原滤波器以及全通系统有关,根据均方误差最小准则即可求得全通系统的各个参数。

2) 将不稳定系统校正为稳定系统

通过级联全通系统可以将非稳定系统变为稳定系统。全通系统属于最大相位系统,因为根据全通系统的特点,其全部零点均在单位圆外,而全部极点均在单位圆内。而且,全通系统每一对零、极点呈倒数关系,以单位圆为界镜像分布。因此,在一个非稳定的系统中级联一个全通系统,则通过零极点对消的方式可以实现将不稳定系统转换为稳定系统。

设滤波器有一对极点在单位圆外,其极点为

$$z = \frac{1}{r} e^{\pm j\phi}, \quad r < 1 \tag{7-21}$$

将该滤波器系统级联一个全通系统,如下所示:

$$H_{ap}(z) = \frac{z^{-1} - re^{j\phi}}{1 - re^{-j\phi}z^{-1}} \frac{z^{-1} - re^{-j\phi}}{1 - re^{j\phi}z^{-1}} \qquad (7-22)$$

通过级联该全通系统,可以将滤波器单位圆外的一对极点与全通系统的零点对消,使系统稳定,同时又不对滤波器的幅值响应特性产生任何影响。

3) 因果稳定系统分解为全通系统和最小相位延时系统

根据全通系统的特性可知,任何一个因果稳定系统均可以分解为一个全通系统和一个最小相位延时系统级联。

设 $H_F(z)$、$H_{ap}(z)$ 和 $H_{min}(z)$ 分别表示因果稳定系统、全通系统和最小相位延时系统,则因果稳定系统可表示为如下形式:

$$H_F(z) = H_{ap}(z)H_{min}(z) \qquad (7-23)$$

设非最小相位的因果稳定系统 $H_F(z)$ 在单位圆外有一对共轭零点 z_1 和 z_2 如下:

$$z_1 = \frac{1}{z_0}, \quad z_2 = \frac{1}{z_0^*}, \quad |z_0| < 1$$

由于是因果稳定系统,故极点全部位于单位圆内,因此系统也可表示为如下形式:

$$H_F(z) = H_m(z)(z^{-1} - z_0)(z^{-1} - z_0^*) \qquad (7-24)$$

式中,$H_m(z)$ 为最小相位系统,两个一阶因子表示单位圆外的一对共轭零点。因此,式(7-24)可表示为

$$H_F(z) = H_m(z)(z^{-1} - z_0)(z^{-1} - z_0^*) \frac{1 - z_0^* z_0^{-1}}{1 - z_0^* z^{-1}} \frac{1 - z_0 z^{-1}}{1 - z_0 z^{-1}}$$

$$= H_m(z)(1 - z_0 z^{-1})(1 - z_0^* z^{-1}) \frac{z^{-1} - z_0^*}{1 - z_0^* z^{-1}} \frac{z^{-1} - z_0}{1 - z_0 z^{-1}} \qquad (7-25)$$

由于 $|z_0| < 1$,因而 $H_m(z)(1 - z_0 z^{-1})(1 - z_0^* z^{-1})$ 依然是最小相位延时系统,而 $\frac{z^{-1} - z_0^*}{1 - z_0^* z^{-1}} \frac{z^{-1} - z_0}{1 - z_0 z^{-1}}$ 是两个一阶全通系统级联组成的二阶全通系统。

令

$$H_{min}(z) = H_m(z)(1 - z_0 z^{-1})(1 - z_0^* z^{-1}) \qquad (7-26)$$

$$H_{ap}(z) = \frac{z^{-1} - z_0^*}{1 - z_0^* z^{-1}} \frac{z^{-1} - z_0}{1 - z_0 z^{-1}} \qquad (7-27)$$

则有

$$H_F(z) = H_{ap}(z)H_{min}(z)$$

同理,若系统具有两对或两对以上的共轭零点位于单位圆外,则以同样的方法可以得出四阶及以上的全通系统 $H_{ap}(z)$ 和对应的 $H_{min}(z)$。

7.2.2　最小与最大相位延时系统

线性移不变系统 $H(z)$ 的分子和分母均为有理多项式,因此可以表示为如下形式:

$$H(z) = \frac{\displaystyle\sum_{m=0}^{M} b_m z^{-m}}{\displaystyle\sum_{k=0}^{N} a_k z^{-k}} = kz^{N-M} \frac{\displaystyle\prod_{m=1}^{M}(z - c_m)}{\displaystyle\prod_{k=1}^{N}(z - d_k)}$$

用 $e^{j\omega}$ 代替 z,则系统的频率响应为

$$H(e^{j\omega}) = k\, e^{j(N-M)\omega} \frac{\prod\limits_{m=1}^{M}(e^{j\omega}-c_m)}{\prod\limits_{k=1}^{N}(e^{j\omega}-d_k)} \tag{7-28}$$

根据式(7-28)可得,频率响应的相角为

$$\arg[H(e^{j\omega})] = \arg[K] + \sum_{m=1}^{M}\arg[e^{j\omega}-c_m] - \sum_{k=1}^{N}\arg[e^{j\omega}-d_k] + (N-M)\omega \tag{7-29}$$

根据式(7-29),相位 $\arg[H(e^{j\omega})]$ 共包含四项,其中 $\arg[K]$ 为常数,其他三项均为 ω 的函数,其中 $\sum\limits_{m=1}^{M}\arg[e^{j\omega}-c_m]$ 为零向量相角之和,$\sum\limits_{k=1}^{N}\arg[e^{j\omega}-d_k]$ 为极向量相角之和。现在分析当 ω 在 $0\sim2\pi$ 范围内变化时,即 ω 在 z 平面单位圆上逆时钟旋转一周时,系统函数相位(即 $\Delta\arg[H(e^{j\omega})]$)的变化情况。

对于单位圆内的任一极点和零点,ω 在 $0\sim2\pi$ 范围内变化时,零向量和极向量的相角变化均为 2π,即单位圆内的极点和零点,当 ω 变化一周时,对于每一个极点和零点产生的相位增量 $\Delta\arg[H(e^{j\omega})]$ 均为 2π。而对于单位圆外的任一极点和零点,ω 在 $0\sim2\pi$ 范围内变化时,零向量和极向量相角的变化均为 0,即单位圆外,无论是极点还是零点,ω 在 $0\sim2\pi$ 范围内变化一周时,$\Delta\arg[H(e^{j\omega})]$ 均无变化。

设系统函数 $H(z)$ 有 p_i 个极点在单位圆内,p_o 个极点在单位圆外,有 z_i 个零点在单位圆内,z_o 个零点在单位圆外,于是有

$$p_i + p_o = N, \quad z_i + z_o = M$$

对于因果稳定系统,系统函数 $H(z)$ 的全部极点在单位圆内,因而有

$$p_i = N, \quad p_o = 0$$

ω 在 $0\sim2\pi$ 范围内变化时,$\Delta\omega = 2\pi$,由于常数的相角 $\arg[K]$ 不产生变化,根据式(7-29)可得

$$\begin{aligned}
\Delta\arg[H(e^{j\omega})] &= 2\pi z_i - 2\pi p_i + 2\pi(N-M) \\
&= 2\pi z_i - 2\pi N + 2\pi(N-M) \\
&= 2\pi(z_i - M) = -2\pi z_o
\end{aligned} \tag{7-30}$$

式(7-30)表明,对于因果稳定系统,当 ω 在 $0\sim2\pi$ 范围内变化时,系统相角的变化为 $-2\pi z_o$,即相位延时(滞后)$2\pi z_o$,因此,这类系统又称为相位延时系统。由式(7-30)可知,根据零点分布情况,因果稳定系统可以分为如下两种系统。

1) 最小相位延时系统

若 $H(z)$ 的全部零点在单位圆内,则有

$$z_i = M, \quad z_o = 0$$

这时相角变化为最小,即

$$\min(\Delta\arg[H(e^{j\omega})]) \mid_{\Delta\omega=2\pi} = -2\pi z_o = 0$$

由于这时相角变化最小,故全部零点在单位圆内的因果稳定系统称为最小相位延时系统,又称为最小相位系统。

2) 最大相位延时系统

若 $H(z)$ 的全部零点在单位圆外,则有

$$z_i = 0, \quad z_o = M$$

这时相角变化达到最大,即

$$\min(\Delta \arg[H(e^{j\omega})])\big|_{\Delta\omega=2\pi} = -2\pi z_o = -2\pi M \tag{7-31}$$

由于这时相角延时最大,故全部零点在单位圆外的因果稳定系统称为最大相位延时系统,又称为最大相位系统。

7.2.3 最小与最大相位超前系统

对于逆因果系统,系统函数 $H(z)$ 的全部极点在单位圆外,系统的收敛域为半径大于 1 的圆的外部,则有

$$p_i = 0, \quad p_o = N$$

当 ω 在 $0\sim2\pi$ 范围内变化时,即 $\Delta\omega=2\pi$ 时,系统相角的增量如下:

$$\Delta \arg[H(e^{j\omega})] = 2\pi z_i + 2\pi(N-M) = 2\pi(N-z_o) \tag{7-32}$$

通常情况下,$N > M > z_o$,因此,当 ω 在 $0\sim2\pi$ 范围内变化时,这类系统的相位变化为正,因而这类系统被称为相位超前系统。

1) 最大相位超前系统

若 $H(z)$ 的全部零点在单位圆内,则有

$$z_i = M, \quad z_o = 0$$

根据式(7-32)可得,这时相角变化最大,即

$$\max(\Delta \arg[H(e^{j\omega})]) = -2\pi(N-z_o) = 2\pi N \tag{7-33}$$

由于这时相角相位超前最大,故称这类系统为最大相位超前系统。

2) 最小相位超前系统

若 $H(z)$ 的全部零点在单位圆外,则有

$$z_i = 0, \quad z_o = M$$

根据式(7-32)可得,这时相角变化为最小,即

$$\min(\Delta \arg[H(e^{j\omega})]) = -2\pi(N-z_o) = 2\pi(N-M) \tag{7-34}$$

由于这时相角相位超前最小,故称这一类系统为最小相位超前系统。

7.3 模拟低通滤波器特性的逼近

在模拟滤波器设计中,最为关键的是设计模拟原型低通滤波器(LP)。只要设计好了模拟低通滤波器,则其他类型滤波器的系统函数可方便地通过频率变换而得到,因此,模拟低通滤波器也称模拟原型低通滤波器。

设计 IIR 型数字滤波器,一般包括如下步骤。

(1) 确定数字滤波器性能指标。

性能指标既包括确定滤波器的类型,如低通、高通、带通和带阻滤波器,也包括确定滤波器的通带和阻带截止频率、通带和阻带衰减指标等。

(2) 将数字域性能指标转换为模拟指标。

根据数字域与模拟域参数间的关系,将数字滤波器的性能指标转换为模拟滤波器的技术指标。

（3）设计模拟低通原型滤波器。

根据转换所得到的模拟滤波器技术指标及要求，选择模拟低通原型滤波器的逼近方法，如选择采用巴特沃斯、切比雪夫或者椭圆滤波器等。

（4）模拟滤波器的数字化。

将模拟低通滤波器进行数字化，即采用冲激响应不变法或双线性变换法，将模拟滤波器转换为数字滤波器，得到数字滤波器的系统函数，并验证技术指标是否达到设计要求。

（5）滤波器频率变换。

如果目标滤波器不是数字低通滤波器，还需根据滤波器的频带范围进行频率变换，转换为低通、高通、带通和带阻滤波器，从而满足滤波器的类型要求。

（6）滤波器的结构设计。

根据数字滤波器的系统函数 $H(z)$ 和其他要求，用一个有限精度的算法实现该滤波器的功能，包括字长选择、数字滤波器的网络结构选择等。

7.3.1　巴特沃斯低通滤波器

巴特沃斯(Butterworth)低通滤波器的特征是通带内具有最大平坦特性，且随着频率的上升振幅单调下降，其幅值平方函数定义如下：

$$|H_a(j\Omega)|^2 = \frac{1}{1 + \left(\dfrac{\Omega}{\Omega_c}\right)^{2N}} \tag{7-35}$$

式中，Ω_c 为 3dB 截止频率；N 为正整数，是滤波器的阶数，N 越大，通带和阻带内的逼近性能越好，过渡带也越陡峭。巴特沃斯低通滤波器幅值平方函数如图 7-5 所示。

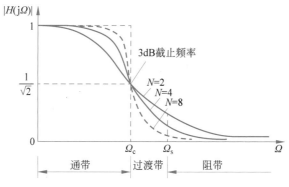

图 7-5　巴特沃斯低通滤波器幅值平方函数

1. 巴特沃斯低通滤波器的基本特性

根据图 7-5 及式(7-35)可以看出巴特沃斯低通滤波器具有如下特征。

（1）最平坦函数。

通带内响应曲线单调下降，没有起伏，曲线最平坦；$\Omega = 0$ 时，对于任意 N 阶巴特沃斯滤波器均有$|H_a(j0)|^2 = 1$。随着 Ω 的增加，幅值$|H_a(j\Omega)|$逐渐减小，且在通带和阻带内均没有起伏振荡，但在通带内衰减较慢，在过渡带衰减开始加速，在阻带幅值快速衰减并逐渐下降到接近于 0。

由于巴特沃斯滤波器在通带内的幅值响应特性最平坦、无振荡，而且阶数 N 越大，特性越平坦,因此,巴特沃斯滤波器在通带内的特性又称为最平坦特性。

(2) 3dB 带宽。

$\Omega = \Omega_c$ 时,巴特沃斯低通滤波器的幅值响应衰减到 $\frac{1}{\sqrt{2}}$,相当于衰减到 3dB,且与阶数 N 无关。

当 $\Omega = \Omega_c$ 时,根据式(7-35)可得

$$| H_a(\mathrm{j}\Omega_c) |^2 = \frac{1}{2}$$

因此,可得通带衰减特性如下:

$$\delta_1 = 20\lg | H_a(\mathrm{j}\Omega_c) |^2 = 10\lg \frac{1}{2} \approx -3\mathrm{dB}$$

在 $\Omega = \Omega_c$ 处,幅值平方下降了一半,因此,滤波器的 3dB 截止频率 Ω_c 又称为巴特沃斯滤波器的 3dB 带宽或者半功率点。

(3) 阶数 N 对性能的影响。

一阶巴特沃斯滤波器的衰减率为每倍频 6dB,二阶巴特沃斯滤波器的衰减率为每倍频 12dB,三阶巴特沃斯滤波器的衰减率为每倍频 18dB,以此类推。

在通带区间 $\frac{\Omega}{\Omega_c} < 1$,幅值特性满足要求,但在 Ω_c 处衰减最大;在过渡带 $\frac{\Omega}{\Omega_c} > 1$,随着 N 的增加,$|H_a(\mathrm{j}\Omega)|^2$ 快速下降,在过渡带就可以快速趋于 0;若 N 增加到很大时,则 $|H_a(\mathrm{j}\Omega)|$ 向理想滤波器靠近。

2. 系统函数 $H_a(s)$

根据巴特沃斯滤波器幅值平方函数表达式(7-35)可知,求滤波器的系统函数应先求出滤波器的阶数和截止频率,然后通过幅值平方函数求系统的极点,从而求得系统函数。

1) N 和截止频率

工程上,模拟滤波器设计常用的指标包括通带截止频率 Ω_p、阻带截止频率 Ω_s、通带所允许的最大衰减指标 δ_1(即 R_p),阻带所必须达到的最小衰减指标 δ_2(即 A_s)。

根据上述指标和巴特沃斯滤波器的幅值平方函数,就可以确定滤波器的阶数 N 和截止频率。

分别代入 $\Omega = \Omega_p$ 和 $\Omega = \Omega_s$,可得

$$\begin{cases} R_p = 10\lg \left[\dfrac{1}{1 + (\Omega_p/\Omega_c)^{2N}} \right] \\[3mm] A_s = 10\lg \left[\dfrac{1}{1 + (\Omega_s/\Omega_c)^{2N}} \right] \end{cases}$$

可得滤波器阶数:

$$N = \frac{\lg\left[(10^{0.1A_s} - 1)/(10^{0.1R_p} - 1) \right]}{2\lg(\Omega_s/\Omega_p)} \tag{7-36}$$

由方程求出的 N 一般为小数,N 应向上取整数。将式(7-36)代入联立方程第一式,可得

$$\Omega_c = \frac{\Omega_p}{(10^{0.1A_s} - 1)^{1/(2N)}} \tag{7-37}$$

2) 系统函数极点

根据巴特沃斯低通滤波器幅值平方函数表达式(7-35)可知,若已知 Ω_c 和阶数 N,就可以得出滤波器的幅值平方函数 $|H_a(j\Omega)|^2$,然后根据幅值平方函数的特点和代数知识即可求出系统函数的极点。

实际滤波器的系统函数 $H_a(s)$ 都是实系数多项式,因此有

$$H_a^*(s) = H_a(s)$$

令 $s = j\Omega$,则有

$$H_a^*(j\Omega) = H_a(-j\Omega)$$

由此可得

$$|H_a^*(j\Omega)|^2 = H_a(j\Omega)H_a^*(j\Omega) = H_a(j\Omega)H_a(-j\Omega)$$

$$H_a(j\Omega)H_a(-j\Omega) = \frac{1}{1+\left(\dfrac{\Omega}{\Omega_c}\right)^{2N}} = \frac{1}{1+\left(\dfrac{j\Omega}{j\Omega_c}\right)^{2N}}$$

用 s 代替 $j\Omega$ 可得

$$H_a(s)H_a(-s) = \frac{1}{1+\left(\dfrac{s}{j\Omega_c}\right)^{2N}}$$

求上式的极点,即求解如下代数方程的根:

$$1+\left(\frac{s}{j\Omega_c}\right)^{2N} = 0 \tag{7-38}$$

该方程共有 $2N$ 个根,对应于 $H_a(s)H_a(-s)$ 的 $2N$ 个极点。

式(7-38)可化为

$$\left(\frac{s}{j\Omega_c}\right)^{2N} = -1$$

可得

$$s_k = j\Omega_c(-1)^{\frac{1}{2N}} = j\Omega_c e^{\frac{2k-1}{2N}}, \quad k=1,2,\cdots,2N$$

即

$$s_k = \Omega_c e^{j\left(\frac{1}{2}+\frac{2k-1}{2N}\right)\pi}, \quad k=1,2,\cdots,2N \tag{7-39}$$

这说明方程(7-38)的 $2N$ 个根,或 $H_a(s)H_a(-s)=0$ 的 $2N$ 个极点均匀分布在 s 复平面以 Ω_c 为半径的圆上,以 $N=3$ 和 $N=4$ 为例,$2N$ 个根的分布情况如图 7-6 所示。

$H_a(s)H_a(-s)$ 极点的分布特点如下。

(1) 相邻两极点之间的幅角间隔为 $\dfrac{\pi}{N}$,第一个极点在第二象限,位置为 $\left(\dfrac{1}{2}+\dfrac{1}{2N}\right)\pi$。

(2) $2N$ 个极点既关于虚轴对称分布,也关于实轴对称。

(3) N 为奇数时,实轴上有两个极点,分别是 ±1;N 为偶数时,实轴上无极点,$2N$ 个极点由 N 对共轭极点组成。

(4) 由于滤波器是稳定系统,因此虚轴无极点。

3) 系统函数 $H_a(s)$

由于 $H_a(s)H_a(-s)$ 共有 $2N$ 个极点,故 $H_a(s)$ 和 $H_a(-s)$ 各有 N 个极点。在设计巴

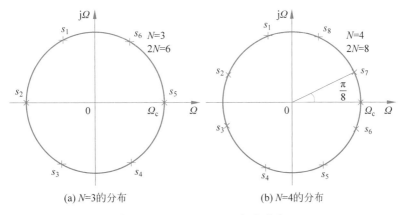

(a) $N=3$的分布　　　　　　　(b) $N=4$的分布

图 7-6　$H_a(s)H_a(-s)$极点分布

特沃斯滤波器时,首先应满足系统稳定性要求,因此,应将 $H_a(s)H_a(-s)$ 的 $2N$ 个极点中的左半平面的 N 个极点分配给 $H_a(s)$,右半平面的 N 个极点分配给 $H_a(-s)$。

由此可知,模拟低通巴特沃斯滤波器的系统函数为

$$H_a(s) = \frac{C}{(s-s_1)(s-s_2)\cdots(s-s_N)} = \frac{C}{\prod\limits_{k=1}^{N}(s-s_k)} \tag{7-40}$$

式中,C 为常数。根据 $H_a(0)=1$,将 $s=0$ 代入,可求得常数 C 为

$$C = \Omega_c^N$$

因此,巴特沃斯低通滤波器的系统函数为

$$H_a(s) = \frac{\Omega_c^N}{\prod\limits_{k=1}^{N}(s-s_k)} \tag{7-41}$$

$$s_k = \Omega_c e^{j\left(\frac{1}{2}+\frac{2k-1}{2N}\right)\pi}, \quad k=1,2,\cdots,N \tag{7-42}$$

滤波器的 N 个极点分布在 s 平面的左半平面,并且以共轭复数根的形式出现,若 N 为奇数时,则在实轴上有一个根。

巴特沃斯滤波器设计步骤如下。

(1) 由滤波器的通带和阻带指标求滤波器的阶数 N,由幅值函数和3dB频率特性求 Ω_c。

$$N = \frac{\lg\left[(10^{0.1A_s}-1)/(10^{0.1R_p}-1)\right]}{2\lg(\Omega_s/\Omega_p)}$$

(2) 根据阶数 N 和幅值平方函数表达式,求系统函数的极点,由左半平面 N 个极点求系统函数。

$$s_k = \Omega_c e^{j\left(\frac{1}{2}+\frac{2k-1}{2N}\right)\pi}, \quad k=1,2,\cdots,2N$$

(3) 根据低频特性求系统函数的比例常数,求出系统函数的具体表达式。

$$H_a(s) = \frac{\Omega_c^N}{\prod\limits_{k=1}^{N}(s-s_k)}$$

【例 7-1】　由幅值平方函数求模拟低通巴特沃斯滤波器的系统函数。

若已知幅值平方响应如下：

$$|H_a(j\Omega)|^2 = \frac{1}{1 + 64\Omega^6}$$

试确定巴特沃斯低通滤波器的系统函数 $H_a(s)$。

解：

根据已知的幅值平方响应可得

$$|H_a(j\Omega)|^2 = \frac{1}{1 + 64\Omega^6} = \frac{1}{1 + (2\Omega)^6} = \frac{1}{1 + \left(\dfrac{\Omega}{0.5}\right)^{2 \times 3}}$$

由此可知

$$N = 3, \quad \Omega_c = 0.5$$

根据(7-42)可得 3 个极点为

$$s_1 = \frac{-0.5 + \sqrt{0.75}\,j}{2}, \quad s_2 = -0.5, \quad s_3 = \frac{-0.5 - \sqrt{0.75}\,j}{2}$$

因此，系统函数 $H_a(s)$ 如下：

$$H_a(s) = \frac{\Omega_c^3}{\displaystyle\prod_{k=1}^{3}(s - s_k)} = \frac{0.125}{(s + 0.5)(s^2 + 0.5s + 0.25)} = \frac{0.125}{s^3 + s^2 + 0.5s + 0.25}$$

3. 查表法设计模拟低通巴特沃斯滤波器

模拟滤波器的设计理论与方法在数学上非常成熟，可以通过代数演绎求出理论上的解析表达式，由于方法成熟，通过将截止频率归一化就可用查表法设计低通模拟滤波器。

以模拟低通巴特沃斯滤波器设计为例，频率的归一化是指将模拟频率 Ω_c 归一化为 1rad/s，即式(7-41)中令 $\Omega_c = 1$，则得到归一化的模拟滤波器函数如下：

$$H_a(s) = \frac{1}{(s - s_1)(s - s_2) \cdots (s - s_N)}$$

$$s_k = e^{j\left(\frac{1}{2} + \frac{2k-1}{2N}\right)\pi}, \quad k = 1, 2, \cdots, N$$

因此，归一化的巴特沃斯低通滤波器的系统函数形式如下：

$$H_a(s) = \frac{1}{\displaystyle\prod_{k=1}^{N}(s - s_k)} = \frac{1}{s^N + a_{N-1}s^{N-1} + \cdots + a_2 s^2 + a_1 s + 1}$$

归一化的模拟低通巴特沃斯滤波器系统函数的系数如表 7-1 所示。由于系统函数分母多项式的系数 $a_N = 1, a_0 = 1$，因此十阶以下的归一化的模拟低通巴特沃斯滤波器都可以通过查表 7-1 进行设计。

表 7-1 巴特沃斯滤波器分母多项式系数

N	a_1	a_2	a_3	a_4	a_5	a_6	a_7	a_8
1	1							
2	1.414214							
3	2.000000	2.000000						
4	2.613126	3.414214	2.613126					

N	a_1	a_2	a_3	a_4	a_5	a_6	a_7	a_8
5	3.236068	5.236068	5.236068	3.236068				
6	3.863703	7.464102	9.141620	7.464102	3.863703			
7	4.493959	10.097835	14.591794	14.591794	10.097835	4.493959		
8	5.125831	13.137071	21.846151	25.688356	21.846151	13.137071	5.125831	
9	5.758771	16.581719	31.163438	41.986386	41.986386	31.163438	16.581719	5.758771

如果所设计的目标滤波器的截止频率 $\Omega_c \neq 1$,则以 $\dfrac{s}{\Omega_c}$ 置换归一化系统函数 $H_a(s)$ 的复变量 s,即

$$s \leftarrow \frac{s}{\Omega_c}$$

即可求得截止频率 Ω_c 为非归一化的模拟低通巴特沃斯滤波器。

【例 7-2】 用查表法设计巴特沃斯滤波器。

已知模拟低通巴特沃斯滤波器的技术指标如下:

通带截止频率 $\Omega_p = 10000 \text{rad/s}$;

通带所允许的最大衰减: $R_p = 3\text{dB}$;

阻带截止频率 $\Omega_s = 40000 \text{rad/s}$;

阻带应达到的最小衰减 $A_s = 30\text{dB}$。

(1) 设计符合技术指标要求的模拟低通巴特沃斯滤波器;

(2) 验证滤波器的技术指标是否达到要求。

解:先求解低通巴特沃斯滤波器的系统函数,然后用 MATLAB 编程计算滤波器特性并验证滤波器技术指标是否达到要求。

(1) 巴特沃斯滤波器的幅值平方函数如下:

$$|H_a(j\Omega)|^2 = \frac{1}{1 + \left(\dfrac{\Omega}{\Omega_c}\right)^{2N}}$$

根据该幅值平方函数,将 R_p 和 A_s 代入衰减指标公式,得如下方程:

$$\begin{cases} R_p = 10\lg\left[\dfrac{1}{1 + (\Omega_p/\Omega_c)^{2N}}\right] \\ A_s = 10\lg\left[\dfrac{1}{1 + (\Omega_s/\Omega_c)^{2N}}\right] \end{cases}$$

解联立方程可得

$$N = \frac{\lg\left[(10^{0.1A_s} - 1)/(10^{0.1R_p} - 1)\right]}{2\lg(\Omega_s/\Omega_p)} = 2.1227$$

根据向上取整原则,取 $N = 3$。

代入联立方程第一式,实际截止频率为

$$\Omega_c = 1.2651 \times 10^4$$

查表 7-1 得三阶归一化巴特沃斯原型滤波器系统函数为

$$H_a(s) = \frac{1}{s^3 + 2s^2 + 2s + 1}$$

以 s/Ω_c 代替 s,得实际滤波器的系统函数为

$$H_a(s) = \frac{1}{(s/\Omega_c)^3 + 2 \times (s/\Omega_c)^2 + 2 \times (s/\Omega_c) + 1}$$

$$= \frac{2.0249 \times 10^{12}}{s^3 + 2.5302 \times 10^4 s^2 + 3.2011 \times 10^8 s + 2.0249 \times 10^{12}}$$

(2)计算滤波器特性并验证技术指标。

用 MATLAB 计算并验证滤波器指标是否达到设计要求的程序代码如下:

```
clc;clear all;close all
Omegap = 10000;
Omegas = 40000;
Rp = 3;As = 30;
[N,Omegac] = buttord(Omegap,Omegas,Rp,As,'s')
[B,A] = butter(N,Omegac,'s');
[hf,f] = freqs(B,A,1024);
subplot(1,1,1);plot(f,20 * log10(abs(hf)/abs(1)));grid;
xlabel('f(Hz)');ylabel('dB');
title('巴特沃斯滤波器幅值特性');
axis([0,1.1 * Omegas, - 40,5]);
```

幅值特性如图 7-7 所示,在 $\Omega_p = 10000\text{rad/s}$ 频率处,幅值衰减小于 3dB,而在 $\Omega_s \geqslant$ 40000rad/s 频率处,幅值衰减超过了 30dB,表明各项指标均达到了设计要求。

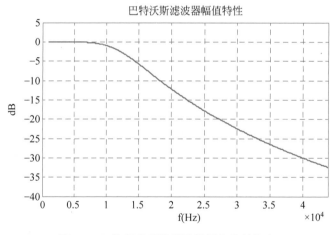

图 7-7　三阶巴特沃斯滤波器幅值特性仿真

在数字滤波器的设计中,通带和阻带技术指标是重要的设计参数,但这些指标的符号在国内外教材中并未统一,其中通带允许的最大衰减常用 A_p 或 R_p 表示,阻带必须达到的最小衰减通常用 A_s 表示。

如果例 7-2 不用查表法设计,也可以直接求解系统函数,将 $N=3$ 代入幅值平方函数,或者直接代入求根表达式(7-39),可求得系统的三个极点如下:

$$s_1 = -\frac{1 + j\sqrt{3}}{2}\Omega_c, \quad s_2 = -\Omega_c, \quad s_3 = -\frac{1 - j\sqrt{3}}{2}\Omega_c$$

由此可得系统的归一化原型滤波器系统函数为

$$H_a(s) = \frac{1}{(s-s_1)(s-s_2)(s-s_3)} = \frac{1}{(s^2+s+1)(s+1)} = \frac{1}{s^3+2s^2+2s+1}$$

再以 $s \leftarrow \dfrac{s}{\Omega_c}$ 代入上式,即可求出非归一化系统函数 $H_a(s)$ 如下:

$$H_a(s) = \frac{2.0249 \times 10^{12}}{s^3 + 2.5302 \times 10^4 s^2 + 3.2011 \times 10^8 s + 2.0249 \times 10^{12}}$$

因此,用解方程求根和查表法都可以设计巴特沃斯低通滤波器的系统函数 $H_a(s)$。

4. MATLAB 设计巴特沃斯模拟滤波器

巴特沃斯滤波器设计中常用到的 MATLAB 函数主要有如下三个。

(1) [N,W]=buttord(Omegap,Omegas,Rp,Rs,'s')。

该函数的功能是依据巴特沃斯滤波器的设计指标,计算滤波器的最小阶数 N 和 3dB 带宽。输入参数包括通带截止频率 Omegap、阻带截止频率 Omegas、通带最大衰减指标 Rp 和阻带最小衰减指标 Rs。Omegap 和 Omegas 的单位是 rad/s。

函数"buttord(Omegap,Omegas,Rp,Rs,'s')"也可用于高通、带通、带阻滤波器的设计,但要注意参数的物理意义略有不同,例如,用于设计高通滤波器时,要求 Omegap>Omegas,用于设计带通和带阻滤波器时,Omegap、Omegas 和 W 都是二维向量,即通带或阻带的两个边缘频率。

(2) [z,p,k]=buttap(N)。

该函数的功能是根据巴特沃斯滤波器的阶数 N 计算滤波器的零极点,z 表示零点数组,为一个空矩阵,p 表示极点数组,k 表示增益。

(3) [B,A]=butter(N,W,'s')。

该函数的功能是根据巴特沃斯滤波器的阶数 N 和 3dB 带宽频率计算滤波器的系统函数分子和分母的系数,B 表示滤波器分子多项式的系数矩阵,A 表示分母多项式的系数矩阵。

【例 7-3】 MATLAB 设计模拟低通巴特沃斯滤波器。

已知巴特沃斯低通滤波器的技术指标:通带截止频率为 0.2π,通带波纹为 1dB;阻带截止频率为 0.3π,阻带波纹为 20dB。

试设计符合指标要求的模拟低通巴特沃斯滤波器。

解:模拟低通巴特沃斯滤波器设计的 MATLAB 程序代码如下:

```
% IIR 巴特沃斯低通滤波器设计
clc;clear all;close all
Omegap = 0.2 * pi;Omegas = 0.3 * pi;
Rp = 1;As = 15;Ripple = 10^( - Rp/20);Attn = 10^( - As/20);
[B,A] = g_buttap(Omegap,Omegas,Rp,As)
figure(1)
[H,w] = freqs(B,A);
w = [0:pi/500:pi];H = freqs(B,A,w);mag = abs(H);
dB = 20 * log10(mag + eps)/max(mag);pha = angle(H);
[hat,x,t] = impulse(B,A);
subplot(2,2,1);plot(w/pi,mag);
title('幅值响应');xlabel('Ω/π');ylabel('|H(Ω)|');
axis([0,1,0,1.1]);
set(gca,'XTickMode','manual','XTick',[0,Omegap/pi,Omegas/pi,1])
set(gca,'YTickMode','manual','YTick',[0,Attn,Ripple,1]);grid
subplot(2,2,3);plot(w/pi,dB);title('对数幅值响应(dB)');
xlabel('Ω/π');ylabel('20log|H(Ω)|');axis([0,1, - 2 * As,5]);
```

```
set(gca,'XTickMode','manual','XTick',[0,Omegap/pi,Omegas/pi,1]);
set(gca,'YTickMode','manual','YTick',[ - 2 * As, - As, - 1,0]);grid
subplot(2,2,2);
plot(w/pi,pha/pi);title('相位响应');xlabel('Ω/π');ylabel('arg[H(Ω)]');
axis([0,1, - 1,1]);
set(gca,'XTickMode','manual','XTick',[0,Omegap/pi,Omegas/pi,1]);
set(gca,'YTickMode','manual','YTick',[ - 1, - 0.5,0,0.5,1]);grid
subplot(2,2,4);plot(t,hat);
title('单位冲激响应');xlabel('t(s)');ylabel('ha(t)');
axis([0,max(t),min(hat),1.1 * max(hat)]);grid
```

滤波器设计结果如下:

```
N = 8
B = 0.0477
A = 1.0000   3.5045   6.1406   6.9814   5.6126   3.2633   1.3416   0.3579   0.0477
```

根据系统函数的系数矩阵,可得模拟低通巴特沃斯滤波器的系统函数如下:

$$H_a(s) = \frac{0.048}{s^8 + 3.505s^7 + 6.141s^6 + 6.981s^5 + 5.613s^4 + 3.263s^3 + 1.342s^2 + 0.358s + 0.048}$$

滤波器的性能如图 7-8 所示,滤波器的通带截止频率和阻带截止频率均达到了设计要求。

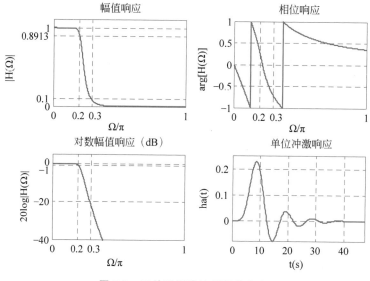

图 7-8   巴特沃斯滤波器性能仿真

无论在通带内还是阻带内,巴特沃斯滤波器的频率特性曲线都是频率的单调下降函数,因此,若通带的边界处满足指标要求,则通带内每一频率处均已达到要求并有裕量。边界之外其他频率处的裕量常常会给滤波器带来硬件资源的浪费或计算量的增大,因而并不经济。基于此,更有效的设计方法是将指标的精度尽可能均匀分布在整个通带或阻带区间,这样就能设计出更低阶的滤波器来满足使用需求。

7.3.2   切比雪夫低通滤波器

切比雪夫(Chebyshev)滤波器是一种在通带或阻带范围内幅值响应具有等波纹波动的滤波器。切比雪夫滤波器在过渡带比巴特沃斯滤波器衰减快,但幅频特性不如巴特沃斯滤波器平坦。根据频率响应曲线波动位置的不同,切比雪夫滤波器可以分为切比雪夫Ⅰ型(见

图 7-9)和切比雪夫Ⅱ型(见图 7-10)两种。切比雪夫滤波器和理想滤波器的频率响应曲线之间的误差最小,但是切比雪夫Ⅰ型滤波器在通带内存在波动,切比雪夫Ⅱ型滤波器在阻带内存在波动。

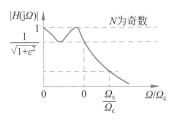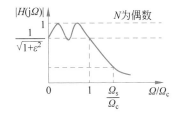

图 7-9　切比雪夫Ⅰ型滤波器幅值特性

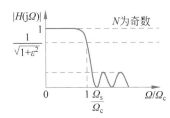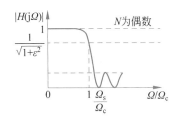

图 7-10　切比雪夫Ⅱ型滤波器幅值特性

切比雪夫滤波器与切比雪夫分布相关,故以"切比雪夫"命名。

1. 切比雪夫Ⅰ型滤波器

切比雪夫Ⅰ型滤波器的幅值平方函数如下:

$$|H_a(j\Omega)|^2 = \frac{1}{1+\varepsilon^2 T_N^2\left(\dfrac{\Omega}{\Omega_c}\right)} \tag{7-43}$$

式中,$0<\varepsilon\leqslant 1$,它是表示通带波纹大小的参数,ε 越大,波纹越大;N 为整数,称为滤波器阶数;$\dfrac{\Omega}{\Omega_c}$ 表示归一化频率,Ω_c 表示截止频率;$T_N(x)$ 表示 N 阶切比雪夫多项式,形式如下:

$$T_N(x)=\begin{cases}\cos[N\cos^{-1}(x)], & |x|\leqslant 1\\ \cosh[\cosh^{-1}(x)], & |x|>1\end{cases} \tag{7-44}$$

切比雪夫滤波器的等波纹响应是由于 $T_N(x)$ 多项式的作用产生的,它的主要性质如下:

(1) 当 $|x|\leqslant 1$ 时,$|T_N(x)|\leqslant 1$,具有等波纹特性,如图 7-11 所示。

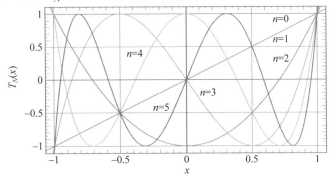

图 7-11　切比雪夫Ⅰ型滤波器幅值特性

(2) 当 $|x| > 1$ 时,$T_N(x)$ 为双曲余弦函数,随 x 单调上升。

根据切比雪夫滤波器幅值平方函数式(7-43)可知,由于 ε 为波纹系数,因此滤波器的幅频特性主要由切比雪夫多项式 $T_N(x)$ 决定。

1) 切比雪夫多项式 $T_N(x)$

切比雪夫多项式的定义如下:

$$T_N(x) = \begin{cases} \cos[N\cos^{-1}(x)], & |x| \leqslant 1 \\ \cosh[\cosh^{-1}(x)], & |x| > 1 \end{cases}$$

式中,$\cosh(x)$ 为双曲余弦函数,数学表达式如下:

$$\cosh(x) = \frac{e^x + e^{-x}}{2}$$

$$\cosh^{-1}(x) = \text{arc}(\cosh(x)) = \ln(x \pm \sqrt{x^2 - 1})$$

因此,切比雪夫多项式 $T_N(x)$ 具有如下性质。

(1) 当 $|x| \leqslant 1$ 时,$T_N(-x) = (-1)^N T_N(x)$。

根据三角函数的定义,先考虑 $0 \leqslant x \leqslant 1$,这时

$$T_N(x) = \cos[N \arccos(x)]$$

令 $\arccos x = \theta$,则有

$$\cos\theta = x$$

根据三角函数诱导公式 $\cos(\pi - \theta) = -\cos\theta = -x$,可得

$$\arccos(-x) = \pi - \theta = \pi - \arccos(x) \tag{7-45}$$

$$T_N(-x) = \cos[N \arccos(-x)] \tag{7-46}$$

由式(7-45)可得

$$\begin{aligned}\cos[N\arccos^{-1}(x)] &= \cos[N(\pi - \arccos(x))] \\ &= \cos(N\pi)\cos(\arccos(x)) + \sin(N\pi)\sin(N\arccos(x)) \\ &= \cos(N\pi)\cos(\arccos(x)) \\ &= (-1)^N \cos(N\arccos^{-1}(x)) \\ &= (-1)^N T_N(x)\end{aligned}$$

结合式(7-46)可得

$$T_N(-x) = (-1)^N T_N(x) \tag{7-47}$$

同理当 $x \geqslant 1$ 时也可得出该结论。式(7-47)说明,若 N 为奇数,$T_N(x)$ 为奇函数;若 N 为偶数,$T_N(x)$ 为偶函数,而 $T_N^2(x)$ 则始终是偶函数。

(2) 切比雪夫多项式 $T_N(x)$ 的特殊取值。

$T_N(x)$ 在 $x = 1$ 处是连续的,由于

$$\cos[N\arccos(1)] = \cos(N2k\pi) = 1$$

$$\cosh[N\text{arccosh}(1)] = \cosh(0)$$

$$\frac{e^0 + e^0}{2} = 1$$

因此,切比雪夫多项式 $T_N(x)$ 在 $x = 1$ 处是连续的。

$$T_N(0) = \cos\left[N\left(k\pi + \frac{\pi}{2}\right)\right] = \begin{cases} \pm 1, & N \text{ 为偶数} \\ 0, & N \text{ 为奇数} \end{cases}$$

因此

$$T_N^2(0) = \begin{cases} 1, & N \text{ 为偶数} \\ 0, & N \text{ 为奇数} \end{cases}$$

（3）切比雪夫多项式 $T_N(x)$ 具有如下递推公式：

$$T_{N+1}(x) = 2xT_N(x) - T_{N-1}(x) \tag{7-48}$$

根据该递推公式，可得切比雪夫多项式的展开形式如表 7-2 所示。N 阶切比雪夫多项式的首项（x^N）的系数为 2^{N-1}。

表 7-2 切比雪夫多项式

N	$T_N(x)$多项式
0	1
1	x
2	$2x^2 - 1$
3	$4x^3 - 3x$
4	$8x^4 - 8x^2 + 1$
5	$16x^5 - 20x^3 + 5x$
6	$32x^6 - 48x^4 + 18x^2 - 1$
7	$64x^7 - 112x^5 + 56x^3 - 7x$
8	$128x^8 - 256x^6 + 160x^4 - 32x^2 + 1$

2）幅值响应特点

根据定义，切比雪夫 I 型低通滤波器的幅值响应为

$$|H_a(\mathrm{j}\Omega)| = \frac{1}{\sqrt{1 + \varepsilon^2 T_N^2\left(\dfrac{\Omega}{\Omega_c}\right)}}$$

由此可得，幅值响应具有如下特点。

（1）通带内特性。

$\Omega = 0$ 时为

$$|H_a(\mathrm{j}0)| = \frac{1}{\sqrt{1 + \varepsilon^2 T_N^2(0)}} = \begin{cases} 1, & N \text{ 为奇数} \\ \dfrac{1}{\sqrt{1 + \varepsilon^2}}, & N \text{ 为偶数} \end{cases}$$

$\Omega = \Omega_c$ 时为

$$|H_a(\mathrm{j}\Omega_c)| = \frac{1}{\sqrt{1 + \varepsilon^2 T_N^2(1)}} = \frac{1}{\sqrt{1 + \varepsilon^2}} \tag{7-49}$$

由于无论 N 是奇数还是偶数，在通带范围内幅值特性始终在 $\left[1, \dfrac{1}{\sqrt{1+\varepsilon^2}}\right]$ 范围内波动，

并且幅值特性均通过 $\dfrac{1}{\sqrt{1+\varepsilon^2}}$ 点，因此，可得通带内的衰减为

$$\delta_1 = A_p = -20\lg\left(\frac{1}{\sqrt{1+\varepsilon^2}}\right) = 10\lg(1+\varepsilon^2) \tag{7-50}$$

需要注意的是,对于巴特沃斯低通滤波器的截止频率 Ω_c,此时的衰减不一定是 3dB 频率点,当 $\varepsilon=1$ 时衰减为 3dB,ε 取其他值时,实际衰减为 $10\lg(1+\varepsilon^2)$。

(2) 通带外特性。

在通带外,由于 $\Omega > \Omega_c$,$T_N\left(\dfrac{\Omega}{\Omega_c}\right)$ 为双曲余弦函数,$1+\varepsilon^2 T_N^2\left(\dfrac{\Omega}{\Omega_c}\right)$ 快速增长,因此当 Ω 不断增加时,有

$$1 + \varepsilon^2 T_N^2\left(\frac{\Omega}{\Omega_c}\right) \gg 1$$

$$|H_a(j\Omega)| = \frac{1}{\sqrt{1+\varepsilon^2 T_N^2\left(\dfrac{\Omega}{\Omega_c}\right)}} \to 0$$

3) 根据滤波器指标求 ε 和 N

ε 和 N 是设计切比雪夫滤波器的重要参数。

(1) 求 ε。

根据式(7-50)可得

$$\varepsilon^2 = 10^{\frac{\delta_1}{10}} - 1 = 10^{0.1A_p} - 1$$

$$\varepsilon = \sqrt{10^{0.1A_p} - 1} \tag{7-51}$$

(2) 求 N。

系统阶数 N 一般可通过阻带衰减指标求解。

$$|H_a(j\Omega_s)| = \frac{1}{\sqrt{1+\varepsilon^2 T_N^2\left(\dfrac{\Omega_s}{\Omega_c}\right)}}$$

$$\delta_2 = A_s = -20\lg\left(\frac{1}{\sqrt{1+\varepsilon^2 T_N^2\left(\dfrac{\Omega_s}{\Omega_c}\right)}}\right) = 10\lg\left(1+\varepsilon^2 T_N^2\left(\frac{\Omega_s}{\Omega_c}\right)\right)$$

由此可得

$$1 + \varepsilon^2 T_N^2\left(\frac{\Omega_s}{\Omega_c}\right) = 10^{\frac{A_s}{10}} - 1 \tag{7-52}$$

$$T_N\left(\frac{\Omega_s}{\Omega_c}\right) = \frac{\sqrt{10^{0.1A_s} - 1}}{\varepsilon} \tag{7-53}$$

由此可解得 N 为

$$N \geqslant \frac{\text{arcch}\left(\dfrac{\sqrt{10^{0.1A_s} - 1}}{\varepsilon}\right)}{\text{arcch}\left(\dfrac{\Omega_s}{\Omega_c}\right)} \tag{7-54}$$

4）求系统函数 $H_a(s)$

由于 ε 和 N 已求出，所以求解 $H_a(s)$ 的表达式与巴特沃斯滤波器设计类似，可采用查表法和极点分布法两种方法求解。

（1）查表法求 $H_a(s)$。

查表法充分利用了模拟滤波器设计已有的成熟经验数据，根据表 7-3 即可得到切比雪夫模拟滤波器归一化的系统函数。

（2）由极点分布法求 $H_a(s)$。

根据幅值平方函数可得

$$|H_a(j\Omega)|^2 = H_a(j\Omega)H_a^*(j\Omega) = \frac{1}{1 + \varepsilon^2 T_N^2\left(\dfrac{j\Omega}{j\Omega_c}\right)}$$

若 $\Omega_c = 1$，则归一化幅值平方响应为

$$|H_a(j\Omega)|^2 = H_a(j\Omega)H_a(-j\Omega) = \frac{1}{1 + \varepsilon^2 T_N^2\left(\dfrac{j\Omega}{j}\right)} \tag{7-55}$$

将 $s = j\Omega$ 代入可得

$$H_a(s)H_a(-s) = \frac{1}{1 + \varepsilon^2 T_N^2(-js)} \tag{7-56}$$

令

$$H_a(s) = \frac{1}{P(s)}$$

则有

$$P(s)P(-s) = 1 + \varepsilon^2 T_N^2(-js) \tag{7-57}$$

因此可得，方程 $1 + \varepsilon^2 T_N^2(-js) = 0$ 的根就是 $H_a(s)H_a(-s)$ 的极点。

根据切比雪夫多项式可知，该方程有 $2N$ 个共轭复数根，即 N 对共轭复数根。$2N$ 个根关于虚轴对称分布，N 为奇数时，实轴上有极点，N 为偶数时，实轴没有极点。根据双曲余弦函数的特性可知，$2N$ 个根分布在一个椭圆上。椭圆的短轴和长轴半径分别为

$$\begin{cases} a = \dfrac{\alpha^{\frac{1}{N}} - \alpha^{-\frac{1}{N}}}{2} \\[3mm] b = \dfrac{\alpha^{\frac{1}{N}} + \alpha^{-\frac{1}{N}}}{2} \end{cases} \tag{7-58}$$

式中

$$\alpha = \frac{1 + \sqrt{1 + \varepsilon^2}}{\varepsilon} \tag{7-59}$$

将左半平面的 N 个极点分配给 $H_a(s)$，右半平面的 N 个极点分配给 $H_a(-s)$，并令

$$s_k = \sigma_k + j\Omega_k, \quad k = 1, 2, \cdots, N \tag{7-60}$$

则有

$$\begin{cases} \sigma_k = -a\sin\left(\dfrac{(2k-1)\pi}{2N}\right) \\[3mm] \Omega_k = b\cos\left(\dfrac{(2k-1)\pi}{2N}\right) \end{cases} \quad k = 1, 2, \cdots, N \tag{7-61}$$

$$\frac{\sigma_k^2}{a^2} + \frac{\Omega_k^2}{b^2} = 1$$

因此

$$P(s) = k(s - s_1)(s - s_2)\cdots(s - s_N) \tag{7-62}$$

由于切比雪夫多项式 $T_N(x)$ 的最高次幂项的系数为 2^{N-1},因而式(7-57)中 $P(s)$ 的最高次幂项的系数为 $2^{N-1}\varepsilon$。根据式(7-62)可得

$$k = 2^{N-1}\varepsilon \tag{7-63}$$

$$P(s) = 2^{N-1}\varepsilon(s - s_1)(s - s_2)\cdots(s - s_N)$$

于是

$$H_a(s) = \frac{1}{2^{N-1}\varepsilon(s - s_1)(s - s_2)\cdots(s - s_N)} \tag{7-64}$$

椭圆上的 $2N$ 个极点还可以通过作图法确定,如图 7-12 所示。以 $N=4$ 为例,$H_a(s)H_a(-s)$ 在 s 平面共有 8 个极点。这 8 个极点的位置可以通过如下作图法确定:

(1) 先在 s 平面根据长半轴和短半轴绘出椭圆,再以椭圆的长轴和短轴半径在该平面绘出两个同心圆。

(2) 将两个圆的圆周等分为 $2N$ 份,因而在圆周上得到 $2N$ 个等分点,等分点的幅角间隔为 $\frac{\pi}{N}$,关于虚轴对称。若 N 为奇数,则实轴上有极点,第一个点可从实轴开始;若 N 为偶数,则第一个等分点的角度为 $\frac{\pi}{2N}$。

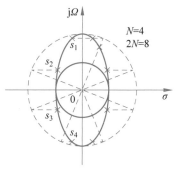

图 7-12　切比雪夫Ⅰ型滤波器
极点分布($N=4$)

(3) 椭圆上 $2N$ 个极点的纵坐标由大圆圆周上相应点的纵坐标来确定,椭圆的横坐标由小圆圆周上相应点的横坐标来确定,如图 7-12 中虚线所示。

实际上,极点也可以根据对称性进行确定,即利用 $2N$ 个极点关于纵轴对称分布的特点进行极点标记,确定了一个极点以后,就可以利用对称性标记另一个极点,图 7-12 中,极点 s_1 就是利用对称性进行标记的。

5) 切比雪夫Ⅰ型滤波器设计步骤

(1) 求滤波器的通带截止频率 Ω_c。

根据通带频率 Ω_p 确定 Ω_c,即

$$\Omega_c = \Omega_p$$

(2) 求通带波纹参数。

$$\varepsilon = \sqrt{10^{0.1A_p} - 1}$$

(3) 由滤波器阻带技术指标求滤波器的阶数 N。

$$N \geqslant \frac{\text{arcch}\left(\dfrac{\sqrt{10^{0.1A_s} - 1}}{\varepsilon}\right)}{\text{arcch}\left(\dfrac{\Omega_s}{\Omega_c}\right)}$$

（4）根据阶数 N 和幅值平方函数表达式，求系统函数的极点，由左半平面 N 个极点求系统函数。

（5）根据低频特性求系统函数的比例常数。

【例 7-4】 切比雪夫 I 型滤波器设计示例。

已知切比雪夫 I 型滤波器的参数如下：

$$\varepsilon = 0.04, \quad N = 4$$

试设计切比雪夫 I 型低通原型滤波器。

解：（1）求椭圆长半轴 b 和短半轴 a。

根据已知条件可得

$$\alpha = \frac{1 + \sqrt{1 + \varepsilon^2}}{\varepsilon} = 50.02$$

$$a = \frac{\alpha^{\frac{1}{N}} - \alpha^{-\frac{1}{N}}}{2} = \frac{50.02^{\frac{1}{4}} - 50.02^{-\frac{1}{4}}}{2} = 1.1417$$

$$b = \frac{\alpha^{\frac{1}{N}} + \alpha^{-\frac{1}{N}}}{2} = \frac{50.02^{\frac{1}{4}} + 50.02^{-\frac{1}{4}}}{2} = 1.5177$$

（2）计算系统函数的极点。

根据系统稳定性要求，左半平面的极点分配给 $H_a(s)$，左半平面的极点如下：

$$s_k = \sigma_k + j\Omega_k, \quad k = 1, 2, 3, 4$$

而

$$\begin{cases} \sigma_k = -a \sin\left(\dfrac{(2k-1)\pi}{2N}\right) \\ \Omega_k = b \cos\left(\dfrac{(2k-1)\pi}{2N}\right) \end{cases}, \quad k = 1, 2, 3, 4$$

经计算可得

$$s_1 = \sigma_1 + j\Omega_1 = -0.4369 + j1.4022$$

$$s_2 = \sigma_2 + j\Omega_2 = -1.0548 + j0.5808$$

$$s_3 = \sigma_3 + j\Omega_3 = -1.0548 - j0.5808$$

$$s_4 = \sigma_4 + j\Omega_4 = -0.4369 - j1.4022$$

（3）求系统函数 $H_a(s)$。

由上可得，滤波器原型系统函数 $H_a(s)$ 为

$$\begin{aligned} H_a(s) &= \frac{1}{\varepsilon 2^{N-1}(s - s_1)(s - s_2)(s - s_3)(s - s_4)} \\ &= \frac{1}{0.04 \times 2^3 (s - s_1)(s - s_2)(s - s_3)(s - s_4)} \\ &= \frac{3.125}{s^4 + 2.9834s^3 + 5.4503s^2 + 5.8174s + 3.1275} \end{aligned}$$

【例 7-5】 求切比雪夫 I 型低通原型滤波器。

已知切比雪夫 I 型滤波器的参数如下：

通带范围：$0 \leqslant \Omega \leqslant 2 \times 10^4 \pi \mathrm{rad/s}$；

通带内 $\delta_1 \leqslant 1\mathrm{dB}$；

阻带范围：$\Omega \geqslant 2 \times 1.5 \times 10^4 \pi \mathrm{rad/s}$；

阻带内 $\delta_2 \leqslant 15\mathrm{dB}$。

试设计切比雪夫 I 型低通原型滤波器。

解：(1) 求椭圆长半轴 b 和短半轴 a。

根据设计参数可得

$$\varepsilon = \sqrt{10^{\frac{\delta_1}{10}} - 1} = \sqrt{10^{0.1} - 1} = 0.508847$$

$$\alpha = \frac{1 + \sqrt{1 + \varepsilon^2}}{\varepsilon} = 4.170248$$

$$a = \frac{\alpha^{\frac{1}{N}} - \alpha^{-\frac{1}{N}}}{2} = \frac{4.170248^{\frac{1}{4}} - 4.170248^{-\frac{1}{4}}}{2} = 0.364625$$

$$b = \frac{\alpha^{\frac{1}{N}} + \alpha^{-\frac{1}{N}}}{2} = \frac{4.170248^{\frac{1}{4}} + 4.170248^{-\frac{1}{4}}}{2} = 1.0644$$

(2) 计算系统的阶数 N。

$$N = \frac{\mathrm{arcch}\left(\dfrac{\sqrt{10^{\frac{\delta_2}{10}} - 1}}{\varepsilon}\right)}{\mathrm{arcch}\left(\dfrac{\Omega_{\mathrm{st}}}{\Omega_{\mathrm{c}}}\right)} = \frac{\mathrm{arcch}\left(\dfrac{\sqrt{10^{1.5} - 1}}{\varepsilon}\right)}{\mathrm{arcch}\left(\dfrac{2 \times 1.5 \times 10^4 \pi}{2 \times 10^4 \pi_{\mathrm{c}}}\right)} = 3.198$$

根据计算结果，取 $N = 4$。

(3) 计算系统函数的极点。

由于 $N = 4$，根据系统稳定性要求，左半平面的 4 个极点分配给 $H_{\mathrm{a}}(s)$，左半平面的极点如下：

$$s_k = \sigma_k + \mathrm{j}\Omega_k, \quad k = 1, 2, 3, 4$$

而

$$\begin{cases} \sigma_k = -a\sin\left(\dfrac{(2k-1)\pi}{2N}\right) \\ \Omega_k = b\cos\left(\dfrac{(2k-1)\pi}{2N}\right) \end{cases}, \quad k = 1, 2, 3, 4$$

经计算可得

$$s_1 = \sigma_1 + \mathrm{j}\Omega_1 = -0.437 + \mathrm{j}1.4$$

$$s_2 = \sigma_2 + \mathrm{j}\Omega_2 = -1.055 + \mathrm{j}0.581$$

$$s_3 = \sigma_3 + \mathrm{j}\Omega_3 = -1.055 - \mathrm{j}0.581$$

$$s_4 = \sigma_4 + \mathrm{j}\Omega_4 = -0.437 - \mathrm{j}1.4$$

(4) 求系统函数 $H_{\mathrm{a}}(s)$。

综上可得，滤波器原型系统函数 $H_{\mathrm{a}}(s)$ 为

$$H_a(s) = \frac{1}{\varepsilon 2^{N-1}(s-s_1)(s-s_2)(s-s_3)(s-s_4)}$$

$$= \frac{1}{0.508847 \times 2^3 (s-s_1)(s-s_2)(s-s_3)(s-s_4)}$$

$$= \frac{3.125}{s^4 + 5.897 \times 10^4 s^3 + 5.741 \times 10^9 s^2 + 1.843 \times 10^4 s + 4.296 \times 10^{18}}$$

6) 查表法设计模拟低通切比雪夫滤波器

与巴特沃斯模拟低通滤波器一样,归一化模拟低通切比雪夫滤波器既可以用解析法设计,也可以用查表法设计。

对于模拟低通切比雪夫滤波器,频率归一化之后,其系统函数如下:

$$H_a(s) = \frac{k}{\prod\limits_{k=1}^{N}(s-s_k)} = \frac{k}{s^N + a_{N-1}s^{N-1} + \cdots + a_2 s^2 + a_1 s + a_0}$$

波纹值为 $\varepsilon=0.34931$ 和 $\varepsilon=0.508847$ 时,归一化原型低通切比雪夫模拟滤波器的系统函数系数如表 7-3(a) 和表 7-3(b) 所示,分子常数 k 可以通过给定的低频或高频特性确定,如果希望直流增益为 1,则 $k=a_0$。

表 7-3　低通切比雪夫模拟滤波器的系统函数系数

（a）切比雪夫滤波器分母多项式系数表-1（0.5dB 波纹值，即 $\varepsilon=0.34931$）

N	a_0	a_1	a_2	a_3	a_4	a_5	a_6	a_7	a_8
1	2.862775								
2	1.516203	1.425625							
3	0.715694	1.534895	1.252913						
4	0.379051	1.025455	1.716866	1.197386					
5	0.178923	0.752518	1.309575	1.937368	1.172491				
6	0.0947626	0.432367	1.171861	1.589764	2.171845	1.159176			
7	0.0447309	0.282072	0.755651	1.647903	1.869408	2.412651	1.151218		
8	0.0236907	0.152544	0.573560	1.148589	2.184015	2.149217	2.656750	1.14608	
9	0.0111827	0.0941198	0.340819	0.983620	1.611388	2.781499	2.429330	2.902734	1.142571

（b）切比雪夫滤波器分母多项式系数表-2（1dB 波纹值，即 $\varepsilon=0.508847$）

N	a_0	a_1	a_2	a_3	a_4	a_5	a_6	a_7	a_8
1	1.965227								
2	1.102510	1.097734							
3	0.491307	1.238409	0.988341						
4	0.275628	0.742619	1.493525	0.952811					
5	0.122827	0.580534	0.974396	1.688816	0.936820				
6	0.068907	0.307081	0.939346	1.202141	1.930826	0.928251			
7	0.030707	0.213671	0.548619	1.357544	1.428793	2.176078	0.923123		
8	0.017227	0.107345	0.447826	0.846824	1.836902	1.655156	2.423026	0.919811	
9	0.007677	0.070605	0.244186	0.786310	1.201607	2.378119	1.881480	2.670947	0.917548

由于系数 $a_N=1$,因此,查表 7-3 可设计十阶以下模拟归一化原型切比雪夫滤波器。

7) MATLAB 设计模拟低通切比雪夫滤波器

切比雪夫 I 型滤波器设计常用的 MATLAB 函数主要有如下三个。

(1) [N,W]=cheb1ord(Omegap,Omegas,Rp,Rs,'s')。

该函数的功能是依据切比雪夫Ⅰ型滤波器的指标,计算滤波器的最小阶数 N 和 3dB 带宽。输入参数包括通带截止频率 Omegap、阻带截止频率 Omegas、通带最大衰减指标 Rp 和阻带最小衰减指标 Rs。

函数 cheb1ord(Omegap,Omegas,Rp,Rs,'s')也可以用于高通、带通、带阻滤波器的设计,用于设计高通滤波器时,要求 Omegap>Omegas;用于带通和带阻滤波器设计时,Omegap、Omegas 和 W 都是二维向量,即通带或阻带的两个边缘频率。

(2) [z,p,k]=cheb1ap(N,Rp)。

该函数的功能是根据切比雪夫Ⅰ型滤波器的阶数 N 和指标 Rp,计算滤波器的零极点,z 表示零点数组,为一个空矩阵,p 表示极点数组,k 表示增益。

(3) [B,A]=cheby1(N,Rp,W,'s')。

该函数的功能是根据切比雪夫滤波器的阶数 N 和指标 Rp、3dB 带宽频率 W,计算滤波器系统函数的分子和分母的系数矩阵,B 和 A 分别表示系统函数分子与分母多项式的系数矩阵。

【例 7-6】 MATLAB 设计切比雪夫滤波器示例。

已知切比雪夫低通滤波器的技术指标:通带截止频率为 0.2π,通带波纹为 1dB;阻带截止频率为 0.3π,阻带波纹为 20dB。试设计符合指标要求的切比雪夫低通滤波器。

解:切比雪夫滤波器设计的 MATLAB 程序代码如下:

```
% IIR切比雪夫滤波器设计
clc;clear all;close all
Omegap = 0.2 * pi;Omegas = 0.3 * pi;
Rp = 1;As = 20;Ripple = 10^( - Rp/20);Attn = 10^( - As/20);
[N,OmegaC] = cheb1ord(Omegap,Omegas,Rp,As,'s')
[B,A] = cheby1(N,Rp,OmegaC,'s')
figure(1);[H,w] = freqs(B,A);
w = [0:pi/500:pi];H = freqs(B,A,w);mag = abs(H);
dB = 20 * log10(mag + eps)/max(mag);
pha = angle(H);[hat,x,t] = impulse(B,A);
subplot(2,2,1);
plot(w/pi,mag);title('幅值响应');
xlabel('Ω/π');ylabel('|H(Ω)|');
axis([0,1,0,1.1])
set(gca,'XTickMode','manual','XTick',[0,Omegap/pi,Omegas/pi,1])
set(gca,'YTickMode','manual','YTick',[0,Attn,Ripple,1]);grid
subplot(2,2,3);plot(w/pi,dB);
title('对数幅值响应(dB)');xlabel('Ω/π');ylabel('20log|H(Ω)|');
axis([0,1, - 2 * As,5]);
set(gca,'XTickMode','manual','XTick',[0,Omegap/pi,Omegas/pi,1]);
set(gca,'YTickMode','manual','YTick',[ - 2 * As, - As, - 1,0]);grid
subplot(2,2,2);
plot(w/pi,pha/pi);title('相位响应');
xlabel('Ω/π');ylabel('arg[H(Ω)]');
axis([0,1, - 1,1]);
set(gca,'XTickMode','manual','XTick',[0,Omegap/pi,Omegas/pi,1]);
set(gca,'YTickMode','manual','YTick',[ - 1, - 0.5,0,0.5,1]);grid
subplot(2,2,4);
plot(t,hat);title('单位冲激响应');xlabel('t(s)');ylabel('ha(t)');
axis([0,max(t),min(hat),1.1 * max(hat)]);
```

滤波器设计结果如下:

```
N = 4
B = 0          0          0          0          0.0383
A = 1.0000     0.5987     0.5740     0.1842     0.0430
```

由此可得模拟低通切比雪夫滤波器的系统函数如下：

$$H_a(s) = \frac{0.0383}{s^4 + 0.5987s^3 + 0.574s^2 + 0.1842s + 0.043}$$

滤波器的性能数据如图 7-13 所示。根据频率特性图，在通带截止频率和阻带截止频率点衰减特性均达到了设计要求。

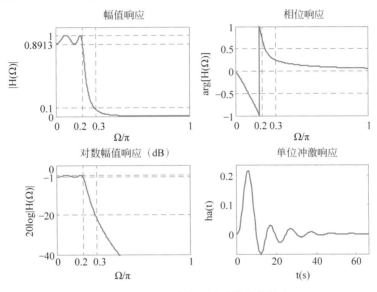

图 7-13　切比雪夫低通滤波器性能仿真

本例实验结果表明，切比雪夫 I 型低通滤波器具有如下特性。

（1）切比雪夫 I 型低通滤波器的幅值响应在通带内具有等波纹特性，在阻带内随频率增长平坦下降。

（2）切比雪夫滤波器在过渡带比巴特沃斯滤波器的衰减快，但幅频特性不如后者平坦。

（3）切比雪夫滤波器和理想滤波器的频率响应曲线之间的误差最小，但在通带或阻带存在一定幅度的波动。

2. 切比雪夫 II 型滤波器

切比雪夫 II 型滤波器幅值平方函数如下：

$$|H_a(j\Omega)|^2 = \frac{1}{1 + \left(\varepsilon^2 T_N^2\left(\dfrac{\Omega_c}{\Omega}\right)\right)^{-1}} = \frac{\varepsilon^2 T_N^2\left(\dfrac{\Omega_c}{\Omega}\right)}{1 + \varepsilon^2 T_N^2\left(\dfrac{\Omega_c}{\Omega}\right)} \tag{7-65}$$

式中，ε 为小于 1 的正数，是表示通带波纹大小的参数，ε 越大，波纹越大；N 为整数，为滤波器阶数；切比雪夫 II 型滤波器既有极点，又有零点，且零点为虚数。

切比雪夫 II 型滤波器幅值特性具有如下特点：

（1）当 $\Omega = 0$ 时，$|H_a(j\Omega)| = 1$。

（2）当 $0 \leqslant \Omega \leqslant \Omega_c$ 时，$|H_a(j\Omega)|$ 单调下降。

（3）当 $\Omega \geqslant \Omega_c$ 时，$0 \leqslant |H_a(j\Omega)| \leqslant \sqrt{\dfrac{\varepsilon^2}{1+\varepsilon^2}}$。

切比雪夫Ⅱ型低通滤波器与Ⅰ型最大的不同是，Ⅱ型的幅值响应在通带单调下降，而在阻带内具有等波纹特性，波动的幅度由波纹参数 ε 控制。

7.3.3 椭圆滤波器

椭圆(ellipse)滤波器的幅值响应特征是通带和阻带内都具有等波纹特性，对于给定的阶数和给定的波纹要求，椭圆滤波器能获得最窄的过渡带，就这一点看，椭圆滤波器是最优的。

椭圆低通滤波器的幅值平方函数如下：

$$|H_a(j\Omega)|^2 = \frac{1}{1+\varepsilon^2 J_N^2\left(\dfrac{\Omega}{\Omega_c}\right)} \tag{7-66}$$

式中，N 为整数，为滤波器阶数；ε 为通带波纹参数；$J_N(x)$ 为 N 阶雅可比椭圆函数。

椭圆滤波器的幅值特性具有如下特点：

（1）当 $\Omega=0$ 时，$|H_a(j\Omega)|^2 = \begin{cases} \dfrac{1}{1+\varepsilon^2}, & N \text{ 为偶数} \\ 1, & N \text{ 为奇数} \end{cases}$。

（2）当 $0<\Omega \leqslant \Omega_c$ 时，$1 \geqslant |H_a(j\Omega)| \geqslant \sqrt{\dfrac{1}{1+\varepsilon^2}}$。

（3）当 $\Omega > \Omega_c/k$ 时，$0 \leqslant |H_a(j\Omega)| \leqslant \sqrt{\dfrac{1}{1+\left(\dfrac{\varepsilon}{k_1}\right)^2}}$。

其中，$k=\dfrac{\Omega_c}{\Omega_s}, k_1=\dfrac{\varepsilon}{\sqrt{10^{0.1\delta_2}-1}}$。

1. 椭圆滤波器的系统函数

椭圆滤波器不同于巴特沃斯和切比雪夫滤波器，它是既有零点又有极点的滤波器，因此，椭圆滤波器系统函数的分子和分母均为关于 s 的多项式，其一般形式如下。

（1）N 为偶数时：

$$H_a(s) = \frac{k \displaystyle\prod_{i=1}^{\frac{N}{2}}(s^2+b_i^2)}{s^N+a_{N-1}s^{N-1}+a_{N-2}s^{N-2}+\cdots+a_2s^2+a_1s+a_0} \tag{7-67}$$

（2）N 为奇数时：

$$H_a(s) = \frac{k(s-b_0)\displaystyle\prod_{i=1}^{\frac{N-1}{2}}(s^2+b_i^2)}{s^N+a_{N-1}s^{N-1}+a_{N-2}s^{N-2}+\cdots+a_2s^2+a_1s+a_0} \tag{7-68}$$

2. 椭圆滤波器的性能和特点

椭圆滤波器在通带和阻带都具有等波纹特性，如图 7-14 所示。

在相同阶数的条件下，椭圆滤波器与其他滤波器相比具有最小的通带和阻带波动，而且通带和阻带的波动相同,这一点与通带和阻带都平坦的巴特沃斯滤波器,以及通带平坦、阻带等波纹或是阻带平坦、通带等波纹的切比雪夫滤波器具有明显的不同。

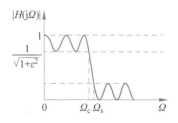

图 7-14 椭圆低通滤波器的幅值平方特性

巴特沃斯和切比雪夫Ⅰ型滤波器的系统函数为全极点系统,理论上在无限频率处阻带衰减才为零。而椭圆滤波器的系统函数既有零点又有极点,零极点在通带内产生等波纹,因此通带和阻带的逼近特性良好,阻带内的有限传输零点使过渡带变窄,可获得极为陡峭的衰减曲线。在阶数相同的条件下,椭圆滤波器的衰减特性优于其他滤波器,可以获得更窄的过渡带宽和较小的阻带波动,在这一点上,椭圆滤波器是最优的。但椭圆滤波器陡峭的过渡带特性是以通带和阻带的起伏波动为代价换取的。

椭圆滤波器的系统函数是一种较复杂的逼近函数,若采用传统的电路网络进行设计,则需要进行较复杂的计算,而且还要根据计算结果再进行查表,设计过程较烦琐,但采用 MATLAB 设计椭圆滤波器,则可以快速完成设计工作。

3. 椭圆滤波器的设计步骤

(1) 求截止频率 Ω_c。

根据通带频率 Ω_p 确定 Ω_c,即

$$\Omega_c = \Omega_p$$

(2) 由通带技术指标求波纹参数。

$$\varepsilon = \sqrt{10^{0.1A_p} - 1}$$

(3) 根据阻带截止频率求 k。

$$k = \Omega_p / \Omega_s$$

(4) 根据阻带应达到的最小衰减 A_s 和 ε 求 k_1。

$$k_1 = \varepsilon / \sqrt{10^{0.1A_p} - 1}$$

(5) 根据上述参数求滤波器的阶数 N。

$$N = \frac{U(k)U(\sqrt{1 - k_1^2})}{U(\sqrt{1 - k^2})U(k_1)}$$

式中,$U(k) = \int_0^{\frac{\pi}{2}} (1 - k^2 \sin^2 x)^{-0.5} \mathrm{d}x$。

(6) 根据上述参数 N、ε、k 和 k_1 以及截止频率等参数,求系统函数。

4. MATLAB 设计椭圆滤波器

MATLAB 设计椭圆滤波器的函数主要有如下三个。

(1) [N, W] = ellipord(Omegap, Omegas, Rp, Rs, 's')。

其功能是依据椭圆滤波器的设计指标,计算滤波器的最小阶数 N 和 3dB 带宽。Omegap、Omegas、Rp 和 Rs 分别为通带截止频率、阻带截止频率、通带最大衰减、阻带最小衰减。

函数 ellipord(Omegap, Omegas, Rp, Rs, 's') 也可以用于高通、带通、带阻滤波器的设计,但用于设计高通滤波器时,则要求 Omegap > Omegas,用于设计带通和带阻滤波器时,Omegap、Omegas 和 W 都是二维向量,即通带或阻带的两个边缘频率。

(2) [z,p,k]＝cheb1ap(N,Rp,Rs,W,'s')。

该函数的功能是根据椭圆滤波器的阶数 N 和指标 Rp、Rs 和 3dB 带宽频率 W,计算滤波器的零极点,z 表示零点数组,p 表示极点数组,k 表示增益。

(3) [B,A]＝cheby1(N,Rp,Rs,W,'s')。

该函数的功能是根据椭圆滤波器的阶数 N、指标 Rp、Rs、3dB 带宽频率计算滤波器系统函数分子和分母的系数矩阵,B 表示滤波器分子多项式的系数矩阵,A 表示分母多项式的系数矩阵。

【例 7-7】 MATLAB 设计椭圆滤波器示例。

已知椭圆低通滤波器的技术指标:通带截止频率为 0.2π,通带波纹为 1dB;阻带截止频率为 0.3π,阻带波纹为 20dB。试设计符合指标要求的椭圆滤波器。

解:椭圆滤波器设计的 MATLAB 程序代码如下:

```
clc;clear all;close all
Omegap = 0.2 * pi;Omegas = 0.3 * pi;
Rp = 1;As = 20;Ripple = 10^( - Rp/20);
Attn = 10^( - As/20);
[N,OmegaC] = ellipord(Omegap,Omegas,Rp,As,'s')
[B,A] = ellip(N,Rp,As,OmegaC,'s')
figure(1);[H,w] = freqs(B,A);
w = [0:pi/500:pi];H = freqs(B,A,w);mag = abs(H);
dB = 20 * log10(mag + eps)/max(mag);
pha = angle(H);
[hat,x,t] = impulse(B,A);
subplot(2,2,1);plot(w/pi,mag);
title('幅值响应');xlabel('Ω/π');ylabel('|H(Ω)|');
axis([0,1,0,1.1])
set(gca,'XTickMode','manual','XTick',[0,Omegap/pi,Omegas/pi,1])
set(gca,'YTickMode','manual','YTick',[0,Attn,Ripple,1]);grid
subplot(2,2,3);
plot(w/pi,dB);
title('对数幅值响应(dB)');xlabel('Ω/π');ylabel('20log|H(Ω)|');
axis([0,1, - 2 * As,5]);
set(gca,'XTickMode','manual','XTick',[0,Omegap/pi,Omegas/pi,1]);
set(gca,'YTickMode','manual','YTick',[ - 2 * As, - As, - 1,0]);grid
subplot(2,2,2);
plot(w/pi,pha/pi);title('相位响应');
xlabel('Ω/π');ylabel('arg[H(Ω)]');axis([0,1, - 1,1]);
set(gca,'XTickMode','manual','XTick',[0,Omegap/pi,Omegas/pi,1]);
set(gca,'YTickMode','manual','YTick',[ - 1, - 0.5,0,0.5,1]);grid
subplot(2,2,4);plot(t,hat);
title('单位冲激响应');xlabel('t(s)');ylabel('ha(t)');
axis([0,max(t),min(hat),1.1 * max(hat)]);
```

滤波器设计结果如下:

```
N = 3
B =   0    0.2014    - 0.0000    0.1649
A =   1.0000    0.6073    0.4898    0.1649
```

三阶椭圆滤波器,矩阵 A 和 B 分别是滤波器系统函数分母和分子多项式的系数,因此可得模拟低通椭圆滤波器的系统函数 $H_a(s)$ 如下:

$$H_a(s) = \frac{0.2014s^2 + 0.1649}{s^3 + 0.6073s^2 + 0.4898s + 0.1649}$$

系统的特性如图 7-15 所示,实验结果表明,椭圆滤波器的在通带和阻带两个边缘频率处均达到了设计要求。

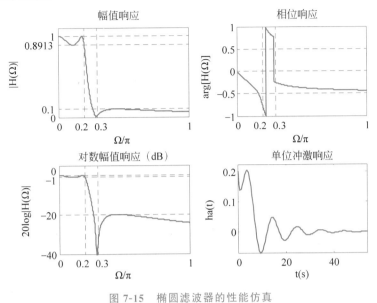

图 7-15　椭圆滤波器的性能仿真

下面对三种滤波器的性能进行比较。例 7-3、例 7-6 和例 7-7 所设计的模拟滤波器技术指标完全相同,对巴特沃斯低通滤波器、切比雪夫低通滤波器、椭圆低通滤波器的设计实例进行比较可以发现,三种低通滤波器各有特点。虽然滤波器的技术指标相同,但从系统函数阶次上看,巴特沃斯滤波器的阶数最高,椭圆滤波器的阶数最低,切比雪夫滤波器介于两者之间;从相位特性看,椭圆滤波器通带的非线性最严重;从幅值响应特性看,巴特沃斯滤波器在通带和阻带都具有单调下降的平坦特性,而切比雪夫滤波器和椭圆滤波器的幅值特性在通带内是波动的(椭圆滤波器的幅值特性在阻带也是波动的),但二者的过渡带衰减特性比巴特沃斯滤波器更快。

7.4　冲激响应不变法

在已知模拟滤波器的系统函数 $H_a(s)$ 的情况下,设计对应的数字滤波器的系统函数 $H(z)$,这是一个由 s 平面到 z 平面的映射变换。这种映射变换应遵循以下两个基本原则。

(1) $H(z)$ 的频率响应要能充分逼近 $H_a(s)$ 的频率响应,即 s 平面的虚轴应严格映射到 z 平面的单位圆 $e^{j\omega}$ 上。

(2) 模拟系统 $H_a(s)$ 的因果特性与稳定特性映射到 $H(z)$ 平面应保持不变,即 s 左半平面 $\text{Re}\{s\}<0$ 映射到 z 平面的单位圆内 $|z|<1$。

7.4.1　基本原理

1. 逼近原理

冲激响应不变法是利用模拟滤波器设计数字滤波器的一种重要方法,又称为脉冲响应不变法。该方法的设计原理是使数字滤波器的单位抽样响应 $h(n)$ 充分逼近模拟滤波器的

冲激响应 $h_a(t)$ 的等间隔抽样值,即

$$h(n) = h_a(t)\,|_{t=nT} = h_a(nT) \tag{7-69}$$

式中,T 为采样间隔。

2. s 平面与 z 平面的关系

若 $H_a(s)$ 及 $H(z)$ 分别表示 $h_a(t)$ 的拉普拉斯变换及 $h(n)$ 的 z 变换,即

$$H_a(s) = L[h_a(t)]$$

$$H(z) = Z[h(n)]$$

根据采样序列 z 变换与模拟信号拉普拉斯变换的关系,可得

$$H(z)\,|_{z=e^{sT}} = \frac{1}{T}\sum_{k=-\infty}^{\infty} H_a(s - jk\Omega_s) = \frac{1}{T}\sum_{k=-\infty}^{\infty} H_a\left(s - j\frac{2\pi}{T}k\right) \tag{7-70}$$

式(7-70)表明,采用冲激响应不变法将模拟滤波器转换为数字滤波器时,将模拟滤波器的 s 平面变换为数字滤波器的 z 平面,这一变换反映了拉普拉斯变换到 z 变换之间的关系,即首先对 $H_a(s)$ 做周期延拓,再经过 $z = e^{sT}$ 的函数关系映射到 z 平面,如图 7-16 所示。

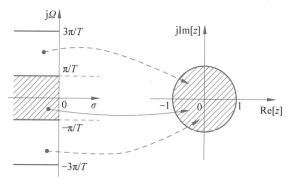

图 7-16 s 平面与 z 平面的映射关系

从 s 平面到 z 平面的映射不是一一对应的单值映射,具有如下规律。

(1) s 平面的左半平面映射到 z 平面单位圆的内部,s 平面每一个高度为 $2\pi/T$ 的条状部分,即图 7-16 中 $-\pi/T$ 到 π/T 的条状区域与单位圆内部为一一对应的映射关系。

(2) s 平面的右半平面映射到 z 平面单位圆的外部。

(3) s 平面的虚轴映射到 z 平面的单位圆上,s 平面虚轴上每一段长度为 $2\pi/T$ 的一段,均映射到 z 平面单位圆的一周。

3. 频率响应的关系

在时域,数字滤波器的单位抽样响应与模拟滤波器冲击响应的抽样值相等,而从频域看,根据连续信号抽样理论,对连续信号 $h_a(t)$ 抽样之后,则有

$$\hat{H}_a(j\Omega) = \frac{1}{T}\sum_{k=-\infty}^{\infty} H_a(j\Omega - jk\Omega_s)$$

式中,$\Omega_s = \dfrac{2\pi}{T}$,$\hat{H}_a(j\Omega)$ 是 $h_a(t)$ 抽样信号的频谱,因此,根据抽样信号频谱关系可得

$$\hat{H}_a(j\Omega) = \sum_{n=-\infty}^{\infty} h_a(nT)e^{-jn\Omega T} = \frac{1}{T}\sum_{k=-\infty}^{\infty} H_a(j\Omega - jk\Omega_s) \tag{7-71}$$

为了使采样间隔 T 不影响幅值关系,对式(7-69)修正如下:

$$h(n) = Th_a(nT) \tag{7-72}$$

因此有

$$\sum_{n=-\infty}^{\infty} T h_{\mathrm{a}}(nT) \mathrm{e}^{-\mathrm{j}n\Omega T} = \sum_{k=-\infty}^{\infty} H_{\mathrm{a}}(\mathrm{j}\Omega - \mathrm{j}k\Omega_{\mathrm{s}})$$

而

$$\sum_{n=-\infty}^{\infty} T h_{\mathrm{a}}(nT) \mathrm{e}^{-\mathrm{j}n\Omega T} = \sum_{n=-\infty}^{\infty} T h_{\mathrm{a}}(nT) \mathrm{e}^{-\mathrm{j}n\omega} = \sum_{n=-\infty}^{\infty} h(n) \mathrm{e}^{\mathrm{j}n\omega} = H(\mathrm{e}^{\mathrm{j}n\omega})$$

由此可得

$$H(\mathrm{e}^{\mathrm{j}n\omega}) = \sum_{k=-\infty}^{\infty} H_{\mathrm{a}}(\mathrm{j}\Omega - \mathrm{j}k\Omega_{\mathrm{s}}) \tag{7-73}$$

这说明,数字滤波器的频率响应不是简单地重现模拟滤波器的频率响应,而是模拟滤波器频率响应的周期延拓,如图 7-17 所示,延拓的周期为 $\Omega_{\mathrm{s}} = \dfrac{2\pi}{T} = 2\pi f_{\mathrm{s}}$,即

$$H(\mathrm{e}^{\mathrm{j}\omega}) = \sum_{k=-\infty}^{\infty} H_{\mathrm{a}}(\mathrm{j}\Omega - \mathrm{j}k\Omega_{\mathrm{s}}) = \sum_{k=-\infty}^{\infty} H_{\mathrm{a}}\left(\mathrm{j}\,\frac{\omega - 2k\pi}{T}\right) \tag{7-74}$$

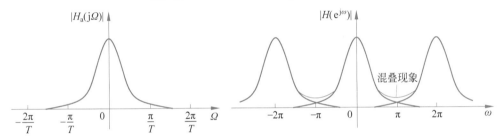

图 7-17 模拟滤波器与数字滤波器频率响应的关系

根据采样定理,如果模拟滤波器的频率响应带限于折叠频率 $\Omega_{\mathrm{s}}/2$ 以内,这时在折叠频率以内,数字滤波器的频率响应能不失真地逼近模拟滤波器的频率响应,而在折叠频率之外,则有

$$H_{\mathrm{a}}(\mathrm{j}\Omega) = 0, \quad |\Omega| \geqslant \frac{\pi}{T}$$

因此有

$$H(\mathrm{e}^{\mathrm{j}\omega}) = \sum_{k=-\infty}^{\infty} H_{\mathrm{a}}\left(\mathrm{j}\,\frac{\omega}{T}\right), \quad |\omega| < \pi \tag{7-75}$$

任何一个实际的模拟滤波器,其频率响应都不可能是真正限带的,因而不可避免地存在频谱的交叠,即图 7-17 所示的频谱混叠现象,这时,数字滤波器的频率响应在高频段将不同于原模拟滤波器的频率响应,会因混叠现象而产生一定的失真。

7.4.2 设计方法

1. $H_{\mathrm{a}}(s)$ 为单极点

模拟滤波器的系统函数 $H_{\mathrm{a}}(s)$ 一般可表示为如下形式:

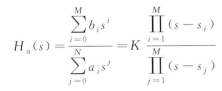

$$H_{\mathrm{a}}(s) = \frac{\sum\limits_{i=0}^{M} b_i s^i}{\sum\limits_{j=0}^{N} a_i s^j} = K \frac{\prod\limits_{i=1}^{M}(s - s_i)}{\prod\limits_{j=1}^{M}(s - s_j)}$$

视频讲解

根据拉普拉斯变换的性质,采用部分分式表示的系统函数更适合用冲激响应不变法求解。当系统函数全为单阶极点,且 $N > M$ 时, $H_a(s)$ 可展开为以下部分分式之和的形式:

$$H_a(s) = \sum_{k=1}^{N} \frac{A_k}{(s - s_k)} \tag{7-76}$$

其拉普拉斯逆变换为

$$h_a(t) = L^{-1}(H_a(s)) = \sum_{k=1}^{N} A_k e^{s_k T} u(t) \tag{7-77}$$

式中, $u(t)$ 为单位阶跃函数。

对 $h_a(t)$ 进行等间隔抽样,并用式(7-72)修正数字滤波器的单位抽样响应序列,即

$$h(n) = T h_a(nT) = \sum_{k=1}^{N} T A_k e^{s_k nT} u(n) = \sum_{k=1}^{N} T A_k (e^{s_k T})^n u(n) \tag{7-78}$$

对序列 $h(n)$ 取 z 变换,得数字滤波器的系统函数为

$$H(z) = \sum_{n=0}^{\infty} \sum_{k=1}^{N} T A_k (e^{s_k T})^n z^{-n} = \sum_{k=1}^{N} \sum_{n=0}^{\infty} T A_k (e^{s_k T} z^{-1})^n \tag{7-79}$$

若 $|e^{s_k T} z^{-1}| < 1$,则得到模拟滤波器转换为数字滤波器的系统函数为

$$H(z) = \sum_{k=1}^{N} \frac{T A_k}{1 - e^{s_k T} z^{-1}} \tag{7-80}$$

比较式(7-76)和式(7-80)可以发现, s 平面和 z 平面具有如下对应关系:

(1) s 平面的单极点 $s = s_k$,变换到 z 平面依然是单极点,即 $z_k = e^{s_k T}$。

(2) $H_a(s)$ 与 $H(z)$ 部分分式的系数相同。

(3) 变换后系统的稳定性不变。若模拟滤波器稳定,则所有极点都在 s 左半平面,即 $\mathrm{Re}[s_i] < 0$,变换后 $H(z)$ 的极点 $z_k = e^{s_k T}$ 均在单位圆以内,即 $|z_k| = |e^{s_k T}| = e^{\mathrm{Re}(s_k)T} < 1$,因此,若模拟滤波器稳定,则数字滤波器也稳定。

2. $H_a(s)$ 为重极点

若系统函数 $H_a(s)$ 有重极点,则不能采用式(7-80)进行设计,这时应根据冲激不变法的原理重新推导设计方法,具体骤如下。

(1) 先根据拉普拉斯逆变换求系统的单位冲激响应 $h_a(t)$。

$$h_a(t) = L^{-1}(H_a(s))$$

(2) 对 $h_a(t)$ 进行等间隔抽样,得单位抽样序列 $h(n)$。

$$h(n) = h_a(nT) = h_a(t) \mid_{t=nT}$$

(3) 对 $h(n)$ 进行 z 变换得系统函数 $H(z)$。

$$H(z) = \sum_{n=-\infty}^{\infty} h(n) z^{-n}$$

3. 冲激响应不变法的特点

冲激响应不变法保证了 s 平面与 z 平面的极点位置的一一对应关系,但整个 s 平面与 z 平面并不存在这种一一对应关系,特别是数字滤波器的零点与 s 平面的零点就没有一一对应关系。冲激响应不变法设计数字滤波器具有如下特点。

(1) 若要求数字滤波器的时域冲激响应能模仿模拟滤波器的单位冲激响应,一般采用

冲激响应不变法设计。

（2）冲激响应不变法的一个重要特点是频率坐标的变换是线性的，$\omega = \Omega T$，ω 与 Ω 是线性关系。因此，若模拟低通滤波的频率响应限带（折叠频率以内），通过变换后数字滤波器的频率响应可不失真地反映原响应与频率的关系。

$$H(\mathrm{e}^{\mathrm{j}\Omega T}) = H_{\mathrm{a}}(\mathrm{j}\Omega), \quad |\Omega| < \pi/T$$

若为线性相位的贝塞尔低通滤波器，通过冲激响应不变法转换为数字滤波器后，依然是线性相位的低通数字滤波器。

（3）如果 $H_{\mathrm{a}}(s)$ 是稳定的，数字滤波器 $H(z)$ 也是稳定的。

（4）冲激响应不变法的主要缺点是频谱周期延拓，因此只能用于限带的频率响应特性，如衰减特性很好的低通或带通滤波器设计，高频衰减越大，频率响应的混叠效应越小，而对于高通和带阻滤波器，一般不宜采用冲激响应不变法设计。

4．MATLAB 实现冲激响应不变法设计数字滤波器

MATLAB 提供了用冲激响应不变法将模拟滤波器转换为数字滤波器的函数 impinvar，该函数的调用格式如下：

```
[Hb,Ha] = impinvar(b,a,T)
```

b、a 分别为模拟滤波器系统函数的分子和分母的系数矩阵，T 为抽样间隔。

5．设计举例

【例 7-8】　应用冲激响应不变法将模拟滤波器转换为数字滤波器。

已知模拟滤波器的系统函数 $H_{\mathrm{a}}(s)$ 如下：

$$H_{\mathrm{a}}(s) = \frac{1}{(s+2)(s+3)}$$

设 $T = 0.1\mathrm{s}$，试采用冲激响应不变法设计 IIR 数字滤波器。

解：将 $H_{\mathrm{a}}(s)$ 展为部分分式，可得

$$H_{\mathrm{a}}(s) = \frac{1}{(s+2)(s+3)} = \frac{1}{s+2} - \frac{1}{s+3}$$

根据设计公式（7-80）可得

$$H(z) = \frac{T}{1 - \mathrm{e}^{-2T^{-1}}} - \frac{T}{1 - \mathrm{e}^{-3T}z^{-1}} = \frac{T(\mathrm{e}^{-2T} - \mathrm{e}^{-3T})z^{-1}}{1 - (\mathrm{e}^{-2T} + \mathrm{e}^{-3T})z^{-1} + \mathrm{e}^{-5T}z^{-2}}$$

$$= \frac{0.0779z^{-1}}{1 - 1.5595z^{-1} + 0.6065z^{-2}}$$

模拟滤波器的频率响应为

$$H_{\mathrm{a}}(\mathrm{j}\Omega) = H_{\mathrm{a}}(\mathrm{j}\Omega)\big|_{s=\mathrm{j}\Omega} = \frac{1}{(\mathrm{j}\Omega+2)(\mathrm{j}\Omega+3)} = \frac{1}{(6-\Omega^2)+\mathrm{j}5\Omega}$$

数字滤波器的频率响应为

$$H(\mathrm{e}^{\mathrm{j}\omega}) = \frac{T(\mathrm{e}^{-2T} - \mathrm{e}^{-3T})z^{-1}}{1 - (\mathrm{e}^{-2T} + \mathrm{e}^{-3T})z^{-1} + \mathrm{e}^{-5T}z^{-2}}$$

冲激响应不变法设计数字滤波器及频率响应分析的 MATLAB 代码如下：

```
clc;clear all;close all
b = [1];a = [1,5,6];t = 0:0.1:3;
```

```
T1 = 0.1;t1 = 0:T1:3;
% 计算采样间隔 T = 0.1 时数字滤波器系统函数 H(z)的系数矩阵
[B1,A1] = ImpulseToHz(b,a,T1)
T2 = 0.02;t2 = 0:T2:3;[B2,A2] = ImpulseToHz(b,a,T2);
figure(1);subplot(2,1,1)
Omega = [0:0.02 * pi:24 * pi];Haf1 = freqs(b,a,Omega);
plot(Omega,abs(Haf1));hold on
Hzf1 = freqz(B1,A1,Omega * T1);
Hz1 = abs(Hzf1 * T1);plot(Omega,Hz1,'r - .');
Hzf2 = freqz(B2,A2,Omega * T2);Hz2 = abs(Hzf2 * T2);
plot(Omega,Hz2,':')
legend('模拟滤波器','数字滤波器(T = 0.1s)','数字滤波器(T = 0.02s)')
title('(a) 模拟滤波器与数字滤波器的频率响应');
subplot(2,1,2)
hat = impulse(b,a,t1);plot(t1,hat);hold on
hnz1 = impz(B1,A1,31);plot(t1,hnz1,' * ')
hnz2 = impz(B2,A2,151);plot(t2,hnz2,':')
legend('模拟滤波器','数字滤波器(T = 0.1s)','数字滤波器(T = 0.02s)')
title('(b) 模拟滤波器与数字滤波器的冲激响应')
```

函数 ImpulseToHz 的功能是根据冲激响应不变法的原理将模拟滤波器的系统函数转换为数字滤波器的系统函数,该函数代码如下:

```
% 基于冲激响应不变法将模拟滤波器转换为数字滤波器
function[B,A] = ImpulseToHz(b,a,T)
[R,p,k] = residue(b,a);
p = exp(p * T);
[B,A] = residue(R,p,k);
B = real(B);A = real(A);
```

采样间隔 $T=0.1$ 时,数字滤波器系统函数 $H(z)$ 的系数如下:

```
B1 =            0      0.0779
A1 =       1.0000    - 1.5595       0.6065
```

$H(z)$ 系数矩阵与直接用式(7-80)计算的结果完全一致,模拟滤波器和数字滤波器的频率响应和冲激响应计算结果如图 7-18 所示。

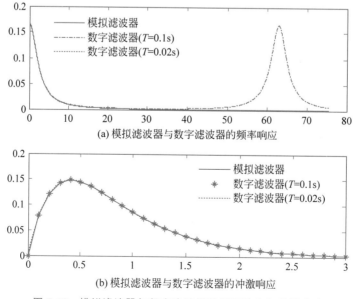

(a) 模拟滤波器与数字滤波器的频率响应

(b) 模拟滤波器与数字滤波器的冲激响应

图 7-18　模拟滤波器与数字滤波器的频率响应与冲激响应

图 7-18(a)为模拟滤波器和数字滤波器的频率响应,实验结果表明,冲激响应不变法设计的数字滤波器其频率响应在高频段存在混叠现象,其影响程度与采样间隔 T 有关,$T=$ 0.1s 时,混叠现象严重,T 越小,高频段衰减越大,混叠现象就越小。图 7-18(b)为模拟滤波器与数字滤波器的冲激响应,无论 $T=0.1$s 还是 $T=0.02$s,数字滤波器和模拟滤波器的冲激响应曲线都是重叠的,这表明数字滤波器很好地逼近了模拟滤波器的冲激响应。

【例 7-9】　先设计模拟滤波器再转换为数字滤波器。

已知滤波器的技术指标:通带范围 $\omega_p=0.2\pi$,通带衰减特性 $A_p\leqslant 2$dB;阻带范围 $\omega_s=$ 0.55π,阻带衰减特性 $A_s\geqslant 15$dB;抽样间隔 $T=1$s。试设计巴特沃斯模拟低通滤波器,并采用冲激响应不变法转换为数字滤波器。

解:(1) 用 MATLAB 提供的函数 buttord 计算滤波器的阶数 N 和 3dB 截止频率;

(2) 用 butter 函数计算模拟滤波器系统函数分子和分母的系数矩阵;

(3) 调用 impinvar 函数,用冲激响应不变法将模拟滤波器转换为数字滤波器。

MATLAB 程序代码如下:

```
clc;clear all;close all
Omegap = 0.2 * pi;
Omegas = 0.55 * pi;
Rp = 2;
As = 15;
N1 = log10((10^(0.1 * As) - 1)/(10^(0.1 * Rp) - 1))/(2 * log10(Omegas/Omegap))   % 计算阶数
[N, Omegac] = buttord(Omegap, Omegas, Rp, As, 's')
[B, A] = butter(N, Omegac, 's')              % 计算模拟滤波器的系统函数的系数矩阵
T = 1;
[HB, HA] = ImpulseToHz(B, A, T)              % 调用冲激响应不变法设计数字滤波器
```

程序输出结果如下:

```
N1 = 1.9563
N = 2
Omegac = 0.7345
B = 0          0      0.5395
A = 1.0000    1.0388    0.5395
HB = 0      0.3067
HA = 1.0000   - 1.0329     0.3539
```

根据实验结果,模拟滤波器的系统函数为

$$H_a(s)=\frac{0.5395}{s^2+1.0388s+0.5395}$$

根据计算结果,数字滤波器的系统函数为

$$H(z)=\frac{0.3067z^{-1}}{z^{-2}-1.0329z^{-1}+0.3539}$$

数字滤波器的幅频响应如图 7-19 所示。在通带截止频率处,最大衰减小于 2dB,在阻带截止频率 0.55π 处,阻带应达到的衰减没有达到 15dB,这是因为冲激响应不变法存在混叠现象,频率越高,混叠现象越严重。

本例也可以直接用解析法(公式法)设计巴特沃斯模拟滤波器,然后用冲激响应不变法变换为数字滤波器,结果与程序设计一致。

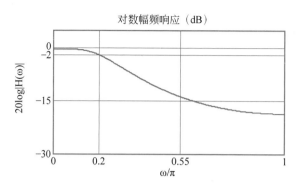

图 7-19 冲激响应不变法变换的数字滤波器的幅频响应曲线

7.5 双线性变换法

冲激响应不变法使数字滤波器在时域上充分逼近了模拟滤波器的冲激响应,但主要缺点是频率响应在高频段可能产生混叠现象,这是由于从 s 平面到 z 平面的变换函数 $z = e^{sT}$ 不是单值映射,而是多值映射。为了克服高频段的混叠效应,应研究出一种从 s 平面到 z 平面为一一对应的单值映射变换方法,这就是双线性变换法。

7.5.1 基本原理

双线性变换法的提出是为了避免数字滤波器的频率响应在高频段发生混叠现象,而根据信号采样理论,模拟信号抽样之后发生混叠现象是因为从 s 平面到 z 平面的映射为多值映射。因此,双线性变换法的目标就是要实现从 s 平面到 z 平面的单值映射关系。

1. 变换思路

从 s 平面到 z 平面的映射关系不是单值映射(见图 7-16),但 s 平面从 $-\pi/T \sim \pi/T$ 的条状区域与单位圆则是单值映射关系,因此,如果能建立一种单值映射关系,可以从 s 平面映射到 $-\pi/T \sim \pi/T$ 的条状区域,再从条状区域单值映射到 z 平面,则从理论上实现了从 s 平面到 z 平面的单值映射关系。

根据这一思路,如图 7-20 所示,可以将 $-\pi/T \sim \pi/T$ 的条状区域作为 s_1 平面,这样从 s_1 平面到 z 平面为单值映射,然后再建立一个单值映射关系,将整个 s 平面映射为 s_1 的条状区域,消去中间变量 s_1,则实现了从 s 平面到 z 平面的单值映射。

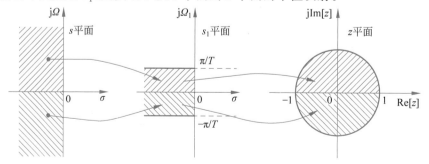

图 7-20 双线性变换的映射关系

因此,建立 s 平面与 z 平面的单值映射关系的步骤如下。

（1）建立映射关系,将整个 s 平面映射到 $-\pi/T \sim \pi/T$ 的 s_1 平面。

（2）将 s_1 平面高度为 $2\pi/T$（即 $-\pi/T \sim \pi/T$）的条状区域的左半区域映射到单位圆内部,条状区域的右半平面映射到 z 平面单位圆外。

（3）消去中间变量 s_1,则建立了从 s 平面到 z 平面的一一对应的单值映射关系。

这样就从根本上消除了多值映射,从而不会产生混叠现象。

2. 确定变换关系

从 s 平面到 z 平面建立单值映射包括两个变换,分别确定每一步骤的变换函数,然后消去中间变量 s_1 即可得到最终的变换函数关系。

1）从 s 平面到 s_1 平面的变换关系

从 s 平面到 s_1 平面的变换关系就是将 s 平面的 $j\Omega$ 轴压缩到 s_1 平面 $j\Omega_1$ 轴的 $-\dfrac{\pi}{T} \sim \dfrac{\pi}{T}$ 这一段上,这一单值映射采用正切函数可以实现:

$$\Omega = c \tan\left(\frac{\Omega_1 T}{2}\right) = c \frac{\sin\left(\dfrac{\Omega_1 T}{2}\right)}{\cos\left(\dfrac{\Omega_1 T}{2}\right)} \tag{7-81}$$

因此可得

$$j\Omega = c \frac{e^{j\frac{\Omega_1 T}{2}} - e^{-j\frac{\Omega_1 T}{2}}}{e^{j\frac{\Omega_1 T}{2}} + e^{-j\frac{\Omega_1 T}{2}}} = c \frac{1 - e^{-j\Omega_1 T}}{1 + e^{-j\Omega_1 T}}$$

令 $s = j\Omega$,$s_1 = j\Omega_1$ 可得

$$s = c \frac{1 - e^{-s_1 T}}{1 + e^{-s_1 T}} \tag{7-82}$$

2）从 s_1 平面到 z 平面的变换关系

从 s_1 平面的 $-\pi/T \sim \pi/T$ 的条状区域到 z 平面,可以通过如下变换实现:

$$z = e^{s_1 T} \tag{7-83}$$

3）从 s 平面到 z 平面的变换关系

根据式（7-82）和式（7-83）,消去中间变量 s_1 可得 s 平面到 z 平面的变换关系如下:

$$s = c \frac{1 - z^{-1}}{1 + z^{-1}} \tag{7-84}$$

这就是双线性变换。

该变换实现了单值映射关系,通过该变换,可以将模拟滤波器转换为数字滤波器。该变换是一种非线性映射关系,但由于分子分母均为线性函数,因此称为双线性变换。

7.5.2　设计方法

1. 常数 c 的确定方法

应用式（7-84）的双线性变换设计数字滤波器,还需要确定常数 c。此外,虽然双线性变换消除混叠现象,但从 s 平面到 z 平面的频率映射是非线性关系,容易产生非线性畸变,还

需要采用必要的方法改善频率畸变。

1）低频段频率对应关系

模拟滤波器的频率特性与数字滤波器的频率特性在低频段应充分逼近,即两者在低频处应有确切的频率对应关系,即

$$\Omega = c \tan\left(\frac{\Omega T}{2}\right) = c \tan\left(\frac{\omega}{2}\right) \tag{7-85}$$

由于在低频段,Ω 和 ω 均比较小,因此有

$$\tan\left(\frac{\omega}{2}\right) \approx \frac{\omega}{2}$$

即

$$\Omega = \frac{c\omega}{2}$$

而根据归一化数字频率 ω 与模拟频率 Ω 的关系

$$\omega = \frac{\Omega}{f_s} = \Omega T$$

可得

$$c = \frac{2}{T} \tag{7-86}$$

2）特定频率点的对应关系

数字滤波器的特定频率,如低通滤波器的截止频率 ω_c 与模拟滤波器的通带截止频率 Ω_c 有严格对应关系,即

$$\Omega_c = c \tan\left(\frac{\omega_c}{2}\right) \tag{7-87}$$

于是有

$$c = \frac{\Omega_c}{\tan\left(\dfrac{\omega_c}{2}\right)} \tag{7-88}$$

当截止频率 Ω_c 较低时,有

$$c = \frac{\Omega_c}{\tan\left(\dfrac{\omega_c}{2}\right)} \approx \frac{\Omega_c}{\dfrac{\omega_c}{2}} = \frac{2}{T}$$

采用不同的方法确定 c,可以使模拟滤波器的频率特性与数字滤波器的频率特性在约定的频率点上具有对应关系。虽然 c 是待定常数,但在低频段,上述两种不同方法确定的常数均为 $c = \dfrac{2}{T}$。因此通常情况下,常数 c 一般取该值。

经过上述频率变换,代入常数 c,s 平面与 z 平面的单值映射关系式(7-84)变为如下形式:

$$s = \frac{2}{T} \frac{1 - z^{-1}}{1 + z^{-1}} \tag{7-89}$$

或

$$z = \frac{c+s}{c-s} = \frac{\dfrac{2}{T}+s}{\dfrac{2}{T}-s} \tag{7-90}$$

2. 双线性变换的映射关系

双线性变换法的主要优点是不存在频谱混叠现象。由于 s 平面与 z 平面为单值映射关系，s 平面的虚轴（整个 $j\Omega$）对应于 z 平面单位圆的一周，s 平面的 $\Omega=0$ 对应于 z 平面的 $\omega=0$，$\Omega\to\infty$ 对应 $\omega\to\pi$，即数字滤波器的频率响应终止于折叠频率处，所以双线性变换不存在频谱混叠效应。

当 $z=e^{j\omega}$ 时，代入双线性变换关系，可得

$$s = \frac{2}{T}\frac{1-e^{-j\omega}}{1+e^{-j\omega}} = \frac{2}{T}j\tan\left(\frac{\omega}{2}\right) = j\Omega$$

即 s 平面的虚轴映射到 z 平面正好是单位圆。

将 $s=\sigma+j\Omega$ 代入 z 表达式，得

$$z = \frac{c+s}{c-s} = \frac{\left(\dfrac{2}{T}+\sigma\right)+j\Omega}{\left(\dfrac{2}{T}-\sigma\right)-j\Omega}$$

可得

$$|z| = \frac{\sqrt{\left(\dfrac{2}{T}+\sigma\right)^2+\Omega^2}}{\sqrt{\left(\dfrac{2}{T}-\sigma\right)^2+\Omega^2}}$$

由于 $\dfrac{2}{T}>0$，于是有

$$|z| \begin{cases} <1, & \sigma<0 \\ =1, & \sigma=0 \\ >1, & \sigma>0 \end{cases}$$

因此可得

(1) $\sigma<0$ 时，即 s 左半平面，映射到 z 平面的单位圆内；

(2) $\sigma=0$ 时，即 s 平面的虚轴，映射到 z 平面的单位圆上；

(3) $\sigma>0$ 时，即 s 右半平面，映射到 z 平面的单位圆外。

这说明，若模拟滤波器稳定，通过双线性变换后所得到的数字滤波器也一定是稳定的，系统的稳定性保持不变。

3. 双线性变换的特点

(1) 主要优点。

s 平面与 z 平面为一一对应的单值映射关系，s 平面的整个 $j\Omega$ 轴单值对应于 z 平面单位圆上的一周。但双线性变换的数字频率 ω 与模拟频率 Ω 为非线性关系，即

$$\Omega = \frac{2}{T}\tan\left(\frac{\omega}{2}\right)$$

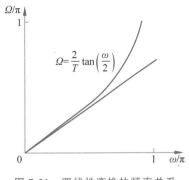

图 7-21　双线性变换的频率关系

ω 与 Ω 的映射关系如图 7-21 所示,在低频区域 Ω 与 ω 非常接近于线性关系,Ω 增加时,ω 增长变得缓慢,$\Omega \to \infty$ 时 $\omega \to \pi$,即 ω 终止于折叠频率处,因此,IIR 滤波器的双线性变换设计法在理论上严格保证了在高频部分不会产生混叠现象。

（2）缺点。

Ω 与 ω 的非线性关系造成数字滤波器的频率响应相对于模拟滤波器的频率响应产生了一定程度的频率畸变。例如,若一个模拟微分器,它的幅度与频率是如下线性关系:

$$H(\mathrm{j}\Omega) = k\Omega + b$$

通过双线性变换后,则成了如下这种非线性关系:

$$H(\mathrm{e}^{\mathrm{j}\omega}) = k\tan\left(\frac{\omega}{2}\right) + b$$

显然,线性相位的模拟滤波器经双线性变换转换为数字滤波器后,其相位特性不再具有线性关系。因此,对于模拟微分器,双线性变换法不能实现数字微分功能。

尽管双线性变换存在这一缺点,但用该方法变换数字滤波器依然得到了广泛的应用,这是因为大多数滤波器具有分段常数的频率响应特性,如低通、高通、带通和带阻滤波器,它们在通带内要求逼近衰减为零的常数特性,在阻带则要求逼近一个衰减为∞的常数特性,这种特性的滤波器通过双线性变换后,虽然频率关系为正切三角函数关系,但其频率特性的幅值响应依然很好地保持了分段常数的特性。

4. 频率预畸变

由模拟滤波器 $H_{\mathrm{a}}(s)$ 经双线性变换得到 $H(z)$,它在通带与阻带内的幅值特性仍保持与原模拟滤波器相同的等起伏特性,但在通带截止频率、过渡带的边缘频率、起伏的峰值和谷点频率等临界频率点处产生了非线性正切畸变,但这种畸变可通过预畸变进行一定程度的校正。

以通带截止频率为例,先将模拟滤波器的临界频率按如下关系:

$$\Omega_{\mathrm{c}} = c\tan\left(\frac{\omega_{\mathrm{c}}}{2}\right)$$

变换为相应的模拟频率,然后根据这些指标来设计模拟滤波器,最后采用双线性变换法转换为数字滤波器,这时上述各频率值正好映射到所要求的频率点,如图 7-22 所示。

采用基于频率预畸变的双线性变换设计 IIR 数字滤波器的步骤如下。

（1）根据所设计的数字滤波器的临界频率 ω_1、ω_2、ω_3、$\cdots$,计算模拟滤波器的临界频率。低通变换时计算公式为

$$\Omega_k = \frac{2}{T}\tan\left(\frac{\omega_k}{2}\right), \quad k = 1, 2, 3, 4, \cdots \quad (7\text{-}91)$$

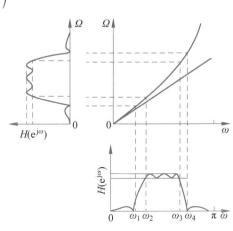

图 7-22　双线性变换的频率畸变

（2）根据计算所得到的模拟滤波器的临界频率设计模拟滤波器。

（3）对模拟滤波器进行双线性变换,得到数字滤波器的系统函数 $H(z)$。

双线性变换法比冲激响应不变法更直接、简单。由于 s 与 z 之间具有较简单代数关系,所以可直接通过变量置换,将模拟滤波器的系统函数转换为数字滤波器的系统函数。

$$H(z) = H_a(s) \Big|_{s = \frac{2}{T}\frac{1-z^{-1}}{1+z^{-1}}} = H_a\left(\frac{2}{T}\frac{1-z^{-1}}{1+z^{-1}}\right) \tag{7-92}$$

由此可得频率响应如下:

$$H(e^{j\omega}) = H_a\left(j\frac{2}{T}\tan\left(\frac{\omega}{2}\right)\right) \tag{7-93}$$

一般而言,IIR 数字滤波器设计若注重滤波器的时域瞬态响应,则采用冲激响应不变法,其他情况一般采用双线性变换法。

5. MATLAB 实现双线性变换法设计数字滤波器

MATLAB 提供了基于双线性变换法的将模拟滤波器转换为数字滤波器的函数,该函数为 bilinear,其调用格式如下:

```
[Hb,Ha] = bilinear(b,a,T)
```

b,a 分别是模拟滤波器系统函数分子和分母的系数矩阵,T 是抽样间隔。

6. 设计举例

【例 7-10】 图 7-23 是由电阻和电容组成的模拟低通滤波器。试按下述要求设计相应的数字滤波器(设抽样间隔为 T)。

（1）采用冲激响应不变法。

（2）采用双线性变换法。

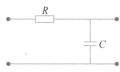

图 7-23 RC 低通滤波器

解：先求系统函数 $H_a(s)$,根据电路知识可得

$$H_a(s) = \frac{\dfrac{1}{j2\pi fC}}{R + \dfrac{1}{j2\pi fC}} = \frac{1}{1 + j2\pi fRC} = \frac{1}{1 + j\Omega RC} = \frac{1}{1 + RCs}$$

令 $a = \dfrac{1}{RC}$,有

$$H_a(s) = \frac{a}{s + a}$$

（1）若采用冲激响应不变法设计数字滤波器,则数字滤波器的系统函数为

$$H(z) = \frac{Ta}{1 - e^{-aT}z^{-1}}$$

（2）若采用双线性变换法设计数字滤波器,则数字滤波器的系统函数为

$$H(z) = H_a(s)\Big|_{z = \frac{2}{T}\frac{1-z^{-1}}{1+z^{-1}}} = \frac{a}{\dfrac{2}{T}\dfrac{1-z^{-1}}{1+z^{-1}} + a} = \frac{aT(1+z^{-1})}{(aT+2) + (aT-2)z^{-1}} = \frac{\dfrac{aT}{aT+2}(1+z^{-1})}{1 + \dfrac{aT-2}{aT+2}z^{-1}}$$

【例 7-11】 设计模拟滤波器并用双线性变换法转换为数字滤波器。

已知滤波器的技术指标：通带范围 $\omega_p = 0.2\pi$,通带衰减特性 $A_p \leqslant 2\text{dB}$;阻带范围 $\omega_s =$

0.55π,阻带衰减特性 $A_s \geqslant 15\mathrm{dB}$;抽样间隔 $T=1\mathrm{s}$。试设计巴特沃斯模拟低通滤波器,并采用双线性变换法转换为数字低通滤波器。

解:为便于对照,本例的技术指标和例 7-9 的指标相同,本例采用双线性变换法设计。首先采用 MATLAB 提供的函数 buttord 计算滤波器的阶数 N 和 3dB 截止频率,在此基础上利用 butter 函数计算模拟滤波器系统函数分子和分母的系数矩阵,然后调用 bilinear 函数用双线性变换法将模拟滤波器转换为数字滤波器。

将例 7-9 程序代码中的如下代码:

```
[B,A] = ImpulseToHz(B,A,T)
```

修改为以下代码即可完成本题的设计。

```
[Bb,Ba] = bilinear(B,A,T)
```

程序运行结果如下:

```
N1 = 1.9563
N = 2
Omegac = 0.7345
B = 0          0     0.5395
A = 1.0000     1.0388     0.5395
Bb =  0.0815    0.1631    0.0815
Ba =  1.0000   -1.0459    0.3721
```

根据程序计算结果,模拟滤波器的系统函数为

$$H_a(s) = \frac{0.5395}{s^2 + 1.0388s + 0.5395}$$

根据程序计算结果,数字滤波器的系统函数为

$$H(z) = \frac{0.0815z^{-2} + 0.1631z^{-1} + 0.0815}{z^{-2} - 1.0459z^{-1} + 0.3721}$$

数字滤波器的幅频响应如图 7-24 所示。本例和例 7-9 的技术指标相同,对比例 7-9 的设计结果,两例所设计的模拟滤波器系统函数完全相同,但例 7-9 采用冲激响应不变法转换为数字滤波器,在阻带截止频率处的衰减特性没有达到指标要求,而本例采用双线性变换法转换为数字滤波器,在通带和阻带截止频率处的衰减特性都达到了设计要求,这是因为冲激响应不变法存在混叠现象,而双线性变换法从理论上完全消除了混叠现象。

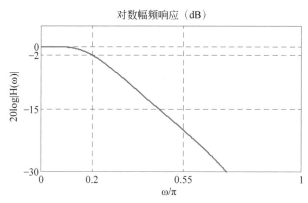

图 7-24　双线性变换法转换的数字滤波器的幅频响应曲线

7.6 模拟滤波器频率变换

7.6.1 IIR 滤波器频率变换方法

无论是巴特沃斯滤波器、切比雪夫滤波器还是椭圆滤波器的逼近方法,一般都是先设计模拟低通滤波器,然后再应用冲激响应不变法或双线性变换法,得到数字低通滤波器。但工程上不仅需要数字低通滤波器,还需要高通、带通和带阻等其他类型的数字滤波器。因此,对于 IIR 数字高通、带通和带阻滤波器,可以先设计模拟低通原型滤波器,然后再通过频率变换得到所需要的数字滤波器。频率变换主要有以下两种方法。

(1) 先在模拟域进行频率变换,然后将变换后的模拟滤波器数字化,即先将模拟低通原型滤波器进行频率变换,转换为模拟高通、带通、带阻或另一截止频率的模拟低通滤波器,然后采用冲激响应不变法或双线性变换法转换为数字滤波器,如图 7-25(实线)所示。

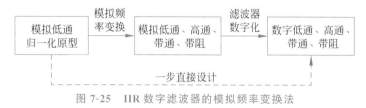

图 7-25 IIR 数字滤波器的模拟频率变换法

这种设计方法理论上包括两个过程:一是模拟滤波器的频率变换,将模拟归一化低通原型滤波器转换为模拟低通、高通、带通、带阻等滤波器;二是模拟滤波器转换为数字滤波器,根据滤波器的特点,选用冲激响应不变法或双线性变换法将模拟滤波器进行数字化,获得数字滤波器的系统函数。

理论上,上述两个步骤可以合并,将模拟频率变换和滤波器数字化两个步骤合并为一步,一次完成模拟频率变换和数字化设计,即利用代数和函数知识,将频率变换公式与双线性变换设计公式合并直接求出数字域 $H(z)$ 的解析表达式,如图 7-25(虚线)所示。一次性设计方法对双线性变换法较适用,对于冲激响应不变法,由于存在频率响应混叠失真现象,仅适用于严格限带数字低通和带通滤波器,对于数字高通和带阻滤波器,不适合直接使用。

(2) 先进行模拟滤波器数字化,然后进行数字域频率变换,即先用冲激响应不变法或双线性变换法,将模拟低通滤波器转换为数字低通滤波器,然后在数字域进行数字频率变换,转换为数字高通、带通、带阻滤波器,如图 7-26 所示。

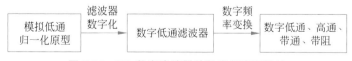

图 7-26 IIR 数字滤波器的数字频率变换法

7.6.2 模拟低通变换为模拟高通

模拟低通滤波器转换为模拟高通滤波器是指由一个已设计好的归一化模拟低通滤波器,转换为模拟高通滤波器,归一化模拟低通滤波器和高通滤波器指标如图 7-27 所示。

设已有的归一化模拟低通滤波器系统函数为 $H_1(s)$,模拟高通滤波器系统函数为 $H(s)$,复频率变量分别用 $s_1 = \mathrm{j}\Omega_1$ 和 $s = \mathrm{j}\Omega$ 表示,则由低通到高通的频率变换关系如下:

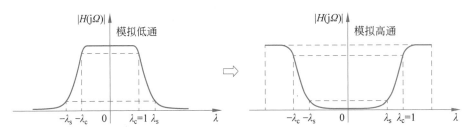

图 7-27　归一化模拟低通-模拟高通频率变换关系

$$s = \frac{1}{s_1}$$

代入归一化系统函数 $H_1(s)$,即可得到归一化的模拟高通滤波器系统函数 $H(s)$,即

$$H(s) = H_1(s) \mid_{s = \frac{1}{s_1}} \tag{7-94}$$

若模拟高通滤波器的通带截止频率没有归一化,则采用如下公式即可得到截止频率为 Ω_c 的模拟高通滤波器系统函数。

$$H(s) = H_1(s) \mid_{s = \frac{\Omega_c}{s}} \tag{7-95}$$

7.6.3　模拟低通变换为模拟带通

模拟低通滤波器转换为模拟带通滤波器是指由一个已有的归一化模拟低通滤波器,转换为模拟带通滤波器,归一化模拟低通滤波器和模拟带通滤波器指标如图 7-28 所示。

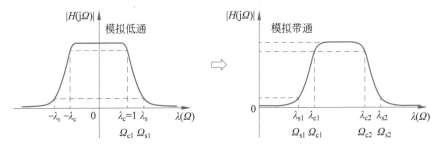

图 7-28　归一化模拟低通-模拟带通频率变换关系

对于带通滤波器,还需要应用到如下技术参数:

$$\begin{cases} B = \Omega_{c2} - \Omega_{c1} \\ \Omega_0 = \sqrt{\Omega_{c1}\Omega_{c2}} \end{cases} \tag{7-96}$$

式中,B 为带通滤波器的带宽;Ω_0 为带通滤波器的通带几何中心频率。

设已有的归一化模拟低通滤波器系统函数为 $H_1(s)$,模拟带通滤波器系统函数为 $H(s)$,复频率变量分别用 s_1 和 s 表示,则由低通到带通的频率变换关系为

$$s = \frac{s_1^2 + \Omega_0^2}{Bs_1} \tag{7-97}$$

代入模拟低通滤波器系统函数 $H_1(s)$,即可得到模拟带通滤波器系统函数 $H(s)$,即

$$H(s) = H_1(s) \mid_{s = \frac{s^2 + \Omega_0^2}{Bs_1}} \tag{7-98}$$

因此可得,由模拟低通滤波器转换为模拟带通滤波器的步骤如下:

（1）确定带通滤波器的技术指标，计算带通滤波器的带宽 B 和通带几何中心频率 Ω_0：

$$\begin{cases} B = \Omega_{c2} - \Omega_{c1} \\ \Omega_0 = \sqrt{\Omega_{c1}\Omega_{c2}} \end{cases}$$

（2）在模拟低通滤波器 $H_1(s)$ 中代入低通到带通的变换关系式（7-98），即得带通滤波器的系统函数 $H(s)$。

7.6.4　模拟低通变换为模拟带阻

模拟低通滤波器转换为模拟带阻滤波器是指由一个已有的归一化模拟低通滤波器，转换为模拟带阻滤波器，归一化模拟低通滤波器和模拟带阻滤波器指标如图 7-29 所示。

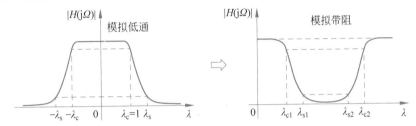

图 7-29　归一化模拟低通滤波器-模拟带阻滤波器频率变换关系

对于带阻滤波器，还将应用如下技术参数：

$$\Omega_0 = \sqrt{\Omega_{c1}\Omega_{c2}} \tag{7-99}$$

式中，B 为带阻滤波器的带宽；Ω_0 为带阻滤波器的通带几何中心频率。

设已有的归一化模拟低通滤波器系统函数为 $H_1(s)$，模拟带阻滤波器系统函数为 $H(s)$，复频率变量分别用 s_1 和 s 表示，则由低通到带阻的频率变换关系为

$$s = \frac{\Omega_0^2}{s_1 + \Omega_0^2} s_1 \tag{7-100}$$

代入系统函数 $H_1(s)$，即可得到模拟带阻滤波器系统函数 $H(s)$，即

$$H(s) = H_1(s) \Big|_{s = \frac{\Omega_0^2 s}{s + \Omega_0^2}} \tag{7-101}$$

因此可得，由模拟低通滤波器转换为模拟带阻滤波器的步骤如下：

（1）确定带阻滤波器的技术指标，计算带阻滤波器的带宽 B 和通带几何中心 Ω_0：

$$B = \Omega_{c2} - \Omega_{c1}, \quad \Omega_0 = \sqrt{\Omega_{c1}\Omega_{c2}}$$

（2）在模拟低通滤波器 $H_1(s)$ 中代入低通到带阻的变换关系 $s = \dfrac{\Omega_0^2}{s_1 + \Omega_0^2} s_1$，即得带阻滤波器的系统函数 $H(s)$。

为设计方便，表 7-4 列出了归一化模拟低通滤波器转换到其他模拟滤波器的频率变换公式。这些变换都是代数变换，对原模拟低通滤波器进行变量置换即可完成由低通到高通、带通和带阻滤波器的设计。

表 7-4　模拟域频率变换公式

变换类型	频率变换式	设计公式
低通-高通	$s = \dfrac{\Omega_c}{s_1}$	$H(s) = H_1(s) \Big|_{s = \frac{\Omega_c}{s_1}}$

续表

变 换 类 型	频率变换式	设 计 公 式
低通-带通	$s = \dfrac{s_1^2 + \Omega_0^2}{Bs_1}$	$H(s) = H_1(s)\Big|_{s = \frac{s^2 + \Omega_0^2}{Bs_1}}$
低通-带阻	$s = \dfrac{\Omega_0^2}{s_1 + \Omega_0^2}s_1$	$H(s) = H_1(s)\Big|_{s = \frac{\Omega_0^2 s}{s + \Omega_0^2}}$

7.6.5 MATLAB 实现模拟频率变换

MATLAB 提供了实现模拟频率变换的如下函数。

(1) 低通-高通变换函数:

```
[b,a] = lp2hp(bp,ap,w)
```

(2) 低通-带通变换函数:

```
[b,a] = lp2hp(b,a,wo,bw)
```

(3) 低通-带阻变换函数:

```
[b,a] = lp2hp(b,a,w,bw)
```

b,a 分别表示变换后系统函数的分子、分母多项式系数;bp,ap 表示变换前归一化系统函数的分子分母系数;w 表示模拟高通滤波器通带截止频率;wo 表示模拟滤波器的中心频率;bw 表示模拟滤波器的带宽。模拟域频率变换公式如表 7-4 所示。

7.7 数字频率变换法

设计数字滤波器时通常先设计归一化模拟原型低通滤波器,除数字低通滤波器之外,数字高通、带通和带阻滤波器均需要经过频率变换才能得到所需要的数字滤波器。7.6 节介绍了模拟域频率变换法,本节将介绍数字域频率变换法,即由数字低通滤波器,在数字域进行频率变换,得到数字高通、带通和带阻滤波器。

7.7.1 数字域变换函数

设已有的或给定的数字低通原型滤波器系统函数为 $H_1(z)$,通过变换得到的高通、带通、带阻等类型的数字滤波器为 $H_d(Z)$,数字域的频率变换就是指通过 z 平面的某种映射关系,使 $H_1(z)$ 的 z 平面映射变换到 $H_d(Z)$ 的 Z 平面,这一从 z 到 Z 的映射关系可表示如下:

$$z^{-1} = G(Z^{-1}) \tag{7-102}$$

$G(Z^{-1})$ 称为变换函数,即

$$H_d(Z) = H_1(z)\big|_{z^{-1} = G(Z^{-1})} \tag{7-103}$$

由于 $H_1(z)$ 和 $H_d(Z)$ 均为实际系统,因此从 $H_1(z)$ 映射到 $H_d(Z)$ 必须满足系统变换的基本准则,这就是因果稳定系统 $H_1(z)$ 经变换后,$H_d(Z)$ 也是因果稳定系统,而且变换前后,系统函数一般都是有理系统函数。也就是说,要求变换函数 $G(Z^{-1})$ 满足如下原则:

(1) 变换函数 $G(Z^{-1})$ 必须是 Z^{-1} 的有理函数。

(2) 映射前后系统的因果性和稳定性不变,即 z 平面的单位圆内部应映射到 Z 平面的

单位圆内部。

（3）频率响应具有映射关系,频率轴之间有对应关系,即 z 平面的单位圆必须映射为 Z 平面的单位圆。

设 θ 和 ω 分别为 z 平面与 Z 平面的数字频率变量,即

$$z = \mathrm{e}^{\mathrm{j}\theta}, \quad Z = \mathrm{e}^{\mathrm{j}\omega}$$

根据变换函数 $z^{-1} = G(Z^{-1})$ 可得

$$\mathrm{e}^{\mathrm{j}\theta} = G(\mathrm{e}^{-\mathrm{j}\omega}) = |G(\mathrm{e}^{-\mathrm{j}\omega})| \, \mathrm{e}^{\mathrm{j}\arg[G(\mathrm{e}^{-\mathrm{j}\omega})]} \tag{7-104}$$

因而有

$$\begin{cases} |G(\mathrm{e}^{-\mathrm{j}\omega})| = 1 \\ \theta = -\arg[G(\mathrm{e}^{-\mathrm{j}\omega})] \end{cases} \tag{7-105}$$

式(7-105)说明,变换函数必须为全通系统,即函数 $G(Z^{-1})$ 应由一阶全通函数或高阶全通函数构成,因此,变换函数应为如下形式:

$$Z^{-1} = G(Z^{-1}) = \pm \prod_{i=1}^{N} \frac{Z^{-1} - a_i^*}{1 - a_i Z^{-1}} \tag{7-106}$$

式中,N 为正整数,为全通系统的阶数;a_i 是 $G(Z^{-1})$ 的极点,必须在单位圆内,即 $|a_i| < 1$,可为复数或实数。$G(Z^{-1})$ 为全通系统时,满足变换函数的三条原则,$|z| < 1$ 时,有 $|Z| < 1$;$G(Z^{-1})$ 极点的共轭倒数 $\left(\dfrac{1}{a_i^*}\right)$ 就是变换函数的零点;当 ω 由 0 变到 π 时,全通系统的相角 $\arg[G(\mathrm{e}^{-\mathrm{j}\omega})]$ 的变化为 $N\pi$。选择合适的 N 和 a_i,可实现各种变换。

7.7.2　数字低通变换为数字低通

数字域频率变换,无论是从数字低通变换为数字高通、带通、带阻还是另一频率的低通滤波器,主要包括两方面,一是确定数字域频率变换的全通函数,二是计算全通函数的系数。

1. 变换函数 $G(Z^{-1})$

数字低通到数字低通是低通滤波器之间的转换,即由数字低通滤波器转换到另一截止频率的数字低通滤波器,因此,$H_1(\mathrm{e}^{\mathrm{j}\theta})$ 和 $H_{\mathrm{d}}(\mathrm{e}^{\mathrm{j}\omega})$ 均为低通系统,但截止频率不同,而 θ 从 0 变化到 π 时,ω 也应从 0 变化到 π,而全通函数相角变化为 $N\pi$,因此,应取 $N=1$,即变换函数为一阶全通函数:

$$z^{-1} = G(Z^{-1}) = \frac{Z^{-1} - a}{1 - a Z^{-1}} \tag{7-107}$$

式中,a 为实数。

2. 参数计算

式(7-107)应满足如下变换关系:

$$G(1) = 1, \quad G(-1) = -1, \quad |a| < 1$$

根据变换函数,z 域单位圆和 Z 域单位圆上具有代表性的特征点的对应关系如下:

$$z: 1 \rightarrow \mathrm{e}^{\mathrm{j}\theta_c} \rightarrow -1 \rightarrow \mathrm{e}^{-\mathrm{j}\theta_c} \rightarrow 1$$

$$Z: 1 \rightarrow \mathrm{e}^{\mathrm{j}\omega_c} \rightarrow -1 \rightarrow \mathrm{e}^{-\mathrm{j}\omega_c} \rightarrow 1$$

将 $z = \mathrm{e}^{\mathrm{j}\theta}, Z = \mathrm{e}^{\mathrm{j}\omega}$ 代入变换函数,可得

$$e^{-j\theta} = \frac{e^{-j\omega} - a}{1 - a\,e^{-j\omega}} \tag{7-108}$$

也可表示为

$$e^{-j\omega} = \frac{e^{-j\omega} - a}{1 + a\,e^{-j\theta}} = e^{-j\theta}\,\frac{1 + a\,e^{j\theta}}{1 + a\,e^{-j\theta}} = e^{-j\theta}\,\frac{1 + a\cos\theta + ja\sin\theta}{1 + a\cos\theta - ja\sin\theta}$$

经变换可得

$$\omega = \arctan\left[\frac{(1 - a^2)\sin\theta}{2a + (1 + a^2)\cos\theta}\right] = \theta - 2\arctan\left[\frac{a\sin\theta}{1 + a\cos\theta}\right]$$

由此可得,θ 与 ω 的映射关系如图 7-30 所示。

θ 与 ω 映射关系如下:

(1) 若 $a = 0$,则 $\omega = \theta$,为线性关系;

(2) $a > 0$ 时,实现了 ω 对 θ 的频率压缩,低频段压缩比高频段明显;

(3) $a < 0$ 时,实现了 ω 对 θ 的频率拉伸,低频段拉伸比高频段明显。

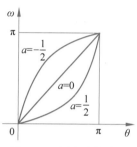

图 7-30 频率映射关系

若滤波器的幅值响应为分段常数,变换后幅值特性仍为分段常数。若 $H_1(e^{j\theta})$ 的截止频率为 θ_c,变换后 $H_d(e^{j\omega})$ 的截止频率为 ω_c,代入式(7-108),可得

$$e^{-j\theta_c} = \frac{e^{-j\omega_c} - a}{1 - a\,e^{-j\omega_c}}$$

进一步推导可得

$$a = \frac{e^{-j\omega_c} - e^{-j\theta_c}}{1 - a\,e^{-j(\omega_c + \theta_c)}} = \frac{\cos\omega_c - \cos\theta_c + j(\sin\theta_c - \sin\omega_c)}{1 - \cos(\theta_c + \omega_c) + j\sin(\theta_c + \omega_c)}$$

$$= \frac{2\sin\dfrac{\theta_c + \omega_c}{2}\sin\dfrac{\theta_c - \omega_c}{2} + j2\cos\dfrac{\theta_c + \omega_c}{2}\cos\dfrac{\theta_c - \omega_c}{2}}{2\sin^2\left(\dfrac{\theta_c + \omega_c}{2}\right) + j2\sin\dfrac{\theta_c + \omega_c}{2}\cos\dfrac{\theta_c + \omega_c}{2}} = \frac{\sin\left(\dfrac{\theta_c - \omega_c}{2}\right)}{\sin\left(\dfrac{\theta_c + \omega_c}{2}\right)}$$

即

$$a = \frac{\sin\left(\dfrac{\theta_c - \omega_c}{2}\right)}{\sin\left(\dfrac{\theta_c + \omega_c}{2}\right)} \tag{7-109}$$

确定了常数 a,就可以通过一阶全通系统变换函数,实现由截止频率为 θ_c 的数字低通滤波器 $H_1(z)$ 到截止频率为 ω_c 的低通滤波器 $H_d(Z)$ 的转换,即

$$H_d(Z) = H_1(z)\,\bigg|_{z^{-1} = \frac{z^{-1} - a}{1 - az^{-1}}} \tag{7-110}$$

7.7.3 数字低通变换为数字高通

1. 变换函数 $G(Z^{-1})$

如图 7-31 所示,从数学变换理论分析,数字低通滤波器转换为数字高通滤波器仅需将

低通频率响应在单位圆上旋转 $180°$。

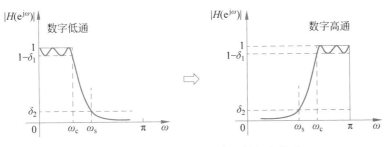

图 7-31　数字低通到数字高通的频率关系

也就是说,将 z 变量变换为 $-Z$ 变量即可,显然,旋转变换可以实现这一功能。因此,将变换函数 $z^{-1}=G(Z^{-1})$ 的 Z^{-1} 用 $-Z^{-1}$ 代替,即可实现数字低通滤波器到数字高通滤波器的转换,即

$$z^{-1}=\frac{-z^{-1}-a}{1+aZ^{-1}}=-\left(\frac{Z^{-1}+a}{1+aZ^{-1}}\right) \tag{7-111}$$

式中,a 为实数。

2. 参数计算

式(7-111)变换函数应满足如下变换关系:

$$G(-1)=1, \quad G(1)=-1, \quad |a|<1$$

频率变换边界点需满足如下条件:

$$z=1 \rightarrow Z=-1$$
$$z=e^{j\theta_c} \rightarrow Z=e^{-j\omega_c}$$

将上述边界点需满足的条件代入式(7-111),可得

$$e^{-j\theta_c}=-\frac{e^{j\omega_c}+a}{1+ae^{j\omega_c}}$$

将上式用欧拉公式展开,由三角函数公式可得

$$a=-\frac{\cos\left(\frac{\omega_c+\theta_c}{2}\right)}{\cos\left(\frac{\omega_c-\theta_c}{2}\right)} \tag{7-112}$$

7.7.4　数字低通变换为数字带通

1. 变换函数 $G(Z^{-1})$

数字低通到数字带通的变换,可以视为低通变换与高通变换的组合变换,变换后 ω 在 $(-\pi,\pi)$ 或 $(0,2\pi)$ 形成两个通带,也就是变换函数需要 θ 在单位圆上旋转两次,因此,变换函数为

$$z^{-1}=G(z^{-1})=\frac{Z^{-1}-a_1}{1-a_1Z^{-1}}\times\left(\pm\frac{Z^{-1}-a_2}{1-a_2Z^{-1}}\right)=\pm\frac{Z^{-2}-(a_1+a_2)Z^{-1}+a_1a_2}{a_1a_2Z^{-2}-(a_1+a_2)Z^{-1}+1}$$

令

$$\begin{cases}d_1=-(a_1+a_2)\\d_2=a_1a_2\end{cases}$$

系数 d_1，d_2 均为实数，则变换函数如下：

$$z^{-1} = G(z^{-1}) = \pm \frac{Z^{-2} + d_1 Z^{-1} + d_2}{d_2 Z^{-2} + d_1 Z^{-1} + 1} \tag{7-113}$$

2. 参数计算

式(7-113)变换函数应满足如下映射条件：

$$z^{-1} = -1 \rightarrow Z^{-1} = -1$$
$$z^{-1} = -1 \rightarrow Z^{-1} = 1$$

将上述条件代入 $z^{-1} = G(Z^{-1})$ 可得

$$G(-1) = -1, \quad G(1) = -1$$

因此，式(7-113)应取"−"号，即

$$z^{-1} = G(z^{-1}) = -\frac{Z^{-2} + d_1 Z^{-1} + d_2}{d_2 Z^{-2} + d_1 Z^{-1} + 1} \tag{7-114}$$

低通到带通的边界点需满足如下条件：

$$\begin{cases} z = e^{-j\theta_c} \rightarrow Z = e^{j\omega_1} \\ z = e^{j\theta_c} \rightarrow Z = e^{j\omega_2} \\ z = 1 \rightarrow Z = e^{\pm j\omega_0} \end{cases}$$

式中，ω_2，ω_1 分别为带通滤波器阻带边沿左右两个通带截止频率；ω_0 为通带几何中心频率，将上述边界条件代入变换函数，即代入式(7-113)得

$$\begin{cases} e^{j\theta_c} = -\dfrac{e^{-j2\omega_1} + d_1 e^{-j\omega_1} + d_2}{d_2 e^{-j2\omega_1} + d_1 e^{-j\omega_1} + 1} \\ \\ e^{j\theta_c} = -\dfrac{e^{-j2\omega_2} + d_1 e^{-j\omega_2} + d_2}{d_2 e^{-j2\omega_2} + d_1 e^{-j\omega_2} + 1} \end{cases} \tag{7-115}$$

根据式(7-115)可得

$$d_2 e^{-j(\theta_c - 2\omega_1)} + d_1 e^{-j(\theta_c - \omega_1)} + e^{-j\theta_c} + e^{-j2\omega_1} + d_1 e^{-j\omega_1} + d_2 = 0$$

即

$$e^{-j\theta_c} + e^{-j2\omega_1} + d_1 (e^{-j(\theta_c - \omega_1)} + e^{-j\omega_1}) + d_2 (1 + e^{-j(\theta_c - 2\omega_1)}) = 0$$

由此可得

$$\begin{cases} \cos\left(\dfrac{\theta_c}{2} + \omega_1\right) + d_1 \cos\left(\dfrac{\theta_c}{2}\right) + d_2 \cos\left(\dfrac{\theta_c}{2} - \omega_1\right) = 0 \\ \cos\left(\dfrac{\theta_c}{2} - \omega_2\right) + d_1 \cos\left(\dfrac{\theta_c}{2}\right) + d_2 \cos\left(\dfrac{\theta_c}{2} + \omega_2\right) = 0 \end{cases}$$

由三角函数公式化简，可得

$$\begin{cases} d_1 = \dfrac{-2\cos\left(\dfrac{\omega_2 + \omega_1}{2}\right) \Big/ \cos\left(\dfrac{\omega_2 - \omega_1}{2}\right)}{1 + \cos\left(\dfrac{\theta_c}{2}\right)\tan\left(\dfrac{\omega_2 - \omega_1}{2}\right)} \\ \\ d_2 = \dfrac{1 - \cot\left(\dfrac{\theta_c}{2}\right)\tan\left(\dfrac{\omega_1 - \omega_2}{2}\right)}{1 + \cot\left(\dfrac{\theta_c}{2}\right)\tan\left(\dfrac{\omega_2 - \omega_1}{2}\right)} \end{cases} \tag{7-116}$$

在式(7-116)中,令

$$
\begin{cases}
a = \dfrac{\cos\left(\dfrac{\omega_2 + \omega_1}{2}\right)}{\cos\left(\dfrac{\omega_2 - \omega_1}{2}\right)} = \cos\omega_0 \\[4mm]
k = \tan\left(\dfrac{\theta_c}{2}\right)\cot\left(\dfrac{\omega_2 - \omega_1}{2}\right)
\end{cases}
\tag{7-117}
$$

将式(7-117)代入式(7-116),可得

$$
\begin{cases}
d_1 = \dfrac{-2ak}{k+1} \\[4mm]
d_2 = \dfrac{k-1}{k+1}
\end{cases}
\tag{7-118}
$$

7.7.5　数字低通变换为数字带阻

1. 变换函数 $G(Z^{-1})$

数字低通滤波器转换为数字带阻滤波器,转换后 ω 在$(-\pi,\pi)$或$(0,2\pi)$形成两个阻带,即变换函数需 θ 在单位圆上旋转两次,参考由低通到带通的变换可知,变换函数为二阶全通系统,由于带通与带阻的差别,式(7-113)的系数符号需要根据情况调整,即变换函数如下:

$$
z^{-1} = G(Z^{-1}) = \frac{Z^{-1} - a_1}{1 - a_1 Z^{-1}} \times \frac{Z^{-1} + a_2}{1 + a_2 Z^{-1}} = \frac{Z^{-2} - d_1 Z^{-1} + d_2}{d_2 Z^{-2} - d_1 Z^{-1} + 1}
\tag{7-119}
$$

式中

$$
\begin{cases}
d_1 = -(a_1 + a_2) \\[2mm]
d_2 = a_1 a_2
\end{cases}
$$

2. 参数计算

式(7-119)变换函数应满足如下映射条件:

$$
z^{-1} = 1 \rightarrow Z^{-1} = 1
$$
$$
z^{-1} = 1 \rightarrow Z^{-1} = -1
$$

将频率边界点的条件代入 $z^{-1} = G(Z^{-1})$ 可得

$$
G(1) = 1, \quad G(-1) = 1
$$

按照变换的边界条件,需满足如下关系:

$$
z = e^{-j\theta_c} \rightarrow Z = e^{j\omega_2}
$$
$$
z = e^{j\theta_c} \rightarrow Z = e^{j\omega_1}
$$
$$
z = 1 \rightarrow Z = \pm 1
$$

代入变换函数 $z^{-1} = G(Z^{-1})$,经推导可得

$$
\begin{cases}
d_1 = \dfrac{-2\cos\left(\dfrac{\omega_2 + \omega_1}{2}\right)\bigg/\cos\left(\dfrac{\omega_2 - \omega_1}{2}\right)}{1 + \tan\left(\dfrac{\theta_c}{2}\right)\tan\left(\dfrac{\omega_2 - \omega_1}{2}\right)} \\[8mm]
d_2 = \dfrac{1 - \tan\left(\dfrac{\theta_c}{2}\right)\tan\left(\dfrac{\omega_2 - \omega_1}{2}\right)}{1 + \tan\left(\dfrac{\theta_c}{2}\right)\tan\left(\dfrac{\omega_2 - \omega_1}{2}\right)}
\end{cases}
$$

式中,ω_2、ω_1 分别为带阻滤波器阻带边沿左右两个通带截止频率;ω_0 为阻带几何中心频率。

令

$$\begin{cases} a = \cos\left(\dfrac{\omega + \omega_1}{2}\right) \Big/ \cos\left(\dfrac{\omega_2 - \omega_1}{2}\right) = \cos\omega_0 \\ k = \tan\left(\dfrac{\theta_c}{2}\right) \tan\left(\dfrac{\omega_2 - \omega_1}{2}\right) \end{cases} \tag{7-120}$$

可得

$$\begin{cases} d_1 = \dfrac{-2a}{1+k} \\ d_2 = \dfrac{1-k}{1+k} \end{cases} \tag{7-121}$$

在设计中为了方便查阅和对照,将数字域由低通到低通、高通、带通和带阻的 4 种频率变换公式及变换参数关系进行总结,如表 7-5 所示。

表 7-5　数字域频率变换公式

变换类型	变换公式	变换参数的公式
低通 | 低通	$z^{-1} = \dfrac{Z^{-1} - a}{1 - aZ^{-1}}$	$a = \sin\left(\dfrac{\theta_c - \omega_c}{2}\right) \Big/ \sin\left(\dfrac{\theta_c + \omega_c}{2}\right)$
低通 | 高通	$z^{-1} = -\left(\dfrac{Z^{-1} + a}{1 - aZ^{-1}}\right)$	$a = -\cos\left(\dfrac{\theta_c + \omega_c}{2}\right) \Big/ \cos\left(\dfrac{\theta_c - \omega_c}{2}\right)$
低通 | 带通	$z^{-1} = -\dfrac{Z^{-2} - \dfrac{2ak}{k+1}Z^{-1} + \dfrac{k-1}{k+1}}{\dfrac{k-1}{k+1}Z^{-2} - \dfrac{2ak}{k+1}Z^{-1} + 1}$	$\begin{cases} a = \cos\left(\dfrac{\omega_2 + \omega_1}{2}\right) \Big/ \cos\left(\dfrac{\omega_2 - \omega_1}{2}\right) = \cos\omega_0 \\ k = \tan\left(\dfrac{\theta_c}{2}\right) \cot\left(\dfrac{\omega_2 - \omega_1}{2}\right) \end{cases}$ ω_2、ω_1 为带通滤波器左、右通带截止频率 ω_0 为通带几何中心频率
低通 | 带阻	$z^{-1} = -\dfrac{Z^{-2} - \dfrac{2a}{1+k}Z^{-1} + \dfrac{1-k}{1+k}}{\dfrac{1-k}{1+k}Z^{-2} - \dfrac{2a}{1+k}Z^{-1} + 1}$	$\begin{cases} a = \cos\left(\dfrac{\omega + \omega_1}{2}\right) \Big/ \cos\left(\dfrac{\omega_2 - \omega_1}{2}\right) = \cos\omega_0 \\ k = \tan\left(\dfrac{\theta_c}{2}\right) \tan\left(\dfrac{\omega_2 - \omega_1}{2}\right) \end{cases}$ ω_2、ω_1 为带阻滤波器左、右通带截止频率 ω_0 为阻带几何中心频率

▣ 习题 ◆

1. 已知某数字滤波器的系统函数如下:

$$H(z) = \frac{a^* - z^{-1}}{1 - az^{-1}}, \quad 0 < |a| < 1$$

试证明该系统为全通系统。

2. 已知 N 阶全通系统函数如下:

$$H(z) = \pm \frac{a_N + a_{N-1}z^{-1} + \cdots + a_1 z^{-(N-1)} + z^{-N}}{1 + a_1 z^{-1} + a_2 z^{-2} + \cdots + a_N z^{-N}}$$

其中，$a_i \in \mathbf{R}, i = 1, 2, \cdots, N, H(z)$ 全部极点在单位圆内。

试证明全通系统为最大相位延时系统。

3. 已知 $H_{ap}(z)$ 为因果稳定的全通系统，$H_{min}(z)$ 为最小相位延时系统，则任意非最小相位延时系统都可表示如下：

$$H(z) = H_{min}(z)H_{ap}(z)$$

设

$$\theta(\omega) = \arg[H(e^{j\omega})]$$
$$\theta_{min}(\omega) = \arg[H_{min}(e^{j\omega})]$$

试按要求完成：

（1）证明

$$-\frac{d\theta(\omega)}{d\omega} > -\frac{d\theta_{min}(\omega)}{d\omega}$$

（2）试分析最小相位延时系统是否具有最小群延时。

4. 若 $H(z)$ 是最小相位延时系统，则对应的单位抽样响应序列 $h(n) = z^{-1}[H(z)]$ 称为最小相位序列，设 $h_N(n)$ 为非最小相位的因果序列，试证明如下结论：

若 $h(n)$ 和 $h_N(n)$ 均为 N 点有限长序列，且有

$$|H(e^{j\omega})| = |H_N(e^{j\omega})|$$

则有

$$|h_N(0)| < |h(0)|$$

5. 试写出阶数 $N=3$，截止频率为 Ω_c 的巴特沃斯低通滤波器的归一化系统函数 $H_a(s)$。

6. 若已知模拟低通巴特沃斯滤波器幅值平方响应如下：

$$|H_a(j\Omega)|^2 = \frac{1}{1 + \dfrac{\Omega^4}{729}}$$

试求出巴特沃斯低通滤波器的系统函数 $H_a(s)$。

7. 已知模拟低通巴特沃斯滤波器的技术指标：通带截止频率 $\Omega_p = 10000 \text{rad/s}$；通带所允许的最大衰减 $R_p = 2\text{dB}$；阻带截止频率 $\Omega_s = 40000 \text{rad/s}$；阻带应达到的最小衰减 $A_s = 30\text{dB}$。试设计符合要求的模拟低通巴特沃斯滤波器。

8. 已知模拟低通滤波器的技术指标：通带波纹为 1dB，归一化截止频率为 $\Omega_c = 1\text{rad/s}$。试求二阶切比雪夫 I 型低通滤波器的系统函数 $H_a(s)$。

9. 切比雪夫 I 型滤波器的参数：$\varepsilon = 0.05$，$N=4$，试求出切比雪夫 I 型低通原型滤波器的系统函数。

10. 已知巴特沃斯低通滤波器的技术指标：通带截止频率为 0.2π，通带波纹为 2dB；阻带截止频率为 0.3π，阻带波纹为 20dB。试用 MATLAB 编程实现模拟低通巴特沃斯滤波器设计，并验证是否达到指标要求。

11. 已知切比雪夫低通滤波器的技术指标：通带截止频率为 0.2π，通带波纹为 2dB；阻带截止频率为 0.3π，阻带波纹为 15dB。试用 MATLAB 编程实现模拟低通切比雪夫滤波器

设计,并验证是否达到指标要求。

12. 已知椭圆形低通滤波器的技术指标:通带截止频率为 0.2π,通带波纹为 2dB;阻带截止频率为 0.3π,阻带波纹为 15dB。试用 MATLAB 编程实现模拟低通椭圆滤波器设计,并验证是否达到指标要求。

13. 用冲激响应不变法将下列模拟滤波器 $H_a(s)$ 转换为数字滤波器 $H(z)$,抽样间隔 $T=2\mathrm{s}$。

    (1) $H_a(s)=(a-b)/[s^2+(a+b)s+ab]$。

    (2) $H_a(s)=(s+a)/[(s+a)^2+b^2]$。

14. 设有某模拟滤波器的系统函数 $H_a(s)$ 如下:

$$H_a(s)=\frac{1}{s^2+3s+2}$$

抽样周期为 $T=0.5$,试用双线性变换法将 $H_a(s)$ 转换为数字滤波器 $H(z)$。

15. 若模拟滤波器系统函数 $H_a(s)$ 在 $s=s_0$ 处有一个 M 重极点,即 $H_a(s)$ 可以表示成

$$H_a(s)=\frac{k}{(s-s_0)^M}, M\ 为正整数$$

    (1) 写出冲激响应 $h_a(t)$ 的表达式;

    (2) 写出计算 $H(z)$ 的表达式。

16. 已知模拟二阶巴特沃斯低通滤波器的归一化系统函数如下:

$$H'_a(s)=1/(1+1.4142136s+s^2)$$

    (1) 试求 3dB 截止频率为 100Hz 的模拟滤波器的系统函数。

    (2) 若抽样频率为 $f_s=1000\mathrm{Hz}$,用双线性变换法设计一个巴特沃斯低通数字滤波器。

17. 已知滤波器的技术指标:通带范围 $\omega_p=0.2\pi$,通带衰减特性 $A_p\leqslant 2\mathrm{dB}$;阻带范围 $\omega_s=0.6\pi$,阻带衰减特性 $A_s\geqslant 15\mathrm{dB}$;抽样间隔 $T=1\mathrm{s}$。试设计巴特沃斯模拟低通滤波器,并采用冲激响应不变法转换为数字低通滤波器。

18. 已知滤波器的技术指标:通带范围 $\omega_p=0.2\pi$,通带衰减特性 $A_p\leqslant 3\mathrm{dB}$;阻带范围 $\omega_s=0.6\pi$,阻带衰减特性 $A_s\geqslant 15\mathrm{dB}$;抽样间隔 $T=1\mathrm{s}$。试设计巴特沃斯模拟低通滤波器,并采用双线性变换法转换为数字低通滤波器。

19. 低通滤波器的技术指标如下:

    (1) 当 $0\leqslant f\leqslant 5\mathrm{Hz}$ 时,衰减小于 3dB;

    (2) $f\geqslant 50\mathrm{Hz}$ 时,衰减大于或等于 35dB;

    (3) 抽样频率 $f_s=200\mathrm{Hz}$。

试采用双线性变换法设计数字低通巴特沃斯滤波器 $H(z)$。

20. 已知滤波器技术指标:

通常 $\omega_p=0.15\pi$,通带衰减特性 $R_p=1\mathrm{dB}$;阻带 $\omega_s=0.35\pi$,阻带衰减特性 $A_s=20\mathrm{dB}$;$T=1\mathrm{s}$。试采用双线性变换法设计切比雪夫Ⅰ型数字低通滤波器。

第8章 FIR数字滤波器设计

8.1 引言

第7章介绍了无限冲激响应(IIR)数字滤波器设计,其优点是可以利用模拟滤波器的设计经验和成果,由于模拟滤波器的设计有成熟的数学方法和现成的图表可查,简单方便。IIR型滤波器的主要缺点是难以实现严格的线性相位特性。工程应用中,包括音乐厅的声音传输系统、图像和通信传输系统在内的很多应用系统常要求具有严格的线性相位特性。有限冲激响应(FIR)数字滤波器可以实现严格的线性相位,线性相位滤波器不会改变输入信号的形状,只是将信号延迟了若干个采样间隔,因而FIR数字滤波器在此方面具有独特的优势;而且,FIR滤波器的单位抽样响应为有限长序列,既可以保证系统具有恒定的稳定性,又可以采用FFT算法提高运算效率和实时性;另外,经过足够的延时,一个非因果有限长序列能成为因果有限长序列,可以采用因果系统实现。FIR滤波器的不足之处是,对于同样的衰减特性,FIR滤波器的系统阶数比IIR要高得多。

由于系统函数 $H(z)$ 结构的不同,故IIR滤波器设计的变换方法对FIR滤波器并不适用。FIR滤波器的设计主要包括窗函数设计法、频率抽样设计法和最优化设计法。

党的二十大报告强调,构建新一代信息技术、人工智能、生物技术、新能源、新材料、高端装备、绿色环保等一批新的增长引擎。IIR和FIR数字滤波技术作为基础技术,与信息技术、人工智能、新能源等技术具有密切的关系,是促进经济高质量发展的基础元素。

8.2 FIR线性相位滤波器的特点

FIR滤波器是非递归型线性时不变因果系统,其单位抽样响应 $h(n)$ 是有限长序列,它的 z 变换为

$$H(z) = \sum_{n=0}^{N-1} h(n) z^{-n}$$

FIR滤波器系统函数的主要特点如下:

(1) $H(z)$ 是关于 z^{-1} 的 $(N-1)$ 阶多项式;

(2) 系统函数在有限 z 平面上有 $(N-1)$ 个零点,零点可以分布于 z 平面的任意位置;系统函数 $H(z)$ 在原点 $z=0$ 处有 $(N-1)$ 阶重极点。

8.2.1 线性相位应满足的条件

$h(n)$ 对应的 z 变换为 $H(z)$，其频率响应为

$$H(\mathrm{e}^{\mathrm{j}\omega}) = \sum_{n=0}^{N-1} h(n)\mathrm{e}^{-\mathrm{j}\omega n} \tag{8-1}$$

一般情况下，实际滤波器系统的单位抽样响应 $h(n)$ 为实序列，则 $H(\mathrm{e}^{\mathrm{j}\omega})$ 可表示为

$$H(\mathrm{e}^{\mathrm{j}\omega}) = H(\omega)\mathrm{e}^{\mathrm{j}\theta(\omega)} \tag{8-2}$$

式中，$H(\omega)$ 是滤波器频率响应 $H(\mathrm{e}^{\mathrm{j}\omega})$ 的幅值响应；$\theta(\omega)$ 是 $H(\mathrm{e}^{\mathrm{j}\omega})$ 的相位响应。$\theta(\omega)$ 可以具有如下两种类型的线性相位：

(1) $$\theta(\omega) = -\alpha\omega \tag{8-3}$$

(2) $$\theta(\omega) = \beta - \alpha\omega \tag{8-4}$$

式中，α，β 均为常数。

显然，上述两类线性相位的共同点是相位特性都是斜率为 $-\alpha$ 的直线方程。不同点是，第一类线性相位是过原点的直线方程，而第二类是相移(截距)为 β 的直线方程。

两类线性相位的群延迟都为常数 $\alpha = -\dfrac{\mathrm{d}\theta(\omega)}{\mathrm{d}(\omega)}$。

1. 第一类线性相位条件

满足式(8-3)的线性相位特性的系统称为第一类线性相位滤波器(系统)，即滤波器具有经过原点的线性相位特性。将式(8-3)代入式(8-2)，可得

$$H(\mathrm{e}^{\mathrm{j}\omega}) = \sum_{n=0}^{N-1} h(n)\mathrm{e}^{-\mathrm{j}\omega n} = H(\omega)\mathrm{e}^{-\mathrm{j}\omega\alpha}$$

根据等式两端的实部、虚部对应关系，可得第一类线性相位滤波器的 $h(n)$ 具有如下关系：

$$\begin{cases} H(\omega)\cos(\omega\alpha) = \displaystyle\sum_{n=0}^{N-1} h(n)\cos(\omega n) \\ H(\omega)\sin(\omega\alpha) = \displaystyle\sum_{n=0}^{N-1} h(n)\sin(\omega n) \end{cases}$$

由此可得

$$\tan(\omega\alpha) = \frac{\sin(\omega\alpha)}{\cos(\omega\beta)} = \frac{\displaystyle\sum_{n=0}^{N-1} h(n)\sin(\omega n)}{\displaystyle\sum_{n=0}^{N-1} h(n)\cos(\omega n)}$$

即

$$\sum_{n=0}^{N-1} h(n)\sin(\omega\tau)\cos(\omega n) - \sum_{n=0}^{N-1} h(n)\cos(\omega\tau)\sin(\omega n) = 0$$

化简可得

$$\sum_{n=0}^{N-1} h(n)\sin[(\alpha - n)\omega] = 0 \tag{8-5}$$

式(8-5)成立，必须满足如下条件：

$$\alpha = \frac{N-1}{2} \tag{8-6}$$

$$h(n) = h(N-1-n), \quad 0 \leqslant n \leqslant N-1 \tag{8-7}$$

式(8-6)和式(8-7)是 FIR 滤波器具有第一类线性相位的充分必要条件,即要求

(1) 延时 α 等于 $h(n)$ 长度 $N-1$ 的一半,即 $\alpha = (N-1)/2$;

(2) 滤波器的单位冲激响应 $h(n)$ 偶对称,并以 $n=(N-1)/2$ 为偶对称中心。

N 为奇数时,延时 α 为整数;N 为偶数时,延时为整数加半个抽样周期。$h(n)$ 的对称性要求与 N 的奇偶无关,无论 N 为奇数还是偶数,$h(n)$ 都必须关于 $n=(N-1)/2$ 偶对称。

2. 第二类线性相位条件

满足式(8-4)的线性相位特性的系统称为第二类线性相位滤波器(系统),其相位特性在纵轴上经过 $\pm\pi/2$,相位特性方程与第一类相位特性方程平行。

将式(8-4)代入式(8-2),可得

$$H(\mathrm{e}^{\mathrm{j}\omega}) = \sum_{n=0}^{N-1} h(n)\mathrm{e}^{-\mathrm{j}\omega n} = H(\omega)\mathrm{e}^{-\mathrm{j}(\alpha\omega-\beta)}$$

根据等式两端的实部、虚部对应关系,可得第二类线性相位滤波器的 $h(n)$ 应具有如下关系:

$$\sum_{n=0}^{N-1} h(n)\sin[(\alpha-n)\omega - \beta_0] = 0 \tag{8-8}$$

式(8-8)成立,必须满足如下条件:

$$\alpha = \frac{N-1}{2} \tag{8-9}$$

$$\beta = \pm\frac{\pi}{2} \tag{8-10}$$

$$h(n) = -h(N-1-n), \quad 0 \leqslant n \leqslant N-1 \tag{8-11}$$

式(8-9)~式(8-11)是 FIR 滤波器具有第二类线性相位的充分必要条件,即要求

(1) 延时 α 等于 $h(n)$ 长度 $N-1$ 的一半,即 $\alpha = (N-1)/2$;

(2) $\beta = \pm\dfrac{\pi}{2}$,表明此时除具有线性相位之外,还有 $\pm\pi/2$ 的固定相移;

(3) 滤波器的单位冲激响应序列 $h(n)$ 奇对称,并以 $n=(N-1)/2$ 为奇对称中心。

N 为奇数时,延时为整数;N 为偶数时,延时为整数加半个抽样周期。由于 $h(n)$ 具有奇对称性,当 N 为奇数时有

$$h\left(\frac{N-1}{2}\right) = 0$$

如图 8-1(c)所示,$N=9$ 时,则 $h(4)=0$。第二类线性相位情况和第一类的不同之处在于,其相位特性除满足线性相位之外,还有 $\pm\pi/2$ 的固定相移。

根据 $h(n)$ 的对称性和 N 的奇偶情况,可以分为 $h(n)$ 偶对称(N 为奇数和偶数)与 $h(n)$ 奇对称(N 为奇数和偶数),即 $h(n)$ 可以分为四种情况,图 8-1(a)~图 8-1(d)分别是四种对称情况下 $h(n)$ 的波形。$h(n)$ 的四种对称关系分别对应四种类型的 FIR 线性相位数字滤波器。

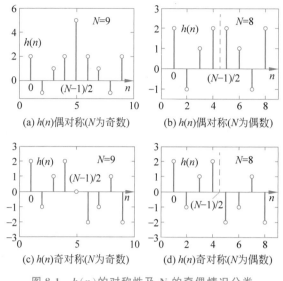

图 8-1　$h(n)$ 的对称性及 N 的奇偶情况分类

8.2.2　线性相位 FIR 滤波器频率响应的特点

当 FIR 滤波器满足偶对称或奇对称条件时，可以导出线性相位滤波器的相关特性。根据式(8-2)，FIR 滤波器的频率响应 $H(e^{j\omega})$ 的表达式为

$$H(e^{j\omega}) = H(\omega)e^{j\theta(\omega)}$$

式中，$H(\omega)$ 表示滤波器的幅值函数，值域为实数，可为正负值；$\theta(\omega)$ 是相位函数。

根据上面分析可知，无论哪一种类型的线性相位 FIR 滤波器，其冲激响应 $h(n)$ 都应满足偶对称或奇对称，即

$$h(n) = \pm h(N-1-n) \tag{8-12}$$

同时考虑 $h(n)$ 偶对称和奇对称两种情况，则系统函数 $H(z)$ 可表示为

$$H(z) = \sum_{n=0}^{N-1} h(n)z^{-n} = \sum_{n=0}^{N-1} \pm h(N-1-n)z^{-n} \quad (令 \ m = N-1-n)$$

$$= \sum_{m=0}^{N-1} \pm h(m)z^{-(N-1-m)} = \pm z^{-(N-1-m)} \sum_{m=0}^{N-1} h(n)z^m = \pm z^{-(N-1)} H(z^{-1})$$

由此可得

$$H(z) = \pm z^{-(N-1)} H(z^{-1}) \tag{8-13}$$

当 $h(n) = h(N-1-n)$，即 $h(n)$ 偶对称时，取"+"号；当 $h(n) = -h(N-1-n)$，即 $h(n)$ 奇对称时，取"−"号。

由于 $h(n)$ 具有对称性，式(8-13)可进一步表示为

$$H(z) = \frac{1}{2}\left[H(z) \pm z^{-(N-1)} H(z^{-1})\right] = \frac{1}{2}\sum_{n=0}^{N-1} h(n)\left[z^{-n} \pm z^{-(N-1)} z^n\right]$$

$$= z^{-\left(\frac{N-1}{2}\right)} \sum_{n=0}^{N-1} h(n)\left[\frac{z^{\left(\frac{N-1}{2}-n\right)} \pm z^{-\left(\frac{N-1}{2}-n\right)}}{2}\right] \tag{8-14}$$

以式(8-14)为基础，根据单位抽样响应 $h(n)$ 的偶对称性和奇对称性，分别讨论其频率响应。

1. $h(n)$偶对称

根据系统函数的表达式(8-14)可知,频率响应 $H(\mathrm{e}^{\mathrm{j}\omega})$ 为

$$H(\mathrm{e}^{\mathrm{j}\omega})=\mathrm{e}^{-\mathrm{j}(\frac{N-1}{2})\omega}\sum_{n=0}^{N-1}h(n)\left[\frac{\mathrm{e}^{\mathrm{j}(\frac{N-1}{2}-n)\omega}\pm\mathrm{e}^{-\mathrm{j}(\frac{N-1}{2}-n)\omega}}{2}\right] \tag{8-15}$$

根据欧拉公式并结合 $h(n)$ 偶对称的特点,化简幅值响应函数可得

$$H(\omega)=\sum_{n=0}^{N-1}h(n)\cos\left[\left(\frac{N-1}{2}-n\right)\omega\right] \tag{8-16}$$

相位响应函数为

$$\theta(\omega)=-\left(\frac{N-1}{2}\right)\omega \tag{8-17}$$

根据相位特性 $\theta(\omega)$ 的表达式可知,其相位特性为如图 8-2 所示的直线方程,显然滤波器具有严格的线性相位,即 $h(n)$ 关于 $n=(N-1)/2$ 偶对称时,FIR 滤波器具有准确的线性相位,并具有 $(N-1)/2$ 个抽样间隔的延时。

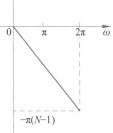

图 8-2　$h(n)$偶对称时的相位特性

2. $h(n)$奇对称

根据系统函数的表达式(8-15),频率响应为

$$H(\mathrm{e}^{\mathrm{j}\omega})=H(z)\mid_{z=\mathrm{e}^{a\mathrm{j}\omega}}=\mathrm{e}^{-\mathrm{j}(\frac{N-1}{2})\omega}\sum_{n=0}^{N-1}h(n)\sin\left[\left(\frac{N-1}{2}-n\right)\omega\right]$$

$$=\mathrm{e}^{-\mathrm{j}(\frac{N-1}{2})\omega+\mathrm{j}\frac{\pi}{2}}\sum_{n=0}^{N-1}h(n)\sin\left[\left(\frac{N-1}{2}-n\right)\omega\right]$$

同样,根据欧拉公式并结合 $h(n)$ 奇对称的特点可得
幅值响应函数为

$$H(\omega)=\sum_{n=0}^{N-1}h(n)\sin\left[\left(\frac{N-1}{2}-n\right)\omega\right] \tag{8-18}$$

相位响应函数为

$$\theta(\omega)=-\left(\frac{N-1}{2}\right)\omega+\frac{\pi}{2} \tag{8-19}$$

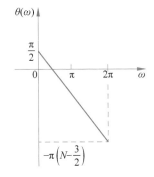

图 8-3　$h(n)$奇对称时的相位特性

$\omega=0$ 时, $\theta(\omega)=\dfrac{\pi}{2}$,即相位响应除线性相位项之外,还包含了 $\pi/2$ 相移,如图 8-3 所示。$h(n)$奇对称时,FIR 滤波器具有准确的线性相位,并具有 $(N-1)/2$ 个抽样间隔的延时,而且还产生 $90°$ 的相移,此时,FIR 滤波器是一个具有准确的线性相位的理想正交变换网络。

如图 8-3 所示滤波器 $h(n)$,能使所有频率产生 $90°$ 相移的网络,称为正交变换网络,又称为 **$90°$移相器**、**希尔伯特(Hilbert)转换器**。这种类型的滤波器和理想低通滤波器、理想微分器一样,具有重要的理论意义和应用价值。

8.2.3 幅值函数的特点

根据 $h(n)$ 的对称性和 N 的奇、偶情况,可以分为 $h(n)$ 偶对称(N 为奇数和偶数)与 $h(n)$ 奇对称(N 为奇数和偶数)共四种情况,下面根据这四种情况对 $H(\omega)$ 的特点进行分析。

1. Ⅰ型线性相位: $h(n)$ **偶对称、** N **为奇数**

$h(n)$ 偶对称、N 为奇数时的线性相位 FIR 滤波器称为Ⅰ型线性相位滤波器。$h(n)$ 偶对称时,其幅值响应如下:

$$H(\omega) = \sum_{n=0}^{N-1} h(n)\cos\left[\left(\frac{N-1}{2}-n\right)\omega\right]$$

根据上式并结合余弦函数的特点可知,幅值响应 $H(\omega)$ 具有如下特点:

(1) $h(n)$ 关于 $(N-1)/2$ 偶对称,即 $h(n)=h(N-1-n)$;

(2) $\cos\left[\left(\dfrac{N-1}{2}-n\right)\omega\right]$ 关于 $(N-1)/2$ 偶对称,并且有

$$\cos\left[\left(\frac{N-1}{2}-n\right)\omega\right] = \cos\left[\left(n-\frac{N-1}{2}\right)\omega\right] = \cos\left\{\omega\left[\left(\frac{N-1}{2}-(N-1-n)\right)\right]\right\}$$

这说明幅值响应函数 $H(\omega)$ 的所有求和项关于中间项对称,即第 n 项与第 $(N-1-n)$ 项相等($n=0,1,2,\cdots,n=(N-1)/2$),因而可以将这些相等项合并,即 $n=0$ 与 $n=N-1$ 项合并,$n=1$ 与 $n=N-2$ 项合并,……,由于 N 是奇数,中间项第 $(N-1)/2$ 项无合并项,为独立项。因此,幅值函数可表示为

$$H(\omega) = h\left(\frac{N-1}{2}\right) + \sum_{n=0}^{(N-3)/2} 2h(n)\cos\left[\left(\frac{N-1}{2}-n\right)\omega\right] \quad (\text{令 } m=(N-1)/2-m)$$

$$= h\left(\frac{N-1}{2}\right) + \sum_{n=0}^{(N-1)/2} 2h\left[\left(\frac{N-1}{2}-m\right)\cos(m\omega)\right]$$

根据上式的特点,可简化表示为如下形式:

$$H(\omega) = \sum_{n=0}^{(N-1)/2} a(n)\cos(n\omega) \tag{8-20}$$

式中

$$\begin{cases} a(0) = h\left(\dfrac{N-1}{2}\right) \\ a(n) = 2h\left(\dfrac{N-1}{2}-n\right), \quad n=1,2,\cdots,\dfrac{N-1}{2} \end{cases} \tag{8-21}$$

由于 $\cos(n\omega)$ 关于 $\omega=0,\pi,2\pi$ 偶对称,当 $h(n)$ 为偶对称、N 为奇数时,幅值函数具有如下特点:

(1) $H(\omega)$ 关于 $\omega=0,\pi,2\pi$ 偶对称。

(2) Ⅰ型线性相位滤波器可以用于设计任意形式的 FIR 滤波器。

2. Ⅱ型线性相位: $h(n)$ **偶对称、** N **为偶数**

$h(n)$ 偶对称、N 为偶数时的线性相位 FIR 滤波器称为Ⅱ型线性相位滤波器。由 $H(\omega)$ 的表达式(8-16)可知,$h(n)$ 偶对称时,无论 N 为奇数还是偶数,其幅值响应函数均为如下形式:

$$H(\omega) = \sum_{n=0}^{N-1} h(n)\cos\left[\left(\frac{N-1}{2}-n\right)\omega\right]$$

根据对Ⅰ型线性相位滤波器的讨论可知，当 N 是偶数时，$H(\omega)$ 全部求和项符合偶对称性，对首尾对称相等的项均可进行合并，合并之后共有 $N/2$ 项，即

$$H(\omega) = \sum_{n=0}^{(N-3)/2} 2h(n)\cos\left[\omega\left(\frac{N-1}{2}-n\right)\right], \quad (\text{令 } m=N/2-m)$$

$$= \sum_{m=1}^{N/2} 2h\left(\frac{N}{2}-m\right)\cos\left[\omega\left(m-\frac{1}{2}\right)\right]$$

上式可简化为

$$H(\omega) = \sum_{n=0}^{N/2} b(n)\cos\left[\omega\left(n-\frac{1}{2}\right)\right] \tag{8-22}$$

式中

$$b(n) = 2h\left(\frac{N}{2}-n\right), \quad n=1,2,\cdots,\frac{N}{2} \tag{8-23}$$

根据 $H(\omega)$ 系数和余弦函数的特征可知，当 $h(n)$ 偶对称、N 为偶数时，$H(\omega)$ 具有如下特点：

（1）当 $\omega=\pi$ 时，$\cos\left[\omega\left(n-\frac{1}{2}\right)\right]=0$，即 $H(\pi)=0$，即 $H(z)$ 在 $z=-1$ 处有一阶零点；

（2）$H(\omega)$ 关于 $\omega=\pi$ 奇对称，关于 $\omega=0,2\pi$ 偶对称。

因此，Ⅱ型滤波器不能用于高通和带阻滤波器，这是因为，幅值响应 $H(\pi)=0$，而高通和带阻滤波器则要求 $\omega=\pi$ 时，幅值响应 $H(\omega)\neq0$。

3. Ⅲ型线性相位：$h(n)$ 奇对称、N 为奇数

$h(n)$ 奇对称、N 为奇数时的线性相位 FIR 滤波器称为Ⅲ型线性相位滤波器。$h(n)$ 奇对称时，幅值函数 $H(\omega)$ 如下：

$$H(\omega) = \sum_{n=0}^{N-1} h(n)\sin\left[\left(\frac{N-1}{2}-n\right)\omega\right]$$

由于 $h(n)$ 具有奇对称性，即

$$h(n) = -h(N-1-n)$$

当 N 为奇数时，则有

$$h\left(\frac{N-1}{2}\right) = 0$$

如图 8-1(c)所示，根据 $h(n)$ 对称性和奇数项的特点，从几何图形的奇对称性也可以得出中间项 $h\left(\frac{N-1}{2}\right)=0$。

由于 $h(n)$ 具有奇对称性，正弦函数 $\sin\left[\left(\frac{N-1}{2}-n\right)\omega\right]$ 也具有奇对称性，即

$$\sin\left[\left(\frac{N-1}{2}-n\right)\omega\right] = -\sin\left\{\left[\frac{N-1}{2}-(N-1-n)\right]\omega\right\}$$

因此，幅值函数 $H(\omega)$ 求和项中的第 n 项与第 $(N-1-n)$ 项相等（$n=0,1,2,\cdots,n=(N-1)/2$），因而可以将这些对称相等的项合并，即 $n=0$ 与 $n=N-1$ 项合并，$n=1$ 与 $n=$

$N-2$ 项合并,……,经合并之后,共有$(N-1)/2$ 项。

因此,经合并简化之后幅值函数如下:

$$H(\omega) = \sum_{n=0}^{(N-3)/2} 2h(n) \sin\left[\left(\frac{N-1}{2}-n\right)\omega\right], \quad \left(\text{令 } m = \frac{N-1}{2}-n\right)$$

$$= \sum_{m=1}^{\frac{N-1}{2}} 2h\left(\frac{N-1}{2}-m\right)\sin(m\omega)$$

幅值函数 $H(\omega)$ 可简化表示为

$$H(\omega) = \sum_{n=0}^{(N-1)/2} c(n)\sin(n\omega) \tag{8-24}$$

式中

$$c(n) = 2h\left(\frac{N-1}{2}-n\right), \quad n=1,2,\cdots,\frac{N-1}{2} \tag{8-25}$$

$\sin(n\omega)$ 关于 $\omega=0,\pi,2\pi$ 奇对称,且在 $\omega=0,\pi,2\pi$ 处均为零,因此,根据系数 $c(n)$ 和正弦函数的特征可知,$H(\omega)$ 具有如下特点:

(1) 当 $\omega=0,\pi,2\pi$ 时,$H(\omega)=0$,即系统函数 $H(z)$ 在 $z=\pm1$ 处均为零点;

(2) $H(\omega)$ 关于 $\omega=0,\pi,2\pi$ 奇对称。

因此,Ⅲ型滤波器不能用于低通或高通滤波器,只能用于带通滤波器。

4. Ⅳ型线性相位:$h(n)$ 奇对称、N 为偶数

$h(n)$ 奇对称、N 为偶数时的线性相位 FIR 滤波器称为Ⅳ型线性相位滤波器。由于 $h(n)$ 奇对称时的幅值函数 $H(\omega)$ 与 N 的奇偶无关,因此幅值函数如下:

$$H(\omega) = \sum_{n=0}^{N-1} h(n)\sin\left[\left(\frac{N-1}{2}-n\right)\omega\right]$$

由于 $h(n)$ 的奇对称性,利用 N 为偶数及正弦函数的对称性,$H(\omega)$ 可简化为如下形式:

$$H(\omega) = \sum_{n=0}^{N/2} 2h(n)\sin\left[\left(\frac{N-1}{2}-n\right)\omega\right], \quad \left(\text{令 } m = \frac{N-1}{2}-n\right)$$

$$= \sum_{m=1}^{N/2} 2h\left(\frac{N}{2}-m\right)\sin\left[\left(m-\frac{1}{2}\right)\omega\right]$$

幅值函数 $H(\omega)$ 共有 $N/2$ 项,可进一步简化表示为如下形式:

$$H(\omega) = \sum_{n=0}^{N/2} d(n)\sin\left[\left(n-\frac{1}{2}\right)\omega\right] \tag{8-26}$$

式中

$$d(n) = 2h\left(\frac{N}{2}-n\right), \quad n=1,2,\cdots,\frac{N}{2} \tag{8-27}$$

由于 $\sin\left[\left(n-\frac{1}{2}\right)\omega\right]$ 关于 $\omega=0,2\pi$ 奇对称,且值为零,当 $h(n)$ 奇对称、N 为偶数时,$H(\omega)$ 具有如下特点:

(1) 当 $\omega=0,2\pi$ 时,$H(\omega)=0$,系统函数 $H(z)$ 在 $z=1$ 处为零点。

(2) $H(\omega)$ 关于 $\omega=0,2\pi$ 奇对称,关于 $\omega=\pi$ 偶对称。

因此,Ⅳ型滤波器不能用于低通和带阻滤波器。

由于$h(n)$奇对称时，滤波器具有$90°$相移特性，因此，Ⅲ型和Ⅳ型FIR线性相位滤波器可以在微分器及$90°$移相器中使用。

表8-1分别列出了上述四种类型FIR线性相位滤波器的特性。

表 8-1　四种类型 FIR 线性相位滤波器的特性

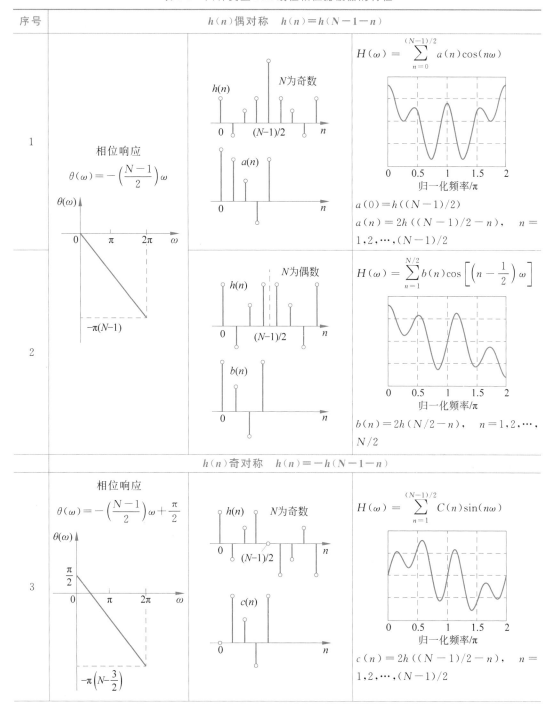

序号	$h(n)$偶对称　$h(n)=h(N-1-n)$		
1	相位响应 $\theta(\omega)=-\left(\dfrac{N-1}{2}\right)\omega$ $\theta(\omega)$	$h(n)$　N为奇数 $a(n)$	$H(\omega)=\displaystyle\sum_{n=0}^{(N-1)/2}a(n)\cos(n\omega)$ 归一化频率/π $a(0)=h((N-1)/2)$ $a(n)=2h((N-1)/2-n),\quad n=1,2,\cdots,(N-1)/2$
2	$-\pi(N-1)$	$h(n)$　N为偶数 $b(n)$	$H(\omega)=\displaystyle\sum_{n=1}^{N/2}b(n)\cos\left[\left(n-\dfrac{1}{2}\right)\omega\right]$ 归一化频率/π $b(n)=2h(N/2-n),\quad n=1,2,\cdots,N/2$
	$h(n)$奇对称　$h(n)=-h(N-1-n)$		
3	相位响应 $\theta(\omega)=-\left(\dfrac{N-1}{2}\right)\omega+\dfrac{\pi}{2}$ $\theta(\omega)$ $\dfrac{\pi}{2}$ $-\pi\left(N-\dfrac{3}{2}\right)$	$h(n)$　N为奇数 $c(n)$	$H(\omega)=\displaystyle\sum_{n=1}^{(N-1)/2}C(n)\sin(n\omega)$ 归一化频率/π $c(n)=2h((N-1)/2-n),\quad n=1,2,\cdots,(N-1)/2$

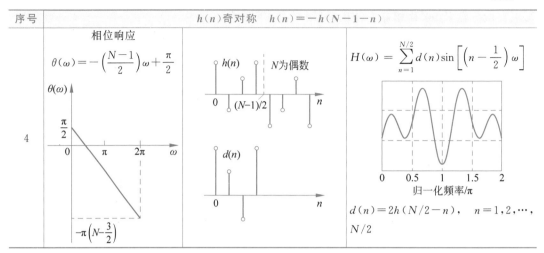

序号	$h(n)$奇对称 $h(n)=-h(N-1-n)$		
4	相位响应 $\theta(\omega)=-\left(\dfrac{N-1}{2}\right)\omega+\dfrac{\pi}{2}$	$h(n)$, N为偶数; $d(n)$	$H(\omega)=\displaystyle\sum_{n=1}^{N/2}d(n)\sin\left[\left(n-\dfrac{1}{2}\right)\omega\right]$ 归一化频率/π $d(n)=2h(N/2-n),\quad n=1,2,\cdots,N/2$

【例 8-1】 已知四种类型的单位抽样响应 $h(n)$ 如下：

(1) $h(n)=[2,-1,1,2,5,2,1,-1,2]$ (2) $h(n)=[2,-1,1,2,2,1,-1,2]$

(3) $h(n)=[2,-1,1,2,0,-2,-1,1,-2]$ (4) $h(n)=[2,-1,1,2,-2,-1,1,-2]$

试编写程序根据给定的 $h(n)$ 自动判断线性相位 FIR 滤波器的类型,并根据 $H(\omega)$ 函数相应的表达式计算频率响应的幅值响应。

解: MATLAB 代码如下:

```
clc;close all;clear all;
h1 = [2, - 1,1,2,5,2,1, - 1,2];h2 = [2, - 1,1,2,2,1, - 1,2];
h3 = [2, - 1,1,2,0, - 2, - 1,1, - 2];h4 = [2, - 1,1,2, - 2, - 1,1, - 2];
[Hg1,w,a,F_type1] = Fir_F_Selection(h1);
[Hg2,w,b,F_type2] = Fir_F_Selection(h2);
[Hg3,w,c,F_type3] = Fir_F_Selection(h3);
[Hg4,w,d,F_type4] = Fir_F_Selection(h4);
subplot(2,2,1);plot(w/pi,Hg1);
title(['线性相位',num2str(F_type1),'型幅度响应'])
xlabel('归一化频率 /\pi');grid on;
subplot(2,2,2);plot(w/pi,Hg2);
title(['线性相位',num2str(F_type2),'型幅度响应'])
xlabel('归一化频率 /\pi');grid on;
subplot(2,2,3);plot(w/pi,Hg3);
title(['线性相位',num2str(F_type3),'型幅度响应'])
xlabel('归一化频率 /\pi');grid on;
subplot(2,2,4);plot(w/pi,Hg4);
title(['线性相位',num2str(F_type4),'型幅度响应'])
xlabel('归一化频率 /\pi');grid on;
figure(2);
subplot(2,2,1);stem(h1);axis([0 10 - 1.5 6]);
subplot(2,2,2);stem(h2);axis([0 9 - 1.5 3]);
subplot(2,2,3);stem(h3);axis([0 10 - 3 3]);
subplot(2,2,4);stem(h4);axis([0 9 - 3 3]);
figure(3)
subplot(2,2,1);stem(a);axis([0 10 - 3 6]);
subplot(2,2,2);stem(b);axis([0 9 - 2.5 5]);
subplot(2,2,3);stem(c);axis([0 10 - 3 5]);
subplot(2,2,4);stem(d);axis([0 9 - 3 5]);
```

```
function[Hg,w,a,F_type] = Fir_F_election(h)
N = length(h);L = floor((N-1)/2);
n = 1:L+1;
if all(abs(h(n) - h(N-n+1))< 1e-10)
    if(mod(N,2) == 0)
        M = N/2;a = 2 * h(M:-1:1);
        n = [1:1:M];n = n-0.5;
        w = [0:1:500]' * 2 * pi/500;
        Hg = cos(w * n) * a';F_type = 2;
    else
        M = (N-1)/2;a = [h(M+1) 2 * h(M:-1:1)];
        n = [0:1:M];w = [0:1:500]' * 2 * pi/500;
        Hg = cos(w * n) * a';F_type = 1;
    end
    n = 1:L+1
else if all(abs(h(n) + h(N-n+1))< 1e-10)
    if(mod(N,2) == 0)
        M = N/2;a = 2 * h(M:-1:1);
        n = [1:1:M];n = n-0.5;
        w = [0:1:500]' * 2 * pi/500;
        Hg = sin(w * n) * a';F_type = 4;
    else
        M = (N-1)/2;a = 2 * h(M+1:-1:1);
        n = [0:1:M];w = [0:1:500]' * 2 * pi/500;
        Hg = sin(w * n) * a';F_type = 3;
    end
    else error('这不属于 FIR 线性相位滤波器类型')
    end
end
```

本例给定的四种类型滤波器的单位抽样响应和幅度响应及判断结果如图 8-4 所示。

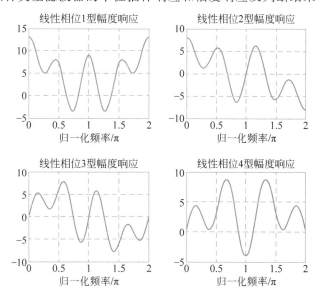

图 8-4　四种类型线性相位滤波器的单位抽样响应和幅度响应及判断结果

8.2.4　线性相位滤波器零点分布特点

1. 系统函数 $H(z)$ 零极点的作用

系统函数 $H(z)$ 的极点是微分方程的特征根,它决定了系统自由运动的模态,而且在强迫运动(即零初始条件响应)时也会包含这些自由运动的模态。系统函数的极点可以受输入函数的激发,在输出响应中形成自由运动的模态。系统函数的零点并不形成自由运动的模态,但系统函数的零点却能影响各模态在响应中所占的比重,即对响应的曲线形状产生影响。

当零点和极点互相接近时,可以一定程度上抵消极点对应的模态分量,可降低响应的超调量,但同时也会使响应速度变慢。

2. FIR 滤波器零点的分布规律

线性相位 FIR 数字滤波器,不仅具有严格的线性相位,系统还具有恒稳定性,其零点分布也具有相应的规律。

线性相位 FIR 滤波器系统函数特性如下:

$$H(z_i^{-1}) = \pm z_i^{N-1} H(z_i)$$

(1) 若 $z = z_i$ 是 $H(z)$ 的零点,即 $H(z_i) = 0$,则必有 $H\left(\dfrac{1}{z_i}\right) = H(z_i^{-1}) = 0$。

如果 $z = z_i$ 是 $H(z)$ 的零点,则 $\dfrac{1}{z_i}$ 也是其零点。

(2) 若 $H(z_i) = 0$,则 $H(z_i^*) = H((z_i^{-1})^*) = 0$。

由于实际 FIR 滤波器的单位抽样响应 $h(n)$ 为实数,即 $H(z)$ 是关于 z 或 z^{-1} 的实系数多项式,根据实系数多项式理论,若 $H(z)$ 的零点为复数,则必有其共轭复数的零点存在。

综合(1)、(2)可知,若 $z = z_i$ 是 $H(z)$ 的零点,则 z_i^*、$\dfrac{1}{z_i}$ 和 $\left(\dfrac{1}{z_i}\right)^*$ 均为系统函数 $H(z)$ 的零点。z_i、z_i^*、$\dfrac{1}{z_i}$ 和 $\left(\dfrac{1}{z_i}\right)^*$ 称为零点四阶组。

3. 零点分布情况

根据上述分析可知,FIR 线性相位数字滤波器零点分布特点是互为倒数的共轭对,即零点具有共轭镜像关系。这种互为倒数的共轭对可以分为如下四种情况。

1) 非实轴、非单位圆上的零点

设 z_i 表示系统函数 $H(z)$ 的零点,若 z_i 既不在实轴上,也不在单位圆上,则 z_i 可表示为

$$z_i = r_i e^{j\theta_i}$$

式中,$r \neq 1, \theta_i \neq 0, \theta_i \neq \pi$。

这时零点的分布如图 8-5(a)所示,为两对互为倒数的共轭零点,出现零点四阶组时,其基本因式为

$$H_i(z) = (1 - z^{-1} r_i e^{j\theta_i})(1 - z^{-1} r_i e^{-j\theta_i})\left(1 - z^{-1} \frac{1}{r_i} e^{j\theta_i}\right)\left(1 - z^{-1} \frac{1}{r_i} e^{-j\theta_i}\right)$$

$$= 1 - 2\left(\frac{r_i^2 + 1}{r_i}\right)(\cos\theta_i) z^{-1} + \left(r_i^2 + \frac{1}{r_i} 4\cos\theta_i\right) z^{-2} - 2\left(\frac{r_i^2 + 1}{r_i}\right)(\cos\theta_i) z^{-3} + z^{-4}$$

根据系数的对称性特点,上述四阶多项式可表示为如下形式:

$$H_i(z) = 1 + az^{-1} + bz^{-2} + az^{-3} + z^{-4} \tag{8-28}$$

式中

$$a = -2\left(\frac{r_i^2 + 1}{r_i}\right)\cos\theta_i, \quad b = r_i^2 + \frac{1}{r_i} 4\cos\theta_i$$

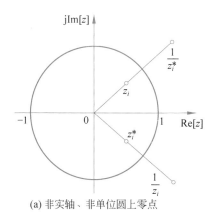

(a) 非实轴、非单位圆上零点

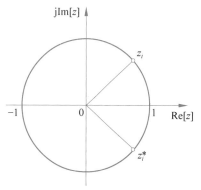

(b) 单位圆上、非实轴上零点

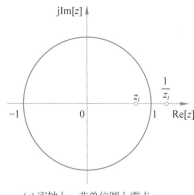

(c) 实轴上、非单位圆上零点

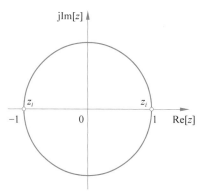

(d) 实轴且单位圆上零点

图 8-5　FIR 线性相位滤波器的零点分布

2) 单位圆上、非实轴上的零点

零点 z_i 在单位圆上，但不在实轴上，即 $r_i=1,\theta_i\neq 0,\theta_i\neq \pi$，这时零点的共轭复数也等于其倒数，因而此时必为一对共轭零点，其分布情况如图 8-5(b)所示，其基本因式为

$$H_i(z)=(1-z^{-1}\mathrm{e}^{\mathrm{j}\theta_i})(1-z^{-1}\mathrm{e}^{-\mathrm{j}\theta_i})=1-2(\cos\theta_i)z^{-1}+z^{-2} \qquad (8\text{-}29)$$

3) 实轴上、非单位圆上的零点

零点 z_i 在实轴上，但不在单位圆上，即 $r_i\neq 1,\theta_i=0$ 或 $\theta_i=\pi$，显然，这时零点为实数（不是复数），而且零点存在倒数，其倒数也是实数，这时零点的分布情况如图 8-5(c)所示，这种情况的基本因式为

$$H_i(z)=(1\pm r_i z^{-1})\left(1\pm \frac{1}{r_i}z^{-1}\right)=1\pm 2\left(r_i+\frac{1}{r_i}\right)z^{-1}+z^{-2} \qquad (8\text{-}30)$$

式中，取"＋"号时，$\theta_i=\pi$，零点在负实轴上；取"－"号时，$\theta_i=0$，零点在正实轴上。

4) 在实轴上、在单位圆上的零点

零点 z_i 既在实轴上，也在单位圆上，即 $r_i=1,\theta_i=0$ 或 $\theta_i=\pi$，此时

$$z_i=\pm 1$$

这时的零点分布如图 8-5(d)所示，零点为实数（不是复数），故没有共轭零点，均为单个零点。因此，系统函数包含的基本因式为

$$H_i(z)=1\pm z^{-1} \qquad (8\text{-}31)$$

式中,"+"号表示零点 $z=-1$;"−"号表示零点 $z=1$。

【例8-2】 根据已知条件求FIR滤波器的系统函数 $H(z)$。

已知线性相位FIR数字滤波器的系统函数 $H(z)$ 为实系数多项式,且已知系统函数在 $z=1$ 和 $z=0.5e^{j\frac{\pi}{3}}$ 处各有一个单零点,滤波器的单位抽样响应 $h(n)$ 在 $0 \leqslant n \leqslant$ 范围内 5 均为实数值,n 取其他值时 $h(n)=0$。试求该线性相位FIR滤波器的系统函数 $H(z)$。

解:(1)由于滤波器的单位抽样响应 $h(n)$ 为实数,根据 $z=0.5e^{j\frac{\pi}{3}}$ 处有零点,则必有另一个共轭零点 $z=0.5e^{-j\frac{\pi}{3}}$,即系统函数包含如下因式:

$$H_1(z) = (1-0.5e^{-j\frac{\pi}{3}}z^{-1})(1-0.5e^{j\frac{\pi}{3}}z^{-1}) = 1-0.5z^{-1}+0.25z^{-2}$$

(2)根据零点的镜像位置关系,即非单位圆、非实轴上的零点,其倒数依然是零点,因此,系统函数还包含如下因式:

$$H_2(z) = (1-(0.5e^{-j\frac{\pi}{3}})^{-1}z^{-1})(1-(0.5e^{j\frac{\pi}{3}})^{-1}z^{-1}) = 1-2z^{-1}+4z^{-2}$$

(3)系统在 $z=1$ 处有单零点,为实数零点,且在实轴上,也在单位圆上,因此,系统函数包含如下因式:

$$H_3(z) = 1-z^{-1}$$

由此可得,该滤波器的系统函数为

$$H(z) = (1-0.5z^{-1}+0.25z^{-2})(1-2z^{-1}+4z^{-2})(1-z^{-1})$$

根据上述分析可知,FIR线性相位滤波器的系统函数 $H(z)$ 只可能是由以上四种因式组合而成。若将系统函数零点分布与四种类型FIR线性相位滤波器结合起来,则可得出Ⅱ型滤波器,由于 $H(\pi)=0$,必有单根 $z=-1$;而Ⅲ型滤波器,由于 $H(0)=H(\pi)=0$,则必有 $z_i=\pm1$ 两个零点;对于Ⅳ型滤波器,由于 $H(0)=0$,则必有单根 $z=1$。掌握了FIR线性相位滤波器的基本特性,就可根据技术指标要求设计符合需求的各类FIR滤波器。

8.3 窗函数设计法

FIR滤波器的窗函数设计法(design of FIR filters using window function)是FIR滤波器的一种重要设计方法,它的基本思想是从理想滤波器的频率特性入手,通过离散时间傅里叶逆变换求出其单位抽样响应,该响应为无限长单位抽样响应,经过加窗(即窗函数,window function)直接截短为有限长序列,作为设计的FIR滤波器的单位抽样响应。窗函数在很大程度上决定着滤波器的性能,因此称该方法为窗函数设计法。

8.3.1 设计方法

1. 基本原理

视频讲解

根据所给定的理想滤波器的频率响应 $H_d(e^{j\omega})$,设计一个实际FIR滤波器,使其频率响应 $H(e^{j\omega}) = \sum_{n=0}^{N-1} h(n)e^{j\omega n}$ 能充分逼近 $H_d(e^{j\omega})$。窗函数设计法是在时域进行的,因此先对 $H_d(e^{j\omega})$ 进行傅里叶逆变换求出 $h_d(n)$,即

$$h_d(n) = \frac{1}{2\pi} \int_{-\pi}^{\pi} H_d(e^{j\omega}) e^{j\omega n} d\omega \tag{8-32}$$

由于 $H_d(e^{j\omega})$ 为理想低通矩形频率特性，因此，经傅里叶逆变换所得到的 $h_d(n)$ 既是无限长序列，也是非因果序列。而需要设计的 FIR 滤波器 $h(n)$ 是有限长序列，因此，以有限长序列 $h(n)$ 逼近无限长序列 $h_d(n)$，最有效的方法是对 $h_d(n)$ 加窗函数进行截短处理，即

$$h(n) = W(n) h_d(n) \tag{8-33}$$

不可否认的是，截短以后的序列 $h(n)$ 与 $h_d(n)$ 是不一样的，那么，如何对 $h_d(n)$ 截短才能保证 $H(e^{j\omega})$ 对 $H_d(e^{j\omega})$ 充分逼近呢？显然，$H(e^{j\omega})$ 的特性与窗函数的选择密切相关，如何选择窗函数是窗函数设计法的核心。窗函数是设计的关键，窗函数的相关参数设计好了，滤波器的设计就基本完成了。

所谓窗函数是一种在给定区间之内按函数定义取值，在给定区间之外取值均为 0 的实函数。现在以一个理想低通滤波器为例进行分析，设理想滤波器幅值响应函数如下：

$$H_d(e^{j\omega}) = \begin{cases} e^{-j\omega\alpha}, & |\omega| \leqslant \omega_c \\ 0, & \omega_c < |\omega| \leqslant \pi \end{cases} \tag{8-34}$$

式(8-34)表明，滤波器的截止频率为 ω_c，群延时为 α，相位响应具有线性特性，如图 8-6(a) 所示，在通带 $|\omega| \leqslant \omega_c$ 范围内，$H_d(e^{j\omega})$ 的幅值为 1，幅值响应为矩形，线性特性相位为 $-\omega\alpha$。

对 $H_d(e^{j\omega})$ 进行傅里叶逆变换可得

$$h_d(n) = \frac{1}{2\pi} \int_{-\omega_c}^{\omega_c} H_d(e^{j\omega}) e^{j\omega n} d\omega = \frac{1}{2\pi} \int_{-\omega_c}^{\omega_c} e^{j\omega(n-\alpha)} d\omega = \frac{\omega_c}{\pi} \frac{\sin[\omega_c(n-\alpha)]}{\omega_c(n-\beta)} \tag{8-35}$$

序列 $h_d(n)$ 的波形如图 8-6(b)所示，该序列是以 α 为中心、偶对称、无限长的非因果序列。

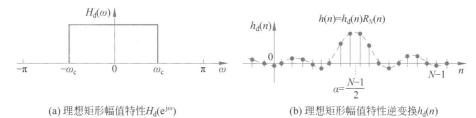

(a) 理想矩形幅值特性 $H_d(e^{j\omega})$　　　　(b) 理想矩形幅值特性逆变换 $h_d(n)$

图 8-6　理想低通幅频特性 $|H_d(e^{j\omega})|$ 及其傅里叶逆变换 $h_d(n)$

对无限长序列 $h_d(n)$ 加矩形窗函数 $R_N(n)$ 进行截短，得到有限长序列 $h(n)$，设窗函数统一用 $W(n)$ 表示，若加矩形窗，则有

$$W(n) = R_N(n)$$

于是

$$h(n) = h_d(n) W(n) = h_d(n) R_N(n) \tag{8-36}$$

根据线性相位滤波器的约束条件，截短以后的序列 $h(n)$ 必须是偶对称的，而 $h_d(n)$ 序列是关于中心点 α 的偶对称序列，因此，加矩形窗对 $h_d(n)$ 截短时应保持对称中心 α 不变，并使 α 和序列 $h(n)$ 的长度 N 满足如下条件：

$$\alpha = \frac{N-1}{2}$$

则截短以后的序列 $h(n)$ 也是以 α 为对称中心的偶对称序列。

将式(8-35)代入式(8-36),可得

$$
h(n)=\begin{cases}
\dfrac{\omega_{\mathrm{c}}}{\pi}\dfrac{\sin\left[\omega_{\mathrm{c}}\left(n-\dfrac{N-1}{2}\right)\right]}{\omega_{\mathrm{c}}\left(n-\dfrac{N-1}{2}\right)}, & 0\leqslant n\leqslant N-1\\[4mm]
0, & n\ \text{为其他值}
\end{cases}
\tag{8-37}
$$

由此可知,设计的滤波器 $h(n)$ 具有偶对称性,即满足线性相位特性条件 $h(n)=h(N-1-n)$。

对 $h_{\mathrm{d}}(n)$ 截短以后,滤波器 $h(n)$ 已符合 FIR 线性相位滤波器的对称性约束条件,那么对应的幅值特性 $H(\mathrm{e}^{\mathrm{j}\omega})$ 是否能充分逼近 $H_{\mathrm{d}}(\mathrm{e}^{\mathrm{j}\omega})$ 呢? 接下来分析经加窗截短处理后对频率响应所产生的影响。

根据复卷积的性质,时域相乘,频域则为周期卷积运算,对式(8-36)进行傅里叶变换可得

$$
H(\mathrm{e}^{\mathrm{j}\omega})=\frac{1}{2}\int_{-\pi}^{\pi}H_{\mathrm{d}}(\mathrm{e}^{\mathrm{j}\theta})W(\mathrm{e}^{\mathrm{j}(\omega-\theta)})\mathrm{d}\theta
\tag{8-38}
$$

根据式(8-38)可知, $H(\mathrm{e}^{\mathrm{j}\omega})$ 能否充分逼近 $H_{\mathrm{d}}(\mathrm{e}^{\mathrm{j}\omega})$ 以及逼近的精度,完全取决于窗函数 $W(\mathrm{e}^{\mathrm{j}\omega})$ 的频率特性。

视频讲解

2. 加窗对 $H(\mathrm{e}^{\mathrm{j}\omega})$ 的影响

矩形窗即矩形序列,它是信号处理中的典型序列,也是一种常用的窗函数,现以式(8-36)矩形窗截短为例,分析加窗运算对滤波器频率特性所产生的影响。

设矩形窗序列 $R_N(n)$ 的频率响应用 $W_{\mathrm{R}}(\mathrm{e}^{\mathrm{j}\omega})$ 表示,则有

$$
W_{\mathrm{R}}(\mathrm{e}^{\mathrm{j}\omega})=\sum_{n=0}^{N-1}\mathrm{e}^{-\mathrm{j}\omega n}=\mathrm{e}^{-\mathrm{j}\omega\left(\frac{N-1}{2}\right)}\frac{\sin\left(\dfrac{\omega N}{2}\right)}{\sin\left(\dfrac{\omega}{2}\right)}
\tag{8-39}
$$

式(8-39)可表示为如下形式:

$$
W_{\mathrm{R}}(\mathrm{e}^{\mathrm{j}\omega})=W_{\mathrm{R}}(\omega)\mathrm{e}^{-\mathrm{j}\left(\frac{N-1}{2}\right)\omega}
\tag{8-40}
$$

式中

$$
W_{\mathrm{R}}(\omega)=\frac{\sin\left(\dfrac{\omega N}{2}\right)}{\sin\left(\dfrac{\omega}{2}\right)}
\tag{8-41}
$$

矩形窗序列 $R_N(n)$ 及其频谱 $W_{\mathrm{R}}(\mathrm{e}^{\mathrm{j}\omega})$ 如图 8-7 所示,矩形窗的相位特性为线性相位,而幅值函数 $W_{\mathrm{R}}(\omega)$ 为周期函数,在 $\omega=\pm 2\pi/N$ 之内为频谱主瓣,在主瓣两侧延伸出振荡衰减的旁瓣,如图 8-7(b)所示。

将 $\alpha=(N-1)/2$ 带入理想滤波器的频率响应,可得

$$
H_{\mathrm{d}}(\mathrm{e}^{\mathrm{j}\omega})=H_{\mathrm{d}}(\omega)\mathrm{e}^{-\mathrm{j}\left(\frac{N-1}{2}\right)\omega}
\tag{8-42}
$$

则其幅值函数为

$$
H_{\mathrm{d}}(\omega)=\begin{cases}
1, & |\omega|\leqslant\omega_{\mathrm{c}}\\[2mm]
0, & \omega_{\mathrm{c}}<|\omega|\leqslant\pi
\end{cases}
$$

将矩形窗式(8-40)和理想低通滤波器式(8-42)的频率响应函数代入频域复卷积关系

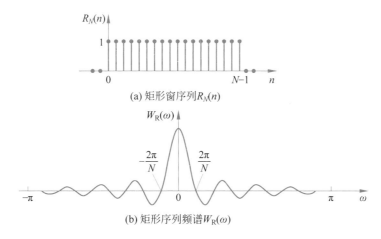

图 8-7 矩形窗序列 $R_N(n)$ 及其频谱 $W_R(\omega)$

式(8-38),可得设计的线性相位 FIR 滤波器的频率响应 $H(e^{j\omega})$ 为

$$H(e^{j\omega}) = \frac{1}{2\pi}\int_{-\pi}^{\pi} H_d(\theta) e^{-j\left(\frac{N-1}{2}\right)\theta} W_R(\omega-\theta) e^{-j\left(\frac{N-1}{2}\right)(\omega-\theta)} d\theta$$

$$= e^{-j\left(\frac{N-1}{2}\right)\omega} \frac{1}{2\pi}\int_{-\pi}^{\pi} H_d(\theta) W_R(\omega-\theta) d\theta \tag{8-43}$$

为了便于分析,式(8-43)可改写为如下形式:

$$H(e^{j\omega}) = H(\omega) e^{-j\left(\frac{N-1}{2}\right)\omega} \tag{8-44}$$

式中,$H(\omega)$ 表示需要设计的 FIR 滤波器的幅值响应函数,即

$$H(\omega) = \frac{1}{2\pi}\int_{-\pi}^{\pi} H_d(\theta) W_R(\omega-\theta) d\theta \tag{8-45}$$

$H(e^{j\omega})$ 相位特性为

$$\arg[H(e^{j\omega})] = -\left(\frac{N-1}{2}\right)\omega$$

显然,频率响应 $H(e^{j\omega})$ 具有严格的线性相位。由式(8-45)可知,对设计的 FIR 滤波器幅值响应 $H(\omega)$ 产生影响的因素是幅值函数 $W_R(\omega)$。

式(8-45)卷积积分的运算过程可以用图 8-8 进行图解说明,图 8-8(a)与图 8-8(b)分别为 $H_d(\theta)$ 和 $W_R(\theta)$ 函数的波形。根据积分原理用几何方法分析 $H_d(\omega)$ 与 $W_R(\omega)$ 的卷积过程,揭示加窗对 FIR 滤波器频率特性所产生的影响,从而了解加窗对 $H(\omega)$ 产生的影响,并观察卷积运算给 $H(\omega)$ 通带和阻带区间带来的起伏与波动。

(1) $\omega=0$。

根据卷积积分式(8-45)可知,$\omega=0$ 时的频率响应 $H(0)$ 等于图 8-8(a)与图 8-8(b)两函数乘积的积分,由于在 $|\theta|\leqslant\omega_c$ 区间内,$|H_d(\theta)|=1$,在区间外 $|H_d(\theta)|=0$,因此,该积分值就是 $W_R(\theta)$ 在 $\theta=-\omega_c\sim\omega_c$ 区间内的积分面积。通常情况下 $\omega_c\gg 2\pi/N$,因此,$H(0)$ 可以近似为 θ 在 $-\pi\sim\pi$ 内的 $W_R(\theta)$ 的全部面积。

(2) $\omega=\omega_c$

当 $\omega=\omega_c$ 时,如图 8-8(c)所示,$W_R(\omega-\theta)$ 在 ω_c 处可分为左右两半且对称,$H_d(\theta)$ 与

$W_R(\omega-\theta)$ 的左半区域重叠,因此,此时卷积积分值为 $H(0)$ 的一半,即 $\dfrac{H(\omega_c)}{H(0)}=0.5$。

(3) $\omega=\omega_c-\dfrac{2\pi}{N}$。

当 $\omega=\omega_c-\dfrac{2\pi}{N}$ 时,如图 8-8(d)所示,$W_R(\omega-\theta)$ 主瓣的全部处于 $H_d(\theta)$ 的通带 $|\theta|\leqslant\omega_c$ 之内,因此,根据积分原理,此时的卷积积分 $H(\omega)$ 具有最大值,即 $H(\omega)$ 在 $\omega=\omega_c-\dfrac{2\pi}{N}$ 时的 值 $H\left(\omega_c-\dfrac{2\pi}{N}\right)$ 为最大值,频率响应出现正峰值,超出标称值 0.0895。

(4) $0<\omega<\omega_c-\dfrac{2\pi}{N}$。

当 $0<\omega<\omega_c-\dfrac{2\pi}{N}$ 时,即 ω 由 $\omega_c-\dfrac{2\pi}{N}$ 向通带内减小至 0,$W_R(\omega-\theta)$ 的右侧部分更多的旁 瓣将逐渐进入 $H_d(\theta)$ 的通带区间,左右旁瓣的正负波动造成 $H(\omega)$ 围绕 $H(0)$ 值小幅波动。

(5) $\omega=\omega_c+\dfrac{2\pi}{N}$。

当 $\omega=\omega_c+\dfrac{2\pi}{N}$ 时,如图 8-8(e)所示,$W_R(\omega-\theta)$ 的全部主瓣位于 $H_d(\theta)$ 的通带之外;这 时,在通带内,根据旁瓣的衰减特性,旁瓣的负面积大于正面积,因而卷积积分 $H(\omega)$ 达到最 大负值,即 $H\left(\omega_c+\dfrac{2\pi}{N}\right)$ 出现负峰值 -0.0895。

(6) $\omega>\omega_c+\dfrac{2\pi}{N}$。

当 $\omega>\omega_c+\dfrac{2\pi}{N}$ 时,随着 ω 的增加,$W_R(\omega-\theta)$ 左半部分起伏更小的旁瓣将处于通带之 内,卷积积分的结果将随 $W_R(\omega-\theta)$ 的旁瓣在通带内面积的变化而变化,因此,$H(\omega)$ 在零 值附近波动。

由于卷积积分运算式(8-45)关于 $\theta=0$ 正负两侧是对称的,卷积积分结果也是对称的, 因此,可知卷积结果 $H(\omega)$ 如图 8-8(f)所示。

综上所述,加窗处理对 FIR 滤波器的频率响应产生了如下影响:

(1) 使 FIR 滤波器的频率响应与理想频率特性(图 8-8(f)中的虚线)不一致,FIR 滤波 器在频率点 $\omega=\omega_c$ 两侧形成过渡带(即正负峰值之间),其宽度近似等于矩形窗频率响应 $W_R(\omega)$ 的主瓣宽度 $\Delta\omega=4\pi/N$。

(2) 在截止频率 ω_c 的两侧 $\omega=\omega_c\pm\dfrac{2\pi}{N}$ 处,$H(\omega)$ 出现峰值。具体而言,在 $\omega=\omega_c\pm\dfrac{2\pi}{N}$ 处出现正峰值($H(0)+0.0895$),在 $\omega=\omega_c+\dfrac{2\pi}{N}$ 处出现负峰值(-0.0895)。正峰值频率处 $\left(\omega_c-\dfrac{2\pi}{N}\right)$ 左侧为通带,$H(\omega)$ 围绕 $H(0)$ 小幅波动;负峰值频率处右侧为阻带,$H(\omega)$ 围绕 0 值小幅波动,其波动幅度取决于旁瓣的相对幅度,而波动的次数,则取决于旁瓣的宽度。

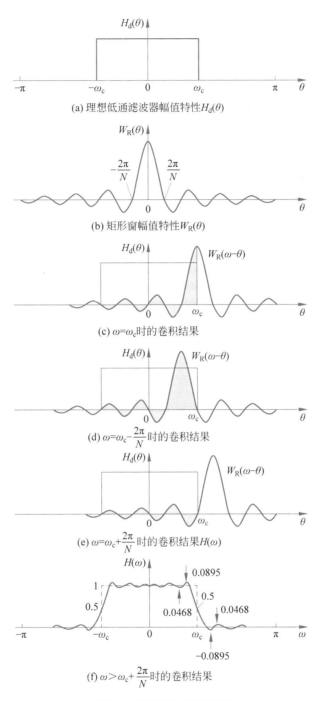

(a) 理想低通滤波器幅值特性$H_d(\theta)$

(b) 矩形窗幅值特性$W_R(\theta)$

(c) $\omega=\omega_c$时的卷积结果

(d) $\omega=\omega_c-\dfrac{2\pi}{N}$时的卷积结果

(e) $\omega=\omega_c+\dfrac{2\pi}{N}$时的卷积结果$H(\omega)$

(f) $\omega>\omega_c+\dfrac{2\pi}{N}$时的卷积结果

图 8-8 矩形窗的卷积过程

上述因加窗而出现的正负峰值以及在峰值附近的波动现象称为吉布斯(Gibbs)现象。吉布斯现象使得滤波器在通带和阻带内均产生了一定的波动,偏离了理想滤波器的特性,通带内的波动影响滤波器的平稳性,阻带内的波动影响滤波器的衰减特性,甚至可能使滤波器阻带的最小衰减达不到设计要求。

（3）降低吉布斯现象的方法。

改变窗的宽度 N,则主瓣附近窗的频率响应为

$$W_R(\omega) = \frac{\sin\left(\dfrac{N\omega}{2}\right)}{\sin\left(\dfrac{\omega}{2}\right)} \approx \frac{\sin\left(\dfrac{N\omega}{2}\right)}{\dfrac{\omega}{2}} = N\frac{\sin x}{x}$$

式中,$x = N\omega/2$。

N 增大,主瓣幅度增大,旁瓣幅度也增大,但不改变主瓣与旁瓣的相对比例,即相对幅度不变。例如在矩形窗情况下,最大相对峰值值为 8.95%,N 增大时,$2\pi/N$ 减小,起伏波动变密,最大峰值依然保持为 8.95%。窗谱峰值的大小,影响 $H(\omega)$ 通带的平稳性和阻带的衰减性,对滤波器性能影响较大。

N 增大,主瓣宽度变窄,过渡带($4\pi/N$)变窄。

N 增大,$\sin x$ 的振荡频率加快。

$N \rightarrow \infty$ 时,则由量变到质变,$\dfrac{\sin x}{x}$ 趋于 δ 函数,这时相当于没有加窗截短,吉布斯现象完全消失。

8.3.2 常用窗函数

对 $h_d(n)$ 加矩形窗截短产生了 8.95% 的正负峰值,根据过渡带右侧的这一负峰值数据,可计算出阻带的衰减特性约为 21dB,即加矩形窗时,阻带可达到的衰减为 21dB,这个衰减在滤波器的实际应用中往往偏小。根据卷积积分原理,如果选择矩形窗函数,当窗谱接近于冲激函数时,$H(\omega)$ 可充分逼近 $H_d(\omega)$,这相当于窗的宽度为无限宽,实际上相当于不加窗截短,在工程设计中不可操作。为了增加 FIR 滤波器的阻带衰减特性,必须选择合适的窗函数。

根据式(8-45)以及对吉布斯现象的分析可知,一般希望窗函数满足如下要求。

(1) 窗函数频谱的主瓣尽可能窄,从而获得较窄的过渡带。

(2) 窗函数频谱最大旁瓣与主瓣相比,应尽量小,即旁瓣的相对幅值应尽量小,窗谱的能量尽可能集中于主瓣,从而降低峰值波动幅度,增大阻带衰减特性。

工程应用中,这两项要求往往不能同时兼得,因此,实际应用中可以采取增加主瓣宽度来换取旁瓣能量的降低。选择不同特性的窗函数是为了得到平坦的通带特性和更小的阻带波动。常用的窗函数有以下几种。

1. 矩形窗(Rectangle 窗)

窗函数的形式如下:

$$W(n) = \begin{cases} 1, & 0 \leqslant n \leqslant N-1 \\ 0, & \text{其他} \end{cases}$$

窗函数频谱为

$$W_R(e^{j\omega}) = W_R(\omega)e^{-j\left(\frac{N-1}{2}\right)\omega}$$

$$W_R(\omega) = \frac{\sin\left(\dfrac{N\omega}{2}\right)}{\sin\left(\dfrac{\omega}{2}\right)} \tag{8-46}$$

2. 三角形窗(Bartlett 窗,又称为巴特里特窗)

窗函数的形式如下:

$$W(n) = \begin{cases} \dfrac{2n}{N-1}, & 0 \leqslant n \leqslant N-1 \\ 2 - \dfrac{2n}{N-1}, & \dfrac{2n}{N-1} \leqslant n \leqslant N-1 \end{cases} \tag{8-47}$$

窗函数频谱为

$$W(e^{j\omega}) = \frac{2}{N-1} \left(\frac{\sin\left[\left(\dfrac{N-1}{4}\right)\omega\right]}{\sin\left(\dfrac{\omega}{2}\right)} \right)^2 e^{-j\left(\frac{N-1}{2}\right)\omega}$$

若 $N \gg 1$ 时,$N-1 \approx N$,则有

$$W(e^{j\omega}) = \frac{2}{N} \left(\frac{\sin\left(\dfrac{N\omega}{4}\right)}{\sin\left(\dfrac{\omega}{2}\right)} \right)^2 e^{-j\left(\frac{N-1}{2}\right)\omega} \tag{8-48}$$

此时主瓣宽度为 $8\pi/N$。

3. 汉宁窗(Hanning 窗)

汉宁窗又称升余弦窗,其窗函数的形式如下:

$$W(n) = \frac{1}{2}\left[1 - \cos\left(\frac{2\pi n}{N-1}\right)\right] R_N(n) \tag{8-49}$$

根据傅里叶变换的调制特性,有

$$\text{DTFT}(e^{j\omega_0 n} x(n)) = X(e^{j(\omega - \omega_0)})$$

而矩形窗 $R_N(n)$ 的频率特性为

$$W_R(e^{j\omega}) = W_R(\omega) e^{-j\left(\frac{N-1}{2}\right)\omega}$$

由此可得

$$W(e^{j\omega}) = \text{DTFT}[W(n)]$$

$$= \left\{ 0.5W_R(\omega) + 0.25\left[W_R\left(\omega - \frac{2\pi}{N-1}\right) + W_R\left(\omega + \frac{2\pi}{N-1}\right)\right]\right\} e^{-j\left(\frac{N-1}{2}\right)\omega} = W(\omega) e^{-j\left(\frac{N-1}{2}\right)\omega}$$

若 N 较大,则 $N-1 \approx N$,由此可得汉宁窗的幅值函数为

$$W(\omega) \approx 0.5W_R(\omega) + 0.25\left[W_R\left(\omega - \frac{2\pi}{N-1}\right) + W_R\left(\omega + \frac{2\pi}{N-1}\right)\right] \tag{8-50}$$

$W(\omega)$ 求和项包括 $W_R(\omega)$、$W_R\left(\omega - \dfrac{2\pi}{N-1}\right)$ 和 $W_R\left(\omega + \dfrac{2\pi}{N-1}\right)$ 三项,如图 8-9(a)所示。

上述三项波形叠加时,由于相位差异,旁瓣之间互相抵消,从而使更多能量集中于汉宁窗的主瓣,如图 8-9(b)所示。需要注意的是,由于求和项中各项的作用,虽然汉宁窗使得能量更集中于主瓣,但是增加了旁瓣宽度,其主瓣宽度比矩形窗的主瓣宽度增加了一倍,为 $8\pi/N$。

4. 海明窗(Hamming 窗)

对汉宁窗进行适当改进,更有针对性地调整汉宁窗系数,可以使频谱的旁瓣更小,这就是海明窗。由于海明窗是对汉宁窗的进一步改进,故又称为改进的升余弦窗,其形式如下:

$$W(n) = \left[0.54 - 0.46\cos\left(\frac{2\pi n}{N-1}\right)\right] R_N(n) \tag{8-51}$$

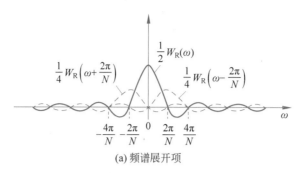

(a) 频谱展开项

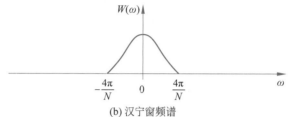

(b) 汉宁窗频谱

图 8-9   汉宁(Hanning)窗频谱图

海明窗的幅值函数为

$$W(\omega) = 0.54W_R(\omega) + 0.23\left[W_R\left(\omega - \frac{2\pi}{N-2}\right) + W_R\left(\omega + \frac{2\pi}{N-2}\right)\right]$$

$$\approx 0.54W_R(\omega) + 0.23\left[W_R\left(\omega - \frac{2\pi}{N}\right) + W_R\left(\omega + \frac{2\pi}{N-2}\right)\right], \quad N \gg 1 \quad (8\text{-}52)$$

海明窗频谱 $W(\omega)$ 的求和项也包括三项,由于在汉宁窗的基础上,对三项求和的系数进行了优化,海明窗主瓣的能量比汉宁窗更加集中,可以将 99.96% 的能量集中在主瓣内,与汉宁窗相比,主瓣宽度相同,为 $8\pi/N$,但旁瓣幅值更小,不及主瓣峰值的 1%。

汉宁窗和海明窗可以统一表示为如下形式:

$$W(n) = \left[a - (1-a)\cos\left(\frac{2\pi n}{N-1}\right)\right]R_N(n)$$

当 $a = 0.5$ 时为汉宁窗,当 $a = 0.54$ 时为海明窗。

5. 布莱克曼窗(Blackman 窗)

海明窗实现了对汉宁窗的性能提升,若想进一步减小旁瓣能量占比,对汉宁窗进行改进的另一种思路是增加余弦的二次谐波分量,这就是布莱克曼窗,又称为二阶升余弦窗。

布莱克曼窗的窗函数的形式如下:

$$W(n) = \left[0.42 - 0.5\cos\left(\frac{2\pi n}{N-1}\right) + 0.08\cos\left(\frac{4\pi n}{N-1}\right)\right]R_N(n) \quad (8\text{-}53)$$

布莱克曼窗的幅值函数为

$$W(\omega) = 0.42W_R(\omega) + 0.25\left[W_R\left(\omega - \frac{2\pi}{N-1}\right) + W_R\left(\omega + \frac{2\pi}{N-1}\right)\right] +$$

$$0.04\left[W_R\left(\omega - \frac{4\pi}{N-1}\right) + W_R\left(\omega + \frac{4\pi}{N-1}\right)\right]$$

布莱克曼窗通过增加余弦的二次谐波分量进一步抑制了旁瓣的能量,可以将 99.98% 的能量集中在主瓣内。布莱克曼窗进一步提高了主瓣的能量集中度,但其代价是过渡带的宽度变为了 $\frac{12\pi}{N}$,是矩形窗谱主瓣宽度的三倍。

矩形窗、三角形窗、汉宁窗、海明窗、布莱克曼窗的时域波形如图 8-10 所示。

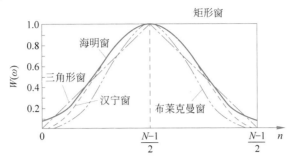

图 8-10　五种常用窗函数的时域波形

为了便于对比,图 8-11 给出了上述五种窗函数的特性。当 $N=51$ 时,这五种窗函数的

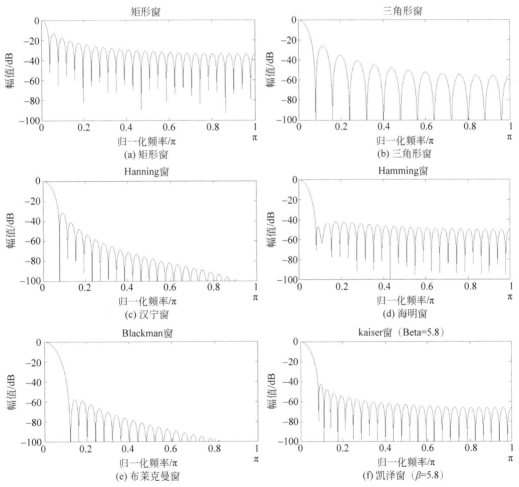

图 8-11　几种窗函数的傅里叶变换($N=51$)

幅值谱如图 8-11 所示。由于窗函数的特性不同,其频谱旁瓣的衰减特性也不一样。

　6. 凯泽窗(Kaiser 窗)

　　凯泽窗是由贝尔实验室提出的一种适用性很强的窗函数,它表示了一个单参数的窗函数群,参数取不同的值,对应多种不同的窗。在信号处理中凯泽窗的定义如下:

$$W(n) = \frac{I_0\left(\beta\sqrt{1-\left(1-\dfrac{2n}{N-1}\right)^2}\right)}{I_0(\beta)}, \quad 0 \leqslant n \leqslant N-1 \tag{8-54}$$

式中，$I_0(\cdot)$表示第一类零阶修正贝塞尔函数；β为参数，可以取任意非负实数。

凯泽窗的优越性体现在通过调整β参数，可以同时调整主瓣宽度与旁瓣幅度，β越大，窗的宽度越窄，频谱旁瓣越小，但主瓣的宽度也相应增加，凯泽窗函数的时域波形如图8-12所示。表8-2列出了β参数取不同值时凯泽窗的性能。由表8-2可知，选择适当的β值可同时改变主瓣宽度和旁瓣的衰减特性，一般β参数在[4,10]区间内取值，这相当于旁瓣幅值与主瓣幅值的比值由3.1%变到0.07%。

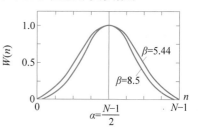

图 8-12　凯泽窗波形

表 8-2　凯泽窗参数与衰减特性表

阻带最小衰减/dB	过　渡　带	通带波纹/dB	β
30	$3.07\pi/N$	± 0.27	2.120
40	$4.46\pi/N$	± 0.0868	3.384
50	$4.86\pi/N$	± 0.274	4.538
60	$7.24\pi/N$	± 0.00868	5.658
70	$8.65\pi/N$	± 0.00275	6.764
80	$10.0\pi/N$	± 0.000868	7.865
90	$11.4\pi/N$	± 0.000275	8.960
100	$12.8\pi/N$	± 0.000087	10.056

参数β取不同的值，凯泽窗可演变为前述几种常用窗函数，具体情况如下：

(1) 当$\beta=0$时，成为矩形窗，因为$I_0(0)=1$，故$h(n)=1,0\leqslant n\leqslant N-1$。

(2) 当$\beta=5.441$时，可演变为海明窗，但凯泽窗旁瓣频谱衰减速度更快，海明窗主瓣集中了99.96%的能量；凯泽窗旁瓣能量仅0.012%，而99.988%的能量集中在主瓣之内。

(3) 当$\beta=8.885$时，可演变为布莱克曼窗。

由式(8-54)可以看出，凯泽窗函数以$n=(N-1)/2$为对称中心，具有偶对称特性，即
$$W(n) = W(N-1-n)$$

由于
$$W\left(\frac{N-1}{2}\right) = \frac{I_0(\beta)}{I_0(\beta)} = 1$$

从$n=(N-1)/2$的中点向两边延伸时，$W(n)$逐渐减小，而对于左右两侧的边缘点，则有
$$W(0) = W(N-1) = \frac{1}{I_0(\beta)}$$

参数β越大，窗函数值下降越快(见图8-12)。

根据理论分析和以上讨论可知，FIR线性相位数字滤波器过渡带的宽度既与窗的类型有关，也与窗的宽度N有关，并随着N的增加而减小；影响滤波器阻带最小衰减的唯一因素是窗的类型，与窗的宽度N无关。

8.3.3　窗函数法的设计步骤

通过前述讨论可知,窗函数设计法是采用某一类型的窗对理想线性相位 FIR 数字滤波器的单位抽样响应进行截短而得到实际滤波器,其应达到的阻带最小衰减取决于窗函数类型,而过渡带的指标主要取决于窗的宽度 N,因此采用窗函数法设计 FIR 滤波器的步骤如下:

(1) 确定理想频率响应函数 $H_d(e^{j\omega})$。

(2) 根据式(8-32)求 $H_d(e^{j\omega})$ 的傅里叶逆变换,即计算

$$h_d(n) = \text{IDTFT}[H_d(e^{j\omega})]$$

(3) 根据滤波器阻带最小衰减特性,参考表 8-3(选择凯泽窗需查表 8-2),确定窗函数的类型;根据过渡带宽度计算窗的阶数 N,有时 N 需要多次迭代才能最后确定。

(4) 加窗处理,计算 FIR 滤波器的单位抽样响应,即

$$h(n) = h_d(n)W(n), \quad n = 1, 2, \cdots, N-1$$

(5) 计算频率响应 $H(e^{j\omega}) = \text{DTFT}[h(n)]$,分析滤波器性能是否达到设计要求,若没有达到要求,则重新选择窗函数或 N 进行设计。

表 8-3　六种窗函数基本性能参数表

窗　函　数	窗谱性能指标		加窗后滤波器性能指标	
	旁瓣峰值/dB	主瓣宽度	过渡带 $\Delta\omega/(2\pi/N)$	阻带最小衰减/dB
矩形窗	13	$4\pi/N$	0.9	21
三角形窗	25	$8\pi/N$	2.1	25
汉宁窗	31	$8\pi/N$	3.1	44
海明窗	41	$8\pi/N$	3.3	53
布莱克曼窗	57	$12\pi/N$	5.5	74
凯泽窗($\beta=8.96$)	57		5.3	90

8.3.4　滤波器设计举例

用窗函数法可以设计多种 FIR 线性相位数字滤波器,包括低通滤波器、高通滤波器、带通滤波器、带阻滤波器等各种滤波器。结合单位冲激响应 $h(n)$ 奇对称的特点,还可以设计 90°移相器(又称离散希尔伯特转换器)以及幅值响应与 ω 呈线性关系的线性差分器。

1. FIR 线性相位低通滤波器设计

【例 8-3】　低通滤波器设计。

已知滤波器的给定参数如下。

抽样频率:$\Omega_{s0} = 2\pi \times 1.5 \times 10^4 \, \text{rad/s}$。

通带截止频率:$\Omega_p = 2\pi \times 1.5 \times 10^3 \, \text{rad/s}$。

阻带起始频率:$\Omega_s = 2\pi \times 3 \times 10^3 \, \text{rad/s}$。

阻带衰减不小于 50dB。滤波器的幅值特性如图 8-13 所示。

试设计符合要求的线性相位 FIR 数字低通滤波器。

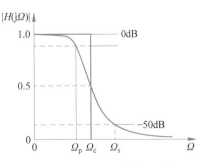

图 8-13　模拟低通滤波器特性

解：

(1) 根据给定的模拟滤波器的技术指标，求对应的数字滤波器指标。

通带截止频率为 $\omega_p = \dfrac{\Omega_p}{f_s} = 2\pi \dfrac{\Omega_p}{\Omega_s} = 0.2\pi$。

阻带起始频率为 $\omega_s = \dfrac{\Omega_s}{f_s} = 2\pi \dfrac{\Omega_s}{\Omega_{s0}} = 0.4\pi$。

求截止频率 ω_c。根据图 8-13 的指标及过渡带宽度，求理想低通滤波器的截止频率 Ω_c，由于 Ω_c 位于正、负峰值频率点中间，可以认为 Ω_c 近似位于图 8-13 中 Ω_p 与 Ω_s 过渡带宽的中点。因此，可得

$$\Omega_c = \frac{1}{2}(\Omega_p + \Omega_s) = 2\pi \times 2.25 \times 10^3 \, \text{rad/s}$$

对应的数字频率为

$$\omega_c = \frac{\Omega_c}{f_s} = 2\pi \frac{\Omega_c}{\Omega_{s0}} = 0.3\pi$$

阻带衰减为 $\delta_2 = 50\text{dB}$。

(2) 理想低通滤波器特性 $H_d(e^{j\omega})$。

设理想低通线性相位滤波器 $H_d(e^{j\omega})$ 如下：

$$H_d(e^{j\omega}) = \begin{cases} e^{-j\omega\alpha}, & |\omega| \leqslant \omega_c \\ 0, & \text{其他} \end{cases}$$

(3) 由理想低通滤波器特性 $H_d(e^{j\omega})$ 求 $H_d(n)$。

对 $H_d(e^{j\omega})$ 进行傅里叶逆变换，可得

$$h_d(n) = \frac{1}{2\pi}\int_{-\pi}^{\pi} e^{-j\omega\alpha} e^{j\omega n} \, d\omega = \frac{1}{2\pi}\int_{-\omega_c}^{\omega_c} e^{j\omega(n-\alpha)} \, d\omega = \begin{cases} \dfrac{1}{\pi(n-\alpha)}\sin[\omega_c(n-\alpha)], & n \neq \alpha \\ \dfrac{\omega_c}{\pi}, & n = \alpha \end{cases}$$

$$\tag{8-55}$$

式中，α 为线性相位滤波器的群延迟，根据 FIR 线性相位数字滤波器的约束条件可知

$$\alpha = \frac{N-1}{2}$$

(4) 由阻带衰减 δ_2 确定窗函数类型，由过渡带宽度求 N。

要求阻带衰减不小于 50dB，因此，取临界值 $\delta_2 = 50\text{dB}$，查表 8-3，海明窗阻带最小衰减为 53dB，选择海明窗可以达到阻带的衰减要求。

先计算过渡带宽度：

$$\Delta\omega = 2\pi \frac{\Omega_s - \Omega_p}{\Omega_s} = 2\pi \times \frac{2\pi \times 1.5 \times 10^3}{2\pi \times 1.5 \times 10^4} = 0.2\pi$$

而对于海明窗，过渡带宽度 $\Delta\omega = \dfrac{6.6\pi}{N}$。

由此可得

$$\frac{6.6\pi}{N} = 0.2\pi$$

即

$$N = \frac{6.6\pi}{\Delta\omega} = \frac{6.6\pi}{0.2\pi} = 33$$

对称中心为

$$\alpha = \frac{N-1}{2} = 16$$

（5）求滤波器的单位抽样响应 $h(n)$。

先求 $h_d(n)$，将对称中心参数 $\alpha = 16$ 代入式(8-55)，可得

$$h_d(n) = \frac{\sin\left[\omega_c\left(n - \dfrac{N-1}{2}\right)\right]}{\pi\left(n - \dfrac{N-1}{2}\right)}$$

而海明窗函数为

$$W(n) = \left[0.54 - 0.46\cos\left(\frac{2\pi n}{N-1}\right)\right]R_N(n)$$

由此可得 $h(n)$ 如下：

$$h(n) = h_d(n)W(n) = \frac{\sin[0.3\pi(n-16)]}{\pi(n-16)}\left[0.54 - 0.46\cos\left(\frac{\pi n}{16}\right)\right]R_{33}(n)$$

（6）根据 $h(n)$ 求 $H(e^{j\omega})$，检验设计的 FIR 滤波器是否满足要求。$H(e^{j\omega})$ 的幅值响应如图 8-14 所示，阻带最小衰减为 50.9dB，达到了不小于 50dB 的要求，过渡带宽度和通带宽度均符合要求，各项技术指标均达到要求，设计任务完成。若未达到设计要求，则应改变 N，或改变窗形状重新进行设计。

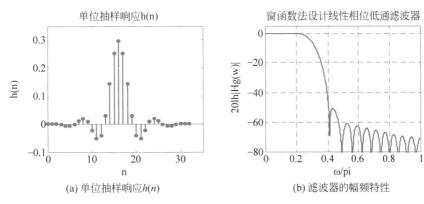

图 8-14　FIR 线性相位低通滤波器的单位抽样响应 $h(n)$ 和幅频特性

2. FIR 线性相位高通滤波器设计

一般情况下，理想线性相位高通滤波器的频率响应为

$$H_d(e^{j\omega}) = \begin{cases} e^{-j\omega\alpha}, & \omega_c \leqslant |\omega| \leqslant \pi \\ 0, & \text{其他} \end{cases} \tag{8-56}$$

式中

$$\alpha = \frac{N-1}{2}$$

对 $H_d(e^{j\omega})$ 进行傅里叶逆变换,得单位冲激响应为

$$h_d(n) = \frac{1}{2\pi} \int_{-\pi}^{\pi} H_d(e^{j\omega\alpha}) e^{j\omega n} = \frac{1}{2\pi} \left[\int_{-\pi}^{-\omega_c} e^{j\omega(n-\alpha)} d\omega + \int_{\omega_c}^{\pi} e^{j\omega(n-\alpha)} d\omega \right]$$

$$= \begin{cases} \dfrac{1}{\pi(n-\alpha)} \{ \sin[(n-\alpha)\pi] - \sin[(n-\alpha)\omega_c] \}, & n \neq \alpha \\[3mm] 1 - \dfrac{\omega_c}{\pi}, & n = \alpha \end{cases} \tag{8-57}$$

根据阻带衰减指标和过渡带宽度指标确定窗函数 $W(n)$ 的类型和窗的阶数 N,由此即可求得 FIR 线性相位高通滤波器的单位冲激响应 $h(n)$,即

$$h(n) = h_d(n)W(n)$$

FIR 线性相位高通滤波器设计方法与低通滤波器类似,主要步骤如下:

(1) 确定理想高通滤波器的频率响应 $H_d(e^{j\omega})$。

(2) 求 $h_d(n)$,即由理想高通滤波器特性 $H_d(e^{j\omega})$ 求 $h_d(n)$,即根据式(8-57)求傅里叶逆变换

$$h_d(n) = \text{IDTFT}\lfloor H_d(e^{j\omega}) \rfloor$$

(3) 确定窗函数 $W(n)$。由过渡带宽度及阻带最小衰减等技术参数,结合表 8-2 及表 8-3,确定窗函数的形状和窗的阶数 N。

确定 N 时,应充分注意 FIR 线性相位滤波器的约束条件,根据 FIR 线性相位滤波器的约束条件,对包括低通、高通、带通、带阻等滤波器在内的一般通带滤波器,$h(n)$ 必须为偶对称。对于高通滤波器,$h(n)$ 不仅必须为偶对称,而且 N 只能为奇数。因为,若 N 为偶数,$H(\omega)$ 在 $\omega = \pi$ 时,$H(\pi) = 0$,这显然不能作为高通滤波器。

(4) 对 $h_d(n)$ 加窗截短,计算 FIR 滤波器的单位抽样响应。

$$h(n) = h_d(n)W(n), \quad n = 1, 2, \cdots, N-1$$

(5) 计算频率响应 $H(e^{j\omega}) = \text{DTFT}[h(n)]$,分析其性能是否达到设计要求,若没有达到要求,应改变 N,或改变窗形状重新进行设计。

【例 8-4】 高通滤波器设计。

已知数字高通滤波器的指标如下。

高通边缘频率:$\omega_p = 0.6\pi$。

阻带边缘频率:$\omega_s = 0.45\pi$。

阻带波纹:$\delta = 0.03$。

试应用凯泽窗设计一个满足上述指标要求的 FIR 线性相位高通滤波器。

解:应用凯泽窗设计 FIR 高通滤波器的 MATLAB 程序代码如下:

```
clc;close all;clear all;
wp = 0.6 * pi;ws = 0.45 * pi;
fp = wp/pi;fs = ws/pi;f = [fs fp];a = [0 1];
delta_2 = 0.03;dev = [delta_2 delta_2];
[N, Wn, Beta, Ftype] = kaiserord(f,a,dev);
kw = kaiser(N + 1, Beta);h = fir1(N, Wn, Ftype, kw);
```

```
disp('FIR 高通滤波器阶数');
disp(N);disp('FIR 滤波器单位抽样响应');disp(h);
[H,w] = freqz(h,1,512);
mag = abs(H);dB = 20 * log10((abs(mag))/max(mag));
plot(w/pi,dB);axis([0 1 - 100 10]);grid on;
title('FIR 线性相位高通滤波器幅频响应');
xlabel('归一化频率 /\pi'); ylabel('幅值/dB');
% set(gca,'XTickMode','manual','XTick',[0,0.2,0.4,0.6,0.8,1]);
set(gca,'YTickMode','manual','YTick',[ - 100, - 80, - 60, - 40, - 20,0]);
figure(2);
stem(h);title('FIR 滤波器单位抽样响应 h(n)');
axis([0 23 - 0.5 0.5]);xlabel('n');grid on;
```

（1）设计的高通滤波器幅值响应曲线如图 8-15 所示。

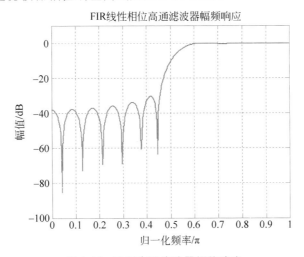

图 8-15　实际高通滤波器幅值响应

（2）高通滤波器阶数及单位抽样响应。

FIR 高通滤波器阶数为 22。

FIR 滤波器单位抽样响应 $h(n)$ 如图 8-16 所示，输出的详细数据如下。

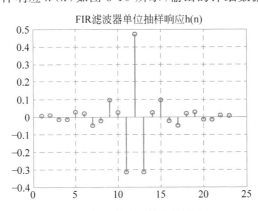

图 8-16　FIR 高通滤波器单位抽样响应 $h(n)$

```
  Columns 1 through 13
 0.0072    0.0105    - 0.0148    - 0.0148    0.0274    0.0188    - 0.0495    - 0.0220
 0.0968    0.0242    - 0.3140    0.4731    - 0.3140
```

```
     Columns 14 through 23
     0.0242     0.0968    - 0.0220    - 0.0495     0.0188     0.0274    - 0.0148    - 0.0148
     0.0105     0.0072
```

根据实验可以发现,高通滤波器单位抽样响应 $h(n)$ 为偶对称序列,序列长度 $N=23$,序列长度等于滤波器阶数+1。

3. FIR 线性相位带通滤波器设计

(1) 理想线性相位带通滤波器的频率响应为

$$H_d(e^{j\omega}) = \begin{cases} e^{-j\omega\alpha}, & 0 < \omega_1 \leqslant |\omega| \leqslant \omega_2 \leqslant \pi \\ 0, & \text{其他} \end{cases} \tag{8-58}$$

式中

$$\alpha = \frac{N-1}{2}$$

(2) 由傅里叶逆变换求滤波器的单位冲激响应 $h_d(n)$。

对 $H_d(e^{j\omega})$ 进行傅里叶逆变换,可得

$$\begin{aligned} h_d(n) &= \frac{1}{2\pi}\int_{-\pi}^{\pi} H_d(e^{j\omega})e^{j\omega n} = \frac{1}{2\pi}\left[\int_{-\omega_2}^{\omega_1} e^{j\omega(n-\alpha)}\,d\omega + \int_{-\omega_1}^{\omega_2} e^{j\omega(n-\alpha)}\,d\omega\right] \\ &= \begin{cases} \dfrac{1}{\pi(n-\alpha)}\{\sin[(n-\alpha)\omega_2] - \sin[(n-\alpha)\omega_1]\}, & n \neq \alpha \\ \dfrac{1}{\pi}(\omega_2 - \omega_1), & n = \alpha \end{cases} \end{aligned} \tag{8-59}$$

显然,当 $\omega_1=\pi,\omega_2=\omega_c$ 时,理想带通滤波器即成为理想低通滤波器,其积分结果与低通滤波器一致;当 $\omega_2=\pi,\omega_1=\omega_c$ 时,理想带通滤波器又成为理想高通滤波器。

(3) 根据通带、阻带衰减指标及过渡带的宽度指标,确定窗函数 $W(n)$ 及 N,根据已经确定的 $W(n)$ 求得线性相位带通滤波器 $h(n)$。

$$h(n) = h_d(n)W(n)$$

(4) 由 $h(n)$ 求实际设计滤波器的 $H(e^{j\omega})$,即

$$H(e^{j\omega}) = \sum_{n=0}^{N-1} h(n)e^{-j\omega n}$$

(5) 检验是否达到各项技术指标要求,若没达到则重新选择窗函数类型和计算阶数 N 进行设计。

【例 8-5】 带通滤波器设计。

已知数字带通滤波器的技术指标如下。

低端阻带边缘频率 $\omega_{s1}=0.2\pi$。

高端阻带边缘频率 $\omega_{s2}=0.8\pi$。

阻带最小衰减 $A_s=60\text{dB}$。

低端通带边缘频率 $\omega_{p1}=0.38\pi$。

高端通带边缘频率 $\omega_{p2}=0.62\pi$。

通带最大衰减 $R_p=1\text{dB}$。

试应用窗函数法设计一个满足上述指标要求的 FIR 线性相位带通滤波器。

解：由于阻带最小衰减为 60dB，查表 8-3 可得，应选择布拉克曼窗，其过渡带宽度为

$$\Delta\omega = 5.5\,\frac{2\pi}{N}$$

确定了窗函数类型以后，就可以设计 MATLAB 程序，由过渡带宽度计算窗的宽度 N，计算滤波器的单位抽样响应 $h(n)$，并计算滤波器的频率响应等。应用窗函数法设计 FIR 线性相位带通滤波器的程序代码如下：

```
clc;close all;clear all;
k_balckman = 5.5;
wp1 = 0.38 * pi;wp2 = 0.62 * pi;ws1 = 0.2 * pi;ws2 = 0.8 * pi;
tran_width = min((wp1 - ws1),(ws2 - wp2));
disp('FIR滤波器阶数');
N1 = ceil(k_balckman * 2 * pi/tran_width) + 1
n = [0:1:N1];
wc1 = (ws1 + wp1)/2;wc2 = (ws2 + wp2)/2;
wc = [wc1 wc2];
N = N1 + 1;
h = fir1(N1,wc/pi,blackman(N))
[H,w] = freqz(h,1,1000,'whole');
H = (H(1:1:1000));
mag = abs(H);w = (w(1:1:1000));
dB = 20 * log10((abs(mag))/max(mag));
delta_w = 2 * pi/1000;
Rp = - (min(dB(wp1/delta_w + 1:1:wp2/delta_w)))
As = - round(max(dB(ws2/delta_w + 1:1:501)))
plot(w/pi,dB);grid on;
axis([0 1 - 150 10]);xlabel('归一化频率 /\pi');
ylabel('幅值/dB');
set(gca,'XTickMode','manual','XTick',[0,0.2,0.38,0.62,0.8,1]);
set(gca,'YTickMode','manual','YTick',[ - 60,0]);
disp('FIR滤波器单位抽样响应');title('FIR线性相位带通滤波器幅频响应');
figure(2);stem(h);
title('FIR带通滤波器单位抽样响应 h(n)');
axis([0 65 - 0.4 0.4]);xlabel('n');grid on;
```

(1) 带通滤波器幅值响应曲线如图 8-17 所示。

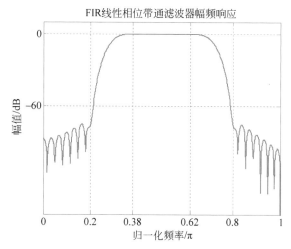

FIR线性相位带通滤波器幅频响应

图 8-17　FIR 线性相位数字带通滤波器幅值响应

（2）高通滤波器阶数及单位抽样响应。

FIR 滤波器阶数为 63。

FIR 滤波器单位抽样响应 $h(n)$ 如图 8-18 所示，输出的详细数据如下。

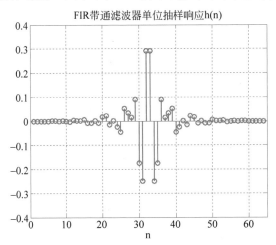

图 8-18　FIR 带通滤波器单位抽样响应 $h(n)$

FIR 滤波器单位抽样响应序列的长度 N1＝64。

```
    Columns 1 through 13
 0         − 0.0000    − 0.0000    − 0.0000    − 0.0002     0.0004      0.0006     − 0.0004
 0.0003    − 0.0014    − 0.0024      0.0026      0.0012
    Columns 14 through 26
 0.0019      0.0057    − 0.0082    − 0.0074      0.0018    − 0.0076      0.0172      0.0216
− 0.0162      0.0005    − 0.0245    − 0.0463      0.0530
    Columns 27 through 39
 0.0338      0.0158      0.0905    − 0.1750    − 0.2485      0.2913      0.2913     − 0.2485
− 0.1750      0.0905      0.0158      0.0338      0.0530
    Columns 40 through 52
− 0.0463    − 0.0245      0.0005    − 0.0162      0.0216      0.0172    − 0.0076      0.0018
− 0.0074    − 0.0082      0.0057      0.0019      0.0012
    Columns 53 through 64
 0.0026    − 0.0024    − 0.0014      0.0003    − 0.0004      0.0006      0.0004     − 0.0002
− 0.0000    − 0.0000    − 0.0000      0
```

4. FIR 线性相位带阻滤波器设计

带阻滤波器的设计步骤和前几种滤波器基本类似，主要不同之处在于理想频率特性不同。

（1）确定理想带阻滤波器频率响应 $H_d(e^{j\omega})$。

$$H_d(e^{j\omega}) = \begin{cases} e^{-j\omega\alpha}, & |\omega| \leqslant \omega_{c1}, \omega_{c2} \leqslant |\omega| \leqslant \pi \\ 0, & \omega_{c1} \leqslant \omega \leqslant \omega_{c2} \end{cases}$$

式中

$$\alpha = \frac{N-1}{2}$$

（2）由 $H_d(e^{j\omega})$ 求理想带阻滤波器的 $h_d(n)$。

$$h_d(n) = \frac{1}{2\pi}\int_{-\pi}^{\pi} H_d(e^{j\omega}) e^{j\omega n} = \frac{1}{2\pi}\left[\int_{-\pi}^{-\omega_{c2}} e^{j\omega(n-\alpha)}\,d\omega + \int_{-\omega_{c1}}^{\omega_{c1}} e^{j\omega(n-\alpha)}\,d\omega + \int_{\omega_{c2}}^{\pi} e^{j\omega(n-\alpha)}\,d\omega\right]$$

$$= \begin{cases} \dfrac{1}{\pi(n-\alpha)}\{\sin[(n-\alpha)\pi]-\sin[(n-\alpha)\omega_{c1}]-\sin[(n-\alpha)\omega_{c2}]\}, & n \neq \alpha \\[3mm] \dfrac{1}{\pi}(\pi+\omega_{c1}-\omega_{c2}), & n = \alpha \end{cases} \tag{8-60}$$

（3）根据通带、阻带衰减指标及过渡带指标，确定窗函数 $W(n)$ 的类型及阶数 N，然后根据已经确定的 $W(n)$ 对 $h_d(n)$ 截短，得到线性相位带阻滤波器单位抽样响应 $h(n)$。

$$h(n) = h_d(n)W(n)$$

（4）由 $h(n)$ 求实际 $H(\mathrm{e}^{\mathrm{j}\omega})$。

$$H(\mathrm{e}^{\mathrm{j}\omega}) = \sum_{n=0}^{N-1} h(n)\mathrm{e}^{-\mathrm{j}\omega n}$$

（5）检验是否达到技术指标要求，若未达到则重新选择窗函数和计算阶数 N 进行设计。

若系统函数 $H(z)$ 的加减运算均采用并联结构实现，根据式(8-55)、式(8-57)、式(8-59)以及式(8-60)可知高通滤波器等效于全通滤波器减低通滤波器；带通滤波器等效于截止频率较高的低通滤波器减另一个截止频率较低的低通滤波器；带阻滤波器等效于低通滤波器与高通滤波器之和，并且高通截止频率大于低通截止频率。

需要引起重视的是，应始终注意滤波器设计的约束条件。例如，设计 FIR 线性相位带阻滤波器时，应注意其单位冲激响应 $h(n)$ 必须具有偶对称特性，且 N 为奇数。

【例 8-6】　带阻滤波器设计。

已知带阻滤波器的技术指标如下。

（1）通带范围 $f \leqslant 15\mathrm{Hz}$ 和 $f \geqslant 85\mathrm{Hz}$，通带最小衰减小于或等于 1dB。

（2）在 $40\mathrm{Hz} \leqslant f \leqslant 60\mathrm{Hz}$ 范围内衰减不小于 50dB。

（3）采样频率为 $f_s = 250\mathrm{Hz}$。

试设计符合上述指标要求的 FIR 线性相位带阻滤波器。

解：（1）确定滤波器数字频率指标。

由于 $\omega = \dfrac{2\pi f}{f_s}$，可得

$$\omega_{s1} = 0.32\pi, \quad \omega_{s2} = 0.48\pi, \quad \omega_{p1} = 0.12\pi, \quad \omega_{p2} = 0.68\pi$$

因此，理想带阻滤波器的截止频率指标如下：

$$\omega_{c1} = \frac{\omega_{p1}+\omega_{s1}}{2} = 0.22\pi$$

$$\omega_{c2} = \frac{\omega_{p2}+\omega_{s2}}{2} = 0.58\pi$$

（2）理想带阻滤波器频率响应为

$$H_d(\mathrm{e}^{\mathrm{j}\omega}) = \begin{cases} \mathrm{e}^{-\mathrm{j}\omega\alpha}, & 0 \leqslant |\omega| \leqslant \omega_{c1}, \omega_{c2} \leqslant |\omega| \leqslant \pi \\ 0, & \omega_{c1} \leqslant \omega \leqslant \omega_{c2} \end{cases}$$

式中，α 为常数，$\alpha = \dfrac{N-1}{2}$。

(3) 求 $h_d(n)$。

$$h_d(n) = \frac{1}{2\pi}\int_{-\pi}^{\pi} H_d(e^{j\omega})e^{j\omega n} = \frac{1}{2\pi}\left[\int_{-\pi}^{-\omega_{c2}} e^{j\omega(n-\alpha)}\,d\omega + \int_{-\omega_{c1}}^{\omega_{c1}} e^{j\omega(n-\alpha)}\,d\omega + \int_{\omega_{c2}}^{\pi} e^{j\omega(n-\alpha)}\,d\omega\right]$$

$$= \frac{\sin[\pi(n-\alpha)]}{\pi(n-\alpha)} - \frac{\sin[\omega_{c2}(n-\alpha)]}{\pi(n-\alpha)} + \frac{\sin[\omega_{c1}(n-\alpha)]}{\pi(n-\alpha)}$$

(4) 确定窗函数。

根据阻带衰减大于 50dB,查表 8-3,应选海明窗。

根据窗类型和过渡带宽度计算窗的长度 N:

$$\Delta\omega = \min(|\omega_{pk} - \omega_{sk}|, k=1,2) = 0.2\pi$$

由 $\Delta\omega \geqslant \dfrac{6.6\pi}{N}$,可得 $N \geqslant 33$。

阻带滤波器,N 必须为奇数,可选择 $N=33$。

因此,$\alpha=16$,海明窗函数为

$$W(n) = \left[0.54 - 0.46\cos\left(\frac{2\pi n}{32}\right)\right] R_N(n)$$

(5) 求滤波器单位抽样响应 $h(n)$。

$$h(n) = h_d(n)W(n)$$

$$= \left[\frac{\sin[\pi(n-\alpha)]}{\pi(n-\alpha)} - \frac{\sin[\omega_{c2}(n-\alpha)]}{\pi(n-\alpha)} + \frac{\sin[\omega_{c1}(n-\alpha)]}{\pi(n-\alpha)}\right]\left[0.54 - 0.46\cos\left(\frac{2\pi n}{32}\right)\right] R_N(n)$$

(6) 检验是否达到设计要求。

滤波器频率响应仿真结果如图 8-19 所示,该带阻滤波器通带内波动范围和阻带衰减特性以及过渡带宽度均达到给定的指标要求。

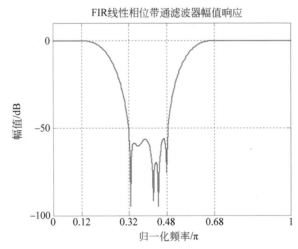

图 8-19　FIR 线性相位数字带阻滤波器幅值响应

5. 离散希尔伯特转换器设计

希尔伯特(Hilbert)转换器又称为 **90°移相器**或正交变换网络,根据表 8-1 可知,当单位冲激响应 $h(n)$ 奇对称时,可设计具有线性相位的 90°移相器,这也是一种滤波器。设计步骤如下。

（1）根据设计要求，确定 90°移相器的理想频率响应。

$$H_{\mathrm{d}}(\mathrm{e}^{\mathrm{j}\omega}) = \begin{cases} -\mathrm{j}, & 0 \leqslant \omega \leqslant \pi \\ \mathrm{j}, & -\pi \leqslant \omega \leqslant 0 \end{cases} \tag{8-61}$$

（2）求 $h_{\mathrm{d}}(n)$。

根据 $H_{\mathrm{d}}(\mathrm{e}^{\mathrm{j}\omega})$，由傅里叶逆变换求单位冲激响应 $h_{\mathrm{d}}(n)$。

$$h_{\mathrm{d}}(n) = \frac{1}{2\pi}\int_{-\pi}^{\pi} H_{\mathrm{d}}(\mathrm{e}^{\mathrm{j}\omega})\mathrm{e}^{\mathrm{j}\omega n}\mathrm{d}\omega = \frac{1}{2\pi}\int_{-\pi}^{0}\mathrm{j}\mathrm{e}^{\mathrm{j}\omega n}\mathrm{d}\omega - \frac{1}{2\pi}\int_{0}^{\pi}\mathrm{j}\mathrm{e}^{\mathrm{j}\omega n}\mathrm{d}\omega = \frac{1-(-1)^n}{n\pi} = \begin{cases} \dfrac{2}{n\pi}, & n\text{ 为奇数} \\ 0, & n\text{ 为偶数} \end{cases}$$

由于理想的 90°移相器的单位冲激响应 $h_{\mathrm{d}}(n)$ 应具有奇对称性，为实现具有线性相位的 $h_{\mathrm{d}}(n)$，理想移相器的单位抽样响应 $h_{\mathrm{d}}(n)$ 必须具有 $\dfrac{N-1}{2}$ 个抽样间隔的延时。因此，先对 $h_{\mathrm{d}}(n)$ 考虑 $(N-1)/2$ 个抽样延时因素，则有

$$h_{\mathrm{d}}(n) = \begin{cases} \dfrac{2}{\left(n-\dfrac{N-1}{2}\right)\pi}, & n\text{ 为奇数} \\ 0, & n\text{ 为偶数} \end{cases} \tag{8-62}$$

（3）求单位抽样响应 $h(n)$。

对 $h_{\mathrm{d}}(n)$ 加窗截短，即可得到具有线性相位的 90°移相器的单位冲激响应 $h(n)$，即

$$h(n) = h_{\mathrm{d}}(n)W(n) = \begin{cases} \dfrac{2}{\left(n-\dfrac{N-1}{2}\right)\pi}W(n), & n-\dfrac{N-1}{2}\text{ 为奇数} \\ 0, & n-\dfrac{N-1}{2}\text{ 为偶数} \end{cases} \tag{8-63}$$

式中，$0 \leqslant n \leqslant N-1$。

$\dfrac{N-1}{2}$ 应为整数，根据 $h_{\mathrm{d}}(n)$ 序列定义域可知，$n-\dfrac{N-1}{2}$ 为奇数时，$h(n)$ 取非零值，因此，$N \geqslant 3$，且 N 为奇数。根据 FIR 线性相位滤波器的约束条件，设计线性相位 90°移相器时，其单位冲激响应 $h(n)$ 必须具有奇对称性，且 N 为奇数。

【例 8-7】 正交变换网络设计。

已知线性相位正交变换网络的理想频率特性如下：

$$H_{\mathrm{d}}(\mathrm{e}^{\mathrm{j}\omega}) = -\mathrm{j}\mathrm{e}^{-\omega\alpha} \qquad 0 \leqslant \omega \leqslant \pi$$

试应用凯泽窗设计 FIR 线性相位正交变换网络。

（1）求 $h(n)$ 的解析表达式；

（2）若 $N=23$，$\beta=7.865$，编写程序设计正交变换网络，并绘出幅值响应曲线和 $h(n)$ 波形。

解：

（1）求正交变换网络的单位抽样响应 $h(n)$。

先根据理想正交变换网络的频率特性求其单位抽样响应 $h_{\mathrm{d}}(n)$：

$$h_{\mathrm{d}}(n) = \frac{1}{2\pi}\int_{-\pi}^{\pi} H_{\mathrm{d}}(\mathrm{e}^{\mathrm{j}\omega})\mathrm{d}\omega = \frac{1}{2\pi}\int_{-\pi}^{0}\mathrm{j}\mathrm{e}^{-\omega\alpha}\mathrm{e}^{\mathrm{j}\omega n}\mathrm{d}\omega + \frac{1}{2\pi}\int_{0}^{\pi}\mathrm{j}\mathrm{e}^{-\omega\alpha}\mathrm{e}^{\mathrm{j}\omega n}\mathrm{d}\omega$$

$$= \begin{cases} \dfrac{1}{(n-\alpha)}\big[1-\cos(n-\alpha)\pi\big], & n \neq \alpha \\ 0, & n = \alpha \end{cases}$$

而凯泽窗函数为

$$W(n) = \frac{I_0\left(\beta\sqrt{1-\left(1-\dfrac{2n}{N-1}\right)^2}\right)}{I_0(\beta)} = \frac{I_0\left(\beta\sqrt{1-\left(1-\dfrac{2n}{N-1}\right)^2}\right)}{I_0(\beta)}R_N(n), \quad 0 \leqslant n \leqslant N-1$$

因此,可得

$$h(n) = h_d(n)W(n) = \begin{cases} \dfrac{1}{(n-\alpha)}[1-\cos(n-\alpha)\pi]\dfrac{I_0\left(\beta\sqrt{1-\left(1-\dfrac{2n}{N-1}\right)^2}\right)}{I_0(\beta)}R_N(n), & n \neq \alpha \\ 0, & n = \alpha \end{cases}$$

根据 $h(n)$ 的解析表达式可知,N 不能为偶数,这是因为若 N 为偶数,则 $h(n)$ 无非 0 项,所有项全为 0。

(2) 若 $N=23, \beta=7.865$,设计 FIR 正交变换网络(90°移相器)的 MATLAB 代码如下:

```
clc;clear all;close all;
N = 23;wn = kaiser(N,7.865);
n = [0:1:N-1];alpha = (N-1)/2;
hd = (1-cos(pi*(n-alpha)))./(pi*(n-alpha));
hd(alpha+1) = 0;
hn = hd'.*wn;
[H,W] = freqz(hn,1);
dB = 20*log10(abs(H));
plot(W/pi,dB);axis([0,1,-40,5]);grid on;
xlabel('归一化频率/\pi');ylabel('幅度/dB');
title('FIR线性相位正交变换网络幅值响应');
figure(2);
stem(hn);
title('FIR正交变换网络单位抽样响应h(n)');
axis([0 25 -0.8 0.8]);xlabel('n');grid on;
```

正交变换网络幅值响应曲线如图 8-20 所示,其单位抽样响应 $h(n)$ 如图 8-21 所示。

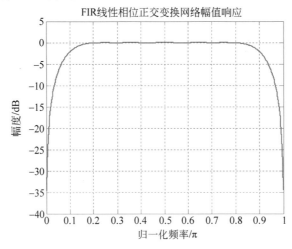

图 8-20 正交变换网络的幅值响应(凯泽窗,$N=23$)

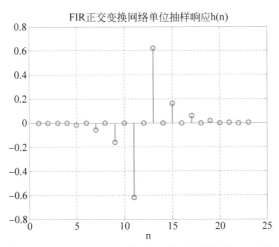

图 8-21 正交变换网络的 $h(n)$ 波形(凯泽窗,$N=23$)

6. 线性相位线性差分器设计

在信号分析中,有时要用到信号在不同时刻的变化率,对于模拟系统,采用简单的 RC 电路就可以实现微分运算。对于离散系统,由于时间离散,只能用差分实现微分运算。根据表 8-1 可知,当单位冲激响应 $h(n)$ 具有奇对称性时,可以设计幅值响应随 ω 呈近似线性关系的差分器,简称为线性差分器。设计步骤如下。

(1) 确定理想线性差分器的频率响应 $H_d(e^{j\omega})$。

$$H_d(e^{j\omega}) = |H_d(\omega)| e^{j\theta_d(\omega)} = j\omega, \quad |\omega| \leqslant \pi \tag{8-64}$$

(2) 求 $h_d(n)$。

由于 $H_d(e^{j\omega})$ 为 ω 的纯虚奇函数,故 $h_d(n)$ 应为 ω 的实奇函数,对 $H_d(e^{j\omega})$ 进行傅里叶变换,得

$$h_d(n) = \frac{1}{2\pi}\int_{-\pi}^{\pi} j\omega e^{j\omega n} d\omega = \frac{j}{2\pi}\int_{-\pi}^{\pi} \omega\cos(\omega n) d\omega - \frac{1}{2\pi}\int_{-\pi}^{\pi} \omega\sin(\omega n) d\omega$$

$$= \frac{1}{2\pi}\int_{-\pi}^{\pi} \omega\sin(\omega n) d\omega = \frac{1}{2\pi n^2}\int_{-n\pi}^{n\pi} x\sin x\, dx$$

计算该定积分可得

$$h_d(n) = \begin{cases} \dfrac{1}{n}(n-1), & n \neq 0 \\ 0, & n = 0 \end{cases} \tag{8-65}$$

显然,$h_d(n)$ 应是一个奇对称实数序列。

(3) 求单位抽样响应 $h(n)$。

若差分器采用 FIR 线性相位滤波器实现,则必须具有 $(N-1)/2$ 个抽样的延时,因此,实际线性差分器 $h(n)$ 为

$$h(n) = h_d\left(n - \frac{N-1}{2}\right)W(n) = \begin{cases} \dfrac{(-1)^{n-\frac{N-1}{2}}}{n - \dfrac{N-1}{2}}W(n), & n \neq \dfrac{N-1}{2} \\ \\ 0, & n = \dfrac{N-1}{2} \end{cases} \quad n = 0,1,\cdots,N-1$$

$$\tag{8-66}$$

式中,$(N-1)/2$ 必须为整数,因此,N 为大于或等于 3 的奇数。

(4) 差分器频率响应。

根据 $h(n)$ 求得线性差分器的频率响应为

$$H(e^{j\omega}) = | H(\omega) | e^{-j\phi(\omega)}$$

根据 $H_d(e^{j\omega}) = j\omega$ 可知,理想差分器的相位特性如下:

$$\phi_d(\omega) = \begin{cases} \dfrac{\pi}{2}, & 0 \leqslant \omega \leqslant \pi \\ -\dfrac{\pi}{2}, & -\pi \leqslant \omega < 0 \end{cases}$$

根据式(8-66)可知,由于加窗的原因,线性差分器 $H(e^{j\omega})$ 的相位特性 $\theta(\omega)$ 应该增加一个线性相位项 $-\left(\dfrac{N-1}{2}\right)\omega$,即

$$\theta_d(\omega) = \begin{cases} \dfrac{\pi}{2} - \dfrac{(N-1)\omega}{2}, & 0 \leqslant \omega \leqslant \pi \\ -\dfrac{\pi}{2} - \dfrac{(N-1)\omega}{2}, & -\pi \leqslant \omega < 0 \end{cases} \tag{8-67}$$

由于线性差分器 $H(e^{j\omega})$ 是具有 90°移相功能的 FIR 线性相位滤波器,因此,线性差分器的约束条件是单位冲激响应 $h(n)$ 应具有奇对称性,且序列长度 N 为奇数。

8.3.5 窗函数设计法的主要问题

通过 8.3.4 节的几个实例可以看出,采用窗函数法设计 FIR 数字滤波器的过程比较简单,通常可以求出解析表达式,性能和参数有表可查,可采用程序设计,流程清晰,代码简洁明了。虽然窗函数设计法应用非常广泛,但也存在如下问题。

(1) 若衰减特性要求不高时,矩形窗应用广泛,设计方法简单快速,但一般不是最佳设计。

(2) 当理想滤波器性能 $H_d(e^{j\omega})$ 很复杂或不能根据式(8-32)直接计算出 $h_d(n)$ 时,则需要用求和代替积分,这实际上相当于在积分区间内对 $H_d(e^{j\omega})$ 进行均匀采样,用这个采样序列的离散傅里叶逆变换作为 $h_d(n)$ 的估计值,这时要求采样点越密集效果越好,但过多的采样点数会增大计算量,而过少的采样点数又会影响精度,因此,需要根据具体要求综合衡量,但一般情况下,采样点数不应少于 N。

(3) 采用窗函数法设计 FIR 数字滤波器不能实现对通带和阻带截止频率的精确控制。

(4) 窗函数法设计的 FIR 数字滤波器具有通带、阻带最大波纹相等的特性,二者不能分别控制,通带和阻带的波纹越靠近过渡带,其波动幅度越大。采用窗函数法进行数字滤波器设计时一般按最大波纹参数进行设计,这就意味着阻带内其他频率处远超设计指标,因此,采用窗函数法设计的数字滤波器既不是最经济的设计,也不是最优设计。

8.4 频率抽样设计法

8.4.1 频率抽样设计法基本原理

视频讲解

窗函数法的设计原理是从时域出发,在时域直接设计 FIR 线性相位数字滤波器,即对

理想 $h_d(n)$ 用某一形状的窗函数截短为 N 点有限长序列 $h(n)$，以该频率响应 $H(e^{j\omega})$ 逼近理想的频率响应 $H_d(e^{j\omega})$。频率取样法（design by frequency sampling）是 FIR 滤波器的另一种重要设计方法，该设计法依据频域抽样理论，对给定的理想频率特性进行抽样，从抽样点中恢复原来的频率特性，以达到设计 FIR 数字滤波器的目的。

1. 设计原理

频率抽样设计法是从频域出发，在频域直接设计线性相位 FIR 滤波器，先对给定的理想频率响应 $H_d(e^{j\omega})$ 进行等间隔抽样，即

$$H_d(k) = H_d(e^{j\omega})\big|_{\omega=\frac{2\pi}{N}k}, \quad k=0,1,\cdots,N-1$$

并以此 $H_d(k)$ 作为实际 FIR 数字滤波器的频率特性的抽样值 $H(k)$，即令

$$H(k) = H_d(k)$$

因此有

$$H(k) = H_d(e^{j\omega})\big|_{\omega=\frac{2\pi}{N}k}, \quad k=0,1,\cdots,N-1 \tag{8-68}$$

求出频域序列 $H(k)$ 以后，对 $H(k)$ 进行 DFT 逆变换，求出时域有限长序列 $h(n)$。根据频域抽样插值公式可知，利用频域抽样的 N 个抽值 $H(k)$ 也可求出 FIR 滤波器的单位抽样响应 $h(n)$ 和系统函数 $H(z)$ 以及频率响应 $H(e^{j\omega})$，再以 $H(e^{j\omega})$ 逼近 $H_d(e^{j\omega})$。

频域抽样插值公式如下：

$$H(z) = \frac{1-z^{-N}}{N} \sum_{k=0}^{N-1} \frac{H(k)}{1-W_N^{-k}z^{-1}} \tag{8-69}$$

$$H(e^{j\omega}) = \sum_{k=0}^{N-1} H(k)\Phi\left(\omega-\frac{2\pi}{N}k\right) \tag{8-70}$$

式中，$\Phi(\omega)$ 为插值函数，即

$$\Phi(\omega) = \frac{1}{N} \frac{\sin\left(\frac{\omega N}{2}\right)}{\sin\left(\frac{\omega}{2}\right)} e^{-j\omega\left(\frac{N-1}{2}\right)}$$

将 $\Phi(\omega)$ 代入式（8-70）可得

$$H(e^{j\omega}) = \frac{1}{N} \sum_{k=0}^{N-1} H(k) \frac{\sin\left(\frac{\left(\omega-\frac{2\pi}{N}k\right)N}{2}\right)}{\sin\left(\frac{\omega-\frac{2\pi}{N}k}{2}\right)} e^{-j\left(\omega-\frac{2\pi}{N}k\right)\left(\frac{N-1}{2}\right)} \tag{8-71}$$

即

$$H(e^{j\omega}) = e^{-j\omega\left(\frac{N-1}{2}\right)} \frac{1}{N} \sum_{k=0}^{N-1} H(k) e^{-j\frac{\pi k}{N}(N-1)} \frac{\sin\left[N\left(\frac{\omega}{2}-\frac{\pi k}{N}\right)\right]}{\sin\left(\frac{\omega}{2}-\frac{\pi k}{N}\right)} \tag{8-72}$$

根据插值公式（8-70）可知，在频域各抽样点上，滤波器的实际频率响应与理想滤波器的频率响应值完全相等，即

$$H(k) = H(\mathrm{e}^{-\mathrm{j}\frac{\pi k}{N}}) = H_d(k) = H_d(\mathrm{e}^{-\mathrm{j}\frac{\pi k}{N}}), \quad k = 0, 1, 2, \cdots, N-1$$

而在抽样点之间,其频率响应则是各抽样点的加权插值函数的波形叠加之和,与理想滤波器的实际值存在一定的逼近误差,误差大小与理想频率响应的波形密切相关。若理想幅值响应的曲线出现不连续的跳跃性波动,例如理想低通滤波器,则内插值与理想幅值响应值的误差就较大,如图 8-22 所示。若抽样点之间的理想幅值响应曲线变化较平滑,则内插值与理想幅值响应值的逼近误差就较小,如图 8-23 所示为理想梯形频率特性曲线,由于理想频率响应较平滑,因而误差相对较小。因此,在理想幅值响应特性的不连续点附近,会出现逼近误差的峰值,除峰值现象之外,在通带内和阻带内,还会产生小幅振动或波动,如图 8-22 所示。

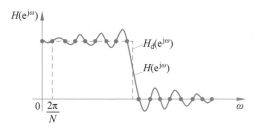

图 8-22　理想低通频率抽样响应　　　　图 8-23　梯形理想频率抽样响应

2. 线性相位约束条件

采用频率抽样法设计 FIR 线性相位滤波器,其抽样值 $H(k)$ 的幅值和相位应符合线性相位的相关约束条件。

1) 第一类 FIR 线性相位滤波器

$h(n)$ 偶对称,N 为奇数,根据表 8-1 可知

$$H(\mathrm{e}^{\mathrm{j}\omega}) = H(\omega)\mathrm{e}^{-\mathrm{j}\left(\frac{N-1}{2}\right)\omega} \tag{8-73}$$

幅值函数 $H(\omega)$ 必须满足偶对称性,即 $H(\omega)$ 关于 $\omega = 0, \pi, 2\pi$ 偶对称,

$$H(\omega) = H(2\pi - \omega) \tag{8-74}$$

如果用幅值 H_k 与相角 θ_k 表示抽样值 $H(k) = H(\mathrm{e}^{\mathrm{j}\frac{2\pi}{N}k})$,则有

$$H(k) = H(\mathrm{e}^{\mathrm{j}\frac{2\pi}{N}k}) = H_k\mathrm{e}^{\mathrm{j}\theta_k}$$

根据式(8-73),可得 θ_k 为

$$\theta_k = -\left(\frac{N-1}{2}\right)\frac{2\pi}{N}k = -k\pi\left(\frac{N-1}{N}\right) \tag{8-75}$$

H_k 关于 $\frac{N-1}{2}$ 偶对称,即

$$H_k = H_{N-k} \tag{8-76}$$

2) 第二类 FIR 线性相位滤波器

$h(n)$ 偶对称,N 为偶数,根据表 8-1 可知

$$H(\mathrm{e}^{\mathrm{j}\omega}) = H(\omega)\mathrm{e}^{-\mathrm{j}\left(\frac{N-1}{2}\right)\omega}$$

幅值函数 $H(\omega)$ 具有奇对称性,即 $H(\omega)$ 关于 $\omega = 0, \pi, 2\pi$ 奇对称,$H(\omega) = -H(2\pi - \omega)$。

由此可得,H_k 也满足奇对称性,即

$$H_k = -H_{N-k} \tag{8-77}$$

$$\theta_k = -k\pi\left(\frac{N-1}{N}\right) \tag{8-78}$$

3）第三类 FIR 线性相位滤波器

$h(n)$ 奇对称，N 为奇数，根据表 8-1 可知

$$H(\mathrm{e}^{\mathrm{j}\omega}) = H(\omega)\mathrm{e}^{\mathrm{j}\frac{\pi}{2}-\mathrm{j}\left(\frac{N-1}{2}\right)\omega} = H(\omega)\mathrm{e}^{\mathrm{j}\left(\frac{N-1}{2}\omega-\frac{\pi}{2}\right)}$$

幅值函数 $H(\omega)$ 满足奇对称性，即 $H(\omega)$ 关于 $\omega=0,\pi,2\pi$ 奇对称，且 $H(\omega)$ 在 $\omega=0,\pi$，2π 处为零，$H(\omega)=-H(2\pi-\omega)$，即

$$H_k = -H_{N-k} \tag{8-79}$$

$$\theta_k = \frac{\pi}{2} - \left(\frac{N-1}{2}\right)\frac{2\pi}{N}k = -\frac{N-1}{N}k\pi + \frac{\pi}{2} \tag{8-80}$$

4）第四类 FIR 线性相位滤波器

$h(n)$ 奇对称，N 为偶数，根据表 8-1 可知

$$H(\mathrm{e}^{\mathrm{j}\omega}) = H(\omega)\mathrm{e}^{\mathrm{j}\frac{\pi}{2}-\mathrm{j}\left(\frac{N-1}{2}\right)\omega} = H(\omega)\mathrm{e}^{\mathrm{j}\left(\frac{N-1}{2}\omega-\frac{\pi}{2}\right)}$$

幅值函数 $H(\omega)$ 在 $\omega=0,2\pi$ 处为奇对称，在 $\omega=\pi$ 处为偶对称；$H(\omega)$ 在 $\omega=0,\pi,2\pi$ 处为零，即

$$H(\omega) = H(2\pi-\omega)$$

$$H_k = H_{N-k} \tag{8-81}$$

$$\theta_k = -\frac{N-1}{N}k\pi + \frac{\pi}{2} \tag{8-82}$$

8.4.2 线性相位第一种频率抽样

对 $H_\mathrm{d}(\mathrm{e}^{\mathrm{j}\omega})$ 进行频率抽样，即在 z 平面单位圆上的 N 个等间隔点上对频率响应抽样。在单位圆上有两种抽样方式。第一种方式，第一个抽样点在 $\omega=0$ 处，如图 8-24（a）所示。第二种方式，第一个抽样点在 $\omega=\pi/N$ 处，如图 8-24（b）所示。每种抽样方式都包括 N 为偶数和 N 为奇数两种情况。

第一种频率抽样又称为 I 型频率抽样，上面讨论的抽样方式就是第一种频率抽样，即

$$H(k) = H_\mathrm{d}(k) = H_\mathrm{d}(\mathrm{e}^{\mathrm{j}\omega})\Big|_{\omega=\frac{2\pi}{N}}, \quad 0 \leqslant k \leqslant N-1 \tag{8-83}$$

其频率响应的插值公式也与式（8-70）完全一样。频域抽样值为

$$H(k) = \sum_{n=0}^{N-1} h(n)\mathrm{e}^{-\mathrm{j}\frac{2\pi}{N}nk}$$

由于实际系统的单位抽样 $h(n)$ 为实数，因此可得

$$H(k) = H^*((N-k))_N R_N(k) \tag{8-84}$$

若 $k=0$，则有

$$H(0) = H^*((N-0))_N R_N(k) = H^*(0)$$

应注意上式右端应为 $H^*(0)$，而不是 $H^*(N)$。因为有限长序列的定义，$H(k)(0\leqslant k\leqslant N-1)$ 仅有 N 个值，再结合圆周移位概念，则有

$$H^*((N-0))_N R_N(k) = H^*(0)$$

从几何意义上看，由于 $H(k)$ 等间隔分布在 N 等分的单位圆上，虽然 $H((N))_N = H(0)$，

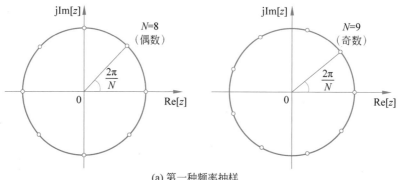

(a) 第一种频率抽样

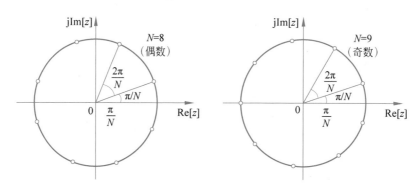

(b) 第二种频率抽样

图 8-24 两种频率抽样方式

但有限长序列隐含有周期性,故 $H(N)$ 是下一周期的起始值。因为 $H((N))_N = H(0)$,由此可得

$$|H(k)| = |H(N-k)| \tag{8-85}$$

$$\theta(k) = -\theta(N-k) \tag{8-86}$$

根据有限长序列的对称性可知,$|H(k)|$ 是以 $k=N/2$ 为对称中心的偶对称序列,其相角序列 $\theta(k)$ 同样以 $k=N/2$ 为对称中心,但为奇对称序列。

根据线性相位数字滤波器的相位约束条件:

$$\theta(e^{j\omega}) = -\frac{N-1}{2}\omega$$

可得,频率抽样中抽样点的位置 $\theta(k)$、频率抽样值 $H(k)$ 及频率响应的解析表达式如下。

(1) 若 N 为奇数:

$$\theta(k) = \begin{cases} -\dfrac{2\pi}{N}k\left(\dfrac{N-1}{2}\right), & k=0,1,\cdots,\dfrac{N-1}{2} \\[3mm] \dfrac{2\pi}{N}(N-k)\left(\dfrac{N-1}{2}\right), & k=\dfrac{N-1}{2},\cdots,N-1 \end{cases} \tag{8-87}$$

$$H(k) = \begin{cases} |H(k)|\, e^{j\frac{2\pi}{N}k\left(\frac{N-1}{2}\right)}, & k=0,1,\cdots,\dfrac{N-1}{2} \\[3mm] |H(N-k)|\, e^{j\frac{2\pi}{N}(N-k)\left(\frac{N-1}{2}\right)}, & k=\left(\dfrac{N}{2}+1\right),\cdots,N-1 \end{cases} \tag{8-88}$$

将式(8-88)代入插值公式(8-72),可得 N 为奇数时第一种频率抽样的频率响应 $H(e^{j\omega})$

如下：

$H(\mathrm{e}^{\mathrm{j}\omega})$

$$= \mathrm{e}^{\mathrm{j}\left(\frac{N-1}{2}\right)\omega} \left\{ \frac{\mid H(0)\mid \sin\left(\frac{\omega N}{2}\right)}{N\sin\left(\frac{\omega}{2}\right)} + \sum_{k=1}^{\frac{N-1}{2}} \frac{\mid H(k)\mid}{N} \left[\frac{\sin\left[N\left(\frac{\omega}{2}-\frac{\pi}{N}k\right)\right]}{\sin\left(\frac{\omega}{2}-\frac{\pi}{N}k\right)} \right] + \left[\frac{\sin\left[N\left(\frac{\omega}{2}+\frac{\pi}{N}k\right)\right]}{\sin\left(\frac{\omega}{2}+\frac{\pi}{N}k\right)} \right] \right\}$$

$$(8\text{-}89)$$

（2）若 N 为偶数：

$$\theta(k) = \begin{cases} -\dfrac{2\pi}{N}k\left(\dfrac{N-1}{2}\right), & k=0,1,\cdots,\dfrac{N}{2}-1 \\[2mm] \dfrac{2\pi}{N}(N-k)\left(\dfrac{N-1}{2}\right), & k=\left(\dfrac{N}{2}+1\right),\cdots,N-1 \\[2mm] 0, & k=\dfrac{N}{2} \end{cases} \tag{8-90}$$

$$H(k) = \begin{cases} \mid H(k)\mid \mathrm{e}^{\mathrm{j}\frac{2\pi}{N}k\left(\frac{N-1}{2}\right)}, & k=0,1,\cdots,\left(\dfrac{N}{2}-1\right) \\[2mm] 0, & k=\dfrac{N}{2} \\[2mm] \mid H(N-k)\mid \mathrm{e}^{\mathrm{j}\frac{2\pi}{N}(N-k)\left(\frac{N-1}{2}\right)}, & k=\left(\dfrac{N}{2}+1\right),\cdots,N-1 \end{cases} \tag{8-91}$$

根据 FIR 滤波器的约束条件，N 为偶数时，FIR 线性相位滤波器在 $\omega=\pi$ 处其值为 0，则有

$$H(\mathrm{e}^{\mathrm{j}\pi}) = 0$$

即

$$H\left(\frac{N}{2}\right) = 0$$

同理，将式（8-91）代入频率抽样插值公式（8-72），可得 N 为偶数时第一种频率抽样的频率响应 $H(\mathrm{e}^{\mathrm{j}\omega})$ 如下：

$H(\mathrm{e}^{\mathrm{j}\omega})$

$$= \mathrm{e}^{-\mathrm{j}\left(\frac{N-1}{2}\right)\omega} \left\{ \frac{\mid H(0)\mid \sin\left(\frac{\omega N}{2}\right)}{N\sin\left(\frac{\omega}{2}\right)} + \sum_{k=1}^{\frac{N}{2}-1} \frac{\mid H(k)\mid}{N} \left[\frac{\sin\left[N\left(\frac{\omega}{2}-\frac{\pi}{N}k\right)\right]}{\sin\left(\frac{\omega}{2}-\frac{\pi}{N}k\right)} \right] + \left[\frac{\sin\left[N\left(\frac{\omega}{2}+\frac{\pi}{N}k\right)\right]}{\sin\left(\frac{\omega}{2}+\frac{\pi}{N}k\right)} \right] \right\}$$

$$(8\text{-}92)$$

【例 8-8】 用频率抽样法设计数字滤波器。

采用频率抽样法设计 FIR 低通数字滤波器，已知 $\omega_c=0.5\pi$，$N=11$，求 $H(\mathrm{e}^{\mathrm{j}\omega})$ 的解析表达式。

解：根据设计要求，理想低通滤波器的频率特性为

$$\mid H_d(\mathrm{e}^{\mathrm{j}\omega})\mid = \begin{cases} 1, & 0 \leqslant \omega \leqslant 0.5\pi, 1.5\pi \leqslant \omega \leqslant 2\pi \\ 0, & 0.5\pi < \omega < 1.5\pi \end{cases}$$

根据频率抽样理论，抽样频率间隔为

$$\frac{2\pi}{N} = \frac{2\pi}{11}$$

由此可得

$$\theta_k = -\frac{N-1}{N}k\pi = -\frac{10\pi}{11}k$$

由于

$$2 \times \frac{2\pi}{11} < \omega_c = 0.5\pi < 3 \times \frac{2\pi}{11}$$

因此

$$H_k = \begin{cases} 1, & 0 \leqslant k \leqslant 2, 9 \leqslant k \leqslant 10 \\ 0, & 3 \leqslant k \leqslant 8 \end{cases}$$

将 $H(k) = H_k e^{j\theta_k}$ 代入频域抽样插值公式,可得

$$H(e^{j\omega}) = \frac{1}{N}\sum_{k=0}^{\frac{N-1}{2}} \frac{H_k \sin\left(\frac{\omega N}{2}\right)}{\sin\left(\frac{\omega - \frac{2\pi k}{N}}{2}\right)} e^{-j\frac{N-1}{2}k\pi} e^{-j\left(\frac{N-1}{2}\omega + \frac{k\pi}{N}\right)} = \frac{1}{11}\sum_{k=0}^{10} \frac{H_k \sin\left[11\left(\frac{\omega}{2} - \frac{k\pi}{11}\right)\right]}{\sin\left(\frac{\omega - \frac{2\pi k}{N}}{2}\right)} e^{-j5\omega}$$

$$= \frac{1}{11}e^{-j5\omega}\left\{\frac{\sin\left(\frac{11\omega}{2}\right)}{\sin\left(\frac{\omega}{2}\right)} + \sum_{k=1}^{5}\left[\frac{\sin\left[11\left(\frac{\omega}{2} - \frac{\pi}{N}k\right)\right]}{\sin\left(\frac{\omega}{2} - \frac{\pi}{N}k\right)} + \frac{\sin\left[11\left(\frac{\omega}{2} + \frac{\pi}{N}k\right)\right]}{\sin\left(\frac{\omega}{2} + \frac{\pi}{N}k\right)}\right]\right\}$$

由本例可知,用采样频率抽样法设计 FIR 数字滤波器的一般步骤为:①根据已知条件确定 H_k, θ_k;②求 $H(k)$;③计算 $H(e^{j\omega})$ 或系统函数 $H(z)$。

8.4.3 线性相位第二种频率抽样

频率抽样设计法的优点是可以在频域直接设计数字滤波器,通过例 8-8 可以发现,采用该方法的抽样频率必须是 $2\pi/N$ 的整数倍,抽样频率不能自由选择,当 N 确定时,抽样点的位置会受到一定的限制,虽然可以通过增加 N 一定程度上提高对频域抽样位置的选择性,但又增加了计算量。为了提高对抽样频率的选择性,提出了第二种频率抽样方法。

第二种频率抽样的第一个抽样点不在 $\omega = 0$ 处,而在 $\omega = \pi/N$ 处,又称为 Ⅱ 型频率抽样,由于抽样点的相位发生了变化,因此,需对第一种频率抽样表达式的相位进行修正,即

$$H(k) = H_d(k) = H_d(e^{j\omega})\mid_{\omega = \frac{2\pi}{N}\left(k + \frac{1}{2}\right)} = \sum_{n=1}^{N-1}h(n)e^{-j\frac{2\pi}{N}\left(k + \frac{1}{2}\right)n}$$

$$= \sum_{n=1}^{N-1}\left[h(n)e^{-j\frac{\pi}{N}n}\right]e^{-j\frac{2\pi}{N}nk}, \quad 0 \leqslant k \leqslant N-1 \tag{8-93}$$

根据离散傅里叶逆变换的定义,有

$$h(n)e^{-j\frac{\pi}{N}n} = \frac{1}{N}\sum_{n=1}^{N-1}H(k)e^{j\frac{2\pi}{N}nk}$$

即

$$h(n) = \frac{1}{N} \sum_{n=0}^{N-1} H(k) \mathrm{e}^{\mathrm{j}\frac{2\pi}{N}\left(k+\frac{1}{2}\right)n} \tag{8-94}$$

对 $h(n)$ 进行 z 变换,可得

$$H(z) = \sum_{n=0}^{N-1} \left[\frac{1}{N} \sum_{k=0}^{N-1} H(k) \mathrm{e}^{\mathrm{j}\frac{2\pi}{N}\left(k+\frac{1}{2}\right)n} \right] z^{-n} = \frac{1+z^{-N}}{N} \sum_{k=0}^{N-1} \frac{H(k)}{1 - \mathrm{e}^{\mathrm{j}\frac{2\pi}{N}\left(k+\frac{1}{2}\right)} z^{-1}} \tag{8-95}$$

因此,可得频率响应为

$$H(\mathrm{e}^{\mathrm{j}\omega}) = \frac{\cos\left(\dfrac{\omega N}{2}\right)}{N} \mathrm{e}^{-\mathrm{j}\left(\frac{N-1}{2}\right)\omega} \sum_{k=0}^{N-1} \frac{H(k)\mathrm{e}^{\mathrm{j}\frac{\pi}{N}\left(k+\frac{1}{2}\right)}}{\mathrm{j}\sin\left[\dfrac{\omega}{2} - \dfrac{\pi}{N}\left(k+\dfrac{1}{2}\right)\right]} \tag{8-96}$$

式(8-95)和式(8-96)实际上就是 FIR 滤波器第二种理想频率抽样的系统函数 $H(z)$ 和频率响应 $H(\mathrm{e}^{\mathrm{j}\omega})$ 的插值公式。为了方便应用,可将频率抽样 $H(k)$ 表示为如下形式:

$$H(k) = |H(k)| \mathrm{e}^{\mathrm{j}\theta(k)}, \quad k = 0,1,\cdots,N-1 \tag{8-97}$$

对于第二种频率抽样,其频域抽样值为

$$H(k) = \sum_{n=0}^{N-1} h(n) \mathrm{e}^{-\mathrm{j}\frac{2\pi}{N}\left(k+\frac{1}{2}\right)n}$$

由于实际滤波器的单位抽样响应 $h(n)$ 为实数,因此有

$$H(k) = H^*((N-1-k))_N R_N(k) = H^*(N-1-k) \tag{8-98}$$

即

$$|H(k)| = |H(N-1-k)| \tag{8-99}$$

$$\theta(k) = -\theta(N-1-k) \tag{8-100}$$

根据有限长序列的对称性可知,$|H(k)|$ 是以 $k = N/2$ 为对称中心的偶对称序列,其相角序列 $\theta(k)$ 同样以 $k = N/2$ 为对称中心,但为奇对称序列。

即第二种频率抽样的幅值序列 $|H(k)|$ 具有偶对称性,对称中心为 $k = \dfrac{N-1}{2}$,其相角 $\theta(k)$ 具有奇对称性,对称中心为 $k = \dfrac{N-1}{2}$。根据线性相位条件 $\theta(\mathrm{e}^{\mathrm{j}\omega}) = -\dfrac{N-1}{2}\omega$ 以及 N 的奇偶情况,可得频率抽样的位置 $\theta(k)$、频率抽样值 $H(k)$ 及频率响应的解析表达式如下。

(1) 若 N 为奇数:

$$\theta(k) = \begin{cases} -\dfrac{2\pi}{N}\left(k+\dfrac{1}{2}\right)\left(\dfrac{N-1}{2}\right), & k = 0,1,\cdots,\dfrac{N-3}{2} \\[2mm] 0, & k = \dfrac{N-1}{2} \\[2mm] \dfrac{2\pi}{N}\left(N-k-\dfrac{1}{2}\right)\left(\dfrac{N-1}{2}\right), & k = \dfrac{N+1}{2},\cdots,N-1 \end{cases} \tag{8-101}$$

$$H(k) = \begin{cases} |H(k)|\, \mathrm{e}^{-\mathrm{j}\frac{2\pi}{N}\left(k+\frac{1}{2}\right)\left(\frac{N-1}{2}\right)}, & k = 0,1,\cdots,\dfrac{N-3}{2} \\[2mm] \left|H\left(\dfrac{N-1}{2}\right)\right|, & k = \dfrac{N-1}{2} \\[2mm] |H(N-1-k)|\, \mathrm{e}^{-\mathrm{j}\frac{2\pi}{N}\left(N-k-\frac{1}{2}\right)\left(\frac{N-1}{2}\right)}, & k = \dfrac{N+1}{2},\cdots,N-1 \end{cases} \tag{8-102}$$

将式(8-102)代入第二种频率抽样插值公式(8-96),可得 N 为奇数时,线性相位第二种频率抽样的频率响应 $H(\mathrm{e}^{\mathrm{j}\omega})$ 如下:

$$H(\mathrm{e}^{\mathrm{j}\omega}) = \mathrm{e}^{-\mathrm{j}\left(\frac{N-1}{2}\right)\omega}\left\{\frac{\left|H\left(\frac{N-1}{2}\right)\right|}{N}\frac{\cos\left(\frac{\omega N}{2}\right)}{\cos\left(\frac{\omega}{2}\right)} + \sum_{k=0}^{\frac{N-3}{2}}\frac{|H(k)|}{N}\cdot\right.$$

$$\left.\left(\frac{\sin\left\{N\left[\frac{\omega}{2}-\frac{\pi}{N}\left(k+\frac{1}{2}\right)\right]\right\}}{\sin\left[\frac{\omega}{2}-\frac{\pi}{2}\left(k+\frac{1}{2}\right)\right]} + \frac{\sin\left\{N\left[\frac{\omega}{2}+\frac{\pi}{N}\left(k+\frac{1}{2}\right)\right]\right\}}{\sin\left[\frac{\omega}{2}+\frac{\pi}{2}\left(k+\frac{1}{2}\right)\right]}\right)\right\} \quad (8\text{-}103)$$

（2）若 N 为偶数:

$$\theta(k) = \begin{cases} -\dfrac{2\pi}{N}\left(k+\dfrac{1}{2}\right)\left(\dfrac{N-1}{2}\right), & k=0,1,\cdots,\dfrac{N}{2}-1 \\[3mm] \dfrac{2\pi}{N}\left(N-k-\dfrac{1}{2}\right)\left(\dfrac{N-1}{2}\right), & k=\dfrac{N}{2},\cdots,N-1 \end{cases} \quad (8\text{-}104)$$

$$H(k) = \begin{cases} |H(k)|\,\mathrm{e}^{-\mathrm{j}\frac{2\pi}{N}\left(k+\frac{1}{2}\right)\left(\frac{N-1}{2}\right)}, & k=0,1,\cdots,\dfrac{N}{2}-1 \\[3mm] |H(N-1-k)|\,\mathrm{e}^{-\mathrm{j}\frac{2\pi}{N}\left(N-k-\frac{1}{2}\right)\left(\frac{N-1}{2}\right)}, & k=\dfrac{N}{2},\cdots,N-1 \end{cases} \quad (8\text{-}105)$$

将式(8-105)代入第二种频率抽样插值公式(8-96),可得 N 为偶数时,线性相位第二种频率抽样的频率响应 $H(\mathrm{e}^{\mathrm{j}\omega})$ 如下:

$$H(\mathrm{e}^{\mathrm{j}\omega}) = \mathrm{e}^{-\mathrm{j}\left(\frac{N-1}{2}\right)\omega}\left\{\sum_{k=0}^{\frac{N}{2}-1}\frac{|H(k)|}{N}\left[\frac{\sin\left\{N\left[\frac{\omega}{2}-\frac{\pi}{N}\left(k+\frac{1}{2}\right)\right]\right\}}{\sin\left[\frac{\omega}{2}+\frac{\pi}{2}\left(k+\frac{1}{2}\right)\right]} + \frac{\sin\left\{N\left[\frac{\omega}{2}+\frac{\pi}{N}\left(k+\frac{1}{2}\right)\right]\right\}}{\sin\left[\frac{\omega}{2}+\frac{\pi}{2}\left(k+\frac{1}{2}\right)\right]}\right]\right\}$$

$$(8\text{-}106)$$

第二种频率抽样使得即使抽样点数 N 不变,对抽样频率的选择性提高了一倍。上述两种频率抽样均可在 FIR 线性相位滤波器的最优化过程中应用,选择第一种还是第二种,以及 N 取奇数还是偶数,应根据所设计滤波器的类型等相关条件决定。

虽然 FIR 滤波器的频率抽样设计法与数字滤波器结构中的频率抽样型结构的基础都是频域抽样理论,但两者所解决的问题是不同的。从频域抽样理论建立起来的 FIR 频率抽样型结构,是 FIR 滤波器结构实现的一种方式,任何 FIR 滤波器的系统函数皆可以采用。而 FIR 滤波器的频率抽样设计法,是根据性能指标对 FIR 线性相位滤波器的系统函数进行设计,而不涉及滤波器的结构,设计完成之后,可以根据需要采用任何类型的结构来实现,既可以采用频率抽样型结构、卷积型结构,也可以采用级联型等结构。

8.4.4 过渡带抽样与逼近误差优化

视频讲解

工程应用中都希望设计的滤波器充分逼近理想滤波器,为了提高实际滤波器与理想滤波器的逼近程度,进一步减小逼近误差,应着重考虑如何减小由通带边缘抽样点的突变而引起的起伏振荡,这种振荡既影响阻带应达到的最小衰减,也影响通带内幅值特性的平稳程度。为了减小过渡带的起伏振荡,提高滤波器的衰减特性,频域抽样法可以考虑在理想频率响应的不连续点的边缘增加过渡性的抽样点,这样虽然增加了过渡带的宽度,但可以降低起伏振荡,增大滤波器的阻带衰减特性。

显然,过渡带增加抽样点的数量和新增抽样点的取值与阻带衰减特性的提升紧密相关,根据式(8-70),每一个频率抽样值,均会产生一个与常数 $\sin\left(\dfrac{N\omega}{2}\right)\Big/\sin\left(\dfrac{\omega}{2}\right)$ 呈正比且在频率上移位 $\dfrac{2\pi k}{N}$ 的频率响应。实际上,FIR 滤波器的频率响应是各抽样值 $H(k)$ 与对应的插值函数 $\Phi\left(\omega-\dfrac{2\pi}{N}k\right)$ 乘积运算之后的线性叠加,因此,增加过渡带抽样点以及对新增抽样点的抽样值进行优化,可以使滤波器通带和阻带的波纹均减小,从而获得高性能的 FIR 数字滤波器的优化设计。

理论上,只要过渡带增加采样点就能提高滤波器衰减特性。通常,过渡带增加的采样点数不超过 3 点就可得到很好的提升效果。对于低通滤波器,若不设置过渡带采样点,则阻带最小衰减约为 20dB。若增加一个过渡带抽样点,并对抽样值进行优化,则阻带最小衰减可达到 35～55dB;增加两个抽样点,则衰减可达 60～75dB;增加 3 个抽样点,衰减指标可达 80～95dB。因此,过渡带新增频域抽样点对增加衰减特性的效果非常显著。

过渡带新增不同数量抽样点的设置方法如图 8-25 所示。

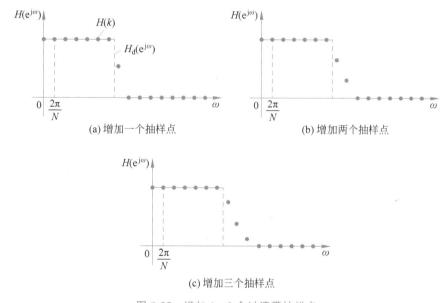

图 8-25　增加 1～3 个过渡带抽样点

FIR 线性相位滤波器的频率抽样设计法的优点是可以在频域直接设计,并且适合于最优化设计;而缺点主要是抽样频率受到一定的限制,若采用第一种频率抽样法,抽样频率必须是 $2\pi/N$ 的整数倍,若采用第二种频率抽样法,抽样频率必须等于 $2\pi/N$ 的整数倍与 π/N 之和。因此,该设计方法无法保证截止频率 ω_c 的自由取值,若想要自如地选择截止频率,仅有增加抽样点数 N 一个办法,但这增加了计算量。

【例 8-9】　频率抽样法示例。

采用频率抽样法设计 FIR 低通数字滤波器,其理想频率特性为如下矩形特性:

$$|H_d(e^{j\omega})| = \begin{cases} 1, & 0 \leqslant \omega \leqslant \omega_c \\ 0, & \text{其他} \end{cases}$$

已知：$\omega_c = 0.5\pi$，抽样点数 $N = 33$，试设计具有线性相位的 FIR 低通滤波器。

解：根据给定的滤波器指标，低通滤波器在 $k = 0$ 时的幅值响应 $H(0) = 1$，因此，该滤波器属于表 8-1 中的第一类线性相位滤波器，根据给定的理想频率特性可得出频率抽样值 $H(k)$ 如图 8-26(a)所示，由于 $|H(k)|$ 关于 $\omega = \pi$ 偶对称，而设计滤波器仅与 $0 \leqslant \omega \leqslant \pi$ 的区间有关，故在该区间内对应的采样点有 17 点，即 $H(k)$ 中 $0 \leqslant k \leqslant 16$，而 $17 \leqslant k \leqslant 32$ 顺序的采样点，位于 $\pi < \omega < 2\pi$ 区间内，图中已略去。

根据截止频率 $\omega_c = 0.5\pi$，可得

$$\frac{16\pi}{33} \leqslant \omega_c \leqslant \frac{17\pi}{33}$$

因此，可按第一种频率抽样方式设计滤波器，$N = 33$，则有

$$\begin{cases} H(k) = H(N-k), \\ \theta_k = -k\pi\left(1 - \dfrac{1}{N}\right) = -\dfrac{32}{33}k\pi, \end{cases} \quad 0 \leqslant k \leqslant 32$$

$$|H(k)| = \begin{cases} 1, & 0 \leqslant k \leqslant 8, 25 \leqslant k \leqslant 32 \\ 0, & 9 \leqslant k \leqslant 24 \end{cases}$$

由此可得频率响应 $H(e^{j\omega})$ 为

$$H(e^{j\omega}) = e^{-j16\omega}\left\{ \frac{\sin\left(\frac{33}{2}\omega\right)}{33\left(\frac{\omega}{2}\right)} + \sum_{k=1}^{8}\left[\frac{\sin\left[33\left(\frac{\omega}{2} - \frac{k\pi}{33}\right)\right]}{33\sin\left(\frac{\omega}{2} - \frac{k\pi}{33}\right)} + \frac{\sin\left[33\left(\frac{\omega}{2} + \frac{k\pi}{33}\right)\right]}{33\sin\left(\frac{\omega}{2} + \frac{k\pi}{33}\right)} \right] \right\}$$

根据已知条件，采用频率抽样法设计的滤波器的幅值响应如图 8-26(b)所示，根据实验结果可知，过渡带宽度为 $2\pi/33$，而阻带最小衰减略低于 20dB。由于在过渡带没有设置抽

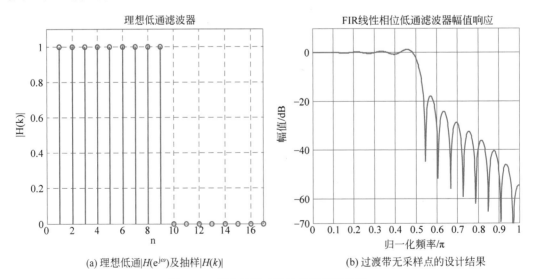

(a) 理想低通$|H(e^{j\omega})|$及抽样$|H(k)|$　　　　(b) 过渡带无采样点的设计结果

图 8-26　频率抽样法设计的低通滤波器

样点,因而滤波器的阻带衰减特性一般,对衰减特性要求较高的滤波器,该设计不能满足使用要求。

为了提高阻带的衰减特性,获得更满意的衰减性能,可在通带和阻带交界处设置一个抽样点,采用插值优化可得,在 $k=10$ 处,$|H(10)|=0.5$,如图 8-27(a)所示,幅频特性仿真结果如图 8-27(b)所示,这时滤波器阻带的衰减达到了 36dB 左右。由于过渡带增加了一个抽样点,虽然增大了衰减特性,但这时过渡带宽度扩大了一倍,为 $4\pi/N=4\pi/33$。

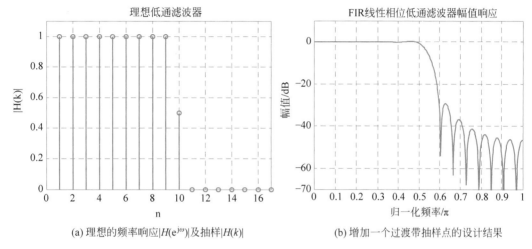

(a) 理想的频率响应 $|H(\mathrm{e}^{\mathrm{j}\omega})|$ 及抽样 $|H(k)|$ (b) 增加一个过渡带抽样点的设计结果

图 8-27 频率抽样法设计低通滤波器(增加 1 个过渡带抽样点)

若增加第二个过渡带抽样点,则可以进一步提升阻带衰减特性。需要注意的是,由于增加抽样点,因而过渡带的宽度又增加一个采样间隔,如果不允许继续增加过渡带的宽度,但依然希望增大阻带衰减,则可以考虑增加频域抽样点数 N。如果其他指标维持不变,增加 N 至 $N=65$,并在 $k=17\sim18$ 增加两个过渡带抽样点,优化插值 $|H(18)|=0.5886$,$|H(19)|=0.1065$,则设计的滤波器的幅频特性如图 8-28 所示,阻带最小衰减超过了 55dB,而过渡带宽度没有增加,仅为 $6\pi/65$。增大 N 的不足之处是,由于阶数升高,运算量增大了。

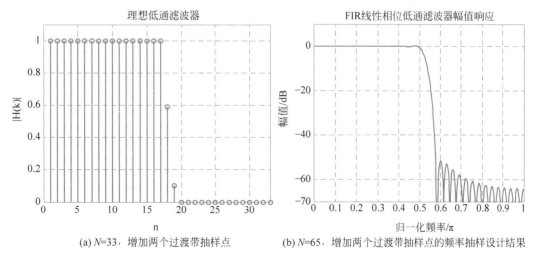

(a) $N=33$,增加两个过渡带抽样点   (b) $N=65$,增加两个过渡带抽样点的频率抽样设计结果

图 8-28 增加抽样点数 N 及过渡带抽样点数的设计结果

▊ 8.5 FIR 滤波器的最优化设计 ◆

频率抽样设计实例中讨论了过渡带抽样的优化设计(增加 1～3 个过渡带抽样点)对提高阻带衰减特性的显著效果,这样设计得到的结果虽然进一步实现了对 $H_d(e^{j\omega})$ 的充分逼近,使滤波器更接近于优化设计,但由于这仅仅是增加了过渡带少数抽样点并作为变量,而通带和阻带的其他抽样值都是预先确定的常数,因此并不是最优化逼近或最佳逼近。最优化设计或最佳设计是指将所有抽样值均作为变量,在一定的优化准则下,计算机迭代计算所得到的设计结果。

FIR 滤波器的优化设计,本质上是对 $H_d(e^{j\omega})$ 的最优逼近,实现最优化的逼近误差。根据逼近误差的衡量标准,有两种最优化设计方法:基于均方误差最小准则和基于切比雪夫逼近准则,即最大误差最小化准则。这两个优化准则都得到了广泛的应用,在 FIR 滤波器设计方面,通常采用切比雪夫逼近准则设计的滤波器在同样性能时阶数更低,或者同样阶数时性能更优。

8.5.1 均方误差最小准则

顾名思义,这一准则是使逼近误差的能量最小,令 $H_d(e^{j\omega})$ 表示理想的频率响应,$H(e^{j\omega})$ 表示实际设计的滤波器频率响应,$E(e^{j\omega})$ 表示频率响应逼近误差,则有

$$E(e^{j\omega}) = H_d(e^{j\omega}) - H(e^{j\omega}) \tag{8-107}$$

由此可得均方误差为

$$e^2 = \frac{1}{2\pi} \int_{-\pi}^{\pi} |H_d(e^{j\omega}) - H(e^{j\omega})|^2 d\omega = \frac{1}{2\pi} \int_{-\pi}^{\pi} |E(e^{j\omega})|^2 d\omega$$

设计的目的是使 e^2 最小,即均方误差最小设计准则注重的是在 $[-\pi, \pi]$ 整个区间内,误差的总能量最小,并不关注局部误差大小,因而某些频率点可能会出现大一点的误差。也就是说,均方误差最小的目标是通过合理选择滤波器的单位抽样响应 $h(n)$,使得误差 e^2 最小。

根据傅里叶变换可得

$$H_d(e^{j\omega}) = \sum_{n=-\infty}^{\infty} h_d(n) e^{-j\omega n}$$

$$H(e^{j\omega}) = \sum_{n=0}^{N-1} h(n) e^{-j\omega n}$$

根据误差定义可得

$$E(e^{j\omega}) = H_d(e^{j\omega}) - H(e^{j\omega}) = \sum_{n=0}^{N-1} [h_d(n) - h(n)] e^{-j\omega n} + \sum_{n=N}^{\infty} h_d(n) e^{-j\omega n} \tag{8-108}$$

根据帕塞瓦尔定理可得

$$e^2 = \sum_{n=0}^{N-1} |h_d(n) - h(n)|^2 + \sum_{n=N}^{\infty} |h_d(n)|^2 \tag{8-109}$$

误差 e^2 共包含两个求和大项,其中第二求和项仅与理想滤波器的 $h_d(n)$ 有关,而与其

他因素无关。根据傅里叶逆变换可知,在理想频率特性 $H_d(e^{j\omega})$ 给定之后,$h_d(n)$ 便已经完全确定,而且与设计值 $h(n)$ 无关,因此第二求和项实际上为常数。由此可知,欲使 e^2 最小,必须使第一求和项最小,而误差 e^2 获得极小值的理想情况是

$$h(n) = \begin{cases} h_d(n), & 0 \leqslant n \leqslant N-1 \\ 0, & \text{其他} \end{cases}$$

这时可实现 e^2 最小,即

$$e^2 = \min(E(e^{j\omega})^2)$$

根据式(8-109)可知,窗函数设计法中采用矩形窗对 $h_d(n)$ 进行截短就是均方误差最优化设计的结果。在常用的窗函数中,虽然矩形窗的过渡带最窄,但由于存在吉布斯(Gibbs)现象,因而在过渡带两侧均产生了较大的峰值误差,从而导致滤波器存在通带内有起伏波动、阻带衰减较小等不足。

8.5.2 切比雪夫逼近准则

切比雪夫逼近准则又称为最大误差最小化准则,顾名思义,就是使滤波器逼近误差中的最大误差能达到最小的水平。最大误差最小化准则又称为最佳一致逼近准则,或加权切比雪夫等波纹逼近准则。采用优化设计的优点是不仅可以得到具有严格线性相位的 FIR 数字滤波器,而且实现了最优设计。切比雪夫逼近准则是基于"最大误差最小化",即

$$\min(\max(E(\omega))) \quad \omega \in A$$

式中,A 表示预先给定的频率取值范围,可以是通带或阻带;$E(\omega)$ 为加权函数误差,形式如下:

$$E(\omega) = W(\omega)\big[H_d(\omega) - H(\omega)\big] \tag{8-110}$$

式中,$W(\omega)$ 为加权函数,$H_d(\omega)$ 为理想频率响应或期望频率响应,$H(\omega)$ 为实际设计滤波器的频率响应。该方法设计的滤波器能同时获得较好的通带和阻带性能,并能较精确地设定通带和阻带的边缘频率。由于该滤波器在通带和阻带的误差是均匀分布的,即频率响应在通带和阻带内均表现出等波纹特性,故滤波器的阶数比较低。

在最优化误差指标中引入加权系数 $W(\omega)$ 是考虑滤波器设计时对通带和阻带可能存在不同的逼近精度要求,误差要求高的频段可以选择较大的权系数。

1. $H(\omega)$ 的统一表达式

为了分析方便,应将 FIR 线性相位滤波器四种情况频率响应的幅值函数 $H(\omega)$ 采用统一公式描述,将 $H(\omega)$ 分解为两项乘积的统一形式,即

$$H(\omega) = Q(\omega)P(\omega) \tag{8-111}$$

式中,$Q(\omega)$ 为 ω 的固定函数;$P(\omega)$ 为 ω 的 r 个余弦函数之和,即 r 个余弦函数的线性组合。

根据 FIR 线性相位滤波器 $h(n)$ 的对称性以及 N 为奇偶的情况,四种类型的 $H(e^{j\omega})$ 的频率响应可统一表示为如下形式:

$$H(e^{j\omega}) = H(\omega)e^{-j\frac{N-1}{2}\omega}e^{j\frac{\pi}{2}L}$$

式中,$H(\omega)$ 是幅值函数,是可为正负值的标量;L 是与相位相关的指数因子。对于四种类型的滤波器,L 的取值和 $H(\omega)$ 的表达式各不相同,详细情况如表 8-4 所示。

表 8-4　FIR 线性相位四种类型滤波器的 L 因子及 $H(\omega)$

FIR 线性相位滤波器类型			L	$H(\omega)=Q(\omega)\,P(\omega)$
Ⅰ	$h(n)$ 偶对称	N 奇数	0	$\displaystyle\sum_{n=0}^{(N-1)/2} a(n)\cos(\omega n)$
Ⅱ		N 偶数		$\displaystyle\sum_{n=1}^{N/2} b(n)\cos\left[\omega\left(n-\frac{1}{2}\right)\right]$
Ⅲ	$h(n)$ 奇对称	N 奇数	1	$\displaystyle\sum_{n=1}^{(N-1)/2} c(n)\sin(\omega n)$
Ⅳ		N 偶数		$\displaystyle\sum_{n=1}^{N/2} d(n)\sin\left[\omega\left(n-\frac{1}{2}\right)\right]$

根据式(8-111)的统一形式,分别讨论四种类型滤波器采用统一表达式之后,$Q(\omega)$ 和 $P(\omega)$ 及其系数的递推算法。

(1) 第Ⅰ种类型。

$$H(\omega)=\sum_{n=0}^{\frac{N-1}{2}} a(n)\cos(\omega n)=\sum_{n=0}^{\frac{N-1}{2}} \tilde{a}(n)\cos(\omega n) \tag{8-112}$$

因此有

$$Q(\omega)=1$$

$$P(\omega)=\sum_{n=0}^{\frac{N-1}{2}} \tilde{a}(n)\cos(\omega n)$$

式中

$$\tilde{a}(n)=a(n) \quad n=0,1,\cdots,\frac{N-1}{2} \tag{8-113}$$

$P(\omega)$ 为 r 个余弦函数之和,即

$$r=1+\frac{N-1}{2}=\frac{N+1}{2}$$

(2) 第Ⅱ种类型。

$$H(\omega)=\sum_{n=1}^{\frac{N}{2}} b(n)\cos\left[\omega\left(n-\frac{1}{2}\right)\right]$$

根据三角函数积化和差、和差化积公式可得

$$H(\omega)=\sum_{n=1}^{\frac{N}{2}} b(n)\cos\left[\omega\left(n-\frac{1}{2}\right)\right]=\cos\left(\frac{\omega}{2}\right)\sum_{n=0}^{\frac{N}{2}-1} \tilde{b}(n)\cos(\omega n) \tag{8-114}$$

因此有

$$Q(\omega)=\cos\left(\frac{\omega}{2}\right)$$

$$P(\omega)=\sum_{n=0}^{\frac{N}{2}-1} \tilde{b}(n)\cos(\omega n)$$

$$r=\frac{N}{2}$$

式中

$$
\begin{cases}
\tilde{b}\left(\dfrac{N}{2}-1\right)=2b\left(\dfrac{N}{2}\right) \\[2mm]
\tilde{b}(n-1)=2b(n)-\tilde{b}(n), \quad n=\dfrac{N}{2}-1,\cdots,3,2 \\[2mm]
\tilde{b}(0)=b(1)-\dfrac{1}{2}\tilde{b}(1)
\end{cases}
\tag{8-115}
$$

根据式(8-115)，由 $b(n)$ 可递推求出 $\tilde{b}(n)$，$n=\dfrac{N}{2}-1,\cdots,3,2,1,0$。

（3）第Ⅲ种类型。

$$
H(\omega)=\sum_{n=1}^{\frac{N-1}{2}}c(n)\sin(\omega n)
$$

同理，根据三角函数积化和差、和差化积公式，上式可化为如下形式：

$$
H(\omega)=\sum_{n=1}^{\frac{N-1}{2}}c(n)\sin(\omega n)=\sin\omega\sum_{n=0}^{\frac{N-3}{2}}\tilde{c}(n)\cos(\omega n)
\tag{8-116}
$$

因此有

$$
Q(\omega)=\sin\omega
$$

$$
P(\omega)=\sum_{n=0}^{\frac{N-3}{2}}\tilde{c}(n)\cos(\omega n)
$$

$$
r=\frac{N-1}{2}
$$

式中

$$
\begin{cases}
\tilde{c}(n-1)=2c(n), & n=\dfrac{N-1}{2},\dfrac{N-3}{2} \\[2mm]
\tilde{c}(n-1)=2c(n)+\tilde{c}(n+1), & n=\dfrac{N-5}{2},\cdots,3,2 \\[2mm]
\tilde{c}(0)=c(1)+\dfrac{1}{2}\tilde{c}(1)
\end{cases}
\tag{8-117}
$$

同理，根据式(8-117)，由 $c(n)$ 可递推求出 $\tilde{c}(n)$，$n=1,2,\cdots,\dfrac{N-1}{2}$。

（4）第Ⅳ种类型。

$$
H(\omega)=\sum_{n=1}^{\frac{N}{2}}d(n)\sin\left[\omega\left(n-\frac{1}{2}\right)\right]
$$

根据三角函数积化和差、和差化积公式，上式可化为如下形式：

$$
H(\omega)=\sum_{n=1}^{\frac{N}{2}}d(n)\sin\left[\omega\left(n-\frac{1}{2}\right)\right]=\sin\left(\frac{\omega}{2}\right)\sum_{n=0}^{\frac{N}{2}-1}\tilde{d}(n)\cos(\omega n)
\tag{8-118}
$$

因此有

$$
Q(\omega)=\sin\left(\frac{\omega}{2}\right)
$$

$$P(\omega) = \sum_{n=0}^{\frac{N}{2}-1} \tilde{d}(n)\cos(\omega n)$$

$$r = \frac{N}{2}$$

式中

$$\begin{cases} \tilde{d}\left(\dfrac{N}{2}-1\right) = 2d\left(\dfrac{N}{2}\right) \\[2mm] \tilde{d}(n-1) = 2d(n) + \tilde{d}(n), \quad n = \dfrac{N}{2}-1, \cdots, 3, 2 \\[2mm] \tilde{d}(0) = d(1) + \dfrac{1}{2}\tilde{d}(1) \end{cases} \qquad (8\text{-}119)$$

根据式(8-119),由 $d(n)$ 可递推求出 $\tilde{d}(n), n = 1, 2, \cdots, \dfrac{N}{2}$。

为使用方便,对上述四种类型 $Q(\omega)$、$P(\omega)$ 和余弦项数 r 的取值情况进行总结,如表 8-5 所示。

表 8-5　四种类型滤波器 $Q(\omega)$、$P(\omega)$ 和余弦项数 r 的取值

FIR 线性相位滤波器类型	$Q(\omega)$	$P(\omega)$	r
Ⅰ 型	1	$\sum\limits_{n=0}^{r-1} \tilde{a}(n)\cos(\omega n)$	$r = \dfrac{N+1}{2}$
Ⅱ 型	$\cos\left(\dfrac{\omega}{2}\right)$	$\sum\limits_{n=0}^{r-1} \tilde{b}(n)\cos(\omega n)$	$r = \dfrac{N}{2}$
Ⅲ 型	$\sin(\omega)$	$\sum\limits_{n=0}^{r-1} \tilde{c}(n)\cos(\omega n)$	$r = \dfrac{N-1}{2}$
Ⅳ 型	$\sin\left(\dfrac{\omega}{2}\right)$	$\sum\limits_{n=0}^{r-1} \tilde{d}(n)\cos(\omega n)$	$r = \dfrac{N}{2}$

2. 加权逼近误差极值分析

由于滤波器设计中对通带与阻带的误差性能要求不一样,即不同频带范围内误差函数 $[H_d(\omega) - H(\omega)]$ 的最大值不同,所以为了使得通带与阻带不同频段的加权误差最大值相等,加权切比雪夫逼近准则对误差函数引入了加权系数 $W(\omega)$,即误差为

$$E(\omega) = W(\omega)[H_d(\omega) - H(\omega)]$$

通过引入加权矩阵 $W(\omega)$,使得各频带段的加权误差 $E(\omega)$ 最大值相同,例如,若逼近一个截止频率为 ω_c 的低通滤波器,则应取

$$W(\omega) = \begin{cases} k, & 0 \leqslant \omega \leqslant \omega_c \\ 1, & \omega_s \leqslant \omega \leqslant \pi \end{cases}$$

式中,$k = \dfrac{\delta_1}{\delta_2}$,加权矩阵保证了通带与阻带的加权误差相同。

由于 $H(\omega) = Q(\omega)P(\omega)$,代入误差表达式,则有

$$E(\omega) = W(\omega)[H_d(\omega) - Q(\omega)P(\omega)] \qquad (8\text{-}120)$$

若 $Q(\omega)\neq 0$，则有

$$E(\omega)=W(\omega)Q(\omega)\left[\frac{H_{\mathrm{d}}(\omega)}{Q(\omega)}-P(\omega)\right] \tag{8-121}$$

令

$$\hat{H}_{\mathrm{d}}(\omega)=\frac{H_{\mathrm{d}}(\omega)}{Q(\omega)},\quad \hat{W}(\omega)=W(\omega)P(\omega) \tag{8-122}$$

则可化简为

$$\hat{E}(\omega)=\hat{W}(\omega)(\hat{H}_{\mathrm{d}}(\omega)-P(\omega)) \tag{8-123}$$

这样，加权切比雪夫等波纹逼近准则可视为求一组系数 $\tilde{a}(n)$、$\tilde{b}(n)$、$\tilde{c}(n)$ 或 $\tilde{d}(n)$，使其在通带和阻带各频段的逼近误差 $E(\omega)$ 的最大误差达到极小，若用 $\|E_0(\omega)\|$ 表示该极小值，则可表示为

$$\|E_0(\omega)\|=\min_{\substack{各系数}}\left(\max_{\omega\in A}|E(\omega)|\right) \tag{8-124}$$

式中，A 表示滤波器工作的所有通带和阻带区间。

对于式(8-124)所示的切比雪夫等波纹逼近问题，帕克斯(Parks)和麦克莱伦(McClellan)引入了逼近理论的一个著名定理来求解该问题，这就是交错定理(Alternation Theorem)，又称为交替定理。

(1) 交错定理。

若 $P(\omega)$ 是 r 个余弦函数的线性组合，即

$$P(\omega)=\sum_{n=0}^{r-1}\alpha(n)\cos(\omega n) \tag{8-125}$$

则对于 $[0,\pi]$ 区间内的一个子集 A（包括所有通带和阻带，不包括过渡带）的连续函数 $\hat{H}_{\mathrm{d}}(\omega)$，$P(\omega)$ 是 $\hat{H}_{\mathrm{d}}(\omega)$ 的唯一和最佳的加权切比雪夫逼近的充分必要条件是：加权逼近误差函数 $E(\omega)$ 在 A 上至少有 $(r+1)$ 个极值频率点，即 A 中至少有 $(r+1)$ 个频率点 ω_i，且 $\omega_1<\omega_2<\omega_3<\cdots<\omega_r<\omega_{r+1}$，则有

$$E(\omega_i)=-E(\omega_{i+1}),\quad i=1,2,\cdots,r$$

并且

$$|E(\omega_i)|=\max_{\omega\in A}[E(\omega)]$$

也就是说，若 $P(\omega)$ 是式(8-125)所示类型的余弦函数的线性组合式，则当某一组系数 $\alpha(n)$ 使得 $E(\omega)$ 在 A 中至少有 $(r+1)$ 个极值频率，并且在这 $(r+1)$ 个极值频率上，误差正负交替出现且绝对值相等时，$P(\omega)$ 能最优地逼近 $\hat{H}_{\mathrm{d}}(\omega)$，而且所得的最优解 $\alpha(n)$ 是唯一的。

加权切比雪夫逼近(等波纹)理论可用图 8-29 进行说明。设理想滤波器的频率响应如下：

$$H_{\mathrm{d}}(\mathrm{e}^{\mathrm{j}\omega})=\begin{cases}1,&0\leqslant\omega\leqslant\omega_{\mathrm{c}}\\0,&\omega_{\mathrm{st}}\leqslant\omega\leqslant\pi\end{cases}$$

式中，ω_{c} 为通带频率；ω_{st} 为阻带频率。

现在需要找到一个函数 $H(\mathrm{e}^{\mathrm{j}\omega})$，在通带和阻带内能最佳一致逼近 $H_{\mathrm{d}}(\mathrm{e}^{\mathrm{j}\omega})$。如图 8-29 所示，$\delta_1$ 为通带允许的最大波动值，δ_2 为阻带所允许的波纹值。一般情况下，设计低通数字滤波器与 ω_{c}、ω_{st}、δ_1、δ_2 及参数 N 相关。根据交错定理，若 $H(\mathrm{e}^{\mathrm{j}\omega})$ 是对 $H_{\mathrm{d}}(\mathrm{e}^{\mathrm{j}\omega})$ 的最佳一

致逼近,则 $H(\mathrm{e}^{\mathrm{j}\omega})$ 在通带和阻带频段上应具有如图 8-29 所示的等纹波特性。因此,加权切比雪夫最佳一致逼近又称为等波纹逼近。

(2) 极值频率点数量。

交错定理最佳逼近的充分必要条件是:误差函数 $E(\omega)$ 在区间 A 上至少有 $(r+1)$ 个极值点,而 r 是关于 $P(\omega)$ 线性组合中余弦函数的个数。现在讨论 $E(\omega)$ 极值频率点的数量。

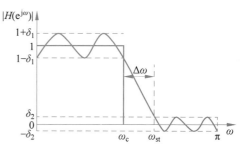

图 8-29　FIR 低通滤波器的一致逼近

根据误差函数 $E(\omega)$ 的表达式可知,一般情况下,若 $\dfrac{\mathrm{d}H(\omega)}{\mathrm{d}\omega}$,则 $\dfrac{\mathrm{d}H_\mathrm{d}(\omega)}{\mathrm{d}\omega}=0$ 和 $\dfrac{\mathrm{d}W(\omega)}{\mathrm{d}\omega}=0$,因而 $\dfrac{\mathrm{d}E(\omega)}{\mathrm{d}\omega}=0$,由此可知,$H(\omega)$ 的极值点也是 $E(\omega)$ 的极值点。因此,$E(\omega)$ 的极值点由 $H(\omega)$ 的极值点与 $E(\omega)$ 区间边界处的极值点组成。两类极值点数之和就是 $E(\omega)$ 极值点的最大数目。

因此,用交错定理求解最佳逼近,应先分析 $H(\omega)$ 的极值点数量。现以线性相位 FIR 滤波器的第 I 种情况为例讨论 $H(\omega)$ 极值点的最大数量。

$$H(\omega)=\sum_{n=0}^{\frac{N-1}{2}}\tilde{a}(n)\cos(\omega n) \tag{8-126}$$

根据三角函数的倍角公式,式(8-126)可以化为余弦 $\cos\omega$ 的高阶多项式,即

$$\cos(\omega n)=\sum_{m=0}^{n}a_{mn}(\cos\omega)^m,\quad 0\leqslant\omega\leqslant\pi \tag{8-127}$$

若令 $x=\cos\omega$,则有

$$\cos(\omega n)=\sum_{m=0}^{n}a_{mn}x^m,\quad 0\leqslant\omega\leqslant\pi$$

$$H(\omega)=\sum_{n=0}^{\frac{N-1}{2}}\tilde{a}(n)\sum_{m=0}^{n}a_{mn}x^m=\sum_{n=0}^{\frac{N-1}{2}}\bar{a}(n)x^n \tag{8-128}$$

式中,$\bar{a}(n)$ 是合并 $(\cos\omega)^n$ 的相同次幂之后的系数。以 $H(\omega)$ 对 ω 求导,考虑到在滤波器工作区间上,$\sin\omega$ 为非负数,则有

$$\sin\omega=\sqrt{1-x^2}$$

并考虑到

$$r=\frac{N-1}{2}$$

由此可得

$$\left.\frac{\mathrm{d}H(\omega)}{\mathrm{d}(\omega)}\right|_{\omega=\cos^{-1}(x)}=\sum_{n=1}^{r-1}n\bar{a}(n)x^{n-1}(-\sqrt{1-x^2})=\sqrt{1-x^2}\sum_{m=0}^{r-2}f(m)x^m \tag{8-129}$$

式中,$f(m)=-(m+1)\bar{a}(m+1)$。

由于 $x=\cos\omega$,在 $[0,\pi]$ 区间上,x 的取值在 $[-1,1]$,$\sqrt{1-x^2}$ 存在 $x_{1,2}=\pm 1$ 两个零点,而 $\displaystyle\sum_{m=0}^{r-2}f(m)x^m$ 为 $\dfrac{N-3}{2}$ 阶多项式,在 $[0,\pi]$ 区间上,即 $0<\omega<\pi$ 范围内,有 $\dfrac{N-3}{2}$ 个根,

即 $\sum\limits_{m=0}^{r-2}\overline{a}(n)x^m$ 至多有 $\dfrac{N-3}{2}$ 个零点。

因此，在 $[0,\pi]$ 区间上，$f(x)$ 最多有 $\left(\dfrac{N-3}{2}+2\right)=\dfrac{N+1}{2}$ 个零点。即在 $[0,\pi]$ 区间上，$\dfrac{\mathrm{d}H(\omega)}{\mathrm{d}\omega}$ 至多有 $\dfrac{N+1}{2}$ 个极值频率点。所以对 FIR 线性相位滤波器的第 I 种情况，$H(\omega)$ 的极值点数目 N_e 一定满足 $N_e\leqslant r=\dfrac{N+1}{2}$。

同理，对于线性相位 FIR 滤波器的其他三种类型，也可以推出极值点数 N_e，如下所示。

II 型：
$$N_e\leqslant\dfrac{N+1}{2}$$

III 型：
$$N_e\leqslant\dfrac{N}{2}$$

IV 型：
$$N_e\leqslant\dfrac{N}{2}$$

在不连续频段上求解逼近问题时，误差函数 $E(\omega)$ 在每一频段的边界处还有一个极值点，这些极值点一般不是 $H(\omega)$ 的极值点，在滤波器设计时，这些频率点应作为附加极值点一起考虑，以线性相位 FIR 第 I 种类型的低通滤波器为例，对于两个频段逼近问题（一个通带、一个阻带），两个频带的边界各有一个极值点（不含 0 和 π），因此，加权误差函数至多能有 $\dfrac{N+1}{2}+2=\dfrac{N+5}{2}$ 个极值点。又如，第 I 种情况的带通滤波器（一个通带、两个阻带）的加权误差函数至多能有 $\dfrac{N+1}{2}+4=\dfrac{N+9}{2}$ 个极值点。

根据以上分析可知，对于第 I 种情况，低通滤波器的误差函数 $E(\omega)$ 最多可以有 $\dfrac{N+5}{2}$ 个极值点，而根据交错定理，最优逼近时其误差函数至少应有 $r+1=\dfrac{N+3}{2}$ 个极值。极值点的数量比交错定理要求的还多一个，这种滤波器被称为最多波纹滤波器，对于 FIR 线性相位低通滤波器，最多波纹滤波器又称为超波纹滤波器。

8.5.3 雷米兹交替算法

雷米兹（Remez）交替算法是应用交错定理求解最佳逼近的一种最优化算法，又称为雷米兹交换算法。该算法由雷米兹于 1934 年公开发表，目前该算法已非常成熟，有很多资料可供借鉴和参考。设计 FIR 滤波器时，该算法是在单位抽样响应长度 N、通带截止频率 ω_c、阻带截止频率 ω_s 给定的情况下求解，过程如下。

1. 确定一组频率 $\{\omega_k\}$

根据交错定理先选择一组频率点 $\{\omega_k\}(k=0,1,2,\cdots,r)$，可以先对 $(r+1)$ 个等间隔初

始频率点 $\omega_k(k=0,1,\cdots,r)$ 给定一组初始估计值,这些频率点位于通带和阻带区间,在选择初始频率点时应注意将 ω_c 及 ω_{st} 包含在内。

四种类型的线性相位 FIR 滤波器的 $P(\omega)$ 均可以表示为

$$P(\omega) = \sum_{n=0}^{r-1} \alpha(n)\cos(\omega n)$$

逼近函数 $P(\omega)$ 是 r 个余弦函数的线性组合,根据交错定理,上述频率点的误差函数值为 $(-1)^k\delta$,正负交替出现。将初始频率点 $\{\omega_k\}$,$(k=0,1,2,\cdots,r)$ 代入误差函数,则有

$$E(\omega_k) = (-1)^k\delta$$

即

$$\hat{W}(\omega_k)\left[\hat{H}_d(\omega_k) - P(\omega_k)\right] = (-1)^k\delta \tag{8-130}$$

因此,求解逼近函数 $P(\omega)$,需要求解逼近函数的 r 个系数 $\alpha(n)(n=0,1,2,\cdots,r-1)$ 及 δ。

2. 求 δ 及系数 $\alpha(n)$

求参数 δ 及 $\alpha(n)(n=0,1,2,\cdots,r)$ 一般有以下两种方法。

1)求解线性方程组

根据误差表达式可得如下方程:

$$\hat{W}(\omega_k)\left[\hat{H}_d(\omega_k) - P(\omega_k)\right] = (-1)^k\delta, \quad k=0,1,2,\cdots,r \tag{8-131}$$

式中

$$P(\omega_k) = \sum_{n=0}^{r-1} a(n)\cos(\omega_k n)$$

$$\hat{H}_d(\omega_k) = \frac{(-1)^k\delta}{\hat{W}(\omega_k)} + P(\omega_k), \quad k=0,1,2,\cdots,r$$

式(8-131)为 $(r+1)$ 个线性方程组,因此,可用矩阵形式表示如下:

$$\begin{bmatrix} 1 & \cos\omega_0 & \cos(2\omega_0) & \cdots & \cos[(r-1)\omega_0] & (\hat{W}(e^{j\omega_0}))^{-1} \\ 1 & \cos\omega_1 & \cos(2\omega_1) & \cdots & \cos[(r-1)\omega_1] & (\hat{W}(e^{j\omega_1}))^{-1} \\ \vdots & \vdots & \vdots & \ddots & \vdots & \vdots \\ 1 & \cos\omega_{r-1} & \cos(2\omega_{r-1}) & \cdots & \cos[(r-1)\omega_{r-1}] & (\hat{W}(e^{j\omega_{r-1}}))^{-1} \\ 1 & \cos\omega_r & \cos(2\omega_r) & \cdots & \cos[(r-1)\omega_r] & (\hat{W}(e^{j\omega_r}))^{-1} \end{bmatrix} \begin{bmatrix} \alpha(0) \\ \alpha(1) \\ \vdots \\ \alpha(r-1) \\ \delta \end{bmatrix} = \begin{bmatrix} \hat{H}_d(\omega_0) \\ \hat{H}_d(\omega_1) \\ \vdots \\ \hat{H}_d(\omega_r) \end{bmatrix}$$

$$\tag{8-132}$$

求解该方程组可得 $\alpha(0),\alpha(1),\cdots,\alpha(r-1)$ 及 δ 共 $r+1$ 个未知数。得到了系数 $\alpha(n)$,也就得到了 $P(\omega)$。实际上,直接解上述方程组较难并且速度慢,因此可以采用一种更合理、有效的方法,这就是利用解析式计算 δ。

2)δ 解析式求解

根据最佳逼近算法,δ 的解析表达式如下:

$$\delta = \frac{\sum_{i=0}^{r} \lambda_i \hat{H}_d(\omega_i)}{\sum_{i=0}^{r} (-1)^i \gamma_i / \hat{W}(\omega_i)} \tag{8-133}$$

式中

$$\gamma_k = \prod_{\substack{i=0 \\ i \neq k}}^{r} \frac{1}{\cos\omega_k - \cos\omega_i} \tag{8-134}$$

δ 求出后，即可求得 $\omega_0, \omega_1, \cdots, \omega_{r-1}$ 的 $P(\omega_i)$ 值，即

$$P(\omega_i) = \hat{H}_d(\omega_i) - (-1)^i \frac{\delta}{\hat{W}(\omega_i)}, \quad i = 0, 1, \cdots, r-1 \tag{8-135}$$

然后根据拉格朗日插值公式可得

$$P(\omega) = \frac{\displaystyle\sum_{i=0}^{r-1} \left(\frac{\beta_i}{\cos\omega - \cos\omega_i} \right) P(\omega_i)}{\displaystyle\sum_{i=0}^{r-1} \left(\frac{\beta_i}{\cos\omega - \cos\omega_i} \right)} \tag{8-136}$$

式中

$$\delta_k = \sum_{\substack{i=0 \\ i \neq k}}^{r-1} \frac{1}{\cos\omega_k - \cos\omega_i} \tag{8-137}$$

3. 计算 $E(\omega)$ 并迭代新的极值频率

求出 $P(\omega)$ 之后，根据

$$E(\omega) = \hat{W}(\omega)\lfloor \hat{H}_d(\omega) - P(\omega) \rfloor$$

可以计算出误差函数 $E(\omega_k)$ 的值，依次绘当前确定的 $\omega_0, \omega_1, \cdots, \omega_r$ 频率点上的 $E(\omega_k)$，若在这组频率的所有频率点上均满足 $|E(\omega_k)| \leqslant \delta, 0 \leqslant \omega_k \leqslant \pi$，则说明最佳逼近已实现。但发生这种情况的概率很低，一般第一次计算很难得到最佳解，因而在某些频率点上会出现 $|E(\omega)| > \delta$ 的情况，这时应在原来的频率点的某一邻域内寻找局部极值频率点，找出 $E(\omega)$ 曲线上的 $(r+1)$ 个新的极值频率点代替上一组频率点，得到一组新的交错点频率，然后重新计算 δ 值和 $\alpha(n)(n=0,1,2,\cdots,r)$，并以此计算 $P(\omega)$ 及 $E(\omega)$，进行新一轮迭代计算。

由于每次迭代得到的新交错点频率都是误差函数的局部极值点的频率，因而 δ 是递增且收敛的、当迭代到当前的 δ 值与前一次值的误差达到设定的中止条件，则结束迭代完成计算。需要注意的是，若某次迭代中 $E(\omega)$ 的极值点多于 $(r+1)$ 个，则保留 $|E(\omega)|$ 最大的 $(r+1)$ 个极值频率点作为新一次迭代的初始值，此外，$(r+1)$ 个极值点频率应始终包含通带截止频率 ω_c 与阻截止频率 ω_s，而不管它们是否在极值点上。当所有频率处的误差均满足 $|E(\omega)| \leqslant \delta$，而在 $(r+1)$ 个极值点频率处的 $|E(\omega)| = \delta$ 为最大值，且 $E(\omega)$ 具有正负交错的符号时，就达到了最优逼近，迭代完成。

4. 求系统函数 $H(z)$ 和 $h(n)$

实现最优逼近以后，由于已求得 $P(\omega)$，而 $P(\omega)$ 满足

$$P(\omega) = \sum_{i=0}^{r-1} a(n)\cos(\omega n)$$

故若 $P(\omega)$ 是通过解线性方程组求得，则已求出 $\alpha(n)$，对于四种类型中的任何一种滤波器，均可通过 $\alpha(n)$ 求解 $\tilde{a}(n)$、$\tilde{b}(n)$、$\tilde{c}(n)$ 和 $\tilde{d}(n)$，从而求解出 $a(n)$、$b(n)$、$c(n)$ 或 $d(n)$，即可求出 $h(n)$ 和 $h(z)$。若是通过 δ 表达式求解 $P(\omega)$，则可根据 $H(\omega) = Q(\omega)P(\omega)$ 由傅里叶逆变换求解滤波器的单位抽样响应 $h(n)$ 和系统函数 $h(z)$。

【例 8-10】 FIR 低通滤波器最优设计。

已知线性相位 FIR 低通滤波器的指标如下。

通带边缘频率：$\omega_p = 0.3\pi$；

阻带边缘频率：$\omega_s = 0.4\pi$；

通带最大衰减：$\delta_p = 0.05$；

阻带最大衰减：$\delta_s = 0.01$。

试采用切比雪夫等波纹最优设计法设计满足上述指标要求的 FIR 线性相位数字低通滤波器。

解：切比雪夫等波纹最优设计法设计线性相位低通滤波器的程序代码如下：

```
clc;close all;clear all;
wp = 0.3 * pi;ws = 0.4 * pi;
F = [wp/pi ws/pi];
delta_1 = 0.05;delta_2 = 0.01;
Delta = [delta_1 delta_2];a = [1 0];
[N,f0,a0,w] = remezord(F,a,Delta);
h = remez(N,f0,a0,w);
disp('FIR 滤波器阶数');
disp(N);disp('FIR 滤波器阶数');disp(h);
w = linspace(0,pi,1000);
Mag = freqz(h,1,w);
plot(w/pi,20 * log10(abs(Mag)));
axis([0,1, - 80,5]);
title('FIR 线性相位滤波器设计');
xlabel('归一化频率 /\pi');ylabel('幅值/dB');grid;
figure(2);
stem(h);title('FIR 滤波器单位抽样响应 h(n)');
axis([0 30 - 0.15 0.35]);xlabel('n');grid on;
```

（1）FIR 线性相位低通滤波器的幅值响应曲线如图 8-30 所示。

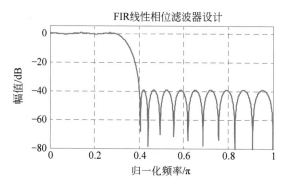

图 8-30　FIR 线性相位低通滤波器的幅值响应

（2）系统阶数如下。

FIR 滤波器阶数：29

（3）滤波器的单位抽样响应序列长度为 29 点，$h(n)$ 波形如图 8-31 所示，$h(n)$ 的设计结果如下：

Columns 1 through 13

    0.0089   0.0199   0.0124   −0.0019   −0.0205   −0.0171   0.0079   0.0344
0.0274 −0.0187 −0.0655 −0.0510   0.0544
  Columns 14 through 26
    0.2104   0.3260   0.3260   0.2104   0.0544 −0.0510 −0.0655 −0.0187
0.0274   0.0344   0.0079 −0.0171 −0.0205
  Columns 27 through 30
  −0.0019   0.0124   0.0199   0.0089

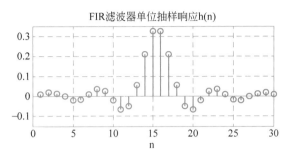

图 8-31　等波纹法设计的低通滤波器的 $h(n)$ 波形

【例 8-11】　FIR 带通滤波器最优设计。

已知数字带通滤波器的技术指标如下。

低端阻带边缘频率：$\omega_{s1} = 0.2\pi$；

高端阻带边缘频率：$\omega_{s2} = 0.8\pi$；

阻带最小衰减：$A_s = 60\text{dB}$；

低端通带边缘频率：$\omega_{p1} = 0.38\pi$；

高端通带边缘频率：$\omega_{p2} = 0.62\pi$；

通带最大衰减：$R_p = 1\text{dB}$。

试应切比雪夫用等波纹最优设计法设计满足上述指标要求的 FIR 线性相位带通滤波器。

解：切比雪夫等波纹最优设计法设计 FIR 带通滤波器的程序代码如下：

```
clc;close all;clear all;
wp1 = 0.35 * pi;wp2 = 0.65 * pi;
ws1 = 0.2 * pi;ws2 = 0.8 * pi;
fp1 = wp1/pi;fp2 = wp2/pi;
fs1 = ws1/pi;fs2 = ws2/pi;
delta_ap = 1 - 10^( - 1/20);
delta_as = 10^( - 60/20);
delta_2 = 0.001;delta_1 = 10^( - 1/20);
f = [fs1 fp1 fp2 fs2];a = [0 1 0];
dev = [delta_as delta_ap delta_as];
[M,f0,a0,w] = remezord(f,a,dev);
N1 = ceil( - 2 * (log(delta_1) + log(delta_2))/3)/(0.15/2);
disp('FIR 滤波器阶数');disp(M);
h = remez(M,f0,a0,w);
disp('FIR 滤波器系数');
disp(h);
w = linspace(0,pi,1000);
mag = freqz(h,1,w);dB = 20 * log10(abs(mag));
hd = plot(w/pi,dB);
axis([0 1 - 100 10]);xlabel('归一化频率 /\pi');ylabel('幅值/dB');
grid on;
```

```
title('FIR线性相位带通滤波器幅值响应');
figure(2);
stem(h);
title('FIR带通滤波器单位抽样响应 h(n)');
axis([0 29 - 0.4 0.5]);xlabel('n');
grid on;
```

（1）FIR 线性相位带通滤波器的幅值响应曲线如图 8-32 所示。

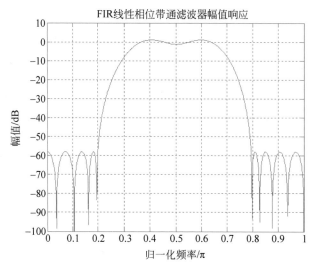

图 8-32　等波纹法设计的带通滤波器的幅值响应

（2）系统阶数如下。

FIR 滤波器阶数：23

（3）滤波器的单位抽样响应序列长度为 24 点，$h(n)$ 波形如图 8-33 所示，$h(n)$ 的设计结果如下：

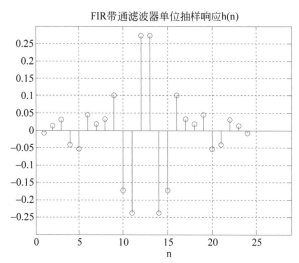

图 8-33　等波纹法设计的带通滤波器的 $h(n)$ 波形

```
Columns 1 through 13
 - 0.0072    0.0128    0.0311   - 0.0406   - 0.0528    0.0445    0.0178    0.0316
```

```
  0.1017    -0.1735    -0.2379     0.2731     0.2731
Columns 14 through 24
 -0.2379    -0.1735     0.1017     0.0316     0.0178     0.0445    -0.0528    -0.0406
  0.0311     0.0128    -0.0072
```

　　根据幅值响应曲线可知,该滤波器的阻带衰减没有达到指标要求,应重新设计,将系统阶数增加 5 阶,重新设计的幅值响应如图 8-34 所示,阻带衰减超过了指标要求。

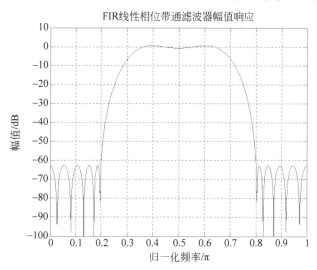

图 8-34　等波纹法设计的带通滤波器幅值响应(阶数增加 5 阶)

FIR 滤波器阶数:28

滤波器的单位抽样响应序列长度为 29 点,$h(n)$ 波形如图 8-35 所示,$h(n)$ 的设计结果如下:

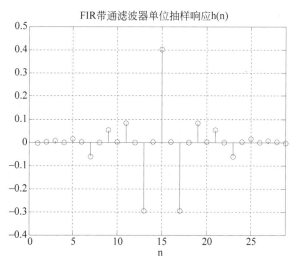

图 8-35　等波纹法设计的带通滤波器的 $h(n)$ 波形(阶数增加 5 阶)

```
FIR 滤波器系数
Columns 1 through 13
 -0.0050     0.0000     0.0078    -0.0000     0.0154     0.0000    -0.0614
 -0.0000     0.0545     0.0000     0.0834    -0.0000    -0.2954
Columns 14 through 26
```

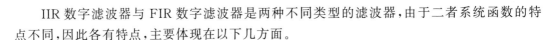

```
     0.0000     0.4006     0.0000    -0.2954    -0.0000     0.0834     0.0000
     0.0545    -0.0000    -0.0614     0.0000     0.0154    -0.0000
  Columns 27 through 29
     0.0078     0.0000    -0.0050
```

8.5.4　FIR 滤波器阶数估计

FIR 滤波器的阶数与滤波器的性能指标直接相关,这些指标包括通带与阻带衰减特性、过渡带宽度。通带和阻带的波动越小,过渡带宽度越窄,滤波器的阶数就越高;反之,阶数就越低。Kaiser 提出了一个估计滤波器阶数 N 的算法,即

$$N = \frac{-20\lg\sqrt{\delta_1\delta_2} - 13}{14.57b} \tag{8-138}$$

式中,δ_1 是通带波纹;δ_2 是阻带波纹;$b = \dfrac{|\omega_s - \omega_c|}{2\pi}$,为过渡带宽度。

需要指出的是,这里滤波器的阶数 N 是指 FIR 滤波器系统函数的阶数,而不是单位抽样响应序列的长度,两者相差 1。

关于滤波器阶数的预估还有很多经验公式,下面是另一个估计公式:

$$N = \frac{2}{3}\lg\left(\frac{1}{10\delta_1\delta_2}\right)\frac{1}{b} \tag{8-139}$$

8.6　IIR 与 FIR 数字滤波器的比较

IIR 数字滤波器与 FIR 数字滤波器是两种不同类型的滤波器,由于二者系统函数的特点不同,因此各有特点,主要体现在以下几方面。

1. 滤波器结构特点比较

IIR 滤波器属于递归型结构,在结构上存在由输出到输入的反馈回路,若滤波器稳定,则系统的极点位于单位圆内,否则系统不稳定。由于有限字长的影响,在某些情况下,IIR 滤波器的有限字长效应可能使误差不断积累从而引入寄生振荡。

FIR 滤波器主要采用非递归结构,因此,FIR 系统都是稳定系统,即使在有限精度运算中也不存在稳定性问题,其运算误差较小。

2. 滤波器性能比较

在相同的技术指标下,IIR 滤波器由于在结构上存在反馈回路,因而滤波器阶数远低于 FIR 滤波器的阶数,而且由于阶数较低,IIR 滤波器的存储单元少,运算次数少,经济高效,但这个高效率是以相位的非线性为代价的。例如,阻带衰减为 20dB 的 FIR 滤波器阶数一般在 33 阶左右,而 IIR 滤波器仅 3~4 阶就可达到要求。一般情况下,FIR 滤波器的阶数是 IIR 的 5~10 倍左右。FIR 滤波器的单位冲激响应 $h(n)$ 是有限长的,可采用 FFT 算法提高运算效率,而 IIR 滤波器则不能如此运算。

3. 滤波器相位特性比较

FIR 滤波器在理论上和工程上均可实现严格的线性相位,而 IIR 滤波器很难实现线性相位,相位的非线性意味着输出会产生频率的畸变。虽然 IIR 滤波器可以通过级联全通系统获得线性相位,但这样又增加了滤波器的复杂程度,也提高了对误差估计的精度要求。

4. 滤波器的设计方法比较

在设计方法上,IIR 滤波器可利用模拟滤波器的设计表格、经验、方法和公式,一般都具有闭合形式的设计公式,计算量相对较小。

FIR 滤波器设计无法采用模拟滤波器的设计公式,无论是窗函数法、频率抽样法,还是优化设计法,都没有类似于 IIR 滤波器设计的闭合形式的设计公式。即便窗函数设计法有公式可以使用,但计算带阻衰减特性时依然没有理论公式可用,通常情况下,FIR 滤波器设计需借助计算机完成。

IIR 滤波器主要是设计频率特性为分段常数的低通、高通、带通、带阻等滤波器,FIR 滤波器则更加灵活,可设计各种幅值特性及相位特性的滤波器,除低通、高通、带通、带阻滤波器之外,还可以设计理想正交转换器、理想微分器、线性调频器等各种滤波器。

8.7 加噪语音信号识别国家虚拟仿真实验项目

国家虚拟仿真实验教学是新时代高等教育内涵式发展背景下,实验教学主动适应新技术革命性变化,提升新时代大学生的创新精神、实践能力和社会责任感,培养卓越拔尖人才的重要举措,是中国高等教育人才培养推进"智能＋教育"的积极探索,是推动人才培养质量提升的新生产力,对高等教育发展具有重要的全局性意义。

"加噪语音信号滤波器设计及应用虚拟仿真实验"是首批虚拟仿真国家级实验项目(课程)。进入虚拟仿真空间,依次单击"电器类-电子信息类-信息工程",即可找到加噪语音信号滤波器设计及应用虚拟仿真实验,以详细了解实验目的、实验原理、实验步骤,并进行实验和实验评分。该实验项目综合应用了数字信号处理中的采样、频谱、滤波和数字滤波器设计等多个知识点,实验内容包括加噪语音信号合成、语音信号时频域分析、数字滤波器设计及基于语音特征的性别识别四部分,每部分均涉及数字信号处理课程中的若干概念和原理。

习题

1. 设 FIR 滤波器的单位抽样响应为实数序列 $h(n)(0 \leqslant n \leqslant N-1)$,且 $H(k)=\mathrm{DFT}[h(n)]$,该滤波器的频率响应可表示为 $H(\mathrm{e}^{\mathrm{j}\omega})=H(\omega)\mathrm{e}^{\mathrm{j}\theta(\omega)}$,其中 $H(\omega)$ 是实函数。

(1) 若 $h(n)$ 满足偶对称性,即 $h(n)=h(N-1-n)$,写出相位特性 $\theta(\omega)$ 的解析表达式,并证明当 N 为偶数时,$H(N/2)=0$。

(2) 若 $h(n)$ 满足奇对称性,即 $h(n)=-h(N-1-n)$,写出相位特性 $\theta(\omega)$ 的解析表达式,并证明 $H(0)=0$。

2. 线性相位 FIR 滤波器系统,已知部分零点分别为 $z=\mathrm{e}^{\mathrm{j}\frac{2\pi}{3}}$,$z=0.5\mathrm{e}^{\mathrm{j}\frac{3\pi}{4}}$,$z=1$。

(1) 分析并写出该系统所具有的其他零点。

(2) 该滤波器系统的极点在什么位置? 该系统是否为稳定系统?

(3) 该滤波器单位抽样响应 $h(n)$ 的长度至少应具有多少点?

3. 若一个离散时间系统的系统函数为

$$H(z) = (1 - 1.5\mathrm{e}^{\mathrm{j}\frac{\pi}{3}}z^{-1})(1 - 1.5\mathrm{e}^{-\mathrm{j}\frac{\pi}{3}}z^{-1})(1 - 0.5z^{-1})$$

移动该系统的零点可得到新的系统,若零点移动的原则是新系统和原系统 $H(z)$ 具有相同的幅频响应,且新系统的单位抽样响应 $h(n)$ 仍为实数、长度不变。

(1) 通过移动由 $H(z)$ 可产生多少个新系统?

(2) 求这些系统的系统函数 $H(z)$,并指出其中是否有最小相位和最大相位系统。

4. 已知低通滤波器的截止频率和单位抽样响应长度分别为 $\omega_c = 0.35\pi, N = 21$,试用矩形窗设计 FIR 线性相位低通数字滤波器,求 $h(n)$ 并绘出幅值响应曲线。

5. 已知低通滤波器的截止频率和单位抽样响应长度分别为 $\omega_c = 0.35\pi, N = 21$。试用汉宁窗设计 FIR 线性相位低通数字滤波器,求 $h(n)$ 并绘出幅值响应曲线。

6. 试设计线性相位低通滤波器,其技术指标为:通带截止频率为 $f_1 = 2000\text{Hz}$,阻带截止频率为 $f_2 = 3000\text{Hz}$,采样频率为 $f_s = 10000\text{Hz}$,阻带应达到的最小衰减为 -40dB。试采用窗函数法设计一个满足上述技术指标的线性相位 FIR 低通滤波器。

7. 已知理想高通滤波器的特性如下:

$$H_d(e^{j\omega}) = \begin{cases} e^{-j\omega a}, & \omega_c \leqslant \omega \leqslant \pi \\ 0, & 0 \leqslant \omega < \omega_c \end{cases}$$

若 $\omega_c = 0.65\pi, N = 51$,试用海明窗设计线性相位 FIR 高通滤波器,并绘出 $H(e^{j\omega})$ 曲线。

8. 已知理想带通滤波器的特性如下:

$$H_d(e^{j\omega}) = \begin{cases} e^{-j\omega a}, & \omega_0 - \omega_c \leqslant \omega \leqslant \omega_0 + \omega_c \\ 0, & 0 \leqslant \omega < \omega_0 - \omega_c, \omega_0 + \omega_c < \omega \leqslant \pi \end{cases}$$

若 $\omega_c = 0.25\pi, \omega_0 = 0.5\pi, N = 51$,试用汉宁窗设计 FIR 线性相位带通滤波器,求 $h(n)$ 并绘出幅频响应曲线。

9. 试用布莱克曼窗设计一个理想线性相位 90°移相带通滤波器,其特性如下:

$$H_d(e^{j\omega}) = \begin{cases} e^{j\omega a}, & \omega_0 - \omega_c \leqslant \omega \leqslant \omega_0 + \omega_c \\ 0, & 0 \leqslant \omega < \omega_0 - \omega_c, \omega_0 + \omega_c < \omega \leqslant \pi \end{cases}$$

若 $\omega_c = 0.25\pi, \omega_0 = 0.65\pi, N = 51$,求滤波器的单位抽样响应 $h(n)$。

10. 已知如图 8-36(a)所示, $h_1(n)$ 为 $N = 10$ 的偶对称序列,图 8-36(b)为 $h_2(n), h_2(n)$ 为 $h_1(n)$ 圆周移位 $\left(\text{移位}\dfrac{N}{2} = 5\right)$ 之后的序列。设

$$H_1(k) = \text{DFT}[h_1(n)], \quad H_2(k) = \text{DFT}[h_2(n)]$$

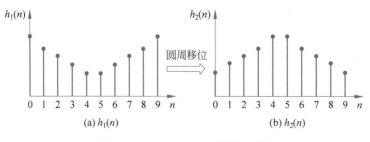

图 8-36 $h_1(n)$、$h_2(n)$ 运算关系图

(1) $|H_1(k)|$ 与 $|H_2(k)|$,$\theta_1(k)$ 与 $\theta_2(k)$ 有何关系?

(2) 若 $h_1(n), h_2(n)$ 均为某 FIR 低通滤波器系统函数的系数,试问 $h_1(n), h_2(n)$ 对应

的数字滤波器是否为线性相位？延时分别是多少？

（3）试分析这两个滤波器性能，若性能相同，则分析相同的原因；若性能不同，指出哪个滤波器性能更好？

11. 已知低通滤波器的技术参数如下：

$$H_{\rm d}({\rm e}^{{\rm j}\omega}) = \begin{cases} {\rm e}^{-{\rm j}\omega\alpha}, & 0 \leqslant \omega \leqslant \omega_{\rm c} \\ 0, & \omega_{\rm c} \leqslant \omega < \pi \end{cases}$$

$\omega_{\rm c} = 0.5\pi$，阻带最小衰减为 $-50{\rm dB}$，过渡带宽为 $\dfrac{9}{51}\pi$。

试选择窗函数设计线性相位 FIR 低通滤波器，求出符合条件的三种窗函数对应的 $h(n)$ 并绘出 $H({\rm e}^{{\rm j}\omega})$ 曲线。

12. 已知低通滤波器的截止频率 $\omega_{\rm c} = 0.25\pi$，$N = 51$，试用凯泽窗（系数 $\beta = 7.865$）设计线性相位理想低通滤波器，求 $h(n)$ 并绘出 $H({\rm e}^{{\rm j}\omega})$ 曲线。

13. 已知理想微分器频率响应如下：

$$H_{\rm d}({\rm e}^{{\rm j}\omega}) = {\rm j}\omega{\rm e}^{-{\rm j}\omega\alpha}, \qquad |\omega| \leqslant \omega_{\rm c}$$

试用矩形窗设计 FIR 线性相位数字微分器。

14. 已知线性相位数字低通滤波器的指标为 $\omega_{\rm c} = 0.35\pi$，$N = 51$，试用第一种频率抽样法设计该 FIR 滤波器。

15. 已知某线性相位带通滤波器的频率响应为

$$H_{\rm BP}({\rm e}^{{\rm j}\omega}) = H_{\rm BP}(\omega)^{{\rm j}\theta(\omega)}$$

（1）线性相位带阻滤波器是否可表示为如下形式？

$$H_{\rm BS}({\rm e}^{{\rm j}\omega}) = [1 - H_{\rm BP}(\omega)]{\rm e}^{{\rm j}\theta(\omega)}, \qquad 0 \leqslant \omega \leqslant \pi$$

（2）如不能表示为上述形式请说明理由，如可以表示为上述形式，请从原理上说明这样表示的正确性。

16. 已知最小相位 FIR 滤波器系统的单位抽样响应为 $h_{\rm m}(n)$，$n = 0, 1, \cdots N-1$，另一个 FIR 滤波器系统的单位抽样响应 $h(n)$ 为

$$h(n) = h_{\rm m}(N-1-n), \qquad n = 0, 1, \cdots, N-1$$

试分析滤波器系统 $h(n)$ 是最大相位延时系统还是最小相位延时系统？

17. 用频率抽样法设计线性相位 FIR 低通数字滤波器，已知：$\omega_{\rm c} = 0.5\pi$，$N = 51$，过渡带新增一个采样点 $|H(k)| = 0.5$，试求各频率采样点的值 $H(k)$。

18. 已知滤波器的技术指标如下：

$$\omega_{\rm p} = 0.3\pi, R_{\rm p} = 1{\rm dB}; \qquad \omega_{\rm s} = 0.5\pi, A_{\rm s} = 60{\rm dB}$$

试采用雷米兹交替算法设计线性相位 FIR 数字低通滤波器。

19. 已知带通滤波器的技术指标如下：

$$\omega_{\rm s1} = 0.15\pi, \qquad \omega_{\rm p1} = 0.3\pi, \qquad \omega_{\rm p2} = 0.65\pi, \qquad \omega_{\rm s2} = 0.8\pi$$

试采用雷米兹交替算法设计线性相位 FIR 数字带通滤波器。

20. 已知高通滤波器的技术指标如下：

通带技术指标：$\omega_{\rm p} = 0.6\pi, R_{\rm p} = 1{\rm dB}$；阻带技术指标：$\omega_{\rm s} = 0.4\pi, A_{\rm s} = 50{\rm dB}$

试采用加权切比雪夫最佳一致逼近准则设计线性相位 FIR 数字低通滤波器，并绘出滤波器的幅值响应和单位抽样响应。

第9章 有限字长效应

在数字信号处理的实际运算中,无论是用专用硬件还是用计算机软件来实现数字信号处理,输入信号的采样值、算法中用到的参数以及运算的中间结果和最终结果均只能用有限位的二进制数来表示和存储。另外,数字信号处理理论分析所得到的结果是无误差的,或者说是基于无限精度的,因此,相对于理论计算,实际运算得到的结果必然存在一定的误差,在某些情况下,这种误差有可能使信号处理系统的性能受到一定的影响,有时甚至影响很大。通常将这种由于二进制数的位数有限而造成的误差称为有限字长效应。

数字信号处理中,通常存在如下三种有限字长因素产生的误差源。

(1)输入为模拟信号时,对输入模拟信号的量化误差,即因 A/D 的精度或位数的影响而产生的输入量化误差。

(2)对滤波器系统各系数的量化误差,即因计算机存储器的有限字长而产生的系数量化误差。

(3)计算过程中的误差,如舍入、截尾、溢出和误差累积等因素产生的运算量化误差。

党的二十大指出,高质量发展是全面建设社会主义现代化国家的首要任务。因此,科学和技术也应以高质量发展作为目标,对于信号处理而言,滤波器的字长和精度是实现高质量制造的关键,应该在理想状态和有限字长误差之间获得高质量的性价比预期。

9.1 量化与量化误差

9.1.1 二进制数的表示

1. 定点二进制数

如果在信号处理的整个运算中,二进制数的小数点在数码中的位置固定不变则称其为定点二进制数,简称为定点制。

在定点制运算中小数点左边表示数的整数部分,右边表示数的小数部分。理论上,定点制的小数点可以固定在任意位置上,但为了运算方便,定点制通常将数固定在$(-1,1)$区间。定点制将小数点固定在第一位(最高位)二进制码之前,而将整数位作为符号位,即数的本身只有小数部分。定点制在运算过程中,所有计算结果的绝对值均不能超过 1,当数很大时,为防止"溢出",需乘以一个比例因子(又称为标度因子),全部运算完成之后,再除以比例因子并输出结果。定点二进制数具有如下特点。

(1)定点二进制数的范围在$(-1,1)$区间。

（2）最高位为符号位,0 为正,1 为负,小数点紧跟在符号位之后。

（3）数的本身只有小数部分,称为"尾数"。

（4）定点数在进行加减运算时结果可能会超出±1,称为"溢出"。

（5）乘法运算不会溢出,但字长要增加一倍。为保证字长不变,乘法运算后,应对增加的尾数作截尾或舍入处理,而这将产生运算误差。

定点二进制数的表示包括原码、反码、补码三种形式。

设有一个 $b+1$ 位的定点二进制数 x,即 x 包含 1 位符号位 β_0,b 位尾数,故二进制数为 $\beta_0.\beta_1\beta_2\cdots\beta_b$,则其三种形式的表示分别如下所示。

1）原码表示

$$x=(-1)^{\beta_0}\sum_{i=1}^{b}\beta_i 2^{-i} \tag{9-1}$$

例：1.111 十进制数为 -0.875,0.110 十进制数为 0.75。

2）反码表示

$$x=-\beta_0(1-2^{-b})+\sum_{i=1}^{b}\beta_i 2^{-i} \tag{9-2}$$

反码表示时,正数同原码,负数则将原码中的尾数按位求反。

例：正数表示为 0.101,其反码为 1.010。

3）补码表示

$$x=-\beta_0+\sum_{i=1}^{b}\beta_i 2^{-i} \tag{9-3}$$

例：$x=-0.75$,正数表示为 0.110,取反为 1.001,则补码为 1.010。

补码表示时,正数同原码,负数则将原码中的尾数求反加 1,补码加法运算规律为正负数可直接相加,符号位同样参加运算,如符号位发生进位,进位的 1 应舍弃。

2. 浮点二进制数

定点二进制数的缺点是数的动态范围小,并且可能产生溢出现象。浮点二进制数可以避免定点二进制数的这一缺点,它可以扩大数的动态范围,避免产生溢出,且不需要比例因子。浮点二进制数将数表示为尾数和指数两部分,其表示方法如下：

$$x=\pm M\times 2^c,\quad \frac{1}{2}\leqslant M<1 \tag{9-4}$$

式中,M 为 x 的尾数部分;2^c 为 x 的指数部分;c 为阶数或阶码。

例如：

$$x=0.11\times 2^{011}$$

对应的十进制数为

$$x=0.75\times 8=6$$

（1）浮点二进制数运算规律。

加法运算：对阶、相加、归一化,并对尾数进行截尾或者舍入处理。

乘法运算：尾数相乘,阶码相加,再进行截尾或舍入处理。

（2）浮点二进制数的特点。

优点：动态范围大,一般不会产生溢出。

缺点:加法运算和乘法运算都要对尾数进行量化处理。

通常情况下,浮点二进制数都采用较长的字长,具有较高的精度,产生的误差很小,或者说误差可以忽略不计,因此讨论数字信号处理的误差时,主要针对定点二进制数进行分析。

9.1.2 定点二进制数的量化误差

定点二进制数的乘法运算,运算完成后会使字长增加,例如原来是 b 位字长,运算后增长到 b_1 位($b_1 > b$),此时需对尾数进行处理,使 b_1 位字长降低到 b 位。存储器和寄存器都是 b 位字长,所以可以表示的最小数为 2^{-b},称其为量化步长或量化阶,通常用 q 表示,即

$$q = 2^{-b}$$

量化处理方式包括截尾和舍入两种方式。

截尾:保留前 b 位,直接舍弃因乘法运算产生的多余位数的尾数。

舍入:按最接近的值取 b 位码。

两种处理方式产生的误差不同,且码制不同,误差也不同。

1. 截尾处理

1) 正数

对于正数,三种码形式相同,一个 b_1 位的正数 x 为

$$x = \sum_{i=1}^{b_1} \beta_i 2^{-i}$$

用 $Q_T[x]$ 表示对 x 进行截尾处理,则有

$$Q_T[x] = \sum_{i=1}^{b} \beta_i 2^{-i} \tag{9-5}$$

截尾误差为

$$e_T = Q_T[x] - x = -\sum_{i=b+1}^{b_1} \beta_i 2^{-i} \tag{9-6}$$

可见,$e_T \leqslant 0$,β_i 全为 1 时,e_T 有最大值,此时

$$e_T = -\sum_{i=b+1}^{b_1} \beta_i 2^{-i} = -(2^{-b} - 2^{-b_1}) \tag{9-7}$$

量化阶 $q = 2^{-b}$,代表 b 位字长可表示的最小数。一般 $2^{-b_1} \ll 2^{-b}$,因此正数的截尾误差为

$$-q \leqslant e_T \leqslant 0 \tag{9-8}$$

2) 负数

由于负数的三种码表示方式不同,所以误差也不同。

(1) 原码($\beta_0 = 1$):

$$x = -\sum_{i=1}^{b_1} \beta_i 2^{-i}$$

$$Q_T[x] = -\sum_{i=1}^{b} \beta_i 2^{-i}$$

$$e_T = Q_T[x] - x = \sum_{i=b+1}^{b_1} \beta_i 2^{-i}$$

$$0 \leqslant e_T \leqslant q \tag{9-9}$$

（2）补码($\beta_0 = 1$）：

$$x = -1 + \sum_{i=1}^{b_1} \beta_i 2^{-i}$$

$$Q_T[x] = -1 + \sum_{i=1}^{b} \beta_i 2^{-i}$$

$$e_T = \sum_{i=1}^{b} \beta_i 2^{-i} - \sum_{i=1}^{b_1} \beta_i 2^{-i}$$

由于 $b_1 > b$，因而有

$$-q < e_T \leqslant 0 \tag{9-10}$$

（3）反码（$\beta_0 = 1$）：

$$x = -1 + \sum_{i=1}^{b_1} \beta_i 2^{-i} + 2^{-b_1}$$

$$Q_T[x] = -1 + \sum_{i=1}^{b} \beta_i 2^{-i} + 2^{-b}$$

$$e_T = Q_T[x] - x = -\sum_{i=b+1}^{b_1} \beta_i 2^{-i} + (2^{-b} - 2^{-b_1})$$

因而有

$$0 \leqslant e_T < q \tag{9-11}$$

补码的截尾误差均为负值，原码和反码的截尾误差取决于数的正负，正数时为负，负数时为正。根据对原码、反码和补码的误差分析，其截尾量化误差特性如图 9-1 所示。

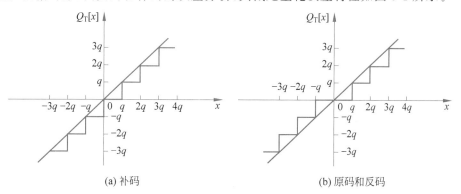

(a) 补码   (b) 原码和反码

图 9-1 截尾量化误差特性

2. 舍入处理

舍入处理是通过对数的 $b+1$ 位进行加 1 运算后进行截尾处理，即数学中常用的四舍五入法，按最接近的数进行量化处理，所以不论正数、负数，还是原码、补码、反码，误差总是在 $\left(-\dfrac{q}{2}, \dfrac{q}{2}\right)$ 区间，以 $Q_R[x]$ 表示对 x 作舍入处理，其舍入处理量化误差特性如图 9-2 所示。

由上述分析可知，无论采用原码、反码还是补

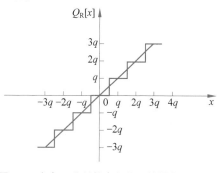

图 9-2 定点二进制数舍入处理的量化误差特性

码表示,舍入处理的量化误差特性均相同,其误差比截尾处理的误差小,所以对信号进行量化时通常采用舍入处理。

9.1.3 A/D 量化效应

A/D 转换器包括采样和量化两个步骤。采样是指以等间隔对连续时间信号进行数值取样,即对信号的时间进行离散化处理;量化是指根据量化等级对采样信号进行数字编码,即对采样序列进行舍入或截尾处理,得到有限字长的数字信号 $x(n)$。

对一个采样数据 $x(n)$ 进行截尾和舍入处理,则截尾量化误差为

$$e_{\mathrm{T}}(n) = -\sum_{i=b+1}^{\infty} \beta_i 2^{-i} \tag{9-12}$$

$$-q < e_{\mathrm{T}}(n) \leqslant 0, \quad q = 2^{-b}$$

舍入量化误差为

$$-\frac{q}{2} < e_{\mathrm{R}}(n) \leqslant \frac{q}{2} \tag{9-13}$$

式(9-12)和式(9-13)给出了量化误差的范围,精确确定量化误差的具体数值存在一定的困难,但可以通过分析量化噪声的统计特性来描述量化误差。A/D 转换器量化误差的统计模型如图 9-3 所示。

其中 $e(n)$ 为量化误差,根据 $e(n)$ 的统计特性,作如下假定:

(1) $e(n)$ 是平稳随机序列。

(2) $e(n)$ 与信号 $x(n)$ 不相关。

(3) $e(n)$ 任意两个值均不相关,即 $e(n)$ 为白噪声。

(4) $e(n)$ 具有均匀等概率分布。

由上述假设可知,输入信号 $\hat{x}(n)$ 可以认为是信号的理论值 $x(n)$ 与误差信号 $e(n)$ 之和,即

$$\hat{x}(n) = x(n) + e(n)$$

量化误差 $e(n)$ 表现为一个与信号 $x(n)$ 完全不相关的白噪声序列,称为量化噪声。量化误差 $e(n)$ 具有加性白噪声特性,其概率分布如图 9-4 所示。

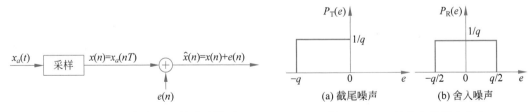

图 9-3 A/D 转换器量化误差的统计模型   图 9-4 $e(n)$ 的均匀等概率分布

误差 $e(n)$ 的均值 m_{e} 和方差 σ_{e}^2 如下所述。

(1) 截尾量化噪声。

根据图 9-4 所示误差 $e(n)$ 的等概率分布模型,可得

$$m_{\mathrm{e}} = \int_{-\infty}^{\infty} e p_{\mathrm{T}}(e) \mathrm{d}e = \int_{-q}^{0} \frac{1}{q} e \mathrm{d}e = -\frac{q}{2} \tag{9-14}$$

$$\sigma_{\mathrm{e}}^2 = \int_{-\infty}^{\infty} (e - m_{\mathrm{e}})^2 p_{\mathrm{T}}(e)\mathrm{d}e = \frac{q^2}{12} \tag{9-15}$$

（2）舍入量化噪声。

同理，根据误差 $e(n)$ 的等概率分布模型，可得

$$m_{\mathrm{e}} = 0 \tag{9-16}$$

$$\sigma_{\mathrm{e}}^2 = \frac{q^2}{12} \tag{9-17}$$

可见，量化噪声的方差与 A/D 转换的字长直接相关，字长越长，量化噪声越小。

定义量化信噪比为

$$\frac{\sigma_x^2}{\sigma_{\mathrm{e}}^2} = \frac{\sigma_x^2}{\dfrac{q^2}{12}} = (12 \times 2^{2b})\sigma_x^2$$

用对数表示如下：

$$\mathrm{SNR} = 10\lg\left(\frac{\sigma_x^2}{\sigma_{\mathrm{e}}^2}\right) = 10\lg\left[(12 \times 2^{2b})\sigma_x^2\right] = 6.02b + 10\lg\sigma_x^2 + 10.79 \tag{9-18}$$

由式（9-18）可知，字长 b 每增加 1 位，量化信噪比增加 6.02dB；信号能量越大，量化信噪比越高。

【例 9-1】　已知输入信号 A/D 量化误差服从 $-1 \sim 1$ 的均匀分布，分别求 8 位、12 位 A/D 转换器的 SNR。

解：由于量化误差服从均匀分布，因此可得均值为

$$E[x(n)] = 0 \tag{9-19}$$

方差为

$$\sigma_x^2 = \int_{-1}^{1} \frac{1}{2}x^2\,\mathrm{d}x = \frac{1}{3} \tag{9-20}$$

当 $b = 8$ 位时：

$$\mathrm{SNR} = 6.02 \times 8 + 10\lg\left(\frac{1}{3}\right)^2 + 10.79 = 49.21$$

当 $b = 12$ 位时：

$$\mathrm{SNR} = 6.02 \times 12 + 10\lg\left(\frac{1}{3}\right)^2 + 10.79 = 73.49$$

9.1.4　量化噪声通过线性系统

单独分析量化噪声通过系统的影响，系统可视为近似理想的线性移不变系统（LSI 系统），即暂不考虑系统实现的误差以及运算误差，因此，量化误差通过线性系统的原理如图 9-5 所示。

$$\hat{x}(n) = x(n) + e(n)$$

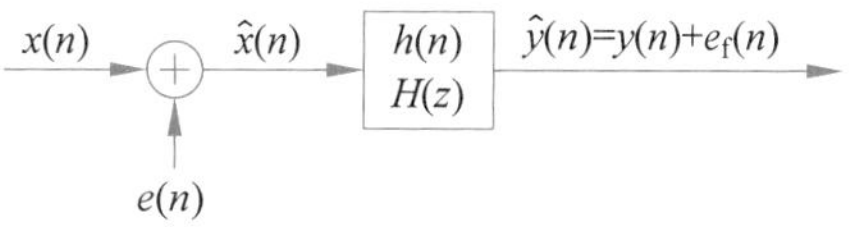

由于信号 $x(n)$ 与误差 $e(n)$ 不相关，因此，可得系统的输出为

图 9-5　量化误差通过线性系统

$$\begin{aligned}\hat{y}(n) &= \hat{x}(n) * h(n) = [x(n) + e(n)] * h(n) \\ &= x(n) * h(n) + e(n) * h(n) = y(n) + e(n) * h(n)\end{aligned} \tag{9-21}$$

输出噪声为

$$e_{\mathrm{f}}(n) = e(n) * h(n) \tag{9-22}$$

如果 $e(n)$ 为舍入噪声,则输出噪声的方差为

$$\sigma_{\mathrm{f}}^2 = E[e_{\mathrm{f}}^2(n)] = E\left[\sum_{m=0}^{\infty} h(m)e(n-m) \sum_{i=0}^{\infty} h(i)e(n-i)\right]$$

$$= \sum_{m=0}^{\infty} \sum_{i=0}^{\infty} h(m)h(i)E[e(n-m)e(n-i)] \tag{9-23}$$

由于 $e(n)$ 是白噪声,故各序列之间互不相关,即

$$E[e(n-m)e(n-i)] = \delta(m-i)\sigma_{\mathrm{e}}^2$$

将该式代入式(9-23),可得

$$\sigma_{\mathrm{f}}^2 = \sum_{i=0}^{\infty} \sum_{m=0}^{\infty} h(m)h(i)\delta(m-i)\sigma_{\mathrm{e}}^2 = \sigma_{\mathrm{e}}^2 \sum_{m=0}^{\infty} h^2(m) \tag{9-24}$$

由 Parseval 定理,可得

$$\sigma_{\mathrm{e}}^2 \sum_{m=0}^{\infty} h^2(m) = \frac{\sigma_{\mathrm{e}}^2}{2\pi \mathrm{j}} \oint_c H(z)H(z^{-1}) \frac{\mathrm{d}z}{z} \tag{9-25}$$

式中,$H(z)$ 全部极点在单位圆内,$\oint_c$ 表示沿单位圆逆时针方向的圆周积分。由留数定理可得

$$\sigma_{\mathrm{f}}^2 = \frac{\sigma_{\mathrm{e}}^2}{2\pi} \int_{-\pi}^{\pi} |H(\mathrm{e}^{\mathrm{j}\omega})| \, \mathrm{d}\omega = \sigma_{\mathrm{e}}^2 \sum_k \mathrm{Res}\left[\frac{H(z)H(z^{-1})}{z}\right]_{z=z_k} \tag{9-26}$$

若 $e(n)$ 为补码截尾噪声,则输出噪声中还有一直流分量,即

$$m_{\mathrm{f}} = E\left[\sum_{m=0}^{\infty} h(m)e(n-m)\right] = m_{\mathrm{e}} \sum_{m=0}^{\infty} h(m) = m_{\mathrm{e}} H(\mathrm{e}^{\mathrm{j}0})$$

【例 9-2】 一个 8 位 A/D 转换器 $(b=7)$,其输出 $\hat{x}(n)$ 作为 IIR 滤波器的输入,求滤波器输出端的量化噪声功率,已知 IIR 滤波器的系统函数为

$$H(z) = \frac{z}{z - 0.999}$$

解:由于 A/D 转换器的量化效应,滤波器输入端的噪声功率为

$$\sigma_{\mathrm{e}}^2 = \frac{q^2}{12} = \frac{2^{-14}}{12} = \frac{2^{-16}}{3}$$

滤波器的输出噪声功率为

$$\sigma_{\mathrm{f}}^2 = \frac{\sigma_{\mathrm{e}}^2}{2\pi \mathrm{j}} \oint_c \frac{1}{(z - 0.999)(z^{-1} - 0.999)} \frac{\mathrm{d}z}{z}$$

其积分值等于单位圆内所有极点留数之和。$H(z)$ 在单位圆内有一个极点 $z=0.999$,因此有

$$\sigma_{\mathrm{f}}^2 = \sigma_{\mathrm{e}}^2 \frac{1}{\dfrac{1}{0.999} - 0.999} \cdot \frac{1}{0.999} = \frac{2^{-16}}{3} \frac{1}{1 - 0.999^2} = 2.5444 \times 10^{-3}$$

9.2 有限字长运算的误差效应 ◆

数字滤波器的实现中包含大量的相乘与求和运算。定点制运算中,每一次乘法运算之后都要进行一次舍入(截尾)处理,因此,可以将舍入误差作为独立噪声 $e(n)$ 叠加在信号上,

因此,基于定点制乘法运算的理想乘法运算如图 9-6(a)所示,实际乘法运算可用如图 9-6(b)所示的模型进行统计分析。

(a)理想乘法   (b)实际乘法统计分析模型

图 9-6 定点制乘法运算统计流图

根据舍入噪声 $e(n)$ 的特性,对 $e(n)$ 作如下假设:

(1) $e(n)$ 为平稳随机噪声序列。

(2) $e(n)$ 与输入序列 $x(n)$ 不相关,各噪声之间也互不相关。

(3) $e(n)$ 为白噪声。

(4) 在量化间隔上均匀分布(即每个噪声都是均匀等概率分布)。

根据这些条件,分析运算舍入误差就可按线性系统进行处理,每一个噪声可用线性离散系统的理论求出其输出噪声,所有噪声经线性叠加得到总的噪声输出。

9.2.1 IIR 滤波器的有限字长效应

以一阶 IIR 滤波器为例,其输入与输出关系可用如下差分方程表示:

$$y(n) = ay(n-1) + x(n), \quad n \geqslant 0, |a| < 1$$

该差分方程的乘积运算将引入一个舍入噪声,如图 9-7 所示,该一阶系统的单位脉冲响应为

$$h(n) = a^n u(n)$$

系统函数为

$$H(z) = \frac{z}{z-a}$$

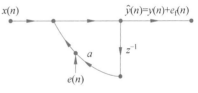

图 9-7 一阶 IIR 滤波器的舍入噪声

由于 $e(n)$ 是叠加在输入端的,故由 $e(n)$ 造成的输出误差为

$$e_f = e(n) * h(n) = e(n) * a^n u(n) \tag{9-27}$$

输出噪声的方差为

$$\sigma_f^2 = \sigma_e^2 \sum_{m=0}^{\infty} h^2(m) = \sigma_e^2 \sum_{m=0}^{\infty} a^{2m} \tag{9-28}$$

或

$$\sigma_f^2 = \frac{\sigma_e^2}{2\pi j} \oint_c H(z) H(z^{-1}) \frac{dz}{z}$$

由此可求得

$$\sigma_f^2 = \frac{\sigma_e^2}{1-a^2} = \frac{q^2}{12(1-a^2)} = \frac{2^{-2b}}{12(1-a^2)} \tag{9-29}$$

式(9-29)表明,字长越大,输出噪声越小。用同样的方法也可分析其他高阶 IIR 数字滤波器的输出噪声。

【例 9-3】 已知二阶 IIR 低通数字滤波器的系统函数如下:

$$H(z) = \frac{0.05}{(1-0.9z^{-1})(1-0.8z^{-1})}$$

采用定点制算法,对尾数进行舍入处理,分别计算下列网络结构的舍入误差。

(1) 直接型网络结构。

(2) 级联型网络结构。

(3) 并联型网络结构。

解:

(1) 直接型网络结构。

$$H(z) = \frac{0.05}{1 - 1.7z^{-1} + 0.72z^{-2}} = \frac{0.05}{A(z)}$$

式中

$$A(z) = 1 - 1.7z^{-1} + 0.72z^{-2}$$

直接型网络结构舍入误差分析模型如图 9-8 所示

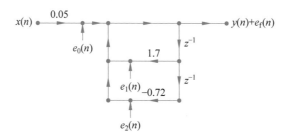

图 9-8 直接型网络结构舍入误差分析模型

图 9-8 中 $e_0(n)$、$e_1(n)$、$e_2(n)$ 分别为系数 0.05、1.7、-0.72 相乘后引入的舍入噪声。采用线性叠加的方法,从图中可看出输出噪声 $e_f(n)$ 是这三个舍入噪声通过网络 $H_0(z) = \frac{1}{A(z)} = \frac{1}{1 - 1.7z^{-1} + 0.72z^{-2}}$ 形成的,根据图 9-8 可得

$$e_f(n) = [e_0(n) + e_1(n) + e_2(n)] * h_0(n)$$

式中,$h_0(n)$ 为 $H_0(z)$ 的单位脉冲响应。

输出噪声的方差为

$$\sigma_f^2 = 3\sigma_e^2 \cdot \frac{1}{2\pi j} \oint_c \frac{1}{A(z)A(z^{-1})} \frac{dz}{z}$$

利用留数定理得

$$\frac{1}{2\pi j} \oint_c \frac{1}{A(z)A(z^{-1})} \frac{dz}{z} = \text{Res}\left[\frac{1}{A(z)A(z^{-1}z)}\right]_{z=0.9} + \text{Res}\left[\frac{1}{A(z)A(z^{-1}z)}\right]_{z=0.8} = 89.808$$

因此

$$\sigma_f^2 = 3\sigma_e^2 \times 89.808$$

将 $\sigma_e^2 = \frac{q^2}{12}$ 代入,得

$$\sigma_f^2 = 22.45q^2$$

(2) 级联型网络结构。

将 $H(z)$ 分解为如下级联形式:

$$H(z) = \frac{0.05}{1 - 0.9z^{-1}} \cdot \frac{1}{1 - 0.8z^{-1}} = \frac{0.05}{A_1(z)} \cdot \frac{1}{A_2(z)}$$

式中

$$A_1(z) = 1 - 0.9z^{-1}, \quad A_2(z) = 1 - 0.8z^{-1}$$

级联型网络结构舍入误差分析模型如图 9-9 所示，

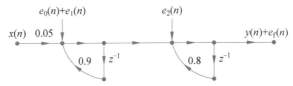

图 9-9　级联型网络结构舍入误差分析模型

噪声 $e_0(n)$、$e_1(n)$ 通过网络 $H_1(z)$，即

$$H_1(z) = \frac{1}{A_1(z)A_2(z)}$$

噪声 $e_2(n)$ 只通过网络 $H_2(z)$，即

$$H_2(z) = \frac{1}{A_2(z)}$$

即

$$e_f(n) = \{e_0(n) + e_1(n)\} * h_1(n) + e_2(n) * h_2(n)$$

式中，$h_1(n)$ 和 $h_2(n)$ 分别为 $H_1(z)$ 和 $H_2(z)$ 的单位冲激响应。

则有

$$\sigma_f^2 = \frac{2\sigma_e^2}{2\pi j} \oint_c \frac{1}{A_1(z)A_2(z)A_1(z^{-1})A_2(z^{-1})} \frac{dz}{z} + \frac{\sigma_e^2}{2\pi j} \oint_c \frac{1}{A_2(z)A_2(z^{-1})} \frac{dz}{z}$$

将 $A_1(z) = 1 - 0.9z^{-1}$，$A_2(z) = 1 - 0.8z^{-1}$，$\sigma_e^2 = \dfrac{q^2}{12}$ 代入，可得

$$\sigma_f^2 = (2 \times 89.808 + 2.778)\sigma_e^2 = 15.20q^2$$

（3）并联型网络结构。

根据并联型网络结构的特点，将 $H(z)$ 分解为如下部分分式形式：

$$H(z) = \frac{0.45}{1 - 0.9z^{-1}} - \frac{0.4}{1 - 0.8z^{-1}} = \frac{0.45}{A_1(z)} + \frac{-0.4}{A_2(z)}$$

因此，可得并联型网络结构舍入误差分析模型如图 9-10 所示

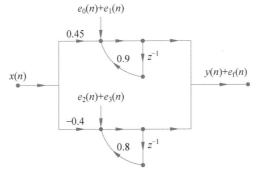

图 9-10　并联型网络结构舍入误差分析模型

根据图 9-10 可知，并联型网络结构有 4 个系数，故有 4 个舍入噪声，其中 $[e_0(n) + e_1(n)]$ 只通过 $1/A_1(z)$ 网络，$[e_2(n) + e_3(n)]$ 通过 $1/A_2(z)$ 网络。

输出噪声方差为

$$\sigma_{\mathrm{f}}^2 = 2\left[\frac{\sigma_{\mathrm{e}}^2}{2\pi\mathrm{j}}\oint_c \frac{1}{A_1(z)A_1(z^{-1})}\frac{\mathrm{d}z}{z} + \frac{\sigma_{\mathrm{e}}^2}{2\pi\mathrm{j}}\oint_c \frac{1}{A_2(z)A_2(z^{-1})}\frac{\mathrm{d}z}{z}\right]$$

根据留数定理,代入 $A_1(z)$ 和 $A_2(z)$ 及 $\sigma_{\mathrm{e}}^2 = \dfrac{q^2}{12}$,可得

$$\sigma_{\mathrm{f}}^2 = \frac{16.08q^2}{12} = 1.340q^2$$

比较三种结构的误差大小,可得出

直接型误差>级联型误差>并联型误差

IIR 滤波器的有限字长效应与滤波器的网络结构有关。

(1) 直接型网络结构的所有舍入误差都经过全部网络的反馈环节,反馈过程中形成误差积累,故输出误差很大。

(2) 级联型网络结构,每个舍入误差只通过该误差源后面的反馈环节,而不通过它前面的反馈环节,因而累积误差小,故误差小于直接型。

(3) 并联型网络结构,每个并联网络的舍入误差只通过自身子网络的反馈环节,与其他并联子网络无关,误差的积累作用最小,因而误差最小。

该结论对 IIR 数字滤波器具有普遍意义。因此,从有限字长效应看,直接型(包括直接Ⅰ和Ⅱ型)网络结构引起的误差最大,且阶数越高,运算误差越大,一般尽量少采用,高阶系统更是不宜采用;级联型网络结构的误差比直接型小,但并联型误差大;并联型网络结构运算误差最小。

9.2.2　FIR 滤波器的有限字长效应

IIR 的分析方法同样适用于 FIR 滤波器,FIR 滤波器无反馈环节(频率采样型结构除外),不会造成舍入误差的积累,舍入误差的影响比同阶 IIR 滤波器小,不会产生非线性振荡。

以横截型结构为例分析 FIR 的有限字长效应。

1. 舍入噪声

$N-1$ 阶 FIR 滤波器的系统函数为

$$H(z) = \sum_{m=0}^{N-1} h(m)z^{-m}$$

无限精度条件下,直接型网络结构的差分方程为

$$y(n) = \sum_{m=0}^{N-1} h(m)x(n-m)$$

有限精度运算时,差分方程为

$$\hat{y}(n) = y(n) + e_{\mathrm{f}}(n) = \sum_{m=0}^{N-1} [h(m)x(n-m)]_{\mathrm{R}} \tag{9-30}$$

其中,下标 R 表示舍入处理,每一次乘积运算后产生一个舍入噪声,即

$$[h(m)x(n-m)]_{\mathrm{R}} = h(m)x(n-m) + e_m(n) \tag{9-31}$$

故

$$y(n) + e_{\mathrm{f}}(n) = \sum_{m=0}^{N-1} h(m)x(n-m) + \sum_{m=0}^{N-1} e_m(n) \tag{9-32}$$

输出噪声为

$$e_{\text{f}}(n) = \sum_{m=0}^{N-1} e_m(n) \tag{9-33}$$

因此,FIR 直接型结构滤波器的舍入噪声分析如图 9-11 所示。

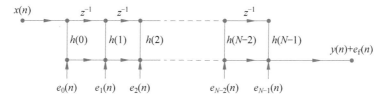

图 9-11　FIR 直接型结构滤波器的舍入噪声分析

根据图 9-11 可得,所有舍入噪声都直接累加到输出端,输出噪声是这些噪声的代数和,因此有

$$\sigma_{\text{f}}^2 = N\sigma_{\text{e}}^2 = \frac{Nq^2}{12} \tag{9-34}$$

输出噪声方差与字长有关,也与点数 N 有关,N 越大,运算误差越大,或者在运算精度相同的情况下,N 越大的滤波器需要的字长越长。

2. 动态范围

对于定点运算,由于动态范围的限制,可能导致 FIR 滤波器的输出结果发生溢出,利用比例因子(标度因子),压缩信号的动态范围,可避免产生溢出。

FIR 滤波器的输出为

$$y(n) = \sum_{m=0}^{N-1} h(m)x(n-m)$$

$$|y(n)| \leqslant x_{\max} \sum_{m=0}^{N-1} |h(m)| \tag{9-35}$$

定点数不产生溢出的条件为

$$|y(n)| < 1$$

为了避免 FIR 滤波器产生溢出,对 $x(n)$ 引入标度因子 A,使

$$Ax_{\max} \sum_{m=0}^{N-1} |h(m)| < 1$$

即

$$A < \frac{1}{x_{\max} \sum\limits_{m=0}^{N-1} |h(m)|} \tag{9-36}$$

而对于正弦类型的窄带信号,输入信号的标度因子由滤波器的频率响应的峰值来表示,由此确定标度因子 A 的值,即

$$A < \frac{1}{x_{\max} \max[|H(e^{j\omega})|]} \tag{9-37}$$

9.3 系数量化对滤波器的影响

在有限精度条件下,系统函数的系数也是通过有限位二进制数表示,系数的量化表示也将引起一定的误差。由于滤波器的所有系数必须以有限长度的二进制形式存放在存储器中,因此,必然对系数的理论值进行量化处理,使得实际系数值与理论系数值存在一定的误差,从而使系统函数的零点和极点位置产生一定的偏离,可能影响滤波器的性能。

一个理论上符合设计要求的数字滤波器,在具体实现时,可能由于系数量化的原因导致实际滤波器的特性产生漂移,从而达不到设计要求。特殊情况下,甚至可能使单位圆内的极点漂移到单位圆外,使理论上稳定的系统在实现以后变成了不稳定系统。数字滤波器的系数量化对系统性能的影响与字长有关,同时也与滤波器的结构有关,选择合适的结构可改善系数量化产生的影响。

1. 极点位置灵敏度

其指每个极点位置对各系数偏差的敏感程度。极点位置的变化可以直接影响系统的稳定性,而极点位置灵敏度可以反映系数量化对滤波器稳定性的影响。

设系数量化后的系统函数为

$$\hat{H}(z) = \frac{\sum\limits_{i=1}^{N} \hat{b}_i z^{-i}}{1 - \sum\limits_{i=1}^{N} \hat{a}_i z^{-i}} = \frac{B(z)}{A(z)}$$

量化后的系数为

$$\hat{a}_i = a_i + \Delta a_i$$

$$\hat{b}_i = b_i + \Delta b_i$$

式中,Δa_i 和 Δb_i 分别表示对系数 a_i 和 b_i 进行量化时产生的误差,现分析量化误差 Δa_i、Δb_i 造成的极点位置偏差。

设系统函数 $H(z)$ 的理想极点为 $z_i, i = 1, 2, \cdots, N$,系统为单阶极点时,则有

$$A(z) = 1 - \sum_{i=1}^{N} a_i z^{-i} = \prod_{i=1}^{N} (1 - z_i z^{-1})$$

系数量化后,极点变为 $z_i + \Delta z_i$,极点位置偏差 Δz_i 是由于系数 a_i 的误差 Δa_i 所引起的。

2. Δa_i 对 Δz_i 的影响

根据多项式理论,系统的每一个极点与 $A(z)$ 的 N 个系数 a_i 均有关,即

$$z_i = z_i(a_1, a_2, \cdots, a_N), \quad i = 1, 2, \cdots, N$$

因此

$$\Delta z_i = \frac{\partial z_i}{\partial a_1} \Delta a_1 + \frac{\partial z_i}{\partial a_2} \Delta a_2 + \cdots + \frac{\partial z_i}{\partial a_N} \Delta a_N = \sum_{k=1}^{N} \frac{\partial z_i}{\partial a_k} \Delta a_k \tag{9-38}$$

由式(9-38)可知,$\dfrac{\partial z_i}{\partial a_k}$ 的值决定了量化误差对极点位置偏差影响的大小,反映了极点 z_i

对系数 a_k 变化的敏感程度。$\dfrac{\partial z_i}{\partial a_k}$ 称为极点位置灵敏度，$\dfrac{\partial z_i}{\partial a_k}$ 越大，Δa_k 对 Δz_i 的影响越大；$\dfrac{\partial z_i}{\partial a_k}$ 越小，Δa_k 对 Δz_i 的影响就较小。

3. 极点灵敏度 $\dfrac{\partial z_i}{\partial a_k}$ 与 $A(z)$ 的关系

对系统函数的分母多项式 $A(z)$ 进行偏微分运算可得

$$\left.\frac{\partial A(z)}{\partial a_k}\right|_{z=z_i} = \frac{\partial A(z)}{\partial z_i}\left.\frac{\partial z_i}{\partial a_k}\right|_{z=z_i}$$

由于

$$\frac{\partial A(z)}{\partial a_k} = -z^{-k}$$

故

$$\frac{\partial z_i}{\partial a_k} = \left.\frac{\partial A(z)/\partial a_k}{\partial A(z)/\partial z_i}\right|_{z=z_i}$$

又因为

$$\frac{\partial A(z)}{\partial z_i} = -z^{-N}\prod_{\substack{k=1\\k\neq i}}^{N}(z-z_k)$$

故

$$\frac{\partial z_i}{\partial a_k} = \frac{z_i^{N-k}}{\displaystyle\prod_{\substack{k=1\\k\neq i}}^{N}(z_i-z_k)} \tag{9-39}$$

式(9-39)中分母的每个因子 (z_i-z_k) 是一个由极点 z_k 指向当前极点 z_i 的向量，乘积 $\displaystyle\prod_{\substack{k=1\\k\neq i}}^{N}(z_i-z_k)$ 是所有极点指向极点 z_i 的向量积，根据式(9-38)可知：这些向量 (z_i-z_k) 的模越大，即极点彼此间的距离越远，则极点位置灵敏度越低；模越小，极点位置灵敏度就越高。也就是说，极点位置灵敏度与极点间距离成反比。

式(9-39)仅适应于单极点系统，对于重极点系统，依据偏导数的概念可进行类似的推导。

影响极点位置灵敏度的几个因素如下。

(1) 与零极点的分布状态有关，极点位置灵敏度大小与极点间距离成反比。

(2) 与滤波器结构有关，直接型极点位置灵敏度高，且系统阶数越大，灵敏度越高；并联或级联型，系数量化误差对极点位置的影响小。

由以上分析可知，高阶滤波器应避免采用直接型，应尽量分解为低阶网络的级联或并联，以降低极点对系数量化误差的影响。

9.4 IIR 滤波器的极限环振荡

特殊情况下，在 IIR 滤波器的定点运算中，可能产生如下两种情况的极限环(limit cycle)振荡现象。

1. 零输入极限环振荡

零输入极限环振荡是指稳定的 IIR 数字滤波器,当输入停止以后,系统的输出并没有逐渐衰减到 0,而是一直维持等幅振荡或者等幅输出。

【例 9-4】 极限环现象示例。

一阶 IIR 数字滤波器系统函数如下:

$$H(z) = \frac{1}{1 - 0.5z^{-1}}$$

设输入信号 $x(n)$ 及边界条件如下:

$$x(n) = \frac{15}{16}\delta(n),\text{且 } y(-1) = 0$$

若采用定点制算法,试求 $b = 4$(不计符号位)时该系统的输出 $y(n)$。

解:根据系统函数 $H(z)$ 可知,该滤波器系统的极点为 $z = 0.5$,系统函数的极点在单位圆内,故系统稳定。

若用无限精度表示,则系统的输出为 $y(n) = (0.5)^n \dfrac{15}{16}u(n)$,随着 n 的增加,输出 $y(n)$ 逐渐衰减至 0。

若 $b = 4$,则需要对运算结果进行舍入处理,由于 $a = 0.5$,若用 4 位二进制表示,则为

$$a = 0.1000$$

根据系统函数 $H(z)$ 可得系统的差分方程为

$$\hat{y}(n) = x(n) + Q_R[a\hat{y}(n-1)]$$

由于系统的输入为

$$x(n) = 0.1111\delta(n)$$

因此可得

$$y(0) = 0.1111$$
$$y(1) = Q_R[a\hat{y}(0)] = 0.01111 = 0.1000$$
$$y(2) = Q_R[a\hat{y}(1)] = 0.0100$$
$$y(3) = Q_R[a\hat{y}(2)] = 0.0010$$
$$y(4) = Q_R[a\hat{y}(3)] = 0.0001$$
$$y(5) = Q_R[a\hat{y}(4)] = 0.00001 = 0.0001$$
$$\vdots$$
$$y(n) = Q_R[a\hat{y}(n-1)] = 0.0001$$

即

$$y(n) = \frac{1}{16}, \quad n \geqslant 4$$

虽然 $n > 0$ 时刻以后未给系统施加激励,但由于误差效应,系统的输出并没有衰减到 0,当 $n \geqslant 4$ 时,系统输出一直稳定为 $\dfrac{1}{16}$,产生了极限环振荡现象。若本例系统函数的参数 $a = -0.5$,则输出将在 $\pm\dfrac{1}{16}$ 之间振荡,产生等幅振荡极限环现象。

IIR 滤波器的零输入极限环振荡是由舍入误差引起的,对于一阶 IIR 系统,引起极限环的死带区域为

$$| y(n-1) | \leqslant \frac{q}{2(1-| a |)}$$

当滤波器进入极限环振荡时,会一直保持这种状态,直到系统被施加新的输入才会脱离这种状态。极限环振荡的幅度与量化位数成正比,增加字长 b,可以使极限环振荡减弱。

2. 大信号极限环振荡

对于 IIR 滤波器的定点补码加法运算,若存在溢出现象,则在输入信号比较大时可能会引起系统振荡,这种现象称为溢出振荡或者大信号极限环振荡。溢出振荡使系统输出在最大幅值之间振荡,应尽量避免发生这种现象。避免大信号极限环振荡有两种方法,一种方法是采用具有饱和溢出功能的加法器,另一种方法是通过比例因子限制输入信号的幅度。

习题

1. 已知滤波器的系统函数如下:

$$H_d(z) = \frac{0.5 - 0.826873612^{-1}}{1 - 1.65672179z^{-1} - 0.7576218z^{-2}}$$

若存储器的字长为 8bit,请计算滤波器的实际系统函数 $H(z)$。

2. 设某滤波器的输入端叠加有方差为 σ_e^2 的白噪声 $e(n)$,滤波器的系统函数如下:

$$H(z) = \frac{(1-2z^{-1})(1-3z^{-1})(1+z^{-1})}{(1-0.5z^{-1})\left(1-\frac{1}{3}z^{-1}\right)}$$

求输出端噪声 $e_f(n)$ 的方差。

3. 已知 A/D 转换器的字长为 $L+1$ 位,转换器的输出信号通过某滤波器,其单位抽样响应 $h(n)$ 如下:

$$h(n) = \frac{a^n + (-a)^n}{2} u(n), \quad | a | < 1$$

试求该滤波器的相关误差:

(1) 滤波器输出端量化噪声方差;

(2) 滤波器输出端信噪比 SNR。

4. 设滤波器 $H(z)$ 由两个一阶级联系统组成,系统函数如下:

$$H(z) = H_1(z)H_2(z) = \frac{1}{1-\frac{1}{2}z^{-1}} \times \frac{1}{1-\frac{1}{3}z^{-1}}$$

系统的结构如图 9-12 所示。

若采用 8 位字长:

(1) 绘出该级联系统舍入量化误差模型;

(2) 求该级联系统输出端的舍入量化噪声的方差。

5. 什么是极限环振荡? 如何减小极限环振荡现象?

6. 一阶 IIR 数字滤波器系统函数如下:

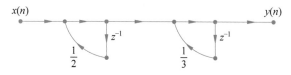

图 9-12　两个一阶级联系统

$$y(n) = 0.5y(n-1) + x(n)$$

若输入信号为 $x(n) = \dfrac{7}{8}\delta(n)$，$y(-1) = 0$，采用定点制算法，当 $b = 4$ 时(含符号位)，求系统的输出。

参 考 文 献

[1] 胡广书.数字信号处理:理论算法与实现[M].3 版.北京:清华大学出版社,2012.

[2] 陈后金.数字信号处理[M].3 版.北京:高等教育出版社,2018.

[3] 程佩清,李振松.数字信号处理教程[M].5 版.北京:清华大学出版社,2018.

[4] 吴镇杨.数字信号处理[M].3 版.北京:高等教育出版社,2016.

[5] 郑南宁.数字信号处理简明教程[M].2 版.西安:西安交通大学出版社,2020.

[6] 高西全,丁玉美.数字信号处理[M].5 版.西安:西安电子科技大学出版社,2022.

[7] 周利清.数字信号处理[M].3 版.北京:北京邮电大学出版社,2012.

[8] 孙明.数字信号处理[M].北京:清华大学出版社,2018.

[9] 赵志诚.数字信号处理[M].北京:北京邮电大学出版社,2022.

[10] 陈纯锴,龙邦强,徐妮妮,等.数字信号处理[M].2 版.北京:清华大学出版社,2021.

[11] 朱金秀,江冰,吴迪,等.数字信号处理——原理、实验及综合应用[M].北京:北京航空航天大学出版社,2011.

[12] 彭启琮,林静然,杨錬,等.数字信号处理[M].北京:高等教育出版社,2017.

[13] 陈刚,张晓杰,孙波.数字信号处理[M].北京:机械工业出版社,2022.

[14] 李洪均.数字信号处理[M].北京:机械工业出版社,2022.

[15] 焦瑞莉.数字信号处理[M].北京:机械工业出版社,2022.

[16] 刘顺兰,吴杰.数字信号处理[M].4 版.西安:西安电子科技大学出版社,2021.

[17] 姚天任,江太辉.数字信号处理[M].3 版.武汉:华中科技大学出版社,2020.

[18] 卢光跃.数字信号处理及应用[M].2 版.北京:人民邮电出版社,2022.